丛书总主编　陈宜瑜
丛书副总主编　于贵瑞　何洪林

中国生态系统定位观测与研究数据集

农田生态系统卷

湖南桃源站
（2004—2015）

尹春梅　魏文学　谭支良　主编

中国农业出版社
北　京

中国生态系统定位观测与研究数据集

中国生态系统定位观测与研究数据集
农田生态系统卷·湖南桃源站

本书编写组

主　编　尹春梅　魏文学　谭支良

副主编　秦红灵

编　者　（按姓氏拼音排名）：

陈春兰　陈安磊　侯海军　刘　毅　盛　荣

王　卫　张文钊

PREFACE 1

序 一

进入20世纪80年代以来，生态系统对全球变化的反馈与响应、可持续发展成为生态系统生态学研究的热点，通过观测、分析、模拟生态系统的生态学过程，可为实现生态系统可持续发展提供管理与决策依据。长期监测数据的获取与开放共享已成为生态系统研究网络的长期性、基础性工作。

国际上，美国长期生态系统研究网络（US LTER）于2004年启动了Eco Trends项目，依托US LTER站点积累的观测数据，发表了生态系统（跨站点）长期变化趋势及其对全球变化响应的科学研究报告。英国环境变化网络（UK ECN）于2016年在*Ecological Indicators*发表专辑，系统报道了UK ECN的20年长期联网监测数据推动了生态系统稳定性和恢复力研究，并发表和出版了系列的数据集和数据论文。长期生态监测数据的开放共享、出版和挖掘越来越重要。

在国内，国家生态系统观测研究网络（National Ecosystem Research Network of China，简称CNERN）及中国生态系统研究网络（Chinese Ecosystem Research Network，简称CERN）的各野外站在长期的科学观测研究中积累了丰富的科学数据，这些数据是生态系统生态学研究领域的重要资产，特别是CNERN/CERN长达20年的生态系统长期联网监测数据不仅反映了中国各类生态站水分、土壤、大气、生物要素的长期变化趋势，同时也能为生态系统过程和功能动态研究提供数据支撑，为生态学模型的验证和发展、遥感产品地面真实性检验提供数据支撑。通过集成分析这些数据，CNERN/CERN 内外的科研人员发表了很多重要科研成果，支撑了国家生态文明建设的重大需求。

近年来，数据出版已成为国内外数据发布和共享，实现“可发现、可访问、可理解、可重用”（即 FAIR）目标的重要手段和渠道。CNERN/CERN 继 2011 年出版“中国生态系统定位观测与研究数据集”丛书后再次出版新一期数据集丛书，旨在以出版方式提升数据质量、明确数据知识产权，推动融合专业理论或知识的更高层级的数据产品的开发挖掘，促进 CNERN/CERN 开放共享由数据服务向知识服务转变。

该丛书包括农田生态系统、草地与荒漠生态系统、森林生态系统以及湖泊湿地海湾生态系统共 4 卷（51 册）以及森林生态系统图集 1 册，各册收集了野外台站的观测样地与观测设施信息，水分、土壤、大气和生物联网观测数据以及特色研究数据。本次数据出版工作必将促进 CNERN/CERN 数据的长期保存、开放共享，充分发挥生态长期监测数据的价值，支撑长期生态学以及生态系统生态学的科学研究工作，为国家生态文明建设提供支撑。

2021 年 7 月

PREFACE 2 序二

科学数据是科学发现和知识创新的重要依据与基石。大数据时代，科技创新越来越依赖于科学数据综合分析。2018 年 3 月，国家颁布了《科学数据管理办法》，提出要进一步加强和规范科学数据管理，保障科学数据安全，提高开放共享水平，更好地为国家科技创新、经济社会发展提供支撑，标志着我国正式在国家层面加强和规范科学数据管理工作。

随着全球变化、区域可持续发展等生态问题的日趋严重以及物联网、大数据和云计算技术的发展，生态学进入“大科学、大数据”时代，生态数据开放共享已经成为推动生态学科发展创新的重要动力。

国家生态系统观测研究网络（National Ecosystem Research Network of China，简称 CNERN）是一个数据密集型的野外科技平台，各野外台站在长期的科学研究中，积累了丰富的科学数据。2011 年，CNERN 组织出版了“中国生态系统定位观测与研究数据集”丛书。该丛书共 4 卷、51 册，系统收集整理了 2008 年以前的各野外台站元数据，观测样地信息与水分、土壤、大气和生物监测以及相关研究成果的数据。该丛书的出版，拓展了 CNERN 生态数据资源共享模式，为我国生态系统研究、资源环境的保护利用与治理以及农、林、牧、渔业相关生产活动提供了重要的数据支撑。

2009 年以来，CNERN 又积累了 10 年的观测与研究数据，同时国家生态科学数据中心于 2019 年正式成立。中心以 CNERN 野外台站为基础，生态系统观测研究数据为核心，拓展部门台站、专项观测网络、科技计划项目、科研团队等数据来源渠道，推进生态科学数据开放共享、产品加工和分析应用。为了开发特色数据资源产品、整合与挖掘生态数据，国家生态科学数据中心立足国家野外生态观测台站长期监测数据，组织开展了新一版的观测与研究数据集的出版工作。

本次出版的数据集主要围绕“生态系统服务功能评估”“生态系统过程与变化”等主题进行了指标筛选，规范了数据的质控、处理方法，并参考数据论文的体例进行编写，以翔实地展现数据产生过程，拓展数据的应用范围。

该丛书包括农田生态系统、草地与荒漠生态系统、森林生态系统以及湖泊湿地海湾生态系统共4卷（51册）以及图集1本，各册收集了野外台站的观测样地与观测设施信息，水分、土壤、大气和生物联网观测数据以及特色研究数据。该套丛书的再一次出版，必将更好地发挥野外台站长期观测数据的价值，推动我国生态科学数据的开放共享和科研范式的转变，为国家生态文明建设提供支撑。

2021年8月

FOREWORD 前言

湖南桃源农田生态系统国家野外科学观测研究站暨中国科学院桃源农业生态试验站（以下简称桃源站）是国家生态系统观测研究网络（CNERN）和中国生态系统研究网络（CERN）的野外科技平台。试验站建立于1979年6月，按照CNERN和CERN的观测指标要求，每年会生产标准化的水、土、气、生系列生态要素观测数据。2008年，在CNERN的组织和资助下，已对桃源站1998—2004年的长期联网观测数据与特色研究数据进行了一次整编出版。2004年至今，桃源站又积累了近10年的数据，为了促进桃源站长期观测数据的充分共享利用，2019年在CNERN的要求和组织下，开展桃源站2004—2015年长期观测数据与特色研究数据的整编与出版工作，以期在大数据时代背景下，为区域生态服务评估、大尺度生态过程和机理研究提供数据支撑。

本次以出版数据的形式发布联网观测数据产品，参考数据论文的体例编写台站长期监测与特色研究数据产品，翔实地展现数据采集、整理过程，拓展数据的应用范围；希望从内容和形式上能够上一个台阶，形成一系列的高质量、完整、有意义、便于使用的数据集。本次出版的数据集内容主要包括5个部分：①桃源站简介；②桃源站观测和科研平台，主要介绍样地、观测设施和主要仪器设备；③桃源站长期联网观测数据，包括水分、土壤、生物和气象生态要素数据；④湖南省土种数据（整理自湖南省农业厅1987年版《湖南省土种志》）；⑤附录。

对于从本书中获得的桃源站观测与研究数据，应遵循以下引用规则：

①所有用户对从桃源站数据集出版物中获得的数据，只享有有限的、不排他的使用权。

②用户不得有偿或无偿转让其从出版物获得的数据，包括用户对这些数据进行了单位换算、介质转换或者量度变化后形成的新数据。

③用户不得直接将其从桃源站数据出版物获得的数据向外分发，或用作向外分发或供外部使用的数据库、产品和服务的一部分，也不得间接用作生成它们的基础。

④用户在使用数据产生的一切成果中必须标注数据来源，用户发表论文时必须标注数据生产者，并在中文论文首页的“基金项目”中或在英文论文“Acknowledge”中说明“数据来源：湖南桃源农田生态系统国家野外科学观测研究站（Hunan Taoyuan Agro-ecosystem National Observation and Research Station)”。

⑤遵守桃源站关于数据使用的其他规定。

⑥用户有义务及时将数据使用中存在的问题和建议反馈到桃源站。

⑦用户若有违约，桃源站可根据情节轻重责令其限期改正、停止向其提供数据服务，并向其所在单位通报。如有严重违规或违法者，将根据国家相应的法律规定进行追究。

本书中第1章，第2章的2.1、2.2、2.3.2，第3章的3.1、3.2，以及第4章由尹春梅高级工程师编写，并负责整个版面审核和格式统一修改；第3章的3.3、3.4由陈春兰高级工程师编写；第2章的2.3由陈安磊副研究员（2.3.1)、王卫助理研究员（2.3.3)、盛荣副研究员（2.3.4、2.3.9)、侯海军高级工程师（2.3.4、2.3.7)、张文钊副研究员（2.3.5、2.3.6)、刘毅副研究员（2.3.8)、秦红灵副研究员（2.3.10）编写；魏文学研究员设计各章节内容和总体框架；秦红灵副研究员审核清样稿；谭支良研究员最后定稿。

由于时间仓促、编者的水平有限，本书在编写过程中难免存在谬误，在此编者真诚地敬请各位领导、专家和同仁给予批评指正。

同时，本书在整理过程中得到了国家生态科学数据中心苏文高级工程师、郭学兵高级工程师的指导，以及四川盐亭农田生态系统国家野外科学观测研究站高美荣高级工程师对数据的处理提出了宝贵的意见，在此一并致谢！

本数据集的出版得到“国家生态网络台站长期观测及数据信息建设项目”的资助。

CONTENTS

目 录

第1章

台站简介

1.1 概述

中国科学院桃源农业生态试验站（前身为中国科学院长沙农业现代化研究所桃源实验站，自1989年5月1日起更为现名，以下简称桃源站），由原中国科学院桃源农业现代化研究所于1979年6月成立，隶属于中国科学院亚热带农业生态研究所，代表区域为亚热带江南红壤丘陵复合农业生态系统类型区（图1-1）。1988年5月，桃源站进入中国科学院生态网络系统，承担生态监测任务，1991年成为中国生态系统研究网络（CERN）的首批成员之一，2001年12月被科学技术部列为国家重点野外科学观测试验站（试点站），2006年经科学技术部确认为国家生态系统观测研究网络（CNERN）成员，命名为湖南桃源农田生态系统国家野外科学观测研究站。同时，桃源站还先后加入了全球陆地观测系统（GTOS）、国际长期生态系统研究网络（ILTER），被认定为国家、省、市、县四级青少年科普基地，中国科学院网络科普联盟成员。

图1-1　桃源站全景

桃源站地处湖南省常德市桃源县漳江镇（111°27′E、28°55′N），有高速公路直达，交通便利，距离省会长沙229 km。试验站站部位于桃源县漳江镇渔父北路14号，核心试验场位于桃源县漳江镇宝洞峪村，两地相隔约7 km。

本站所处经济生态区域是我国亚热带中部以双季水稻为主体的农业经济区，水、热和生物资源丰富，气候生产潜力高，复合农业经营发达，是我国传统的粮、油、猪、棉、麻和亚热带水果生产基地。

1.2 支撑条件

桃源站以农业生态系统定位观测研究为基础，以自然集水区为生态系统单元，开展农业生态要素变化动态的联网监测、复合农业经营系统优化构建的生态学研究，为红壤丘陵区农业高效可持续发展提供人为调控技术体系与模式。科研工作集中在三个空间尺度进行，即：①宝洞峪核心生态系统定位研究试验场；②桃源基地县；③环洞庭湖红壤丘陵农业生态系统类型区。桃源站宝洞峪核心试验场面积 12.3 hm^2，属于中亚热带向北亚热带过渡的季风湿润气候区，海拔 89.4～123.0 m，年均温 16.5 ℃，年降水量 1 440 mm，日照 1 520 h，无霜期 283 d。该试验场由丘岗地和冲峪农田构成，是一个自然集水区，试验场内河湖冲积平原占 13.4%，低丘岗地占 49.3%，丘陵山地占 36.0%。试验场（图 1－2）根据科研和示范需要，布置为农田生态系统生产力维持与生态服务、农林牧复合循环模式、坡地养分流失梯级消纳系统和生态景观建设四大功能区块，建设有坡地利用模式及生态效应类、农田水肥高效利用类、农田耕作制度类、基础生态过程研究类长期定位试验共计 10 个（其中 20 年以上长期定位试验 3 个）。试验场内包括标准气象观测场 1 个、长期生态系统监测样地 43 个、短期试验样地 15 个、种养基地 1 个，台站辐射区域内还设有站区调查点 2 个、试验示范区 3 个。

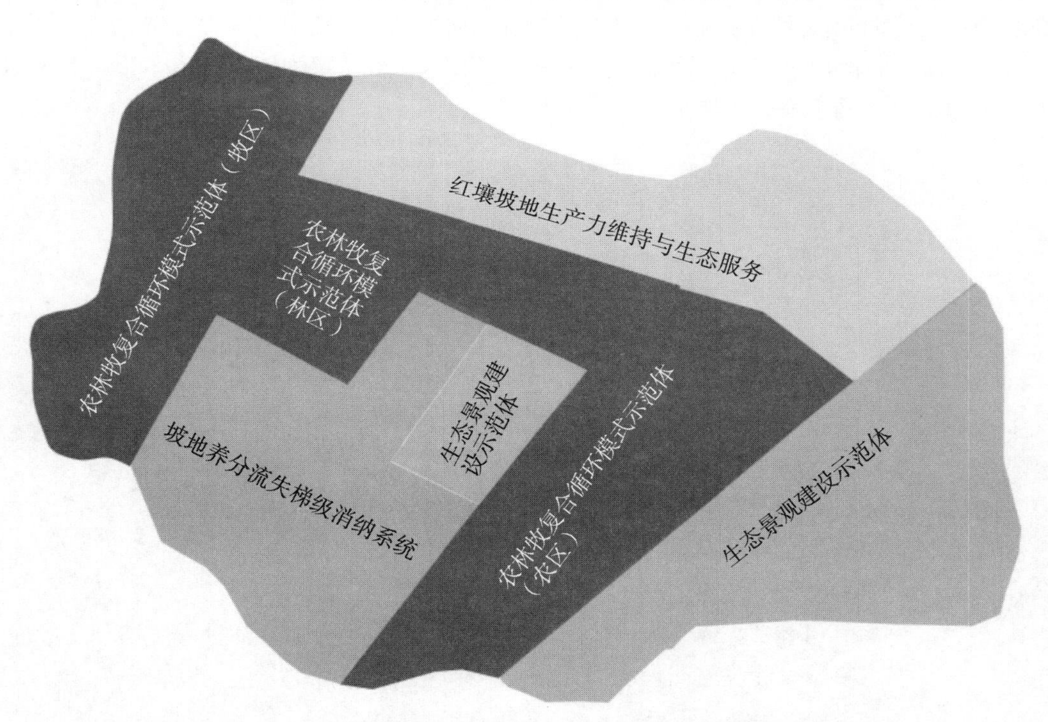

图 1－2 宝洞峪核心生态系统定位研究试验场总体布局图

台站配备有水分、土壤、生物和气象观测研究所需的自动气象站、土壤温湿盐自动观测系统、水位自动观测设备、荧光叶绿素分析仪、光合作用测定仪、便携式多参数水体分析仪、植物节律自动在线观测系统、碳通量观测设备等室内分析和野外观测仪器设备 40 余台（套）；还与研究所农业生态过程重点实验室共建共享气相色谱仪、原子吸收分光光度计、紫外分光光度计、荧光光度计、碳氮分析仪、流动注射仪、水体碳氮分析仪、电感耦合等离子体光谱仪、电感耦合等离子体质谱仪等室内分析仪器，同时这些仪器对外开放；与研究所区域生态研究室共建 3S 实验室和农业生态数据库，台站自建有数据库和信息系统；建成 2 个样品库和 1 个植物样品冷藏库。以上条件为桃源站承担和开展各类重大研究项目提供了有力的保障。

1.3 研究内容和方向

桃源站的科研历程大致可分为 4 个阶段：第一阶段为 20 世纪 80 年代，科研任务主要是建设农业现代化基地县，探索我国农业现代化道路；开展了探索基地县实现农业现代化过程中的科学技术研究、中间试验、新技术运用和推广及农业经济等课题研究。第二阶段为 20 世纪 90 年代，主要开展了亚热带红壤丘陵区农业生态系统结构、功能、演替及其调控，以及农业资源高效利用和可持续发展的理论与技术、生态系统环境变化、区域农业的综合发展与生态建设、复合农业生态系统综合观测研究。第三阶段为 2000—2014 年，科研任务主要是围绕亚热带农业生态系统格局与过程调控及发展模式等问题，重点开展区域农业生态系统优化管理、农业整体效益的提高、区域农业综合发展的技术体系与优化模式的建立，以及复合农业生态系统环境要素的动态监测与综合研究。第四阶段从 2015 年开始，桃源站在继续做好农田生态系统观测研究的同时，紧紧围绕国家粮食安全、促进农业绿色安全高质量发展、乡村振兴等重大战略需求，积极探索适合于南方红壤丘陵区未来农业农村生态发展的新模式和技术体系，重点开展农田生态系统养分循环与生产力维持、农田生态系统生物过程与生态服务以及农牧系统耦合调控与稳定性维持机制研究。

经过 40 余年的探索和建设，桃源站已发展成为一个在区域农业生态系统观测与研究、可持续农业发展优化模式示范和农业科技宣传教育等方面均具有鲜明特色的开放型野外研究平台。今后，桃源站将继续立足于南方红壤丘陵区复合农业生态系统，建设发展成为一个长期稳定的农田生态系统观测研究平台、具有较强创新能力的国家野外科学研究与开放性的合作研究平台、国内外先进农业科技成果试验示范基地与推广平台、农田生态系统优秀科研人才的培育基地以及国际与国内学术交流基地。

1.4 研究成果

作为国家级野外台站，桃源站先后承担有国家重点研发计划项目/课题、包括“973 计划”项目课题、国家科技支撑计划课题、国家自然科学基金重点项目、优秀青年科学基金项目、国家重大科研仪器研制项目、国际（地区）合作交流项目、面上（含青年）基金项目、中国科学院知识创新项目、中国科学院战略性先导科技专项等，是中国科学院亚热带农业生态研究所“一三五”规划（一个定位、三个重大突破和五个重点培育方向）中两个重大突破任务的重要科研基地之一。2005—2015 年，共承担各类科研项目 130 余项，基于桃源站野外研究平台的科研论文 478 篇，其中 SCI 期刊论文 163 篇，出版专著 10 部，国家专利 54 项，获奖 9 项。其间，各研究方向的主要进展有：

稻田土壤氮素循环关键微生物作用过程机理：系统揭示了稻田土壤氮素循环过程微生物作用机制，明确了含 narG 和 nirK 反硝化微生物是驱动 N_2O 排放的关键种群。

猪氨基酸营养功能的基础研究：揭示了猪的氨基酸营养代谢与繁殖生理调控功能的关系机理，推动了猪营养调控与健康饲料产业的发展。

土壤微生物光合固碳功能研究：揭示了土壤微生物在陆地生态系统碳循环中具分解/同化双重功能，量化了土壤微生物固碳潜力，填补了碳汇研究上土壤微生物贡献的空白。

水稻低镉分子育种研究：开发了两对功能性分子标记（FNP），明确了杂交稻稻米镉含量主要是由双亲间的加性效应所决定。

农村分散型污水治理技术研究：阐明了稻草和绿狐尾藻的功能与污水氮磷变化及水体硝化和反硝

化微生物之间的关系，推动了利用生物高效治理农村污水技术的应用。

1.5 合作交流

在国家科技基础条件平台的支持下，台站建立了信息发布系统和数据共享平台，支持在线或离线申请台站数据资源和包括样地、设施、仪器设备在内的实物资源共享。

作为科普基地，台站每年根据自身条件和学科优势、特色及能力，针对不同社会群体对农业科学知识的需求特点，开展丰富多彩的科技宣传教育、科技咨询和推广活动，取得了良好的社会效益和经济效益。其中，以青少年科普为重点，开展了"大学生走进野外台站""走进世外桃源——中小学生科普实践""青少年科学探索营"等有影响力的品牌科普活动，提升了台站的科普影响力。

近年来，台站与中国科学院地理科学与资源研究所、中国科学院生态环境研究中心、中国科学院南京土壤研究所、中国农业大学、华中农业大学、南京农业大学、湖南省农业大学、湖南省农业科学研究院、中南林业科技大学、湖南省林业科学院等国内多家科研机构开展长期合作研究，每年参加和举办多次国内学术会议，还吸引了大量的国内相关科研人员来站从事科研活动和学术交流，并成为国内多所高校的本科生、研究生实习基地及台站周边区县农技人员的培训基地。同时，台站还和英国班戈大学、新西兰林肯大学、澳大利亚西澳大学、日本国立环境研究所等多所国外知名高校、科研机构建立了长期稳定的合作交流关系。

1.6 台站数据信息服务概况

桃源站根据国家科技基础条件平台建设项目"生态系统网络的联网观测研究及数据共享系统建设"任务的要求，开展生态系统水、土、气、生等生态要素的长期定位观测及生态系统关键过程对全球变化的响应和适应的综合观测，建立了本观测研究站的数据共享信息系统，并按国家网络的数据管理制度向综合中心及时汇交观测和实验研究数据。CERN 监测数据部分已按共享条例通过数据信息共享平台实现数据共享。

共享数据主要划分为以下几大类：

CERN 联网观测数据集：CERN 长期动态监测数据库包括桃源站的水环境、土壤环境、大气环境、生物环境等方面的长期定位监测数据。这些数据经过台站、各学科分中心、综合中心的三级质量保证体系控制，最后形成系统的数据集。目前，此部分数据已经全部上网，可正常访问、查询数据，并已开展对外数据服务。

桃源站长期监测数据库：包括 10 个长期定位研究试验数据，此部分数据为限制共享数据，一般以合作研究的方式开展对外共享。

桃源站研究数据库：主要为专题数据和大项目数据集。这两部分数据目前仍在不断的整理完善中，只在特定的范围内共享。

台站、研究所及所外科研人员，均可通过数据共享平台查询并申请桃源站长期监测数据和长期研究数据，并采用数据合作方式开展相关的研究工作，研究数据双方共享，研究结束后在限定时间内以项目数据形式填报到数据平台对外共享。

桃源站数据资源共享平台网址为 http：//tya.cern.ac.cn/meta/metaData（图 1－3）。申请数据需实名注册。

	名称	摘要	开始时间	结束时间	共享方式	操作
1	人工大气观测风温湿日照日值	包括人工气象站逐日8：00、14：00、20：00三次观测的大气压、气温、湿球温度、相对湿度、风向、风速、地表温度14点地表温度等，以及逐日最高最低气温和最高最低地表温度;以及每天白天每小时日照时数和全天日照总小时数和总分钟数。	1998-01-01	2014-12-31	协议共享	元数据 申请
2	人工大气观测风温湿日照月值	包括人工气象站逐月8：00、14：00、20：00三次观测的大气压、气温、湿球温度、相对湿度、风向、风速、地表温度14点地表温度等的月平均数。	1998-01-01	2014-12-31	协议共享	元数据 申请
3	人工大气观测降雨蒸发能见度日值	包括每天8：00和20：00两次人工观测的逐日降雨量和日蒸发量数据。	1998-01-01	2014-12-31	协议共享	元数据 申请
4	人工大气观测降雨蒸发能见度月值	包括1-12月人工观测的降雨量和蒸发量月统计值。	1998-01-01	2014-12-31	协议共享	元数据 申请
5	自动站逐日太阳辐射总量及其累计值	包括自动站逐日的总辐射总量、反射辐射总量、紫外辐射总量、净辐射总量、光合有效辐射总量等，以及日照小时数、日照分钟数的日值。	1998-01-01	2014-12-31	协议共享	元数据 申请
6	自动站逐月太阳辐射总量及其累计值	包括自动站每年1-12月的每日总辐射总量、反射辐射总量、紫外辐射总量、净辐射总量、光合有效辐射总量等的月平均值，以及日照小时数、日照分钟数的月平均值。	2004-01-01	2014-12-31	协议共享	元数据 申请

图1-3　桃源站数据共享平台页面截图

第2章

主要样地与观测设施

2.1 概述

桃源站主要土地利用方式有双季稻田、中稻田、旱地、坡地（含草、林、果、茶等不同利用方式），长期观测的农作物主要是水稻、玉米和油菜。截至 2017 年底，桃源站共拥有长期联网观测样地 21 个，观测设施 14 个，综合气象观测场 1 个，长期定位试验 10 个。在主要样地和观测设施上，安装有自动气象辐射观测系统、干湿沉降自动采集仪、水面蒸发仪、涡度相关系统、土壤温湿盐自动观测系统、自动水位观测仪等野外观测设备，长期监测气象、水分、土壤、生物等生态与环境要素（主要样地与观测设施见附录）。本章主要对涉及本次出版数据的所有联网监测观测场地、样地和设施进行详细介绍，并对台站 10 个长期定位试验科研样地进行简单介绍。

2.2 联网监测主要观测场及样地介绍

2.2.1 稻田综合观测场

桃源站稻田综合观测场（TYAZH01）（图 2-1）1998 年建立，经纬度为 111°26′29″E、28°55′48″N，海拔 94 m，样地为长方形，规格 45.0 m×30.5 m。观测场建立前为双季稻田，轮作方式为早稻—晚稻—冬闲，观测场建立 10 年前以牛耕为主，有机肥与化肥都有使用，以化肥为主，少量有机肥为辅；雨养为主，集雨自流灌溉。冲垅梯田地貌，根据全国第二次土壤普查，土类为水稻土，亚类为潜育性水稻土，根据中国土壤系统分类属于潜育性水耕人为土。土壤母质为红壤，轻度片蚀。土壤剖面发育层次包括耕种层 0～20 cm、犁底层＞20～38 cm、淋溶层＞38～100 cm、母质层＞100 cm。由于原田规格只有 26.0 m×27.0 m，不能满足综合观测的要求，于 2003 年冬向西北进行扩建到现在的大小，设计使用年限 99 年以上，观测场建立后仍然沿用早稻—晚稻—冬闲轮作，牛耕或小型机耕，施用肥料为化肥＋有机肥，作物播种前一般施用基肥（撒施）。观测内容包括生物、水分、土壤。

图 2-1 桃源站稻田综合观测场

观测场监测及采样地包括：稻田水土生联合观测采样地（TYAZH01ABC_01）；稻田综合观测场潜水水位观测井 1 号

(TYAZH01CDX _ 01)，稻田综合观测场潜水水位观测井 2 号（TYAZH01CDX _ 02)；稻田综合观测场土壤水分长期观测样地（TYAZH01CTS _ 01)，含 3 根中子管（TYAZH01CTS _ 01 _ 01、TYAZH01CTS _ 01 _ 02、TYAZH01CTS _ 01 _ 03)；稻田综合观测场水层深度观测点 1 号（TYAZH01CCS _ 01)，稻田综合观测场水层深度观测点 2 号（TYAZH01CCS _ 02)。综合观测场样地分布见图 2-2。

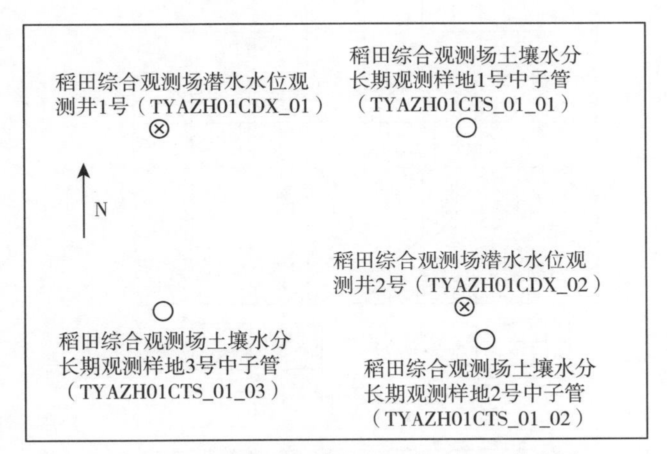

图 2-2 稻田综合观测场样地综合配置分布图

2.2.1.1 稻田综合观测场水土生联合观测采样地

桃源站稻田综合观测场水土生联合观测采样地（TYAZH01ABC _ 01）为整个综合观测场。

土壤观测项目包括土壤有机质、氮、磷、钾、微量元素和重金属、pH、阳离子交换量、矿质全量、机械组成、容重；生物观测项目包括土壤微生物生物量碳、作物生育期、作物叶面积与生物量动态、作物收获期植株性状、耕层根系生物量、生物量与籽实产量、收获期植株各器官元素含量（碳、氮、磷、钾、钙、镁、硫、硅、锌、锰、铜、铁、硼、钼）与能值、病虫害等。具体采样情况如下：

表层（0～20 cm）土壤采样：于每年作物收获期在采集土壤混合样。表层土壤和植物样品的采集用 A、B 两种方式，隔年两种方式交换（图 2-3)。

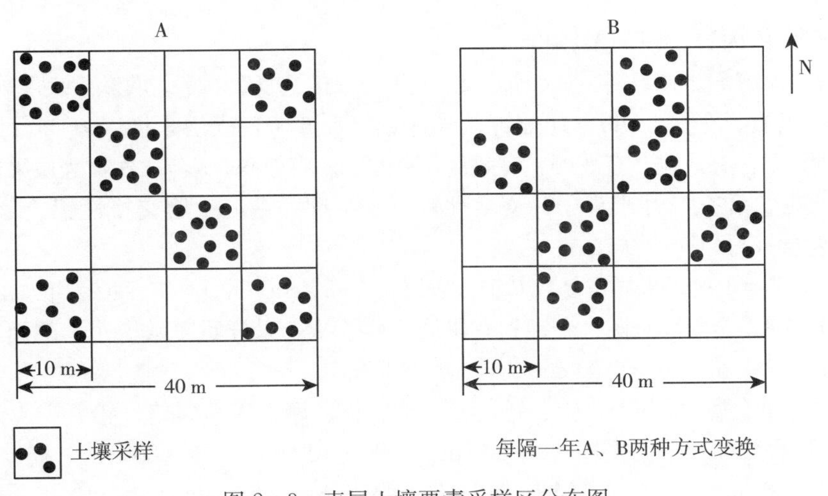

图 2-3 表层土壤要素采样区分布图

土壤剖面（0～10 cm、>10～20 cm、>20～40 cm、>40～60 cm、>60 cm）采样（图 2-4)：按要求每 5 年采集一次。

生物采样：在样地中分出 16 个 5 m×5 m 的采样区，每次从 6 个采样区内随机取得 6 份样品（例如，2004 年在 C、E、G、J、L、N 区采样）（图 2-5）。采样设计编码：TYA+年份+样方+作物（10 位编码）。生物要素采样地的记录方法：对每一次采样点的地理位置、采样情况和采样条件做定位记录，并在相应的土壤或地形图上做出标识。采样时，监测区地面上的作物和土壤尽可能不受干扰。

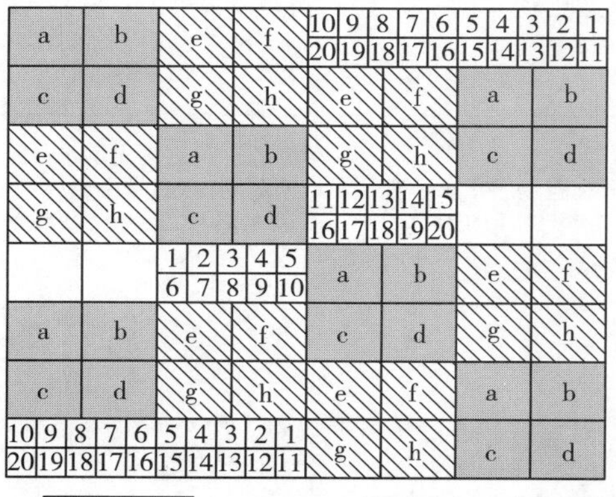

图 2-4　土壤剖面采样区示意图

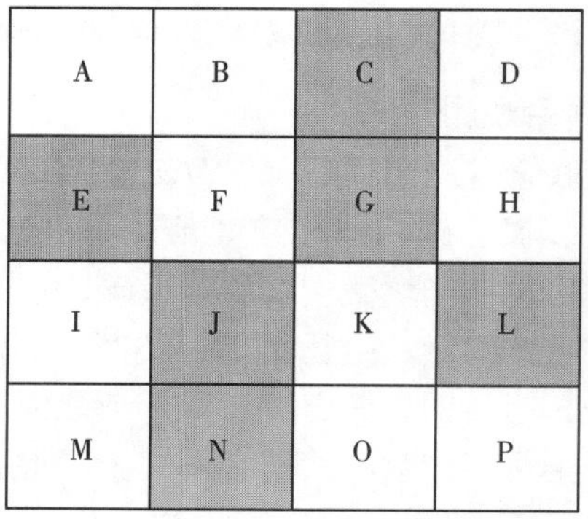

A	B	C	D
E	F	G	H
I	J	K	L
M	N	O	P

图 2-5　生物样方及编码示意图

（1）土壤观测具体内容、时间及频度

土壤速效养分：碱解氮、速效磷、速效钾，1 次/年，采样重复数 6 个，收获后表层采样（0～20 cm）。

土壤养分：有机质、全氮、pH、缓效钾；采样重复数 6 个，表层采样（0～20 cm）。

表土速效微量元素：有效铜、有效硼、有效锰、有效锌、有效硫，5 年 1 次，表层采样（0～20 cm）。

土壤阳离子交换量和交换性阳离子：交换性钙、镁、钾、钠，土壤交换性铝、氢，5 年 1 次，采样重复数 6 个；表层采样（0～20 cm）。

表层土壤容重：5 年 1 次，采样重复数 6 个。表层（0～20 cm），2005 年、2010 年、2015 年进行。

剖面土壤养分全量：全氮、全磷、全钾和有机质 5 年 1 次，采样重复数 3 个，剖面采样（0～20 cm、＞20～40 cm、＞40～60 cm、＞60～100 cm）。

微量元素全量和重金属（剖面）：钼、锌、锰、铜、铁、硼，重金属铬、铅、镍、镉、硒、砷、汞，5 年 1 次，采样重复数 3 个；剖面采样（0～20 cm、＞20～40 cm、＞40～60 cm、＞60～100 cm）。

矿质全量：土壤矿质全量（Ca、Mg、Na、Fe、Al、Si、Mn、Ti、S），10 年 1 次，采样重复数 3 个；剖面采样（0～20 cm、＞20～40 cm、＞40～60 cm、＞60～100 cm）。

机械组成和容重（剖面）：10 年 1 次，采样重复数 3 个；剖面为（0～20 cm、＞20～40 cm、＞40～60 cm、＞60～100 cm）。

（2）生物观测具体内容、时间及频度

历年复种指数与作物轮作体系，农田类型，复种指数，轮作制（1 次/年）。

灌溉制度，作物名称，灌溉时间（作物发育期）、灌溉水源、灌溉方式、灌溉量（每年监测，作物季动态记录）。

主要作物肥料、农药、除草剂等投入量，作物名称，施用时间，施用方式，肥料（或农药或除草剂等）名称、施用量，肥料含纯氮量，肥料含纯磷量，肥料含纯钾量（每年监测，作物季动态记录）。

作物物候（水稻）：品种、播种期、出苗期、三叶期、插秧期、返青期、分蘖期、拔节期、分化期、抽穗开花期、乳熟期、蜡熟期、完熟期、收获期、生长期（天）。

病虫害记录：病虫种类、危害程度（事件发生记录）。

植物元素含量：全碳、全氮、全磷、全钾、全硫、全钙、全镁、全铁、全锰、全铜、全锌、全钼、全硼、全硅（5 年 2 次；收获期样品）。

2.2.1.2　稻田综合观测场土壤水分长期观测样地

稻田综合观测场土壤水分长期观测样地（TYAZH01CTS _ 01）：综合观测场内布设 3 根中子管（TYAZH01CTS _ 01 _ 01、TYAZH01CTS _ 01 _ 02、TYAZH01CTS _ 01 _ 03）（图 2 - 2）。每根中子管观测深度为 0～170 cm，观测层次为 10 cm、20 cm、30 cm、40 cm、50 cm、70 cm、90 cm、110 cm、130 cm、150 cm、170 cm。观测时间和频率为 4—10 月 5 d 1 次，10 月下旬—3 月上旬 10 d 1 次。

2.2.1.3　稻田综合观测场潜水水位观测井

桃源站稻田综合观测场设 2 个潜水水位观测井（TYAZH01CDX _ 01、TYAZH01CDX _ 02）。在稻田综合观测场中的分布见图 2 - 2。测定频率为 10 d 1 次，17：00 测定。

2.2.1.4　稻田综合观测场水层深度观测点

水稻生长期水层深度观测依据实际情况，在距田埂>1 m 处，任意选取两点观测记录，观测点编码分别为 TYAZH01CCS _ 01、TYAZH01CCS _ 02，每天 1 次。

2.2.2　坡地综合观测场

桃源站坡地综合观测场（TYAZH02）（图 2 - 6）于 1995 年建立，经纬度范围为 111°26′26″E—111°26′27″E、28°55′50″N—28°55′51″N，设计使用年限 99 年以上。观测场建立前是以油茶（80%）为主的混交林，观测场建立后采用两年四熟轮作（玉米—油菜—甘薯—萝卜），人工耕作，施用肥料为化肥+有机肥，灌溉制度为集雨灌溉，土壤肥力水平中等。海拔 106.0～120.0 m，样地为长方形，规格 20.0 m×50 .0 m。观测内容包括生物、水分、土壤。代表典型区域的土壤为第四纪红土发育的红壤，根据全国第二次土壤普查土类为红壤，中国土壤系统分类名称为黏化干润富铁土，按美国土壤系统分类名称为强发育潮湿老成土。土壤剖面发育层次包括表土层 0～18 cm、淋溶层>18～58 cm、母质层>60 cm。

图 2 - 6　桃源站坡地综合观测场

观测场监测及采样地包括：坡地综合观测场水土生联合观测采样地（TYAZH02ABC _ 01）；坡地综合观测场土壤水分观测样地（TYAZH02CTS _ 01）；坡地综合观测场水土流失观测（采样）设施（TYAZH02CTL _ 01）。

2.2.2.1 坡地综合观测场水土生联合观测采样地

桃源站坡地综合观测场水土生联合观测采样地（TYAZH02ABC _ 01）为整个坡地综合观测场，中心坐标为 111°26′ 26″E、28°55′50″N。场地是 20.0 m×50.0 m 的长方形，坡度为 8°～11°，梯田。样地选址考虑了生态系统监测的典型性和代表性。具体采样情况如下：

土壤监测有两种采样方式：① 土壤表层采样：表层土壤混合样的采集和植物样的采集用 A、B 两种方式，隔年两种方式交换（参照图 2－3）；②土壤剖面采样（图 2－4），0～10 cm、＞10～20 cm、＞20～40 cm、＞40～60 cm、＞60 cm 采样，剖面样品均为每 5 年采集 1 次。观测项目包括土壤有机质、氮/磷/钾养分全量和速效态、pH、土壤微量元素全量和速效态、重金属、矿质全量、容重和机械组成。

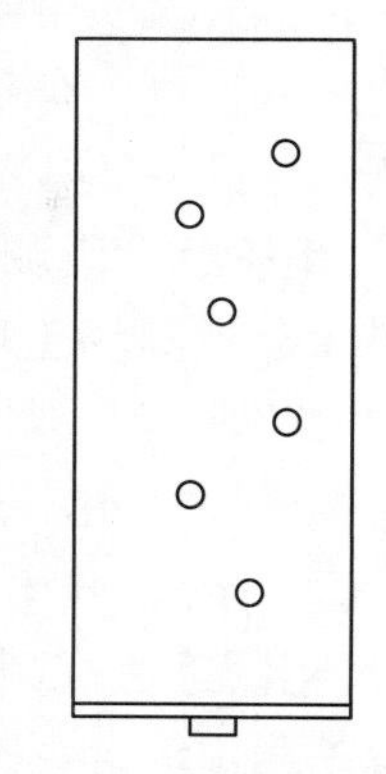
图 2－7 生物观测采样分布图

生物要素采样地设计呈 S 形（图 2－7）；分为 6 个梯度的采样区，每次采样分别从 6 个梯度采样区内各取得 1 份样品，即 6 次重复；对每一次采样点的情况和采样条件做记录，5 年内的采样点不重复。观测项目包括作物名称、降水量、积温、灌溉、肥料、农药、除草剂等投入量及病虫害；作物中碳、氮、磷、钾、硫、钙、镁、铁、锰、铜、锌、钼、硼、硅等元素的全量。具体观测指标和频度可参照 2.2.1.1。

2.2.2.2 坡地综合观测场土壤水分长期观测样地

坡地综合观测场土壤水分长期观测样地（TYAZH02CTS _ 01）将整个坡地共分 16 个梯度，从上往下的第 2、8、15 梯各埋设中子管 2 根，共计 6 根，设施代码分别为①TYAZH02CTS _ 01 _ 01、②TYAZH02CTS _ 01 _ 02、③TYAZH02CTS _ 01 _ 03、④TYAZH02CTS _ 01 _ 04、⑤TYAZH02CTS _ 01 _ 05、⑥TYAZH02CTS _ 01 _ 06。观测项目为土壤水分含量。观测场坐标范围为 111°26′26″E—111°26′27″E、28°55′50″N—28°55′51″N。

2.2.2.3 坡地综合观测场水土流失观测（采样）设施

坡地综合观测场水土流失观测（采样）设施（TYAZH02CTL _ 01）规格为 3.0 m×2.0 m，长方形，位于坡底，其中心坐标为 111°26′26″E、28°55′50″N，本设施监测项目为侵蚀径流量、泥沙量、地表径流水水质等。

本观测场土壤水分长期观测样地及水土流失观测（采样）设施布置见图 2－8。

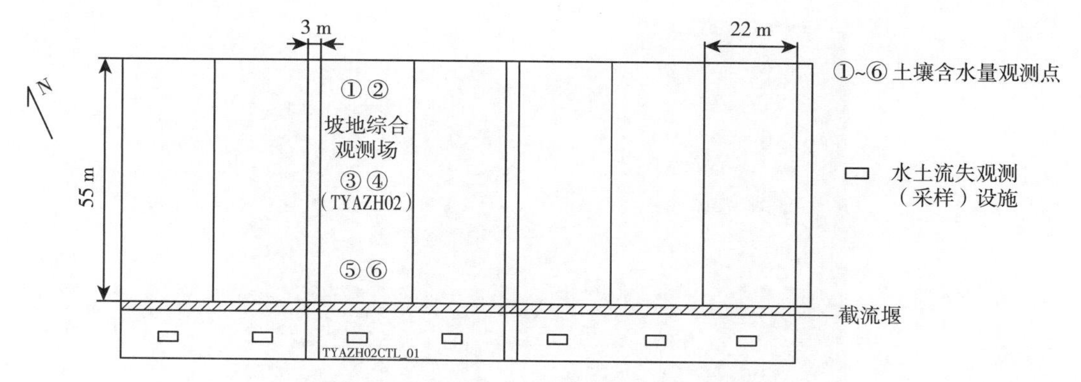

图 2－8 坡地综合观测场观测设施布置图

2.2.3 稻田辅助观测场

桃源站稻田辅助观测场（TYAFZ01、TYAFZ02、TYZFZ03）（图2-9），2004年建立，坐标范围为111°26′30″E—111°26′31″E、28°55′46″N—28°55′47″N，预计使用年限大于99年。观测场是规格为7.0 m×42.9 m的长方形，养分水平中等，以早稻—晚稻—冬闲方式轮作，以集雨灌溉为主。观测场建立10年前是水旱轮作，畜力以牛耕为主，有机无机肥结合施用。观测场建立后实行双季稻耕作，施肥也与以前有不同，即不施肥、化肥、有机无机肥结合施用。土壤按中国土壤系统分类为潜育水稻人为土，母质为第四季红色黏土。

图2-9 桃源站稻田辅助观测场

观测场监测及采样地包括稻田土壤、生物辅助观测采样地（不施肥）（TYAFZ01AB0 _ 01）；稻田土壤、生物辅助观测采样地（稻草还田）（TYAFZ02AB0 _ 01）；稻田土壤、生物辅助观测采样地（平衡施肥）（TYAFZ03AB0 _ 01）。

观测场中所有样地综合配置分布见图2-10：

TYAFZ01AB0_01 稻田土壤、生物辅助观测 采样地（不施肥）	TYAFZ02AB0_01 稻田土壤、生物辅助观测 采样地（稻草还田）	TYAFZ03AB0_01 稻田土壤、生物辅助观测 采样地（平衡施肥）

图2-10 观测场中水分观测设施

稻田土壤、生物辅助观测采样地规格7.0 m×14.3 m，长方形，含3块样地，不施肥样地（TYAFZ01AB0 _ 01）的中心点坐标为111°26′30″E、28°55′47″N；稻草还田样地（TYAFZ02AB0 _ 01）的中心点坐标为111°26′31″E、28°55′46″N；平衡施肥样地（TYAFZ03AB0 _ 01）的中心坐标为111°26′30″E、28°55′47″N。

土壤观测项目包括氮、磷、钾等养分，有机质、pH、阳离子交换量和交换性阳离子，土壤容重、机械组成、矿质全量（二氧化硅、氧化铁、氧化铝、氧化钙、氧化镁、氧化钛、氧化锰、氧化钾、氧化钠、五氧化二磷、烧失量等）、微量元素全量（钼、锌、锰、铜、铁、硼）和重金属（铬、铅、镍、镉、硒、砷、汞）。生物观测项目包括肥料、农药、除草剂等的投入量，病虫害及植物元素含量（全碳、全氮、全磷、全钾、全硫、全钙、全镁、全铁、全锰、全铜、全锌、全钼、全硼、全硅）具体观测指标和频度可参照2.2.1.1。

2.2.4 坡地辅助观测场

桃源站坡地辅助观测场（TYAFZ04、TYAFZ05、TYAFZ06、TYAFZ07）（图 2-11）经纬度范围是 111°26′24″E—111°26′28″E、28°55′49″N—28°55′52″N。本观测场建立于 1995 年，到 1998 年恢复生态系统植被群落基本形成，预计使用年限大于 99 年，长方形，规格为 20.0 m×50.0 m。土壤类型为典型的第四纪发育的红壤，养分水平中等，土壤剖面特征表土层 0～18 cm、淋溶层>18～58 cm、母质层>60 cm，侵蚀为细沟侵蚀和轻度的风蚀。植被类型有自然植被（恢复生态系统）、自然茅草植被（退化生态系统）、常绿灌丛植被（人工茶园）和常绿灌木植被（人工果园），分别为桃源站红壤坡地不同土地利用方式长期定位试验的 7 个处理中的 4 个。茶园和柑橘园以集雨灌溉为主。观测场建立前种植以油茶、板栗为主要的经济作物。

恢复系统TYAFZ04

退化系统TYAFZ05

茶园系统TYAFZ06

柑橘园系统TYAFZ07

图 2-11 桃源站坡地辅助观测场

观测场设置的采样地：坡地辅助观测场恢复系统水土生辅助观测采样地（TYAFZ04ABC_01）；坡地辅助观测场恢复系统土壤水分长期观测样地（TYAFZ04CTS_01）；坡地辅助观测场恢复系统水土流失观测（采样）设施（TYAFZ04CTL_01）；坡地辅助观测场退化系统水土生辅助观测采样地（TYAFZ05ABC_01）；坡地辅助观测场退化系统土壤水分长期观测样地（TYAFZ05CTS_01）；坡地辅助观测场退化系统水土流失观测（采样）设施（TYAFZ05CTL_01）；坡地辅助观测场茶园系统水土生辅助观测采样地（TYAFZ06ABC_01）；坡地辅助观测场茶园系统土壤水分长期观测样地（TYAFZ06CTS_01）；坡地辅助观测场茶园系统水土流失观测（采样）设施（TYAFZ06CTL_01）；坡地辅助观测场柑橘园系统水土生辅助观测采样地（TYAFZ07ABC_01）；坡地辅助观测场柑橘园系统土壤水分长期观测样地（TYAFZ07CTS_01）；坡地辅助观测场柑橘园系统水土流失观测（采样）设施（TYAFZ07CTL_01）。坡地辅助观测场采样场与观测设施布置见图 2-12。

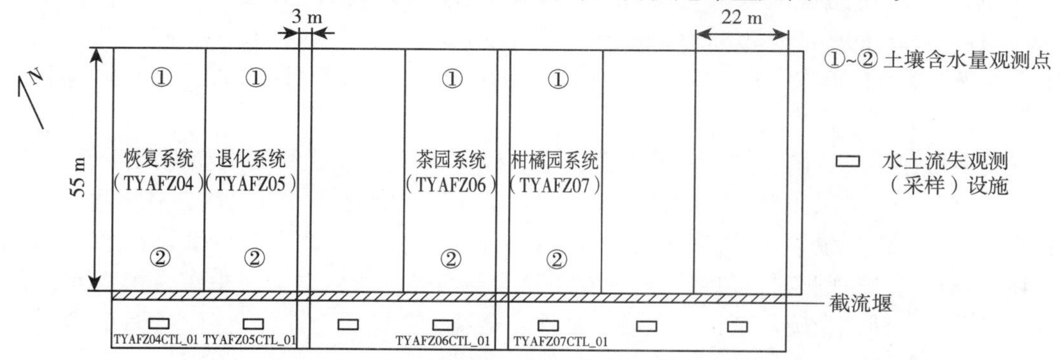

图 2-12 坡地辅助观测场所有样地综合布置

2.2.4.1　水土生辅助观测采样地

桃源站坡地辅助观测场水土生辅助观测采样地：坡场辅助观测场恢复系统水土生辅助观测采样地（TYAFZ04ABC_01）中心点坐标为 111°26′25″E，28°55′51″N；坡场辅助观测场退化系统水土生辅助观测采样地（TYAFZ05ABC_01），中心点坐标为 111°26′26″E，28°55′51″N；坡场辅助观测场茶园系统水土生辅助观测采样地（TYAFZ06ABC_01），中心点坐标为 111°26′27″E，28°55′50″N；坡场辅助观测场柑橘园系统水土生辅助观测采样地（TYAFZ07ABC_01），中心点坐标为 111°26′28″E，28°55′50″N。坡度 8°～11°，坡向：东南 15°。

生物观测项目包括植物群落、生物量、农事与灾害、产量，土壤观测项目包括土壤理化性质。

2.2.4.2　土壤水分长期观测样地及水土流失观测（采样）设施

坡地辅助观测场水土流失观测（采样）设施建于 1995 年，中子管建于 2002 年，预计使用年限大于 99 年，包括：①坡地辅助观测场恢复系统土壤水分观测设施（TYAFZ04CTS_01），含 2 根中子管 TYAFZ04CTS_01_01、TYAFZ04CTS_01_02；②坡地辅助观测场恢复系统水土流失观测（采样）设施（TYAFZ04CTL_01）；③坡地辅助观测场退化系统土壤水分观测设施（TYAFZ05CTS_01），含 2 根中子管 TYAFZ05CTS_01_01、TYAFZ05CTS_01_02；④坡地辅助观测场退化系统水土流失观测（采样）设施（TYAFZ05CTL_01）；⑤坡地辅助观测场茶园系统土壤水分观测设施（TYAFZ06CTS_01），含 2 根中子管 TYAFZ06CTS_01_01、TYAFZ06CTS_01_02；⑥坡地辅助观测场茶园系统水土流失观测（采样）设施（TYAFZ06CTL_01）；⑦坡地辅助观测场柑橘园系统土壤水分观测设施（TYAFZ07CTS_01）含 2 根中子管 TYAFZ07CTS_01_01、TYAFZ07CTS_01_02；⑧坡地辅助观测场柑橘园系统水土流失观测（采样）设施（TYAFZ07CTL_01）。

整个坡地共分 16 个梯度，从上往下的第 2、15 梯埋设中子管（土壤水分观测设施）；坡底为水土流失观测（采样）设施，每个水土流失观测（采样）设施规格 3.0 m×2.0 m，各设施在观测场中的布设见图 2-12。

水分监测项目包括每次降雨过程观测地表径流量、地表径流水质观测、土壤含水量。

2.2.5　水分辅助观测场

水分辅助观测场包括 7 个观测点，设计使用年限皆大于 99 年，具体如下：

（1）水分辅助观测地下水观测点（水位、水质）（TYAFZ10CDX_01，饮水井）

建于 1998 年，圆形，规格为 2.5 m×2.0 m，井深 15.0 m，海拔 83.7 m，其经纬度为 111°26′17″E、28°55′47″N。

（2）水分辅助观测流动水观测点（水质）（TYAFZ11CLB_01，延溪口上游 600 m）

建于 1998 年，横断面宽 80 m，高 10.0 m，海拔 49.0 m，其经纬度为 111°27′54″E、28°54′43″N。

（3）水分辅助观测溢流水观测点（流量、水质）（TYAFZ12CLB_01，总测流堰）

建于 1998 年，长方形，规格为 2.0 m ×3.0 m，海拔 90.0 m，其经纬度为 111°26′33″E、28°55′50″N。

（4）水分辅助观测坡地径流场（测流堰 1，流量、水质）（TYAFZ13CRJ_01）

建于 1995 年，长方形，规格为 146.0 m×50.0 m，含 7 个不同经营方式构建的垫面（景观）处理，海拔 103.0～117.0 m，其中心经纬度为 111°26′26″E，28°55′50″N。

（5）水分辅助观测灌溉水观测点（水质）（TYAFZ14CGB_01，2 号塘）

建站前已有，建站后拓宽，长方形，规格为 35.0 m×50.0 m，海拔 98.0 m（水深 1.6 m），其经纬度为 111°26′25″E、28°55′49″N。

（6）水分辅助观测静止水观测点（水质）（TYAFZ15CJB_01，1 号塘）

建站前已有，建站后拓宽，长方形，规格为 60.0 m×40.0 m，海拔 90 m（水深 1.8 m），其经纬度为 111°26′33″E、28°55′49″N。

（7）土壤含水量烘干法测量采样点（TYAFZ16CHG _ 01，气象场）

其经纬度为 111°26′26″E、28°55′46″N，土里设有一根中子管（TYAFZ16CTS _ 01）。

设计使用年限皆大于 99 年。

水分辅助观测场观测项目包括地下水、流动水、溢流水、坡地径流水、灌溉用地表水和静止地表水，每年旱季和雨季各采样一次。

2.2.6 气象综合观测场

桃源站气象综合观测场地（TYAQX01）（图 2－13）位于坡顶平地，四周空旷平坦，周围没有高大建筑物、树木的遮挡。观测场四周未种植高秆作物，观测场位于该地区主风向的上风方向。观测场于 1996 年建立，设计使用年限大于 99 年，观测场正南北向，正方形，规格为 25.0 m×25.0 m。中心点坐标为 111°26′26″E、28°55′46″N，海拔 106 m。监测目的：实现对南方红壤丘陵区复合农业生态系统相应气象、辐射及大气环境化学等要素的长期规范监测，在 CERN 范围内实现对所有监测工作及监测结果的规范和量化管理。

图 2－13 桃源站气象综合观测场

观测场监测样地及采样设施包括气象场土壤水分长期观测样地（TYAQX01CTS _ 01），含中子管 2 根：TYAQX01CTS _ 01 _ 01、TYAQX01CTS _ 01 _ 02；气象场土壤溶液观测样地（TYAQX01CTR _ 01）；气象场小型蒸发器 E601（TYAQX01CZF _ 01）；气象场集雨器（TYAQX01CYS _ 01）；气象场干湿沉降仪（SYC－3）（TYAQX01CGS _ 01）。场内观测设施分布见图 2－14。

图 2－14 气象综合观测场及其设施分布

监测项目及频度：

（1）人工观测气象要素及频度

天气状况、气压、风向、风速、定时温度、相对湿度、定时地表温度：3次/d（8：00、14：0、20：00）。最高温度、最低温度、水面蒸发、最高地表温度、最低地表温度：1次/d（20：00）。降雨总量（降雨时观测）：2次/d（8：00、20：00）。初雪、终雪、雪深（降雪时观测）：1次/d（8：00）。初霜、终霜：1次/年。日照时数（日落时观测）：1次/d。

（2）自动观测气象要素及频度

气压、风向、风速、定时温度、最高温度、最低温度、相对湿度：1次/d。降雨总量、降雨强度、定时地表温度、最高地表温度、最低地表温度、土壤温度（观测深度5 cm、10 cm、15 cm、20 cm、40 cm、60 cm、100 cm）：1次/d。总辐射、光合有效辐射、反射辐射、净辐射紫外辐射（UV）、日照时数：1次/d。

（3）水分观测内容、时间及频度

土壤水分含量（中子仪）：观测频率为5 d1次（5—10月）、10 d 1次（11月—次年4月），在实际观测过程中由于降雨和仪器等原因观测时间有适当调整。

雨水采集：水样在2009—2012年1月、4月、7月和10月累计混合后取少量水样；自2013年起每月采集一次，由CERN水分分中心集中分析；土壤水分特征参数，5年1次。

（4）土壤观测内容、时间及频度

土壤容重、养分全量，观测频率为5年1次。

2.2.7　官山（岭）村站区调查点

站区调查点1（行政村）桃源县青林乡官山（岭）村（TYAZQ01）建于1980年，设计使用年限大于30年，位于湖南省桃源县青林乡官山（岭）村（2011年改名为督粮冲村），村部位于111°27′5″E、28°57′4″N。样地养分水平中等，采取集雨自流灌溉，典型区域的土壤类型为第四纪发育的红壤。观测场建立前采用化肥和农家肥结合，观测场建立后，多数情况下使用化肥，绿肥次之，少用农家肥。

站区观测项目包括：速效氮、磷、钾及全量氮、磷、钾，pH、有机质、缓效钾；面积、灌溉方式、作物及作物产量；肥料、农药、除草剂的投入量及病虫害；植物生物学特性、生育期、生物量。

本观测场设有官山村稻田土壤、生物长期采样地和官山村坡地土壤、生物长期采样地两个采样地。采样地定位调查地块面积为1 363.5 m^2，年平均作物产量9 000 kg/hm^2，当地人均耕地873.3 m^2。

观测场中所有样地综合配置分布见图2-15：

2.2.7.1　官山村稻田土壤、生物长期采样地

官山村稻田土壤、生物长期采样地（TYAZQ01AB0 _ 01）（图2-16）建于1980年，设计使用年限大于30年，中心点坐标为111°27′16″E、28°57′33″N。采样地海拔大约为65 m，长方形，规格为27.0 m×50.5 m。观测场建立前种植双季稻，冬季种植油菜绿肥，畜力为牛耕；观测场建立后种植与畜力尚未改变。

生物采样的常规观测项目包括植物生物学特性、生育期、生物量、生产过程的投入与产出，按生物学、栽培学标准实施。

土壤采样时，不同项目的观测频率不同。表层（0～20 cm）土壤速效养分：碱解氮、速效磷、速效钾，1次/年。表层（0～20 cm）土壤养分：全氮、pH、有机质、缓效钾，3年1次。土壤（0～20 cm、>20～40 cm、>40～60 cm、>60～100 cm）养分全量：有机质、全氮、全磷、全钾，5年1次。土壤采样按S形多点采混合样。

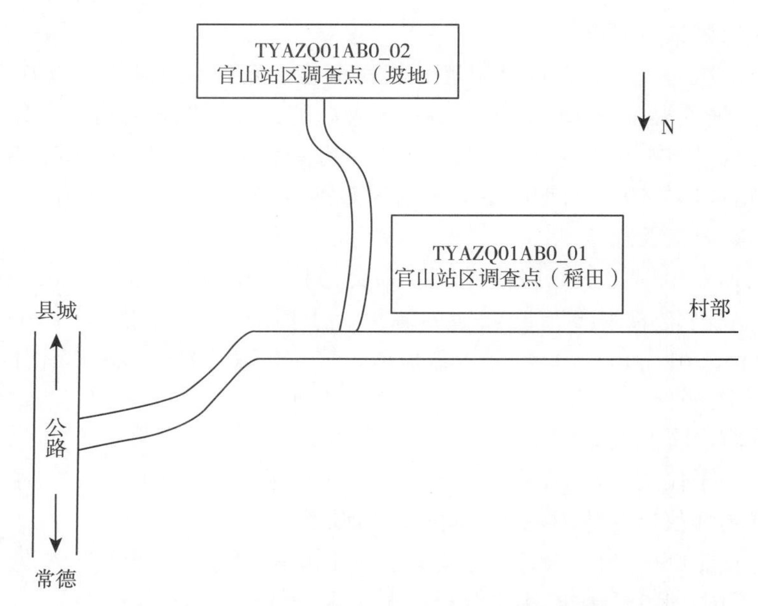

图 2-15　官山（岭）村站区调查点样地位置示意

图 2-16　官山村稻田土壤、生物长期采样地

2.2.7.2　官山村坡地土壤、生物长期采样地

官山村坡地土壤、生物长期采样地（TYAZQ01AB0 _ 02）（图 2-17）建于 1980 年，设计使用年限大于 30 年，中心点坐标为 111°27′27″E、28°57′21″N。观测场为长方形，规格是 20 m×70 m，海拔大约 100 m，坡向为南向，坡度 6°～8°。观测场建立前是自然原貌的灌木丛，建立后种植经济作物，以柑橘和花生间作，靠人工翻耕。其生物采样和土壤采样与稻田采样地相同。

2.2.8　跑马岗（组）站区调查点

站区调查点 2（自然村落）桃源县尧河乡黄简（溶）村跑马岗（组）（TYAZQ02）（图 2-18）位于湖南省桃源县尧河乡黄简（溶）村跑马岗（组），建立于 2004 年 8 月，设计使用年限大于 30 年。

图 2-17　官山村坡地土壤、生物长期采样地

观测场所代表典型区域为红壤丘陵区，海拔约 100 m，土壤是第四纪发育的红壤，母质为红色黏土，养分水平中等，集雨自流灌溉。

观测场设有跑马岗（组）稻田土壤、生物长期采样地和跑马岗（组）坡地土壤、生物长期采样地，观测场中所有样地综合配置分布见图 2-18。

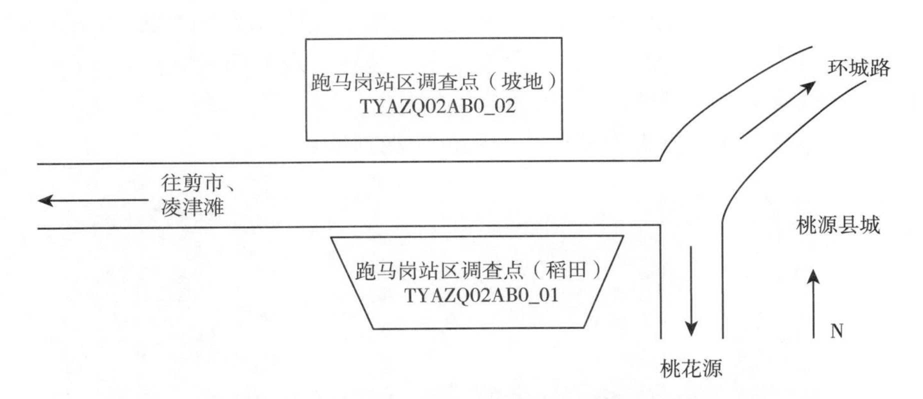

图 2-18　跑马岗（组）站区调查点样地位置示意

观测项目包括全量氮、磷、钾和速效氮、磷、钾，有机质、pH；面积、灌溉方式、作物及作物产量；肥料、农药、除草剂的投入量及病虫害；植物生物学特性、生育期、生物量。

2.2.8.1　跑马岗（组）稻田土壤、生物长期采样地

跑马岗（组）稻田土壤、生物长期采样地（TYAZQ02AB0 _ 01）（图 2-19）建于 2004 年，设计使用年限为 33 年，位于综合观测试验场以南 6 km 处，坡度、坡向为东向，岗冲梯田 ；其中心点坐标为 111°26′60″E、28°51′55″N。样地面积为［（30＋35）/2×28］m^2，不规则四边形。养分水平中等，采取集雨自流灌溉。此地土壤剖面特征：淹育层 0～23 cm、犁底层＞23～38 cm、淋溶层＞38～100 cm、母质层＞100 cm。观测场建立前种植早稻—晚稻，畜力为牛耕，肥料以复合肥、氯化钾、尿素、过磷酸钙为主，农家肥使用比较少；观测场建立后也如此。

图 2-19 跑马岗（组）稻田土壤、生物长期采样地

生物采样和土壤采样与官山村稻田站区调查点相同。

2.2.8.2 跑马岗（组）坡地土壤、生物长期采样地

跑马岗（组）坡地土壤、生物长期采样地（TYAZQ02AB0 _ 02）（图 2-20）建于 2004 年，设计使用年限大于 33 年，位于综合观测试验场以南 6 km 处，其中心点坐标为 111°26′58″E、28°51′57″N，样地规格 30 m×43 m，长方形，坡度为 8°，坡向为东向，缓坡。观测场建立前，1968—1972 年种植油茶树，1972 年后改为茶园，之后未做大的改动；施用尿素、复合肥，每年达 30～40 kg，畜力为牛耕。观测场建立后实行茶树连作，人工翻耕，施肥也如观测场建立前。

图 2-20 跑马岗（组）坡地土壤、生物长期采样地

生物采样和土壤采样与官山村坡地站区调查点相同。

2.3　长期定位试验样地介绍

2.3.1　施肥制度演替长期定位试验

桃源站施肥制度演替长期定位试验（TYASY01）（图2-21）位于桃源站宝洞峪试验场内，海拔89 m。试验地于1990年建立，形状为长方形，面积1 000 m^2。地貌为冲垅梯田，土类为水稻土，亚类为潜育性水稻土，母质或母岩为第四纪红色黏土，种植双季水稻。

图2-21　桃源站施肥制度演替长期定位试验

本试验为施肥制度模拟试验，共分10个处理（罗马数字表示，下同），3次重复（阿拉伯数字表示，下同），小区面积为33.3 m^2。田间小区排列见图2-22：

<table>
<tr><td colspan="10">（桃源站稻草还田长期定位试验）</td></tr>
<tr><td>Ⅴ-1</td><td>Ⅲ-1</td><td>Ⅰ-1</td><td>Ⅸ-1</td><td>Ⅶ-1</td><td>Ⅱ-1</td><td>Ⅵ-1</td><td>Ⅷ-1</td><td>Ⅹ-1</td><td>Ⅵ-1</td></tr>
<tr><td>Ⅶ-2</td><td>Ⅹ-2</td><td>Ⅷ-2</td><td>Ⅱ-2</td><td>Ⅳ-2</td><td>Ⅴ-2</td><td>Ⅲ-2</td><td>Ⅵ-2</td><td>Ⅸ-2</td><td>Ⅰ-2</td></tr>
<tr><td>Ⅷ-3</td><td>Ⅳ-3</td><td>Ⅱ-3</td><td>Ⅹ-3</td><td>Ⅵ-3</td><td>Ⅸ-3</td><td>Ⅰ-3</td><td>Ⅶ-3</td><td>Ⅴ-3</td><td>Ⅲ-3</td></tr>
<tr><td colspan="10">（水分辅助观测场静止水观测点）</td></tr>
</table>

图2-22　稻田施肥制度试验田间小区排列示意

供试作物及栽培规范：早稻用早中熟籼稻常规品种，晚稻用中迟熟杂交稻。早稻每小区长边栽插58蔸，短边栽插21蔸。晚稻每小区长边栽插48蔸，短边栽插18蔸。早稻于4月25—27日移栽，晚稻于7月18—20日移栽。

供试肥料与施肥量：有机肥（稻草、绿肥）施用方法如下，处理Ⅰ、Ⅲ、Ⅴ、Ⅶ和Ⅷ不施有机肥；处理Ⅱ、Ⅳ、Ⅵ和Ⅸ早稻施紫云英，早晚稻草还田，次年4月12—14日翻耕时紫云英施入相应处理各个小区之中；处理Ⅹ将紫云英按小区均分后翻耕入泥。尿素含氮（N）量按45%计，实际含氮（N）量以每年一次的实验室测定结果为准；过磷酸钙含五氧化二磷（P_2O_5）量按12%计，实际含磷（P）量以每年一次的实验室测定结果为准，包括全磷和可溶性磷含量；加拿大红色钾肥含氧化钾（K_2O）量按60%计，实际含钾（K）量以每年一次的实验室测定结果为准。处理方法和用量见表2-1：

表2-1 施肥制度演替长期定位试验化肥施用一览表

单位：kg/hm^2

季别	肥料品种	施肥时期	各处理施肥量								施肥方法
			Ⅲ	Ⅳ	Ⅴ	Ⅵ	Ⅶ	Ⅷ	Ⅸ	Ⅹ	
早稻	尿素	插秧前	72	68	72	68	72	72	68	36	耘田入泥
	尿素	栽后15 d	108	108	108	108	108	108	108	57	干田撒施，中耕入泥
	磷肥	移栽前	0	0	751	751	0	751	751	502	耘田入泥
	钾肥	移栽前	0	0	0	0	177	141	141	0	耘田入泥
晚稻	尿素	插秧前	90	90	90	90	90	90	90	75	耘田入泥
	尿素	栽后15～20 d	113	113	113	113	113	113	113	90	干田撒施，中耕入泥
	尿素	孕穗初期	23	27	23	27	23	23	27	12	干田撒施，灌水入泥
	钾肥	移栽前	0	0	0	0	219	255	255	132	耘田入泥

利用本试验可进行的研究：施肥制度进步对土壤肥力的影响、不同施肥制度对产量的影响、施肥制度进步对农田生态环境的影响等。

2.3.2 红壤坡地不同利用方式生态系统结构、功能及其演替观测研究长期定位试验

桃源站红壤坡地不同利用方式生态系统结构、功能及其演替观测研究长期定位试验（TYASY03）观测场位于湖南省桃源县漳江镇宝洞峪村，其经度范围是111°26′24″E—111°26′28″E，纬度范围是28°55′49″N—28°55′52″N。本观测场建立于1995年，到1998年恢复生态系统植被群落基本形成，准备使用年限大于99年，长方形，面积为20 m×50 m。植被为武陵山植被区系，土壤类型为典型的第四纪发育的红壤，养分水平中等，土壤剖面特征为表土层0～18 cm、淋溶层>18～58 cm、母质层>60 cm，侵蚀为细沟侵蚀和轻度的风蚀。茶园和柑橘园靠雨水和提水灌溉。观测场建立前种植以油茶、板栗为主要的经济作物。

本观测场观测项目包括植物群落、地表径流、雨水分配、水量平衡；生物量、农事与灾害、作物产量；土壤水分特征、土壤性状。

观测场坡面南偏东15°，坡长62 m，坡度8°～11°，投影面积1 hm^2。作为坡地不同经营生态系统长期定位观测试验区，观测场建有（7+1）个经营模式，每个模式（小区）投影面积20 m×50 m。研究采用测量数据，自1998年（处理垫面基本形成）开始。系统设计与田间布置见表2-2、图2-23：

表2-2 红壤坡地不同利用方式生态系统结构、功能及其演替观测研究长期定位试验设计

序号	处理区	代表垫面	处理内容
1	恢复系统	自然植被演替	建场时清除地表植被，停止干预，植被自然恢复
2	退化系统	原始利用的自然植被演替	于每年5月和11月将地表植被砍光并移出试验区

（续）

序号	处理区	代表垫面	处理内容
3	农作系统	耕地利用，季节作物植被	梯土不撩壕，每年栽种2茬旱作物，常规管理
4	茶园系统	常绿灌丛植被	梯土撩壕，条植茶树，常规管理灌溉施肥
5	柑橘园系统	常绿灌木植被	梯土撩壕，3 m×3 m栽种柑橘，常规管理
6	甜柿系统	落叶乔木植被	梯土撩壕，3 m×4 m栽种甜柿，常规管理
7	湿地松系统	针叶林植被	梯土撩壕，3 m×3 m栽种湿地松，常规管理
8	油茶林系统	常绿阔叶经济林	2004年移栽，3 m×2 m（于2006年替代6）

图2-23 红壤坡地不同利用方式生态系统结构、功能及其演替观测研究长期定位试验

利用该平台可进行的研究：不同生态系统的生物群落演替及其生物生产力、不同生态系统的土壤环境变化及其机理、不同生态系统的水量平衡及其演变、不同生态系统的小气候效应。

本试验的意义在于为红壤丘陵区的生态建设和坡地的农业开发及其持续利用提供理论指导与管理技术。

本长期定位试验观测场包括1个坡地综合观测场（TYAZH02）和4个坡地辅助观测场（TYAFZ04、TYAFZ05、TYAFZ06、TYAFZ07）另外TYAFZ08和TYAFZ09为按照监测样地规范台站自行增加的科研用辅助观测样地，样地中暂未设置长期联网观测采样点和设施。观测场中各小区综合配置分布见图2-24。

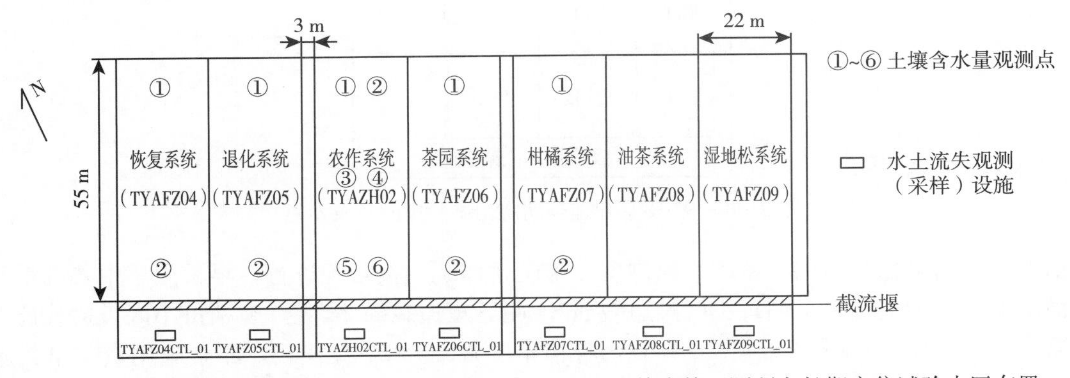

图2-24 红壤坡地不同利用方式生态系统结构、功能及其演替观测研究长期定位试验小区布置

本采样地中水土流失观测（采样）设施建立于 1995 年，设施面积为 3.0 m×2.0 m，长方形；中子管埋设于 2002 年。

2.3.3 稻田水管理长期定位试验

桃源站稻田水管理长期定位试验（TYASY04）（图 2-25）建于 1989 年，准备使用年限大于 50 年，位于湖南省桃源县漳江镇宝洞峪村，其中心点经纬度为 111°26′31″E、28°55′49″N。该试验地为长方形，占地面积 604.8 m^2，海拔 96 m。地属湘北红壤丘陵区，水文区划属多雨带。土壤为第四纪红土发育的水稻土（黏性渗育型），双季稻作生产灌溉有保障。

图 2-25 红壤稻田水管理长期定位试验

土壤观测项目包括 pH、机械组成、阳离子交换量、有机质总量、有机质分组，全量氮、磷、钾，有效氮、磷、钾含量；生物观测项目包括植株氮、磷、钾，农事档案记录、生物量、产量等。

试验区共分 4 个处理，2 次重复，小区规格为 12.6 m×6.0 m。4 个供试处理为：Ⅰ，长年水层灌溉（简称淹灌）；Ⅱ，配额灌溉（简称常规）；Ⅲ，保水灌溉（简称护灌）；Ⅳ，耕灌雨养（简称雨养）。田间小区布置见图 2-26。

（X号水田）			
Ⅲ-1	Ⅰ-1	Ⅱ-2	Ⅳ-2
Ⅱ-1	Ⅲ-12	Ⅳ-1	Ⅰ-2
（稻田辅助观测场）			

图 2-26 稻田水管理长期定位试验田间布置示意

水稻生产采用早稻—晚稻—冬闲种植制度，施肥耕作统一按常规进行。早稻用早中熟籼稻常规品种，晚稻用中迟熟杂交稻。早稻每小区长边栽插 84 蔸，短边栽插 24 蔸。晚稻每小区长边栽插 63 蔸，短边栽插 20 蔸。早稻于 4 月 25—27 日移栽，晚稻于 7 月 18—20 日移栽。尿素施用量，早稻施尿素 180 kg/hm^2，晚稻施尿素 225 kg/hm^2。过磷酸钙施用量，早稻施磷肥 750 kg/hm^2，晚稻不施磷肥。

加拿大红色钾肥施用量，早稻施钾肥 178 kg/hm²，晚稻施钾肥 220 kg/hm²。

利用本试验可进行的研究：不同水管理对系统生产力及其土壤环境的长期影响、不同水管理稻田水量转换及其水分生产率、不同水源条件下稻田灌溉制度及其管理。

2.3.4 红壤旱地稻草异地还土长期定位试验

桃源站红壤旱地稻草异地还土长期定位试验（TYASY05）（图 2-27）位于桃源站宝洞峪试验场内，建于 2005 年，小区规格为 5.1 m×9.5 m，试验地为长方形，总占地 776 m²，海拔 90 m。本试验主要用于研究旱地土壤培肥保墒能力和机制、御旱机理及生产力、养分归还率。

图 2-27 红壤旱地稻草异地还土研究长期定位试验

土类及亚类皆为红壤，母质是第四纪红色黏土，实行玉米—油菜轮作。考虑到南方红壤丘陵稻田产量一般可达 10 000 kg/hm²，设置 10 000 kg/hm² 的覆盖量；由于稻草易地还田过程中耗费的劳动力等因素，设置 5 000 kg/hm² 覆盖量；鉴于丘陵红壤稻田的耕作面积远比旱地面积要多，可以把更多（双季稻田秸秆的年平均生产量）剩余稻草转移到红壤旱地，设置了稻草覆盖量 15 000 kg/hm² 的处理。

处理及稻草施用量见表 2-3。重复小区之间用预制水泥板隔开，水泥板垂直埋深 20 cm，各处理之间用水泥板构建宽 25 cm、深 20 cm 的排水沟相隔开。玉米出苗后按设计覆盖量将原状风干稻草均匀覆盖在各小区内。干草施用，以烘干重计算含水量，折算稻草年施用量（kg/hm²）。

表 2-3 红壤旱地稻草异地还土研究长期定位试验各处理施用量及施用方式

处理编号	施用量及施用方式
Ⅰ	−稻草（ck）、+NPK、不灌溉
Ⅱ	+稻草 5 000、+NPK、不灌溉
Ⅲ	+稻草 10 000、+NPK、不灌溉
Ⅳ	+稻草 15 000、+NPK、不灌溉
Ⅴ	+稻草 10 000、+NPK、全量灌溉
Ⅵ	−稻草、+NPK、全量灌溉

（续）

处理编号	施用量及施用方式
Ⅶ	+稻草 10 000、－NPK、全量灌溉
Ⅷ	－稻草、－NPK、不灌溉、不种植

区组分布采用完全随机区组设计，处理Ⅰ—Ⅳ重复 3 次；需灌溉的处理Ⅴ—Ⅷ安排在一个区组。处理Ⅶ收获之后，把玉米秸秆全部留在试验区，下一季翻耕入田；处理Ⅷ不种植作物，每季作物收获并同时收割处理Ⅷ的杂草，采用夏玉米—油菜耕作制。小区设计见图 2－28。

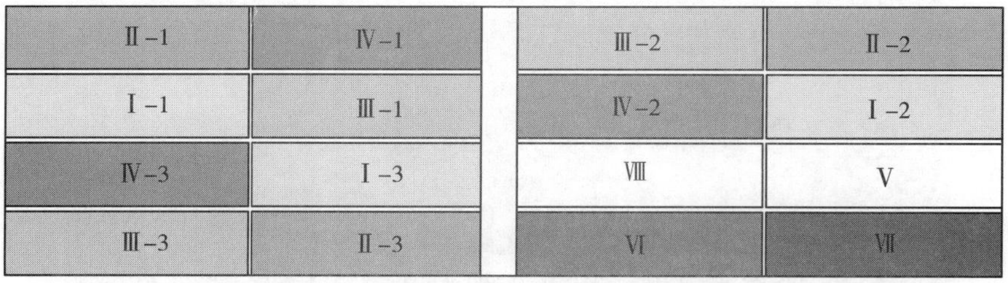

Ⅱ-1	Ⅳ-1	Ⅲ-2	Ⅱ-2
Ⅰ-1	Ⅲ-1	Ⅳ-2	Ⅰ-2
Ⅳ-3	Ⅰ-3	Ⅷ	Ⅴ
Ⅲ-3	Ⅱ-3	Ⅵ	Ⅶ

图 2－28 红壤旱地稻草异地还土长期定位试验区组分布示意

2.3.5 稻田减氮施肥技术长期定位试验

桃源站稻田减氮施肥技术长期定位试验（TYASY06）（图 2－29）位于宝洞峪试验场内，建立于 2012 年，试验场占地 600 m^2，长方形，地形地貌为冲垅梯田。土类为水稻土，亚类为潜育性水稻土，母质为第四纪红色黏土。

图 2－29 稻田减氮施肥技术长期定位试验

本试验田土壤为红壤性水稻土，土地利用方式为双季稻。共分 4 个处理，3 次重复，每小区面积为 48 m^2。

田间小区排列见图 2－30。早稻用早中熟籼稻常规品种，晚稻用中迟熟杂交稻。水稻品种（组合）每 3 年更换一次。早、晚稻的插秧规格均为 20 cm×20 cm，每小区 1 200 兜。早稻于 4 月 25—27 日期间移栽，晚稻于 7 月 18—20 日期间移栽。板田越冬。

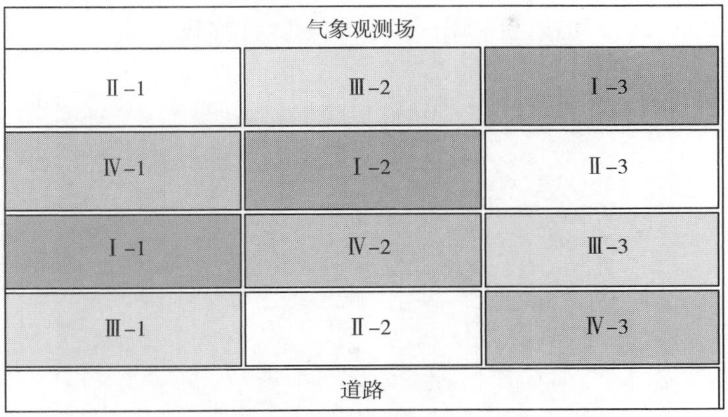

气象观测场		
Ⅱ-1	Ⅲ-2	Ⅰ-3
Ⅳ-1	Ⅰ-2	Ⅱ-3
Ⅰ-1	Ⅳ-2	Ⅲ-3
Ⅲ-1	Ⅱ-2	Ⅳ-3
道路		

图2-30　双季稻田氮肥减施试验田间小区排列示意

供试肥料分别为硫酸铵（含N 21%）、磷酸一铵（含N 12%、P_2O_5 61%）、氯化钾（K_2O 60%），施肥量氮肥以纯氮计，磷肥以五氧化二磷（P_2O_5）计，钾肥以氧化钾（K_2O）计。各处理具体施肥量及施肥时间见表2-4。

表2-4　红壤旱地稻草异地还土研究长期定位试验各处理施用量及施用方式

处理	作物	氮肥（kg/hm²）	磷肥（kg/hm²）	钾肥（kg/hm²）	施肥时间及方式
处理Ⅰ（常规施肥）	早稻	150	90	90	40%氮肥作为基肥施入，剩余60%氮肥作为分蘖肥施入，磷钾均为基肥；施肥方式为撒施
	晚稻	150	30	90	
处理Ⅱ（减氮30%）	早稻	105	90	90	早稻氮肥30 kg/hm² 和磷肥45 kg/hm² 作为提苗肥在插秧前撒施，晚稻氮肥30 kg/hm² 作为提苗肥于插秧前撒施；剩余氮磷钾肥均制作成肥球，在插秧后人工深施，深施深度为6～8 cm
	晚稻	105	30	90	
处理Ⅲ（减氮23%）	早稻	115.5	90	90	施用时间及方式同处理Ⅱ
	晚稻	115.5	30	90	
处理Ⅳ（减氮16%）	早稻	126	90	90	施用时间及方式同处理Ⅱ
	晚稻	126	30	90	

2.3.6　水稻耕作制度长期定位试验

桃源站水稻耕作制度长期定位试验（TYASY07）（图2-31）位于宝洞峪试验场内，建立于2010年，试验场占地1 308 m²，长方形，地形地貌为冲垅梯田，海拔95.8 m。土类为水稻土，亚类为潜育性水稻土，母质为第四纪红色黏土。本试验主要开展耕作制度对土壤肥力的影响研究、不同施肥制度的产量效应、耕作制度对农田生态环境的影响研究等。

本试验共设4个处理，3次重复，每小区面积为109 m²。田间小区排列见图2-32。供试作物及栽培规范：早稻用早中熟籼稻常规品种，晚稻用中迟熟杂交稻，中稻采用优质杂交稻，油菜采用甘蓝型中迟熟品种，白菜为茎叶用小白菜。晚稻和中稻移栽规格为20 cm×20 cm，油菜和白菜移栽规格为 40 cm×30 cm。早稻于 4 月 25—27 日移栽，晚稻于 7 月 18—20 日移栽，中稻于 6 月 10—13 日期间移栽，油菜于 10 月 20—22 日移栽，白菜于 9 月 20—23 日移栽。

图 2－31　水稻耕作制度长期定位试验

（水分辅助观测场静止水观测点）	
Ⅰ-1中稻	Ⅲ-1中稻—油菜
Ⅳ-1中稻—白菜—油菜	Ⅱ-1双季稻
Ⅱ-2双季稻	Ⅰ-2中稻
Ⅲ-2中稻—油菜	Ⅳ-2中稻—白菜—油菜
Ⅰ-3中稻	Ⅲ-3中稻—油菜
Ⅱ-3双季稻	Ⅳ-3中稻—白菜—油菜
（稻田综合观测场）	

图 2－32　水稻耕作制度长期定位试验田间小区排列示意

供试肥料与施肥量：供试肥料为尿素（含 N 46%）、过磷酸钙（含 P_2O_5 12%）和氯化钾（含 K_2O 60%），复合肥（N、P_2O_5 和 K_2O 均为 15%）。

处理Ⅰ：基肥 110.1 kg/hm² 尿素，917.4 kg/hm² 过磷酸钙，302.8 kg/hm² 氯化钾；分蘖肥 146.8 kg/hm² 尿素；壮苞肥 18.3 kg/hm² 尿素。

处理Ⅱ：早稻基肥 73.4 kg/hm² 尿素，733.9 kg/hm² 过磷酸钙，146.8 kg/hm² 氯化钾；分蘖肥 110.1 kg/hm² 尿素。晚稻基肥 91.7 kg/hm² 尿素，917.4 kg/hm² 过磷酸钙，256.9 kg/hm² 氯化钾；分蘖肥 119.3 kg/hm² 尿素；壮苞肥 18.3 kg/hm² 尿素。

处理Ⅲ：中稻基肥 110.1 kg/hm² 尿素，917.4 kg/hm² 过磷酸钙，302.8 kg/hm² 氯化钾；分蘖肥 146.8 kg/hm² 尿素；壮苞肥 18.3 kg/hm² 尿素。油菜基肥 146.8 kg/hm² 复合肥；追肥 91.7 kg/hm² 尿素。

处理Ⅳ：中稻基肥 110.1 kg/hm² 尿素，917.4 kg/hm² 过磷酸钙，302.8 kg/hm² 氯化钾；分蘖肥 146.8 kg/hm² 尿素；壮苞肥 18.3 kg/hm² 尿素。油菜基肥 146.8 kg/hm² 复合肥；追肥 91.7 kg/hm² 尿素。白菜基肥为 275.2 kg/hm² 复合肥。

2.3.7 作物连作障碍防控长期定位试验

桃源站作物连作障碍防控长期定位试验（TYASY08）（图2-33），试验场占地43.8 m×15 m，长方形。土类为红壤，亚类为红壤，母质为第四纪红色黏土。

图2-33 作物连作障碍防控长期定位试验

1987年前属于农民用地，以种植水稻为主，1987年后种植过苎麻、棉花、花生等。为了探明连作障碍的影响因素，如土壤中营养元素含量、根系分泌物、土壤微生物等，确定这些因素对连作障碍的影响状况，2010年在原地经过整理土壤建设小区，种植烟草，2012年试验地正式启用。

本试验共设5个处理，每处理3次重复，小区规格为6 m×7.3 m，田间小区排列见图2-34。

Ⅰ-1	Ⅱ-1	Ⅲ-1	Ⅳ-1	Ⅴ-1
Ⅲ-2	Ⅴ-2	Ⅳ-2	Ⅰ-2	Ⅱ-2
Ⅱ-2	Ⅰ-3	Ⅴ-3	Ⅲ-3	Ⅳ-3

图2-34 连作障碍防控长期定位试验小区布置

处理Ⅰ：连作，连续种植同种作物，2012—2015年为连续种植烟草；

处理Ⅱ：水旱轮作，水稻和烟草轮换种植；

处理Ⅲ：生物调控，施肥前一个月将发酵过的菜籽饼和微生物菌剂按5∶1的比例混合，加入自来水到混合物湿润，装入塑料桶发酵一个月，施肥时取用。菌剂为助友宝SOD微生物菌剂（类球红细菌）；

处理Ⅳ：营养调控，增施稻草，稻草晒干后，利用粉碎机粉碎成1～2 cm的小段，施用量为2 968 kg/hm^2；

处理Ⅴ：此处理为备用处理，暂与处理Ⅰ相同。

2.3.8 稻田异地置土长期定位试验

桃源站稻田异地置土长期定位试验（TYASY09）（图2-35），分别从广东雷州（砖红壤母质）、浙江嘉兴和湖南桃源青林乡（河流冲积物母质）、江西鹰潭和湖南桃源漳江镇（第四纪红壤）共五地，采集1.4 m×1.4 m×0.7 m（长×宽×高）的原状水稻土柱，置于桃源站同一田块，5个处理，每个处理3次重复，小区总面积为40 m^2，正方形，每个小区面积为1.96 m^2。试验场建立于2010年，于

2012 年开始在同一田间管理模式下种植早稻和晚稻。田间小区排列情况见图 2－36。

图 2－35　稻田异地置土长期定位试验

I–1 桃源第四纪红壤	II–1 桃源河流冲积物母质	III–1 鹰潭第四纪红壤	IV–1 嘉兴河流冲积物母质	V–1 雷州砖红壤母质
I–1 桃源第四纪红壤	II–2 桃源河流冲积物母质	III–2 鹰潭第四纪红壤	IV–2 嘉兴河流冲积物母质	V–2 雷州砖红壤母质
I–1 桃源第四纪红壤	II–3 桃源河流冲积物母质	III–3 鹰潭第四纪红壤	IV–3 嘉兴河流冲积物母质	V–3 雷州砖红壤母质

图 2－36　稻田异地置土长期定位试验小区布置示意

早稻用早中熟籼稻常规品种，晚稻用中迟熟杂交稻。水稻品种（组合）每 3 年更换一次。早稻和晚稻每小区栽插 7×7＝49 蔸。早稻于 4 月 25—27 日移栽，晚稻于 7 月 18—20 日移栽。

监测计划：定期测定 pH，有机质总量，全量氮、磷、钾，有效氮、磷、钾元素含量等。其他土壤测定内容根据研究工作需要确定。同时，测定土壤真菌、细菌和功能微生物群落。

该试验针对南方不同母质发育稻田土壤，系统采集大型原状土柱，统一放置于同一试验田块，系统观测不同母质稻田土壤在相同田间管理模式和环境条件下土壤性质、微生物和生产力等演替特征。

2.3.9　稻草还田长期定位试验

桃源站稻草还田长期定位试验（TYASY10）（图 2－37）位于桃源站宝洞峪试验场内，为双季稻作区。试验开始于 2017 年 5 月。试验场占地 600 m^2，长方形，地形地貌为冲垅梯田，海拔 89.5 m。土类为水稻土，亚类为潜育性水稻土，母质为第四纪红色黏土。该试验主要用于研究稻草资源合理利用，为协调土壤肥力提升与遏制温室气体排放等生态负效应之间的矛盾提供科学依据。

图 2-37　双季稻作区稻草还田长期定位试验

种植作物为中稻，采用优质杂交稻，大田生育期 135 d 左右。5 月上旬播种；6 月上旬移栽，中耕 1 次，移栽规格为 25 cm×20 cm，2 粒/穴；9 月底收获。稻草施用方式为收割后收起，次年翻耕入泥。小区规格为 4.0 m×7.5 m。

试验设 7 个处理，3 次重复（其中处理Ⅶ重复 2 次）：

处理Ⅰ：CK，常规施氮、磷、钾肥，施肥量参照场地现有耕作制度中稻处理；

处理Ⅱ：NPK，减量施氮、磷、钾肥，施肥量是 CK 所施的氮、磷、钾量减去 1/3 稻草所含氮、磷、钾量；

处理Ⅲ：NPK+1/3C，氮、磷、钾肥基础上加施 1/3 稻草；

处理Ⅳ：NPK+1/2C，氮、磷、钾肥基础上加施 1/2 稻草；

处理Ⅴ：NPK+C，氮、磷、钾肥基础上加施全量稻草；

处理Ⅵ：NPK+1.5C，氮、磷、钾肥基础上加施 1.5 倍量的稻草；

处理Ⅶ：blank，氮、磷、钾肥基础上加施全量稻草，但每隔 1 年还田 1 次。

注：全量稻草按照本地区中稻平均产量（7 500 kg/hm^2）计算，1/3、1/2、1.5 倍分别在全量的基础上依次减量或增量。

田间小区排列见图 2-38。

施肥制度长期定位试验					稻田辅助观测场
处理Ⅰ-1	处理Ⅴ-1	处理Ⅲ-2	处理Ⅰ-3	处理Ⅴ-3	
处理Ⅱ-1	处理Ⅳ-1	处理Ⅳ-2	处理Ⅱ-3	处理Ⅵ-3	
处理Ⅲ-1	处理Ⅰ-2	处理Ⅴ-2	处理Ⅲ-3	处理Ⅶ-1	
处理Ⅳ-1	处理Ⅱ-2	处理Ⅵ-2	处理Ⅳ-3	处理Ⅶ-2	

图 2-38　桃源站双季稻作区稻草还田长期定位试验小区布置示意

各处理化肥施用情况：

处理Ⅰ（CK）施用量：基肥，尿素 110.00 kg/hm^2，磷肥 916.67 kg/hm^2，钾肥 303.33 kg/hm^2；分蘖肥，尿素 146.67 kg/hm^2；壮苞肥，尿素 20 kg/hm^2。（氮肥总施用量，尿素 276.67 kg/hm^2，分 3 次施用，其中基肥 40%，分蘖肥 53.3%，壮苞肥 6.67%）。

处理Ⅱ～Ⅶ施用量：基肥，尿素 97.00 kg/hm^2，磷肥 870.00 kg/hm^2，钾肥 273.33 kg/hm^2；分

蘖肥，尿素 130.00 kg/hm²；壮苞肥，尿素 16.67 kg/hm²。（氮肥总施用量：尿素 243.33 kg/hm²，分 3 次施用，其中基肥 40%，分蘖肥 53.3%，壮苞肥 6.67%）。

2.3.10 第四纪红色黏土成土过程长期定位试验

桃源站第四纪红色黏土成土过程长期定位试验（TYASY11）（图 2-39）设置系列母质土和成熟土填埋剖面土柱，开展第四纪红色黏土水热动态规律、物质迁移和平衡、微生物演变规律等长期定位观测，定量研究红壤成土过程，探讨耕作和施肥等人类活动对其发育成土的影响，为红壤的科学可持续改造和利用提供科学依据。

图 2-39 第四纪红色黏土成土过程长期定位试验

试验于 2017 年建立，试验地为长方形，面积 350 m²。试验采用不完全裂区设计，2 种土壤类型和 4 种人类活动干扰程度，共 8 个处理，每处理 8 次重复，小区规格为 1.73 m×1.73 m。试验处理具体如下。

2 种土壤类型：

S1：母质土（采自 2 m 以下未开垦利用土地，堆埋，不分层）；

S2：熟化土（采自已发育成熟 1 m 深旱地土。分 4 层填埋，0～20 cm、>20～40 cm、>40～70 cm、>70～100 cm）。

每种土壤类型下设 4 种人类活动干扰程度：

T1：不种作物＋不施肥（人工除草保持无植被覆盖）；

T2：不种作物＋不施肥（植被自然恢复）；

T3：旱作＋化学施肥（农作物）；

T4：旱作＋化学施肥＋有机施肥（农作物）。

监测小区采用水泥模具制作，隔水隔肥，内部底面积 1.73 m×1.73 m，高 1.1 m（突出地面 10 cm）的水泥分割（宽 20 cm）。小区内安装有土壤温度、水分、氧化还原电位、pH 自动监测系统，布设有土壤气体原位采集系统、土壤渗透水原位采集系统等观测设施。试验小区布置示意见图2-40。

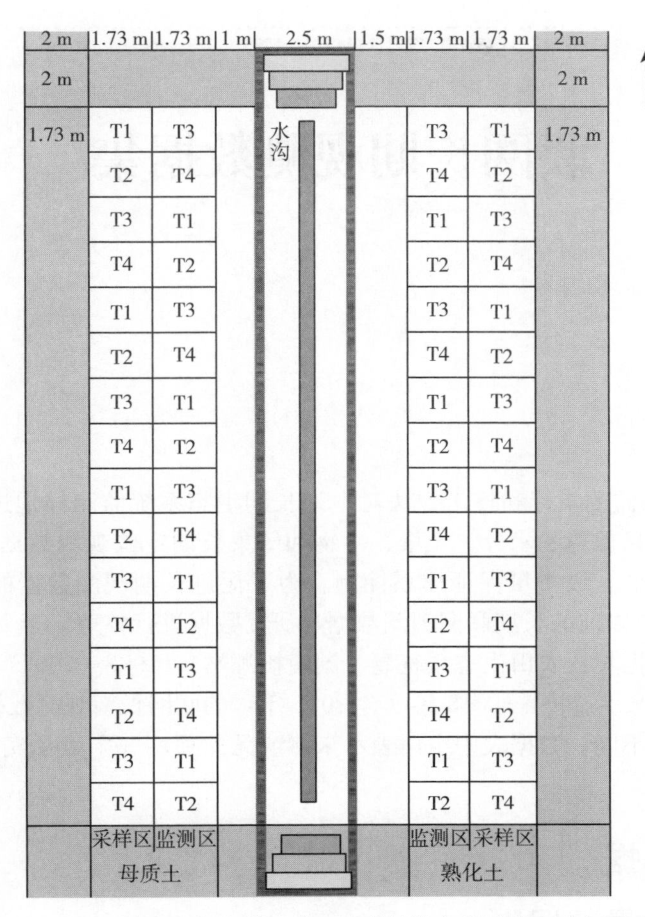

图 2－40　第四纪红色黏土成土过程长期定位试验小区布置示意

供试作物品种为玉米（蠡玉 23，生育期 113 d 左右，播种日期 5 月 24—26 日）、油菜（湘杂油 6 号，生育期 211 d 左右，播种日期 11 月 12—15 日），耕作方式为传统翻耕。

春季播种玉米，穴播，深度 3～5 cm，行距 53 cm，株距 36 cm，南北行向。处理 T1、T2 不施肥，处理 T3、T4 纯养分施用量氮肥为 200 kg/hm^2，磷肥为 20 kg/hm^2，钾肥为 50 kg/hm^2。肥料品种分别为尿素（含 N 45%）、过磷酸钙（含 P_2O_5 12%）和加拿大红色钾肥（含 K_2O 60%）。全部磷、钾肥作基肥埋施，30%的氮肥作基肥埋施，其余作追肥分别在玉米 6 展叶期（20%）和 10 展叶期（50%）施用。

冬季种植油菜，品种为甘蓝型半冬性杂交油菜品种——湘杂油 6 号。苗床 9 月 12—15 日播种，苗龄 30～35 d，5 叶期（10 月 15 日）以前移栽到大田，密度 12 万株/hm^2。移栽前，玉米收获后立即耕翻晒田（以保证土块疏松）。行株距为（47/28）cm×22 cm。移栽后，彻底灌溉一次。种植油菜前，基肥施用量，尿素 225 kg/hm^2，氯化钾 270 kg/hm^2，磷肥（过磷酸钙）750 kg/hm^2，硼肥（硼砂）15 kg/hm^2（仅 2017 年施用一次）。根据油菜苗的长势决定追肥 1～2 次，只追尿素 150 kg/ hm^2。苗床施肥量同样按大田的施肥量折算；移栽时，选择大小一致的苗株。

第3章

联网长期观测数据集

3.1 概述

桃源站按照CERN的监测指标和技术方法对本站长期生态系统监测样地进行了综合观测，获取了符合监测规范的、有质量保障的水分、土壤、生物和气象长期定位观测数据。这些数据经过台站、各学科分中心、综合中心的三级质量保证体系控制。为了促进长期观测数据的共享，在CNERN的组织下，桃源站对2004年以前的长期联网观测数据与研究数据进行整理，于2010年出版了《中国生态系统定位观测与研究数据集：农田生态系统卷（湖南桃源站）(1998—2007)》。

本章数据出版内容主要为2004—2015年（含2015年）的联网长期观测数据产品，部分数据根据实际情况时间跨度会有所不同。数据表中空白表示未测或无此项；“0”表示实测结果为零；“—”表示未检出或未发现。

3.2 水分观测数据

3.2.1 土壤水分含量数据集

3.2.1.1 概述

本数据集以桃源站2004年1月—2014年12月中子仪法观测的土壤体积含水量观测数据为基础整编加工而成，还包括同时期土壤含水量烘干法观测点的土壤质量含水量数据，共10 428条数据。具体观测场及设施有：

（1）气象综合观测场土壤水分观测样地（TYAQX01CTS_01）

含中子管2根，TYAQX01CTS_01_01、TYAQX01CTS_01_02；观测层次为10 cm、20 cm、30 cm、40 cm、50 cm、70 cm、90 cm、110 cm、130 cm、150 cm、170 cm；观测频率：4—10月，5 d/次，11月至次年3月，10 d/次，在实际观测过程中由于降雨和仪器等原因观测时间有适当调整。

（2）稻田综合观测场土壤水分观测样地（TYAZH01CTS_01）

含中子管3根，TYAZH01CTS_01_01、TYAZH01CTS_01_02、TYAZH01CTS_01_03；观测层次为10 cm、20 cm、30 cm、40 cm、50 cm、70 cm、90 cm、110 cm、130 cm、150 cm、170 cm；观测频率同上。

（3）坡地综合观测场土壤水分观测样地（TYAZH02CTS_01）

含中子管3根，TYAZH02CTS_01_01、TYAZH02CTS_01_02、TYAZH01CTS_01_03；观测层次为10 cm、20 cm、30 cm、40 cm、50 cm、70 cm；观测频率同上。

（4）坡地辅助观测场（恢复系统）土壤水分观测样地（TYAFZ04CTS_01）

含中子管2根，TYAFZ04CTS_01_01、TYAFZ04CTS_01_02；观测层次为10 cm、20 cm、30 cm、40 cm、50 cm、70 cm；观测频率同上。

（5）坡地辅助观测场（退化系统）土壤水分观测样地（TYAFZ05CTS _ 01）

含中子管 2 根，TYAFZ05CTS _ 01 _ 01、TYAFZ05CTS _ 01 _ 02；观测层次为 10 cm、20 cm、30 cm、40 cm、50 cm、70 cm；观测频率同上。

（6）坡地辅助观测场（茶园系统）土壤水分观测样地（TYAFZ06CTS _ 01）

含中子管 2 根，TYAFZ06CTS _ 01 _ 01、TYAFZ06CTS _ 01 _ 02；观测层次为 10 cm、20 cm、30 cm、40 cm、50 cm、70 cm；观测频率同上。

（7）坡地辅助观测场（柑橘园系统）土壤水分观测样地（TYAFZ07CTS _ 01）

含中子管 2 根，TYAFZ07CTS _ 01 _ 01、TYAFZ07CTS _ 01 _ 02；观测层次为 10 cm、20 cm、30 cm、40 cm、50 cm、70 cm；观测频率同上。

（8）土壤含水量烘干法观测样地（TYAFZ16CTS _ 01）

含中子管 1 根，TYAFZ16CTS _ 01 _ 01；测层次为 10 cm、20 cm、30 cm、40 cm、50 cm、60 cm、70 cm、80 cm、90 cm、100 cm；本观测样地中子仪法和烘干法观测时间上同步，均为 2004 年每月测定 1 次，2005 年、2006 年未测定，2007 年起每年的 2 月、4 月、6 月、8 月、10 月、12 月各测定 1 次。

数据集中各表数据字段及含义见表 3 - 1。

表 3 - 1　土壤含水量数据字段及含义

字段名称	数据类型	是否必填	量纲	说明
年	整数型	是	无	观测年度，4 位数字
月	整数型	是	无	观测月份
观测层次	整数型	是	厘米	观测层次深度
体积含水量±标准差	字符型	是	%	体积含水量（%，即土壤水容积/土壤总容积×100%），参与计算的该层次所有测定数的当月平均值±参与计算的该层次当月平均值的所有测定数的标准差
质量含水量	浮点型	是	%	质量含水量（%，即土壤水质量/土壤总质量×100%）
重复数	整数型	是	个	参与计算的该层次当月平均值的所有测定数，为每次测定的中子管数量×当月测定次数

3.2.1.2　数据采集和处理方法

本站长期定位观测土壤含水量采用北京超能科技公司生产的 CNC503（DR）中子仪进行观测。采用中子仪观测土壤含水量时，整个观测流程分为 3 个步骤（袁国富等，2007）：

观测前：①检查仪器，按照仪器操作说明对仪器进行自检，并检查仪器充电情况，测定标准计数值；②检查并准备好所有与观测有关的资料；③明确需要观测的样地和观测剖面的分布和代码，填写样地和观测。

观测中：①观测由经过培训、了解仪器基本原理和操作规程的专职人员进行；②观测过程中的操作规程要求严格按照观测仪器本身的操作要求执行；③测量过程中需要注意测量深度，并在仪器上按照要求标记位置信息。

观测后：①关闭仪器，整理和放置好所有观测设施和仪器；②检查观测样地破坏情况，尽可能减少破坏，恢复样地原貌；③按要求整理好野外仪器设施，如盖好中子管的防雨盖等；④及时将仪器采集的数据下载，并按要求将观测数据和元数据记录等提交台站数据管理员。

台站数据管理员根据规范要求，将观测数据和元数据通过整理、格式转换和初步质控后提交 CERN 水分分中心，分中心进一步质控后返回台站并完成入库。

本数据集是在入库数据的基础上加工而成，在生产过程中，采用质控后的土壤含水量数据，计算样地尺度土壤体积含水量的月平均值作为本数据产品的结果数据。方法为：首先将同一样地内各中子管每次测定数据取平均值，再将同一样地每月各次测定的数据取平均值。同时，标明重复数（参与平均的数据个数）及标准差。

例如：TYAFZ04 观测场埋设 2 根中子管，该观测场 2014 年 1 月的土壤含水量计算过程如下（尹春梅等，2019）（图 3-1）：

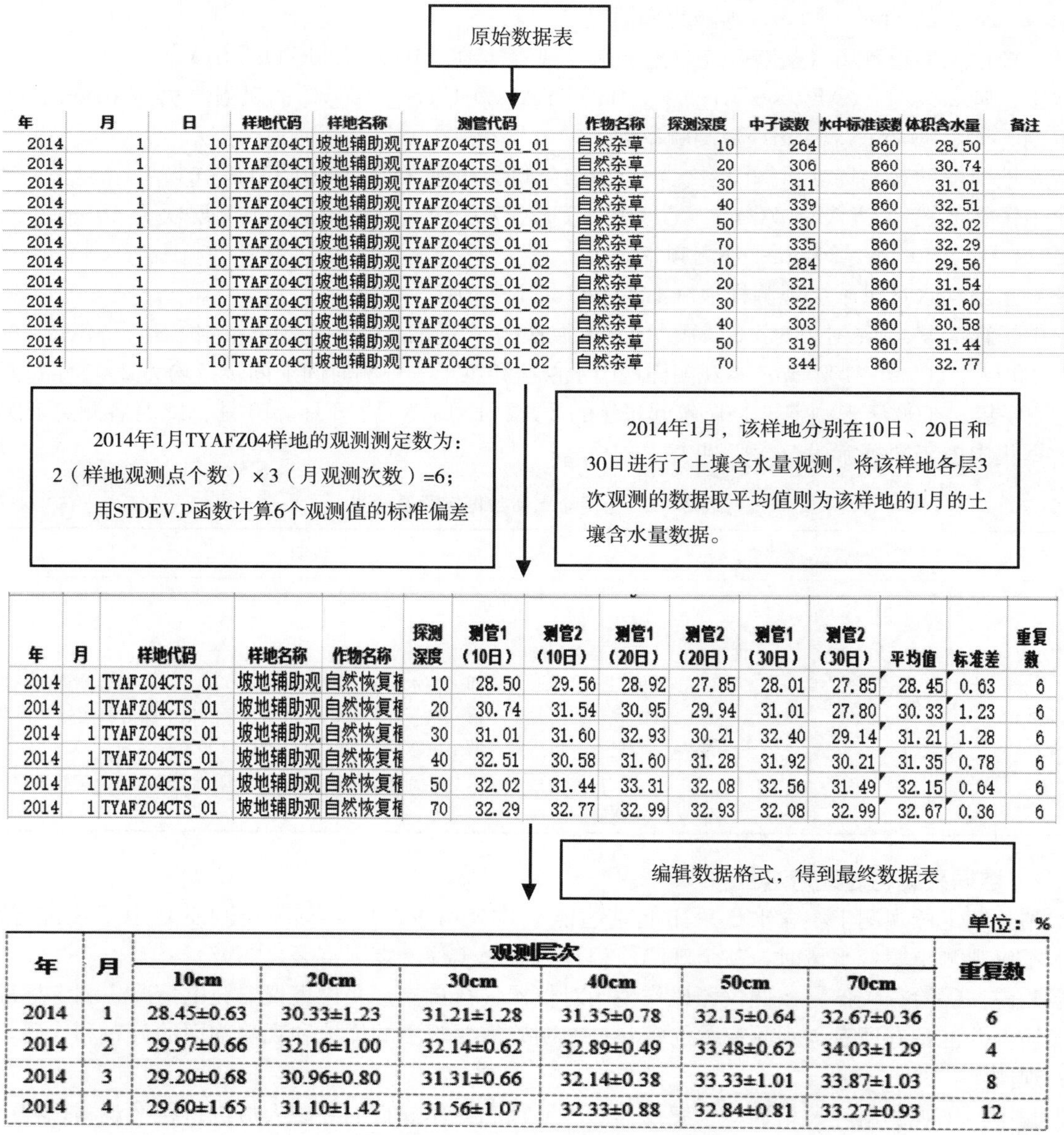

原始数据表

年	月	日	样地代码	样地名称	测管代码	作物名称	探测深度	中子读数	水中标准读数	体积含水量	备注
2014	1	10	TYAFZ04CT	坡地辅助观	TYAFZ04CTS_01_01	自然杂草	10	264	860	28.50	
2014	1	10	TYAFZ04CT	坡地辅助观	TYAFZ04CTS_01_01	自然杂草	20	306	860	30.74	
2014	1	10	TYAFZ04CT	坡地辅助观	TYAFZ04CTS_01_01	自然杂草	30	311	860	31.01	
2014	1	10	TYAFZ04CT	坡地辅助观	TYAFZ04CTS_01_01	自然杂草	40	339	860	32.51	
2014	1	10	TYAFZ04CT	坡地辅助观	TYAFZ04CTS_01_01	自然杂草	50	330	860	32.02	
2014	1	10	TYAFZ04CT	坡地辅助观	TYAFZ04CTS_01_01	自然杂草	70	335	860	32.29	
2014	1	10	TYAFZ04CT	坡地辅助观	TYAFZ04CTS_01_02	自然杂草	10	284	860	29.56	
2014	1	10	TYAFZ04CT	坡地辅助观	TYAFZ04CTS_01_02	自然杂草	20	321	860	31.54	
2014	1	10	TYAFZ04CT	坡地辅助观	TYAFZ04CTS_01_02	自然杂草	30	322	860	31.60	
2014	1	10	TYAFZ04CT	坡地辅助观	TYAFZ04CTS_01_02	自然杂草	40	303	860	30.58	
2014	1	10	TYAFZ04CT	坡地辅助观	TYAFZ04CTS_01_02	自然杂草	50	319	860	31.44	
2014	1	10	TYAFZ04CT	坡地辅助观	TYAFZ04CTS_01_02	自然杂草	70	344	860	32.77	

2014年1月TYAFZ04样地的观测测定数为：
2（样地观测点个数）×3（月观测次数）=6；
用STDEV.P函数计算6个观测值的标准偏差

2014年1月，该样地分别在10日、20日和30日进行了土壤含水量观测，将该样地各层3次观测的数据取平均值则为该样地的1月的土壤含水量数据。

年	月	样地代码	样地名称	作物名称	探测深度	测管1（10日）	测管2（10日）	测管1（20日）	测管2（20日）	测管1（30日）	测管2（30日）	平均值	标准差	重复数
2014	1	TYAFZ04CTS_01	坡地辅助观	自然恢复植	10	28.50	29.56	28.92	27.85	28.01	27.85	28.45	0.63	6
2014	1	TYAFZ04CTS_01	坡地辅助观	自然恢复植	20	30.74	31.54	30.95	29.94	31.01	27.80	30.33	1.23	6
2014	1	TYAFZ04CTS_01	坡地辅助观	自然恢复植	30	31.01	31.60	32.93	30.21	32.40	29.14	31.21	1.28	6
2014	1	TYAFZ04CTS_01	坡地辅助观	自然恢复植	40	32.51	30.58	31.60	31.28	31.92	30.21	31.35	0.78	6
2014	1	TYAFZ04CTS_01	坡地辅助观	自然恢复植	50	32.02	31.44	33.31	32.08	32.56	31.49	32.15	0.64	6
2014	1	TYAFZ04CTS_01	坡地辅助观	自然恢复植	70	32.29	32.77	32.99	32.93	32.08	32.99	32.67	0.36	6

编辑数据格式，得到最终数据表

单位：%

年	月	观测层次						重复数
		10cm	20cm	30cm	40cm	50cm	70cm	
2014	1	28.45±0.63	30.33±1.23	31.21±1.28	31.35±0.78	32.15±0.64	32.67±0.36	6
2014	2	29.97±0.66	32.16±1.00	32.14±0.62	32.89±0.49	33.48±0.62	34.03±1.29	4
2014	3	29.20±0.68	30.96±0.80	31.31±0.66	32.14±0.38	33.33±1.01	33.87±1.03	8
2014	4	29.60±1.65	31.10±1.42	31.56±1.07	32.33±0.88	32.84±0.81	33.27±0.93	12

图 3-1 数据集生产过程示例图

3.2.1.3 数据质量控制和评估

土壤水分监测从 CREN 建立开始就作为陆地生态系统水环境长期定位观测的重要指标之一。作为 CERN 的成员站，桃源站在 CERN 的统一规划和指导下，进行相关指标的长期观测，数据的管理和质量控制则由专业分中心和综合中心负责。为了保证数据质量进而实现有效共享，CERN 形成了严谨的质量管理体系，通过计划、执行和评估三个步骤，采取前端控制和后端质控的管理模式，对数据进行审核、检验和评估。

本数据集所涉及的土壤含水量观测样地的设置、维护和观测规范及原始数据质量控制方法根据《中国生态系统研究网络（CERN）长期观测质量管理规范丛书：陆地生态系统水环境观测质量保证与质量控制》（袁国富等，2012）的相关规定进行。观测数据获取后，由台站按照 CERN 规范要求统一录入土壤水分含量报表，每年定期向 CERN 水分分中心上报，由 CERN 水分分中心负责汇总、质控，并录入数据库。本数据集加工过程中，再次对原始数据的完整性、准确性和一致性进行了检验评估。

3.2.1.4 数据价值/使用方法和建议

本数据集可用于研究土壤水分运移、水量平衡、坡地管理、土地利用、模型建立及验证等，为亚热带红壤丘陵区水土资源管理和区域农业可持续发展提供基础数据支撑（奚同行等，2012；李灵，2010；邓建强，2009；贾秋洪，2016）；可应用于气候、生态、农业生产、水资源管理等相关领域，也可以考虑在不同的典型区域、典型陆地生态系统之间开展多台站数据联网分析，结合数据中心长期定位观测到的生物、土壤、气象等相关数据，全方位分析不同生态因子的长时间变化规律及相互之间的耦合机制，为研究不同典型区域的农田生态系统结构与功能的演替变化提供重要资料（唐新斋等，2017）。

使用本数据集时需要注意由台站仪器故障等原因导致的部分数据缺失问题（2006 年 11 月、12 月，2007 年 2 月）。2014 年后，桃源站各土壤水分观测点陆续将中子仪观测更换为土壤温湿盐自动观测系统，因此本次出版土壤水分数据时间段到 2014 年止。

对本数据集各观测场分层土壤体积含水量进行了简单的统计，结果如图 3-2 所示，观测期内，稻田综合观测场各层土壤体积含水量均值在 42.03%，气象综合观测场各层土壤体积含水量均值为 36.97%，坡地综合观测场各层土壤体积含水量均值为 31.41%，坡地辅助观测场（恢复系统）各层土壤体积含水量均值为 30.50%，坡地辅助观测场（退化系统）各层土壤体积含水量均值为 32.29%，坡地辅助观测场（茶园系统）各层土壤体积含水量均值为 29.53%，坡地辅助观测场（柑橘园系统）各层土壤体积含水量均值为 30.00%。

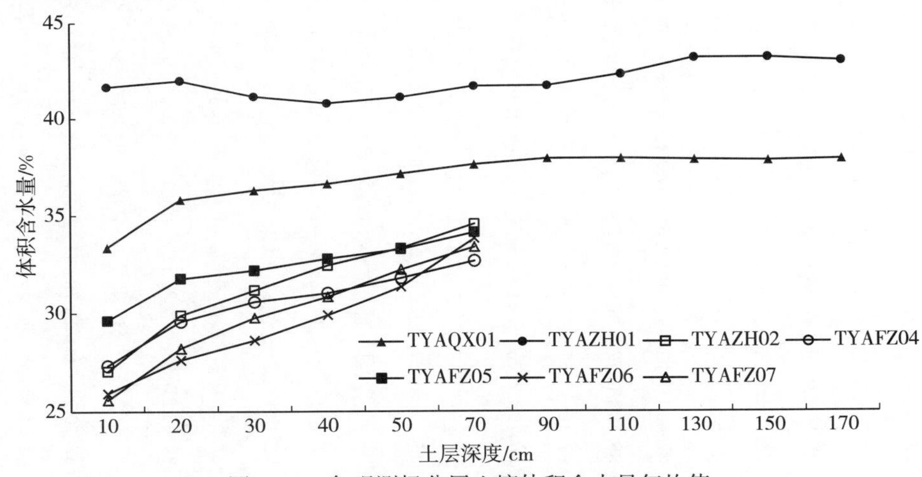

图 3-2 各观测场分层土壤体积含水量年均值

3.2.1.5 数据表

本小节数据集由两部分组成，土壤体积含水量表和土壤质量含水量表，具体如下。

（1）土壤体积含水量数据

土壤体积含水量表，共 8 个数据表，每个数据表含 1 个观测场地 2004—2014 年土壤体积含水量月平均数据，数据列包含各观测层次土壤体积含水量和当月观测数据个数：①土壤体积含水量表——桃源站气象综合观测场（TYAQX01）（表 3-2）；②土壤体积含水量表——桃源站稻田综合观测场（TYAZH01）（表 3-3）；③土壤体积含水量表——桃源站坡地综合观测场（TYAZH02）（表 3-4）；④土壤体积含水量表——桃源站坡地辅助观测场（恢复系统）（TYAFZ04）（表 3-5）；⑤土壤体积含水量表——桃源站坡地辅助观测场（退化系统）（TYAFZ05）（表 3-6）；⑥土壤体积含水量表——桃源站坡地辅助观测场（茶园系统）（TYAFZ06）（表 3-7）；⑦土壤体积含水量表——桃源站坡地辅助观测场（柑橘园系统）（TYAFZ07）（表 3-8）；⑧土壤体积含水量表——土壤含水量烘干法观测样地（TYAFZ16）（表 3-9）。

表 3-2　土壤体积含水量表——桃源站气象综合观测场（TYAQX01）

时间（年-月）	各观测层次的土壤体积含水量/%											测定数
	10 cm	20 cm	30 cm	40 cm	50 cm	70 cm	90 cm	110 cm	130 cm	150 cm	170 cm	
2004-01	34.55±1.33	36.55±0.48	36.73±0.77	37.04±0.77	37.34±0.42	37.70±0.49	37.78±0.38	37.94±0.12	38.14±0.38	38.15±0.29	38.34±0.48	6
2004-02	33.60±0.47	36.28±0.68	36.48±0.99	36.74±0.77	37.18±0.61	37.47±0.57	37.64±0.49	37.77±0.25	37.87±0.12	37.94±0.34	37.95±0.39	9
2004-03	33.79±0.55	36.40±0.70	36.58±0.95	36.86±0.76	37.30±0.50	37.53±0.56	37.76±0.42	37.81±0.21	37.88±0.35	38.08±0.28	38.19±0.33	12
2004-04	33.36±0.76	36.05±0.73	36.36±0.94	36.73±0.74	37.14±0.55	37.45±0.56	37.69±0.48	37.80±0.22	37.89±0.32	38.05±0.25	38.34±0.34	15
2004-05	33.91±1.10	36.24±0.66	36.61±0.87	36.89±0.74	37.23±0.49	37.51±0.52	37.73±0.46	37.90±0.42	37.98±0.44	38.21±0.42	38.58±0.50	18
2004-06	34.02±1.01	36.63±0.82	37.39±1.94	37.42±1.32	37.48±0.62	37.63±0.56	37.94±0.54	38.03±0.55	38.12±0.44	38.14±0.31	38.27±0.28	15
2004-07	32.41±1.82	35.65±0.85	36.27±0.85	36.63±0.72	36.90±0.50	37.21±0.49	37.39±0.47	37.58±0.34	37.61±0.32	37.97±0.43	38.13±0.27	18
2004-08	33.67±0.88	36.47±0.74	36.86±0.78	37.10±0.57	37.35±0.46	37.54±0.48	37.70±0.46	37.82±0.31	37.91±0.29	38.18±0.30	38.58±0.35	15
2004-09	32.57±1.97	35.39±1.81	36.12±1.05	36.70±0.63	36.95±0.55	37.27±0.48	37.55±0.51	37.79±0.25	37.89±0.13	37.87±0.19	38.03±0.21	15
2004-10	32.01±0.53	34.74±0.84	35.32±1.08	35.75±0.82	36.28±0.66	36.77±0.75	37.11±0.67	37.43±0.50	37.57±0.33	37.56±0.25	37.79±0.19	9
2004-11	31.87±0.96	35.78±0.97	36.26±1.07	36.49±0.91	36.88±0.78	37.12±0.73	37.43±0.66	37.56±0.51	37.66±0.26	37.66±0.27	37.93±0.35	9
2004-12	32.96±0.58	35.94±0.80	36.32±0.92	36.66±0.71	37.07±0.53	37.39±0.55	37.59±0.50	37.79±0.36	37.67±0.24	37.74±0.29	37.86±0.32	9
2005-01	33.40±0.26	36.18±0.42	36.41±0.75	37.11±0.59	37.08±0.48	37.48±0.46	37.66±0.42	37.80±0.20	37.83±0.11	38.00±0.11	38.12±0.21	6
2005-02	34.25±0.09	36.91±0.63	37.01±0.85	37.10±0.74	37.58±0.44	38.04±0.40	38.06±0.02	37.88±0.08	37.84±0.08	38.01±0.13	38.26±0.24	2
2005-03	33.41±0.44	36.52±0.56	36.79±0.87	37.06±0.77	37.50±0.40	37.85±0.36	38.00±0.11	37.96±0.09	37.82±0.09	37.90±0.23	37.94±0.18	8
2005-04	33.30±1.65	35.80±2.04	36.42±1.47	36.86±0.98	37.39±0.78	37.80±0.54	37.88±0.62	37.96±0.12	37.97±0.16	37.95±0.25	37.62±1.37	12
2005-05	34.50±0.94	36.68±0.63	36.83±0.95	37.17±0.75	37.69±0.38	37.94±0.30	38.15±0.15	37.99±0.10	37.98±0.09	38.06±0.19	38.26±0.40	10
2005-06	34.60±0.85	36.84±0.58	36.97±0.88	37.30±0.70	37.78±0.42	38.03±0.41	38.20±0.37	38.23±0.27	38.10±0.31	38.32±0.32	38.50±0.35	12
2005-07	32.71±1.30	35.23±1.10	35.63±1.23	36.32±1.39	36.67±0.88	37.22±0.55	38.04±1.29	37.65±0.22	37.71±0.28	37.62±0.25	37.81±0.24	12
2005-08	32.24±1.28	35.43±1.03	35.90±1.20	36.33±0.93	36.9±0.48	37.36±0.51	37.63±0.30	37.59±0.17	37.53±0.12	37.50±0.19	37.81±0.36	12
2005-09	32.52±1.06	35.45±0.98	35.85±1.22	36.27±0.95	36.96±0.45	37.56±0.69	37.74±0.44	37.62±0.09	37.63±0.12	37.61±0.23	37.69±0.27	12

（续）

时间（年-月）	各观测层次的土壤体积含水量/%											测定数
	10 cm	20 cm	30 cm	40 cm	50 cm	70 cm	90 cm	110 cm	130 cm	150 cm	170 cm	
2005-10	32.42±0.85	35.21±1.07	35.54±1.21	35.82±0.96	36.57±0.57	36.88±0.56	37.32±0.29	37.49±0.14	37.44±0.14	37.41±0.18	37.58±0.26	10
2005-11	33.05±0.55	36.07±0.52	36.34±0.85	36.83±0.72	37.3±0.46	37.46±0.46	37.69±0.30	37.73±0.25	37.63±0.19	37.63±0.15	37.85±0.22	6
2005-12	31.83±2.64	36.38±1.29	36.53±1.75	36.93±1.39	37.81±1.04	38.17±1.34	38.79±1.31	38.80±1.49	38.74±1.53	38.61±1.38	38.54±1.23	6
2006-01	32.14±1.47	36.05±0.50	36.48±0.91	36.81±0.92	37.34±0.46	37.74±0.48	37.95±0.29	37.89±0.18	37.77±0.11	37.93±0.24	37.86±0.25	6
2006-02	33.45±0.42	36.60±0.51	36.72±0.82	37.09±0.78	37.58±0.35	37.83±0.34	38.05±0.26	37.96±0.12	37.79±0.11	37.92±0.09	37.97±0.20	4
2006-03	33.06±0.15	36.31±0.66	36.53±0.88	36.84±0.88	37.29±0.47	37.65±0.50	37.87±0.28	37.82±0.27	37.72±0.29	37.82±0.36	38.02±0.51	8
2006-04	33.24±1.00	36.42±1.17	36.44±0.9	36.62±0.85	37.06±0.45	37.72±1.29	37.69±0.24	37.72±0.30	37.71±0.52	37.68±0.59	37.77±0.35	10
2006-05	30.39±0.84	33.71±1.51	35.47±1.46	35.97±1.27	36.47±0.86	37.34±1.12	37.26±1.03	37.37±1.30	37.30±1.24	37.23±1.22	37.39±1.23	10
2006-06	33.37±0.65	35.33±1.69	36.3±1.15	36.65±1.24	37.56±1.24	38.67±1.96	38.72±1.54	38.35±0.89	38.19±1.07	38.16±0.69	38.24±0.66	8
2006-07	29.85±0.89	33.35±0.88	36.06±0.98	36.32±1.17	36.66±0.99	37.63±0.90	37.66±0.56	37.96±0.44	37.74±0.47	37.75±0.53	37.81±0.55	12
2006-08	30.22±0.31	34.10±0.61	35.83±0.54	35.92±0.72	36.18±0.66	36.71±0.29	36.87±0.36	36.98±0.11	36.88±0.11	36.79±0.11	36.98±0.12	10
2006-09	30.60±1.80	33.56±1.18	35.13±0.84	35.43±1.03	35.85±0.77	36.65±0.45	36.96±0.39	37.24±0.16	37.19±0.17	37.16±0.20	37.17±0.24	12
2006-10	34.09±0.54	36.07±0.49	36.27±0.75	36.56±0.59	37.04±0.32	37.03±0.46	37.25±0.24	37.28±0.17	37.21±0.16	37.18±0.24	37.14±0.12	6
2006-11	—	—	—	—	—	—	—	—	—	—	—	—
2006-12	—	—	—	—	—	—	—	—	—	—	—	—
2007-01	35.35±1.36	36.75±0.86	36.94±0.88	37.32±0.74	37.78±0.46	37.92±0.59	38.08±0.48	38.05±0.42	38.02±0.39	38.06±0.48	38.21±0.58	6
2007-02	33.90±0.28	36.35±0.53	36.58±0.85	36.84±0.65	37.39±0.38	37.41±0.52	37.67±0.24	37.70±0.19	37.58±0.14	37.54±0.28	37.50±0.16	4
2007-03	34.39±1.03	36.31±0.76	36.47±0.96	36.83±0.75	37.31±0.38	37.53±0.36	37.76±0.12	37.67±0.07	37.59±0.09	37.61±0.23	37.76±0.22	8
2007-04	34.40±0.94	36.43±0.68	36.59±0.89	36.96±0.69	37.55±0.34	37.69±0.42	37.99±0.16	37.80±0.11	37.75±0.15	37.87±0.27	38.00±0.40	12

（续）

时间（年-月）	各观测层次的土壤体积含水量/%											测定数
	10 cm	20 cm	30 cm	40 cm	50 cm	70 cm	90 cm	110 cm	130 cm	150 cm	170 cm	
2007 - 05	33.37±2.51	35.33±2.06	36.29±1.20	36.73±0.94	37.31±0.69	37.70±0.51	38.08±0.38	38.08±0.27	37.99±0.24	38.05±0.33	38.13±0.32	12
2007 - 06	35.40±1.24	36.55±1.49	37.07±0.95	37.39±0.83	37.96±0.45	38.23±0.31	38.48±0.18	37.46±2.71	38.21±0.09	38.51±0.40	38.17±0.97	10
2007 - 07	34.33±1.49	36.11±0.99	36.47±1.03	36.79±0.91	37.37±0.48	37.72±0.39	37.96±0.28	37.94±0.15	37.91±0.20	37.87±0.34	38.23±0.38	12
2007 - 08	33.26±1.42	35.70±0.96	36.04±1.07	36.35±0.97	36.92±0.72	37.48±0.45	37.85±0.24	37.90±0.09	37.78±0.17	37.96±0.25	38.07±0.52	12
2007 - 09	33.94±1.24	36.05±0.82	36.33±0.95	36.62±0.85	37.13±0.46	37.64±0.38	37.86±0.30	37.86±0.12	37.88±0.08	37.86±0.30	37.81±0.12	12
2007 - 10	33.75±1.14	35.57±0.79	35.76±1.01	36.14±0.80	36.77±0.38	37.17±0.49	37.65±0.22	37.64±0.19	37.60±0.20	37.79±0.24	38.11±0.21	12
2007 - 11	33.19±1.62	35.67±0.97	36.10±0.95	36.32±0.93	36.81±0.55	37.15±0.48	37.52±0.33	37.53±0.14	37.58±0.23	37.72±0.20	38.06±0.23	6
2007 - 12	34.51±1.16	36.37±0.77	36.61±0.94	36.82±0.88	37.30±0.44	37.58±0.45	37.80±0.30	37.83±0.25	37.68±0.18	37.68±0.21	37.98±0.15	6
2008 - 01	34.94±1.09	36.55±0.72	36.71±0.96	36.83±0.84	37.37±0.56	37.71±0.39	37.88±0.25	37.90±0.18	37.76±0.21	37.87±0.28	38.37±0.11	6
2008 - 02	34.75±0.99	36.53±0.67	36.62±0.89	36.86±0.76	37.38±0.34	37.79±0.38	38.00±0.17	38.01±0.14	37.84±0.12	37.88±0.26	38.07±0.48	6
2008 - 03	35.01±1.14	36.74±0.63	36.87±0.78	37.08±0.78	37.44±0.39	37.97±0.36	38.08±0.25	37.95±0.22	37.86±0.20	37.96±0.20	38.26±0.27	6
2008 - 04	34.77±1.25	36.66±0.94	36.89±1.09	37.18±0.90	37.73±0.69	38.03±0.66	38.36±0.38	38.31±0.45	38.24±0.40	38.49±0.53	38.63±0.45	10
2008 - 05	34.11±1.34	35.91±0.91	36.39±1.09	36.70±0.87	37.35±0.65	37.78±0.63	37.89±0.31	37.97±0.58	37.85±0.21	38.14±0.50	38.36±0.35	12
2008 - 06	34.03±1.36	35.93±0.92	36.06±0.90	36.53±0.75	37.06±0.39	36.55±1.55	37.70±0.35	37.71±0.12	37.76±0.19	37.74±0.19	37.81±0.28	10
2008 - 07	33.93±1.48	35.74±1.10	36.21±1.07	36.57±0.87	37.09±0.40	37.54±0.41	37.85±0.18	37.80±0.18	37.79±0.11	37.87±0.21	38.08±0.42	12
2008 - 08	33.68±1.40	35.74±1.00	36.11±1.09	36.48±0.85	37.06±0.47	37.44±0.47	37.86±0.23	37.76±0.15	37.80±0.13	37.85±0.14	38.06±0.14	12
2008 - 09	33.60±1.32	35.46±1.05	35.82±1.12	36.31±0.90	36.94±0.54	37.43±0.54	37.82±0.31	37.75±0.15	37.72±0.13	37.71±0.22	37.89±0.34	10
2008 - 10	33.91±1.17	35.97±0.62	36.18±0.77	36.49±0.61	36.99±0.29	37.31±0.29	37.63±0.11	37.69±0.09	37.60±0.10	37.62±0.16	37.81±0.34	10
2008 - 11	34.25±1.33	36.09±0.80	36.39±0.99	36.74±0.86	37.28±0.39	37.61±0.38	37.99±0.14	37.84±0.12	37.87±0.11	37.94±0.20	38.14±0.33	6

（续）

时间（年-月）	各观测层次的土壤体积含水量/%											测定数
	10 cm	20 cm	30 cm	40 cm	50 cm	70 cm	90 cm	110 cm	130 cm	150 cm	170 cm	
2008-12	33.71±1.03	35.70±0.68	35.98±1.04	36.24±0.79	36.86±0.34	37.32±0.41	37.75±0.19	37.76±0.05	37.68±0.15	37.75±0.07	37.67±0.24	6
2009-01	34.68±1.33	36.38±0.65	36.75±0.82	36.92±0.72	37.39±0.44	37.45±0.43	37.79±0.23	37.73±0.23	37.70±0.15	37.63±0.13	37.76±0.25	6
2009-02	34.78±1.05	36.61±0.62	36.71±0.94	36.89±0.74	37.35±0.42	37.58±0.40	37.87±0.20	37.81±0.14	37.63±0.10	37.65±0.08	38.00±0.26	4
2009-03	34.85±1.17	36.51±0.64	36.73±0.84	36.96±0.82	37.46±0.33	37.86±0.26	37.85±0.12	37.87±0.16	37.78±0.14	37.98±0.23	38.16±0.32	8
2009-04	35.01±1.03	36.57±0.65	36.65±0.89	36.99±0.65	37.57±0.50	37.80±0.32	38.17±0.32	37.95±0.19	37.80±0.22	37.87±0.21	38.02±0.35	12
2009-05	34.92±0.90	36.50±0.68	36.87±1.47	36.72±0.77	37.87±1.77	38.13±1.45	37.99±0.27	37.81±0.12	37.79±0.12	37.84±0.12	37.97±0.25	12
2009-06	34.08±1.14	35.94±0.73	36.23±0.83	36.62±0.80	37.22±0.38	37.62±0.37	37.89±0.23	37.76±0.16	37.76±0.07	37.80±0.18	37.97±0.27	10
2009-07	33.91±1.13	35.70±0.90	36.03±0.91	36.45±0.68	37.74±2.64	37.50±0.44	37.80±0.21	37.68±0.18	37.66±0.10	37.64±0.18	37.82±0.25	14
2009-08	32.22±1.67	34.40±1.33	35.03±1.09	35.52±0.99	36.26±0.76	37.02±0.60	37.50±0.41	37.57±0.22	37.55±0.15	37.58±0.19	37.67±0.24	12
2009-09	32.19±0.81	34.31±0.84	34.91±0.90	35.42±0.80	36.16±0.58	36.95±0.58	37.45±0.30	37.52±0.18	37.54±0.17	37.60±0.19	37.77±0.23	12
2009-10	33.13±0.89	35.32±0.47	35.71±0.68	36.08±0.51	36.68±0.17	37.14±0.30	37.44±0.16	37.10±1.65	37.56±0.18	37.62±0.12	37.77±0.17	12
2009-11	34.14±1.13	36.32±0.52	36.57±0.71	36.83±0.76	37.31±0.38	37.65±0.26	37.88±0.12	37.80±0.10	37.81±0.12	37.71±0.20	37.88±0.27	6
2009-12	34.44±0.93	36.43±0.57	36.70±0.76	37.00±0.71	37.48±0.29	37.65±0.30	37.96±0.21	37.80±0.07	37.92±0.11	37.84±0.21	37.94±0.22	4
2010-01	33.93±1.13	36.22±0.70	36.39±0.81	36.64±0.77	37.21±0.37	37.59±0.49	37.85±0.11	37.78±0.18	37.69±0.13	37.74±0.14	37.96±0.25	6
2010-02	33.93±1.31	36.20±0.61	36.52±0.89	36.76±0.85	37.31±0.40	37.67±0.41	37.94±0.19	37.82±0.14	37.87±0.06	37.96±0.22	38.16±0.19	6
2010-03	33.74±1.57	36.28±0.69	36.53±0.77	36.89±0.72	37.42±0.34	37.65±0.41	37.91±0.20	37.88±0.07	37.96±0.14	37.94±0.25	37.96±0.35	6
2010-04	34.34±0.99	36.44±0.63	36.67±0.76	36.97±0.67	37.46±0.32	37.75±0.35	37.97±0.15	37.91±0.12	37.91±0.18	37.96±0.23	37.96±0.23	12
2010-05	34.26±1.27	36.54±0.57	36.39±1.16	36.78±1.03	37.47±0.31	37.02±2.39	37.74±0.82	37.73±0.51	37.88±0.36	37.91±0.19	38.02±0.31	12
2010-06	34.93±1.44	36.48±1.70	36.19±2.03	37.31±0.66	37.04±2.46	37.96±0.44	38.32±0.31	38.17±0.21	38.39±0.23	37.62±1.79	37.51±2.60	12

（续）

时间（年-月）	各观测层次的土壤体积含水量/%											测定数
	10 cm	20 cm	30 cm	40 cm	50 cm	70 cm	90 cm	110 cm	130 cm	150 cm	170 cm	
2010-07	35.53±1.61	36.96±1.18	37.43±0.88	37.98±0.78	38.44±0.36	38.74±0.47	39.13±0.53	39.01±0.25	38.99±0.24	39.07±0.42	38.67±1.13	12
2010-08	32.69±1.07	34.99±1.16	35.71±1.40	36.37±1.41	37.16±1.47	37.74±1.45	38.34±1.63	38.49±1.78	38.37±1.68	38.27±1.58	38.34±1.69	12
2010-09	33.26±0.96	35.07±1.00	35.56±0.85	35.83±0.85	36.50±0.84	36.96±0.68	37.39±0.73	37.48±0.77	37.40±0.61	37.25±0.65	37.20±0.59	12
2010-10	35.30±1.08	36.54±0.72	36.75±0.78	37.05±0.61	37.56±0.32	37.84±0.27	38.11±0.18	38.01±0.27	37.92±0.21	37.65±0.22	37.74±0.34	12
2010-11	34.61±1.04	36.11±0.77	36.21±0.95	36.66±0.72	37.19±0.30	37.63±0.31	37.95±0.09	37.89±0.16	37.89±0.16	37.64±0.20	37.60±0.22	6
2010-12	34.53±1.03	36.31±0.72	36.53±0.89	36.84±0.68	37.37±0.42	37.84±0.34	38.06±0.18	38.02±0.19	37.91±0.13	37.84±0.18	37.73±0.34	6
2011-01	34.55±2.95	34.44±2.88	35.43±2.92	35.81±2.57	37.02±0.89	37.48±0.78	37.82±0.33	37.51±0.95	37.88±0.19	37.59±0.35	37.59±0.32	6
2011-02	34.78±0.79	36.13±0.66	36.24±0.89	36.67±0.71	37.15±0.29	37.52±0.25	37.99±0.15	37.80±0.12	37.69±0.20	37.56±0.22	37.62±0.32	6
2011-03	31.88±1.93	35.46±0.78	36.38±0.77	36.35±0.75	36.88±0.61	37.52±0.31	37.79±0.27	37.88±0.23	37.67±0.17	37.58±0.07	37.75±0.20	6
2011-04	33.39±1.96	35.85±0.92	36.29±0.83	36.59±0.78	37.13±0.59	37.63±0.28	37.94±0.22	37.95±0.18	37.87±0.15	37.68±0.24	37.68±0.33	12
2011-05	32.61±1.03	34.95±0.57	35.55±0.69	35.96±0.79	36.47±0.69	37.01±0.78	37.47±0.92	37.55±0.88	37.13±1.08	37.14±1.00	37.19±1.00	12
2011-06	34.64±1.70	36.65±2.52	37.48±2.96	37.80±2.91	38.22±2.88	38.30±2.72	39.10±3.14	38.97±3.03	38.93±3.09	38.19±2.74	38.57±2.62	8
2011-07	32.55±1.26	35.45±1.37	36.08±1.68	36.81±1.57	37.83±1.68	38.95±1.84	40.04±1.71	40.66±1.88	40.32±1.79	40.42±1.81	39.73±1.68	12
2011-08	30.43±1.03	34.03±0.95	35.55±0.94	36.54±0.90	37.35±1.11	39.32±1.22	40.31±1.10	40.93±1.39	40.92±1.33	40.79±0.98	40.45±1.46	14
2011-09	30.05±0.65	32.87±1.23	34.68±1.69	35.39±1.97	36.00±1.88	37.45±2.46	38.43±2.63	38.82±2.62	38.80±2.60	39.09±3.23	38.60±1.53	6
2011-10	30.57±0.87	34.16±0.83	35.58±0.50	36.07±0.71	36.53±0.49	37.49±0.22	37.83±0.29	38.06±0.18	37.99±0.10	37.73±0.23	37.73±0.25	12
2011-11	31.38±0.68	35.34±0.39	36.32±0.59	36.79±0.87	37.28±0.40	37.68±0.23	38.01±0.19	38.12±0.18	38.14±0.15	37.86±0.27	37.88±0.24	4
2011-12	33.21±1.05	36.05±0.60	36.48±0.85	36.82±0.62	37.38±0.39	37.63±0.41	38.11±0.19	38.13±0.33	37.95±0.18	37.93±0.57	37.81±0.40	8
2012-01	31.41±0.96	35.36±0.47	36.31±0.76	36.46±0.85	37.03±0.47	37.62±0.25	37.93±0.19	38.06±0.20	37.89±0.16	37.74±0.22	37.72±0.32	6

（续）

时间（年-月）	各观测层次的土壤体积含水量/%											测定数
	10 cm	20 cm	30 cm	40 cm	50 cm	70 cm	90 cm	110 cm	130 cm	150 cm	170 cm	
2012-02	31.10±0.72	35.33±0.58	36.50±0.51	36.66±0.77	36.99±0.56	37.77±0.25	38.23±0.55	38.17±0.12	37.91±0.25	37.92±0.34	37.76±0.31	4
2012-03	33.09±1.97	36.19±0.69	36.68±0.60	37.03±0.62	37.41±0.27	37.75±0.18	37.94±0.11	37.88±0.11	37.89±0.20	37.45±0.87	37.80±0.35	6
2012-04	33.86±1.17	36.15±0.56	36.52±0.75	36.70±0.70	37.19±0.39	37.60±0.35	37.90±0.19	37.97±0.22	37.89±0.19	37.65±0.26	37.76±0.24	8
2012-05	33.49±1.38	36.18±0.49	36.50±0.58	36.72±0.62	37.17±0.31	37.59±0.24	37.81±0.23	37.80±0.16	37.79±0.29	37.56±0.21	37.74±0.29	12
2012-06	33.09±1.68	36.02±0.99	36.47±0.97	36.74±0.81	37.18±0.46	37.79±0.39	38.10±0.18	38.14±0.24	37.94±0.18	37.81±0.26	37.89±0.39	12
2012-07	32.47±1.31	35.46±1.06	36.22±0.98	36.64±0.94	37.20±0.52	37.74±0.37	38.19±0.27	38.17±0.16	38.13±0.20	37.88±0.28	37.94±0.33	12
2012-08	33.85±2.74	36.26±1.34	36.56±1.03	36.78±0.87	37.26±0.52	37.74±0.50	38.17±0.27	38.30±0.50	38.16±0.43	38.01±0.47	38.05±0.49	12
2012-09	33.13±1.13	35.85±0.49	36.31±0.54	36.73±0.62	37.16±0.29	37.55±0.22	38.00±0.16	38.02±0.10	37.92±0.14	37.72±0.20	37.76±0.32	10
2012-10	33.00±1.56	36.04±0.76	36.58±0.70	36.76±0.76	37.23±0.64	37.80±0.36	38.05±0.22	38.03±0.18	38.05±0.26	37.81±0.23	37.87±0.30	14
2012-11	34.38±1.10	36.61±0.68	36.95±0.78	37.18±0.80	37.58±0.43	38.02±0.27	38.24±0.19	38.30±0.23	38.05±0.23	38.00±0.32	38.12±0.32	6
2012-12	34.21±0.75	36.49±0.45	36.80±0.59	36.87±0.66	37.32±0.30	37.94±0.38	38.07±0.12	38.15±0.15	37.95±0.24	37.75±0.27	38.00±0.52	6
2013-01	33.50±1.10	36.04±0.56	36.46±0.66	36.46±0.73	37.01±0.45	37.63±0.21	37.90±0.13	37.98±0.26	37.83±0.11	37.64±0.30	37.70±0.37	6
2013-02	34.28±0.84	36.50±0.48	36.76±0.56	36.98±0.72	37.48±0.58	37.89±0.50	38.08±0.08	38.19±0.32	37.89±0.18	37.72±0.26	37.91±0.37	6
2013-03	33.73±1.56	36.31±0.64	36.73±0.71	36.98±0.76	37.35±0.40	37.80±0.19	38.00±0.17	38.06±0.15	37.90±0.11	37.65±0.36	37.88±0.29	6
2013-04	33.12±1.48	35.80±0.91	36.37±0.88	36.73±0.76	37.30±0.43	37.73±0.23	38.11±0.27	38.08±0.15	37.97±0.18	37.79±0.30	37.83±0.28	11
2013-05	33.46±1.14	35.94±0.53	36.28±0.66	36.42±0.85	36.92±0.50	37.53±0.26	37.79±0.18	37.83±0.18	37.30±1.11	37.08±1.11	37.19±1.19	14
2013-06	33.13±1.77	35.98±1.07	36.47±1.03	36.71±0.84	37.23±0.46	37.77±0.42	38.11±0.19	38.19±0.23	37.96±0.17	37.84±0.26	37.91±0.38	10
2013-07	32.71±1.27	35.59±1.04	36.30±0.96	36.71±0.90	37.22±0.51	37.78±0.37	38.13±0.21	38.14±0.18	38.07±0.22	37.88±0.32	37.92±0.36	14
2013-08	33.58±2.46	35.36±1.64	35.72±1.60	35.97±1.44	36.34±1.37	36.72±1.46	37.13±1.61	37.23±1.77	37.19±1.74	37.04±1.78	37.14±1.82	14

（续）

时间（年-月）	各观测层次的土壤体积含水量/%											测定数
	10 cm	20 cm	30 cm	40 cm	50 cm	70 cm	90 cm	110 cm	130 cm	150 cm	170 cm	
2013 - 09	32.83±1.91	35.53±1.55	36.19±1.10	36.69±0.76	37.13±0.62	37.82±0.34	38.43±0.77	38.49±1.11	38.46±1.12	38.07±0.81	38.17±0.42	12
2013 - 10	31.31±1.99	34.53±1.26	35.86±0.70	36.29±0.78	36.72±0.60	37.57±0.30	37.88±0.38	38.11±0.21	38.01±0.21	37.83±0.22	37.88±0.38	12
2013 - 11	32.33±0.66	35.70±0.40	36.38±0.76	36.79±0.72	37.26±0.37	37.83±0.45	37.98±0.16	38.11±0.06	38.02±0.34	37.79±0.22	37.90±0.18	6
2013 - 12	32.73±0.99	35.73±0.76	36.25±0.83	36.55±0.94	36.89±0.45	37.60±0.31	37.95±0.23	38.07±0.18	37.99±0.19	37.79±0.25	37.92±0.48	6
2014 - 01	33.42±1.01	36.08±0.46	36.63±0.6	36.69±0.77	37.35±0.29	37.67±0.23	38.13±0.33	38.05±0.14	37.93±0.12	37.80±0.18	37.74±0.36	6
2014 - 02	33.56±0.74	36.27±0.44	36.74±0.72	36.86±0.64	37.33±0.47	37.73±0.23	38.08±0.10	38.07±0.19	37.76±0.13	37.76±0.13	37.80±0.27	6
2014 - 03	32.74±1.49	35.87±0.87	36.67±0.82	36.83±0.67	37.20±0.36	37.64±0.21	38.02±0.16	38.06±0.17	37.90±0.18	37.79±0.18	37.87±0.39	6
2014 - 04	32.71±1.52	35.92±0.69	36.40±0.78	36.61±0.77	37.08±0.54	37.57±0.38	37.91±0.29	37.83±0.18	37.82±0.17	37.59±0.27	37.74±0.37	12
2014 - 05	33.63±1.12	36.21±0.56	36.53±0.73	36.85±0.84	37.21±0.50	37.71±0.24	37.92±0.14	37.94±0.16	37.82±0.15	37.65±0.28	37.81±0.24	12
2014 - 06	33.19±0.87	35.91±0.74	36.24±0.93	36.53±0.80	37.11±0.39	37.50±0.32	37.92±0.15	37.92±0.07	37.80±0.09	37.63±0.33	37.78±0.35	10
2014 - 07	32.97±1.43	35.78±0.84	36.19±0.89	36.56±0.69	37.19±0.30	37.58±0.35	37.93±0.17	37.87±0.10	37.89±0.11	37.65±0.23	37.84±0.23	10
2014 - 08	32.83±0.74	35.41±0.81	36.03±0.86	36.27±0.80	36.92±0.40	37.47±0.28	37.85±0.18	37.88±0.18	37.78±0.14	37.63±0.23	37.69±0.33	12
2014 - 09	33.37±0.64	35.93±0.57	36.23±0.80	36.55±0.75	37.11±0.39	37.51±0.29	37.95±0.17	37.96±0.07	37.85±0.09	37.66±0.19	37.77±0.34	12
2014 - 10	32.27±1.19	34.82±0.94	35.63±0.91	36.00±0.91	36.58±0.50	37.29±0.51	37.77±0.28	37.80±0.14	37.38±1.33	37.63±0.24	37.68±0.26	12
2014 - 11	33.66±0.60	36.17±0.50	36.71±0.73	36.90±0.74	37.36±0.56	37.86±0.35	38.03±0.11	38.10±0.18	37.93±0.22	37.82±0.30	37.93±0.50	6
2014 - 12	32.03±1.29	35.38±0.71	36.19±0.74	36.53±0.81	37.05±0.56	37.70±0.31	38.09±0.18	38.13±0.07	38.11±0.24	37.91±0.12	37.88±0.36	6

表3-3 土壤体积含水量表——桃源站稻田综合观测场（TYAZH01）

时间（年-月）	各观测层次的土壤体积含水量/%											测定数
	10 cm	20 cm	30 cm	40 cm	50 cm	70 cm	90 cm	110 cm	130 cm	150 cm	170 cm	
2004-01	33.77±3.62	39.36±0.77	39.58±0.56	39.58±1.13	40.03±1.76	41.00±0.40	41.34±1.90	41.47±1.98	42.47±1.13	42.23±0.69	42.65±1.06	6
2004-02	34.57±1.81	39.30±1.16	39.63±1.03	39.42±1.32	39.85±1.45	40.83±0.61	40.96±1.54	41.84±1.76	42.58±1.27	42.37±0.82	42.38±0.69	9
2004-03	41.24±1.33	40.81±1.23	40.90±1.56	41.32±1.76	42.01±1.59	41.77±0.72	42.11±1.60	42.76±1.68	43.59±1.08	43.11±0.55	43.34±0.70	12
2004-04	41.17±1.33	40.63±1.12	41.20±2.98	41.09±2.26	41.15±1.38	42.15±1.83	42.16±1.68	43.09±1.97	43.74±1.15	43.67±0.57	44.04±0.78	15
2004-05	40.29±4.83	40.19±0.79	39.75±0.74	39.83±0.95	40.62±1.22	40.84±1.52	41.71±1.87	42.17±2.04	43.54±1.28	43.59±0.69	43.59±0.70	18
2004-06	41.62±0.84	40.38±0.83	39.68±0.76	39.81±1.10	40.46±1.13	41.16±0.54	41.16±2.12	42.28±2.02	43.62±1.09	44.29±3.54	43.45±2.50	12
2004-07	42.03±1.77	40.29±0.83	39.47±0.89	39.15±1.01	39.93±1.26	40.70±0.43	40.52±1.62	41.62±2.16	42.51±1.34	42.55±0.58	42.49±0.87	15
2004-08	42.86±0.56	40.68±0.80	39.85±0.83	39.92±0.99	40.63±1.17	41.25±0.60	41.59±2.04	42.11±1.88	43.23±1.23	43.53±0.47	43.97±0.78	12
2004-09	41.19±3.49	40.88±0.83	39.80±0.52	39.56±0.99	40.56±1.19	41.36±0.65	41.31±1.87	41.85±2.46	42.85±1.70	43.16±0.76	43.72±0.61	12
2004-10	36.57±2.02	38.35±1.84	38.42±1.12	38.35±1.33	38.81±2.04	40.11±1.56	40.08±2.24	40.63±2.63	41.15±2.42	41.49±2.26	41.75±2.35	9
2004-11	35.49±3.37	40.31±1.31	40.12±1.18	39.99±1.79	40.76±1.82	41.47±0.68	41.45±1.90	42.24±2.66	43.15±1.72	43.45±0.73	44.04±0.94	9
2004-12	36.14±2.71	38.92±1.75	38.86±1.48	38.74±1.74	39.36±2.20	40.07±1.55	40.30±2.44	41.11±2.91	41.43±2.55	41.48±2.18	41.51±2.11	9
2005-01	37.41±2.24	39.70±1.81	39.97±1.00	—	40.29±1.63	41.21±0.45	41.40±2.30	42.10±2.40	43.05±1.62	43.63±0.66	43.79±0.64	6
2005-02	38.80±5.50	41.37±5.51	40.98±1.48	41.11±1.41	41.11±0.97	40.79±2.75	42.12±2.09	42.58±1.88	43.43±1.47	43.77±0.63	44.33±1.11	6
2005-03	38.53±3.70	42.23±4.56	40.86±1.77	40.84±1.67	40.78±1.85	41.64±0.45	41.77±1.93	42.65±2.09	43.77±1.27	43.47±0.38	43.37±0.51	12
2005-04	40.52±5.29	41.72±3.84	41.05±1.57	41.29±2.07	41.23±2.52	41.76±0.60	42.06±1.84	42.57±2.02	43.85±1.24	43.68±0.37	43.47±0.44	18
2005-05	42.50±0.59	41.05±0.62	40.15±0.77	40.24±0.77	41.04±0.71	41.58±0.42	42.03±2.01	42.56±2.07	43.57±1.53	44.00±0.56	44.16±0.48	15
2005-06	43.52±2.45	41.94±2.05	41.35±2.03	41.36±2.21	42.30±2.00	42.55±1.74	42.76±2.58	43.23±2.30	44.72±1.76	45.28±2.06	45.37±1.35	18
2005-07	46.39±6.52	43.99±5.72	42.58±4.68	42.35±4.72	42.68±4.94	42.91±4.26	42.91±3.72	44.48±5.61	44.40±3.99	43.79±1.19	44.16±2.01	18
2005-08	43.33±0.83	41.21±1.22	40.30±0.91	40.17±1.11	40.80±0.86	41.35±0.65	41.47±1.95	41.87±2.15	43.08±1.44	43.82±0.46	44.14±0.91	18
2005-09	41.09±3.51	40.25±2.30	39.43±2.08	39.15±2.19	39.55±2.07	40.25±2.03	40.39±2.86	40.89±3.26	41.81±2.81	42.31±2.08	42.27±1.84	18

（续）

时间（年-月）	各观测层次的土壤体积含水量/%											测定数
	10 cm	20 cm	30 cm	40 cm	50 cm	70 cm	90 cm	110 cm	130 cm	150 cm	170 cm	
2005 - 10	40.00±1.23	40.68±0.93	39.85±1.01	39.49±1.33	40.01±1.66	40.74±1.02	40.89±1.65	41.21±1.92	42.26±2.03	42.54±1.49	42.28±1.28	12
2005 - 11	40.28±1.45	41.15±1.31	40.37±0.74	40.16±0.81	41.01±1.61	41.60±0.58	41.66±1.52	42.07±2.19	42.73±1.49	43.73±1.00	43.97±0.78	9
2005 - 12	37.75±0.60	39.67±1.08	39.18±0.78	38.73±0.98	39.43±1.32	40.68±0.81	40.78±1.30	41.57±2.34	42.54±1.89	42.71±1.00	42.45±0.54	9
2006 - 01	38.06±0.87	40.70±1.28	39.79±0.71	39.42±0.60	39.63±1.11	41.10±0.78	40.84±1.45	41.47±2.04	42.78±1.50	43.10±0.77	43.45±0.70	9
2006 - 02	36.03±1.54	41.90±1.19	41.54±1.35	40.57±0.59	40.62±1.07	42.05±0.19	41.75±0.96	42.43±1.86	42.83±1.39	43.35±0.34	43.14±0.79	6
2006 - 03	33.98±2.28	40.73±1.53	40.71±1.32	39.87±0.67	39.99±1.32	41.31±0.65	41.09±1.11	41.63±2.19	42.45±1.32	43.39±0.71	43.37±1.07	12
2006 - 04	46.12±6.71	42.88±1.93	41.53±1.04	40.78±1.25	41.41±1.82	41.77±0.74	41.27±1.06	41.78±2.04	42.28±1.36	42.99±0.67	42.94±0.95	15
2006 - 05	42.52±6.44	42.43±2.02	41.08±1.47	39.82±1.13	39.61±0.99	40.71±1.41	40.30±1.61	40.77±2.29	41.50±1.99	42.34±1.94	42.21±2.01	15
2006 - 06	44.93±2.59	43.50±3.02	42.95±3.54	41.99±2.84	43.57±2.90	43.05±1.92	42.54±2.00	42.61±2.00	44.44±3.83	43.03±2.11	44.73±3.10	12
2006 - 07	43.51±7.30	44.41±1.29	42.23±0.90	40.72±0.97	40.20±0.92	41.73±0.76	41.27±0.89	41.84±2.36	42.63±1.51	43.52±0.79	42.68±0.71	18
2006 - 08	44.89±5.86	43.48±1.05	41.68±0.85	40.17±0.95	39.65±0.86	41.12±0.81	40.69±0.94	41.30±2.62	41.81±1.70	42.86±0.98	42.19±0.82	15
2006 - 09	30.44±6.96	39.09±4.39	40.04±1.42	39.30±1.03	38.99±0.81	40.62±0.83	40.41±0.83	41.08±2.24	41.72±1.79	42.52±0.69	42.37±0.63	18
2006 - 10	36.33±2.04	39.56±0.91	39.61±1.10	39.53±0.91	40.09±0.94	40.75±0.64	40.86±1.70	41.45±1.67	42.83±1.21	42.51±0.39	42.36±0.28	9
2006 - 11	—	—	—	—	—	—	—	—	—	—	—	—
2006 - 12	—	—	—	—	—	—	—	—	—	—	—	—
2007 - 01	40.13±2.69	40.59±1.25	40.16±1.11	40.32±1.75	40.56±1.82	41.12±1.11	41.42±2.12	42.11±1.81	43.28±1.81	43.16±1.65	43.35±1.58	9
2007 - 02	—	—	—	—	—	—	—	—	—	—	—	—
2007 - 03	37.55±2.87	39.72±1.36	39.87±1.33	39.80±1.61	40.07±1.28	40.91±0.59	41.19±1.83	41.68±1.88	42.88±1.37	42.33±0.53	42.21±0.37	12
2007 - 04	43.52±3.06	41.76±1.17	40.91±1.24	40.95±1.35	41.64±1.04	41.62±0.48	42.05±2.24	42.53±1.78	43.78±1.22	43.28±0.65	43.18±0.49	18

（续）

时间（年-月）	各观测层次的土壤体积含水量/%											测定数
	10 cm	20 cm	30 cm	40 cm	50 cm	70 cm	90 cm	110 cm	130 cm	150 cm	170 cm	
2007-05	44.49±2.16	42.79±0.95	41.63±0.73	40.91±0.81	41.34±1.12	42.10±0.76	42.29±2.11	43.03±2.44	44.06±1.70	44.14±0.96	44.11±1.18	18
2007-06	44.61±0.72	42.61±0.63	41.57±0.64	41.44±1.17	42.25±0.81	42.49±0.64	42.75±2.33	43.44±2.15	44.83±1.20	45.30±0.81	45.52±0.97	15
2007-07	43.72±2.99	42.42±0.82	41.08±0.61	40.16±1.16	40.08±2.35	41.80±0.38	41.17±3.13	42.33±2.39	43.27±1.71	43.08±2.45	43.13±2.41	18
2007-08	43.41±2.83	41.75±1.72	40.44±1.40	39.76±1.43	40.14±1.35	40.95±1.38	40.93±2.13	41.59±2.70	42.53±2.19	43.03±2.00	43.06±1.98	18
2007-09	42.87±1.46	41.69±0.45	40.49±0.57	39.87±0.61	40.46±0.89	41.37±0.45	41.41±1.87	41.96±2.44	43.08±1.44	43.04±0.57	43.13±0.51	18
2007-10	38.96±1.90	40.33±0.74	39.57±0.47	38.93±0.72	39.22±1.17	40.58±0.71	40.68±1.28	41.39±1.75	42.35±1.52	42.63±0.48	42.58±0.92	18
2007-11	37.51±1.30	39.87±0.73	39.57±0.50	39.19±0.53	39.36±1.02	40.47±1.07	40.38±0.95	41.00±1.38	41.81±1.24	41.99±0.43	41.68±1.27	9
2007-12	37.77±1.66	39.52±1.59	39.15±1.30	38.79±1.20	39.09±1.42	39.97±1.76	39.92±1.76	40.22±1.94	41.34±2.19	41.09±2.06	41.81±2.29	9
2008-01	39.08±1.51	40.74±0.80	40.26±0.53	39.54±0.43	40.09±0.85	41.14±1.02	41.09±1.42	41.71±1.64	42.56±1.34	42.41±0.61	42.47±0.79	9
2008-02	37.86±2.00	40.65±0.55	40.24±0.65	40.00±0.75	40.34±1.31	41.28±0.83	41.63±1.69	42.39±2.05	43.14±1.10	42.99±0.51	42.86±0.60	9
2008-03	43.68±4.21	42.85±1.70	42.06±1.25	41.80±1.73	42.07±1.84	42.37±0.90	42.45±1.50	42.71±1.82	43.47±1.16	43.58±0.68	43.88±1.06	9
2008-04	46.48±1.69	44.46±1.38	43.29±0.90	43.37±1.19	43.42±1.13	43.01±1.01	43.03±1.36	43.61±1.74	44.41±1.36	44.54±0.89	44.68±0.81	15
2008-05	44.94±2.18	43.50±1.71	42.31±1.43	42.01±1.32	42.18±0.94	41.90±0.67	41.90±1.40	42.48±1.68	43.20±1.33	43.78±0.80	44.35±0.66	18
2008-06	44.48±1.36	42.86±0.78	41.46±0.35	41.58±1.26	41.86±0.82	41.70±0.78	41.93±1.68	42.61±1.77	43.31±1.22	43.06±0.43	42.83±0.64	15
2008-07	43.74±2.40	42.80±0.75	41.57±0.80	41.42±1.33	41.57±0.78	41.57±0.65	41.88±1.71	42.48±1.85	43.46±1.28	43.63±0.49	44.02±0.80	18
2008-08	44.63±1.42	42.92±0.69	41.72±0.71	41.78±1.28	42.02±0.79	41.80±0.61	42.11±1.93	42.61±1.64	43.67±1.12	43.48±0.41	43.17±0.67	18
2008-09	41.84±3.16	41.66±1.27	40.72±0.80	40.41±1.34	40.81±1.46	41.43±0.80	41.69±1.96	42.22±2.07	43.31±1.45	43.05±0.68	42.82±0.41	18
2008-10	39.97±2.31	41.40±1.22	40.67±0.79	40.45±1.23	40.84±1.33	41.47±0.67	41.76±1.90	42.13±2.06	43.15±1.60	43.18±0.67	43.41±0.76	15
2008-11	38.89±2.29	41.15±0.85	40.52±0.52	40.21±1.01	40.32±0.96	41.41±0.44	41.56±2.19	42.31±2.13	43.29±1.42	43.40±0.62	43.66±0.98	9

（续）

时间（年-月）	各观测层次的土壤体积含水量/%											测定数
	10 cm	20 cm	30 cm	40 cm	50 cm	70 cm	90 cm	110 cm	130 cm	150 cm	170 cm	
2008-12	35.36±2.64	39.19±0.92	39.12±0.76	38.53±0.88	39.10±1.37	40.65±0.61	41.41±1.97	41.70±2.32	42.75±1.79	42.96±1.06	42.56±0.36	6
2009-01	37.00±2.34	40.12±0.91	40.06±0.57	39.47±0.54	39.84±0.66	40.86±0.57	40.90±1.60	41.54±2.07	42.82±1.68	42.85±1.05	42.72±0.38	9
2009-02	37.32±2.33	40.40±0.73	40.10±0.35	39.67±0.37	39.87±0.79	40.70±0.73	40.75±0.98	41.14±1.22	42.28±1.08	42.36±0.50	42.60±0.36	6
2009-03	41.60±4.74	42.42±1.72	41.32±1.25	41.39±1.62	41.85±1.51	41.94±0.95	41.95±1.42	42.52±1.76	43.46±0.97	43.75±0.77	44.39±0.76	12
2009-04	45.09±2.02	43.10±0.88	42.07±0.56	42.21±0.89	42.61±0.65	42.25±0.79	42.35±1.39	42.66±1.66	43.38±1.24	43.40±0.48	43.23±0.84	18
2009-05	44.88±1.12	43.27±0.77	41.84±0.33	42.01±1.08	42.20±0.57	41.27±2.96	42.10±1.70	42.58±1.51	43.38±1.09	43.84±0.51	44.42±0.85	18
2009-06	44.72±1.30	43.27±0.67	41.72±0.31	42.06±0.96	41.96±1.20	41.27±2.23	42.14±1.44	42.45±1.53	43.45±1.07	43.22±0.55	43.30±0.69	15
2009-07	44.15±1.06	42.80±0.46	41.10±0.60	40.64±1.13	41.03±0.73	41.33±0.57	41.48±1.74	42.34±1.58	43.43±0.98	43.40±0.35	42.89±0.73	21
2009-08	43.60±0.65	42.63±0.36	41.41±0.65	40.99±1.34	41.42±0.94	41.47±0.54	41.50±1.85	42.17±1.84	43.16±1.05	43.29±0.42	43.15±0.66	18
2009-09	42.83±1.61	42.35±0.51	40.97±0.57	40.15±0.75	40.50±0.78	41.27±0.51	41.37±1.96	41.77±2.08	42.86±1.24	43.30±0.48	43.28±0.72	18
2009-10	37.90±1.27	40.26±0.47	39.88±0.38	39.21±0.56	39.55±1.00	40.63±0.78	40.49±0.81	41.05±1.51	41.75±1.45	42.18±1.14	42.49±0.52	18
2009-11	38.80±1.75	41.09±0.47	40.74±0.68	40.44±1.00	40.85±0.77	41.24±0.55	41.35±1.64	42.05±1.98	42.90±1.50	42.96±0.54	43.02±0.63	9
2009-12	39.27±1.89	41.45±0.56	40.98±0.83	40.77±1.49	40.84±0.94	41.40±0.49	41.58±1.69	42.22±1.51	43.17±1.17	43.56±0.67	43.37±0.25	6
2010-01	38.13±1.58	40.61±0.61	40.05±0.39	39.42±0.42	39.59±0.97	40.88±0.75	40.63±0.81	41.27±1.41	42.22±1.41	42.54±0.59	42.55±0.53	9
2010-02	37.54±1.63	40.60±0.56	40.37±0.54	40.09±0.79	40.22±1.02	41.32±0.74	41.31±1.39	41.93±1.85	42.67±1.55	43.25±1.08	43.52±0.58	9
2010-03	37.76±2.74	40.81±0.91	40.74±0.77	40.46±1.22	40.91±0.90	41.59±0.56	41.58±1.82	42.55±1.89	43.07±1.29	43.56±0.82	43.41±0.72	9
2010-04	42.89±3.46	42.49±1.19	41.77±0.96	41.87±1.30	42.08±1.01	42.14±0.56	42.18±1.46	42.65±1.72	43.57±1.27	43.45±0.71	43.27±0.60	18
2010-05	44.76±1.39	43.17±0.49	42.03±0.63	41.88±1.42	42.44±0.61	42.05±0.67	42.34±1.58	42.88±1.65	43.50±1.17	43.16±3.12	43.50±0.56	18
2010-06	44.94±1.90	43.77±0.90	42.33±0.62	41.83±1.17	42.43±0.65	42.88±0.69	41.89±4.15	43.44±1.88	44.18±1.34	44.10±1.88	43.09±3.94	18

（续）

时间（年-月）	各观测层次的土壤体积含水量/%											测定数
	10 cm	20 cm	30 cm	40 cm	50 cm	70 cm	90 cm	110 cm	130 cm	150 cm	170 cm	
2010-07	47.55±1.75	45.97±0.95	44.62±0.81	43.24±1.34	44.16±0.76	44.46±0.69	44.76±1.83	45.27±1.87	45.43±4.66	46.14±0.64	45.72±0.80	18
2010-08	46.08±5.22	44.91±4.45	42.93±3.99	42.41±3.75	42.84±4.10	43.14±4.00	43.53±4.66	44.47±4.54	45.45±4.42	45.29±4.55	44.54±4.40	18
2010-09	42.87±0.66	42.39±0.61	40.84±0.82	40.70±1.28	41.15±0.65	41.65±0.63	41.88±2.04	42.09±1.69	42.91±1.17	42.67±0.36	42.53±0.34	18
2010-10	42.40±1.00	42.19±0.77	41.13±0.81	40.54±1.02	41.49±0.78	41.49±0.63	41.80±2.15	42.31±1.73	43.00±1.22	43.17±0.64	42.75±0.47	18
2010-11	40.96±1.33	41.64±0.49	40.47±0.33	39.74±0.59	40.04±1.03	41.17±0.79	41.35±1.75	41.82±2.11	42.82±1.81	42.99±1.02	42.58±0.29	9
2010-12	40.67±2.14	42.05±0.78	40.94±0.41	39.86±0.54	40.37±0.76	40.97±0.77	41.04±1.32	41.64±1.46	42.78±1.45	42.61±0.75	42.26±0.20	9
2011-01	41.68±0.94	41.69±0.83	40.45±0.44	39.94±0.56	40.46±0.91	40.59±0.65	40.75±1.61	41.61±1.66	42.73±1.21	42.32±0.43	42.18±0.30	9
2011-02	40.67±0.45	40.58±0.38	39.40±0.43	39.26±0.65	39.82±1.01	40.36±0.53	40.30±1.21	41.24±1.42	42.18±0.85	41.72±0.25	41.72±0.36	6
2011-03	34.98±4.77	40.60±1.45	40.63±0.71	39.65±0.46	39.71±0.68	40.65±0.75	40.50±1.24	40.85±1.45	41.76±1.18	41.92±0.45	41.20±1.12	9
2011-04	41.77±5.78	41.75±0.92	40.95±0.96	40.66±1.09	40.99±1.08	41.36±0.61	41.64±1.56	42.06±1.75	42.88±1.22	42.32±0.54	42.10±0.32	18
2011-05	43.21±2.45	41.58±2.12	40.27±2.45	40.11±2.05	40.95±1.64	40.90±1.73	41.10±1.71	41.62±2.02	42.68±1.76	42.08±1.72	41.96±0.29	18
2011-06	47.50±9.17	45.51±8.15	43.70±7.19	43.39±7.71	43.55±7.45	44.53±7.08	43.46±7.33	43.83±7.61	45.45±8.31	44.63±7.62	43.35±7.04	12
2011-07	47.52±3.42	46.34±3.77	45.99±4.61	46.88±4.86	46.46±4.45	48.35±4.76	49.64±5.71	49.97±6.33	50.84±5.71	47.68±4.06	46.38±3.27	18
2011-08	51.74±5.14	49.23±4.46	47.26±4.28	47.87±4.58	47.94±4.07	48.30±4.41	48.85±4.50	50.45±4.35	51.43±4.17	50.06±4.57	47.11±3.97	18
2011-09	39.47±6.81	42.55±4.85	42.21±4.06	41.95±4.91	42.95±6.75	45.27±7.57	43.78±6.64	45.50±7.29	47.05±7.53	45.72±5.16	44.94±4.41	15
2011-10	36.23±3.88	40.25±1.41	40.74±1.24	40.21±1.11	40.35±1.27	41.68±0.65	41.47±1.45	42.42±1.93	43.22±1.41	43.08±0.41	42.87±0.30	18
2011-11	37.71±1.37	41.09±0.57	40.77±0.55	40.23±0.54	40.83±1.13	41.95±0.49	41.77±1.44	42.65±2.34	43.39±1.56	43.08±0.36	43.10±0.40	6
2011-12	38.53±0.61	40.65±1.33	40.29±1.12	40.03±0.79	40.61±1.18	41.43±1.07	41.37±1.28	42.33±1.87	43.28±1.19	43.11±1.08	42.89±0.74	12
2012-01	34.82±3.13	40.25±1.15	40.60±0.91	39.78±1.23	40.54±1.62	41.26±0.80	41.23±1.12	41.96±2.01	42.59±1.45	42.75±1.03	42.16±0.53	9

（续）

时间（年-月）	各观测层次的土壤体积含水量/%											测定数
	10 cm	20 cm	30 cm	40 cm	50 cm	70 cm	90 cm	110 cm	130 cm	150 cm	170 cm	
2012-02	36.49±1.43	41.19±1.14	41.13±1.17	40.37±1.24	40.91±1.01	42.05±0.52	41.30±1.42	42.29±1.87	43.56±1.12	42.97±0.70	42.51±0.62	6
2012-03	40.15±4.24	41.86±1.56	41.46±1.13	41.18±1.40	41.24±1.07	41.86±0.53	41.73±1.09	42.50±2.21	42.90±0.95	43.29±0.74	42.71±0.26	9
2012-04	42.79±4.17	42.03±1.03	41.64±0.87	41.44±1.41	41.61±1.02	41.61±0.72	41.98±1.71	42.18±1.72	43.08±1.16	42.75±0.78	42.40±1.12	12
2012-05	44.52±1.56	42.63±0.56	41.89±0.98	41.83±1.19	41.97±0.79	41.80±0.63	41.83±1.07	41.94±1.77	42.63±1.11	42.64±0.67	42.11±0.52	18
2012-06	45.82±1.71	44.02±0.64	42.42±1.03	42.08±1.57	42.20±0.75	42.59±0.55	42.31±1.13	42.86±1.87	43.10±1.15	43.31±0.58	42.87±0.41	18
2012-07	46.01±1.23	44.14±0.75	42.31±2.55	41.96±1.35	42.52±0.91	42.63±0.66	42.70±1.12	43.34±1.80	43.48±1.26	43.64±0.53	42.90±0.42	18
2012-08	42.52±6.48	41.89±3.66	41.06±3.02	41.15±2.27	41.32±1.55	41.80±1.23	42.18±1.67	42.86±1.89	43.36±1.25	42.97±1.01	42.73±0.80	18
2012-09	43.40±1.54	42.75±0.86	41.83±1.18	41.25±1.33	41.44±1.21	41.98±0.42	41.76±1.66	42.38±1.91	43.22±1.29	43.36±0.73	42.72±0.68	15
2012-10	40.37±4.06	42.23±1.21	41.26±0.91	40.78±1.18	41.16±1.28	41.63±0.95	41.77±1.12	42.25±2.12	42.92±1.81	42.80±0.66	42.99±1.21	21
2012-11	44.48±0.79	43.17±0.81	42.46±1.11	42.40±1.14	42.39±0.94	42.67±0.57	42.58±1.27	42.67±1.97	43.44±1.38	43.55±0.38	43.03±0.50	9
2012-12	43.40±1.01	42.93±0.43	41.65±0.87	41.10±1.26	41.62±0.99	42.33±0.74	42.11±1.58	42.60±1.81	43.18±1.41	43.40±0.88	42.52±0.51	9
2013-01	39.71±1.77	41.64±0.68	41.30±0.78	40.29±1.09	40.41±0.93	41.10±0.78	41.63±1.46	41.88±2.40	42.67±1.76	42.61±0.59	42.55±0.31	9
2013-02	42.37±1.62	42.63±0.45	41.61±0.70	40.73±1.00	40.88±0.68	41.66±0.98	41.63±1.97	42.02±2.13	42.90±1.58	42.59±0.51	42.27±0.35	9
2013-03	40.58±3.77	42.33±0.96	41.65±0.75	41.26±1.24	41.68±0.87	42.00±0.51	41.74±1.47	42.68±2.51	42.91±1.01	43.11±0.70	42.65±0.21	9
2013-04	46.82±2.06	43.26±0.64	42.17±0.89	41.92±1.31	42.10±0.92	42.33±0.61	41.94±1.07	42.48±2.00	43.13±1.38	42.96±0.53	42.41±0.24	15
2013-05	44.23±1.53	42.47±0.68	41.76±1.09	41.63±1.29	41.77±0.80	41.60±0.61	41.69±1.25	42.00±1.74	42.74±1.10	42.61±0.68	41.44±2.01	18
2013-06	45.66±1.70	44.02±0.57	42.41±0.99	42.16±1.61	42.13±0.80	42.65±0.56	42.34±1.20	42.80±1.79	43.12±1.16	43.32±0.58	42.91±0.42	15
2013-07	45.93±1.35	44.07±0.86	42.27±2.43	42.01±1.40	42.51±0.62	42.49±0.56	42.63±1.07	43.21±1.87	43.45±1.23	43.69±0.60	42.82±0.38	21
2013-08	40.65±6.46	40.08±4.72	39.37±4.60	39.20±4.55	39.52±4.02	40.28±3.72	40.03±4.47	40.32±4.61	41.09±4.60	40.61±4.54	40.41±4.22	18

（续）

时间（年-月）	各观测层次的土壤体积含水量/%											测定数
	10 cm	20 cm	30 cm	40 cm	50 cm	70 cm	90 cm	110 cm	130 cm	150 cm	170 cm	
2013-09	46.42±1.68	43.73±1.31	41.98±2.66	41.92±1.66	42.80±2.09	42.68±1.00	42.65±1.69	43.32±2.33	44.07±1.99	43.66±1.20	43.06±1.05	21
2013-10	38.37±8.02	41.56±4.74	41.60±3.01	40.44±1.32	40.40±1.31	41.83±0.78	41.50±1.34	42.40±2.08	43.25±1.47	43.08±0.44	43.51±2.71	20
2013-11	38.13±2.09	40.75±0.92	40.81±0.93	40.41±0.83	40.55±1.07	41.81±0.73	41.45±1.52	42.56±2.09	43.35±1.45	42.99±0.50	42.68±0.37	9
2013-12	36.41±3.40	40.00±1.04	40.37±0.72	39.58±0.87	39.56±0.99	41.06±0.80	40.97±0.74	41.72±1.97	42.78±1.76	42.90±0.71	42.47±0.36	9
2014-01	38.43±2.27	41.12±1.08	40.89±0.88	39.86±0.57	39.89±0.87	41.28±1.05	40.69±0.74	41.65±1.92	42.74±1.25	42.75±0.45	42.38±0.27	9
2014-02	38.70±3.07	41.49±0.62	41.13±0.48	40.24±0.96	40.35±0.52	41.40±0.98	41.32±1.27	41.78±1.79	42.91±1.43	42.86±0.86	42.47±0.49	6
2014-03	41.50±4.29	42.25±1.38	41.18±1.00	41.12±1.20	41.68±1.55	42.08±0.70	41.76±1.10	42.18±1.97	42.78±1.34	43.14±0.67	42.41±0.51	12
2014-04	46.42±1.37	43.09±0.63	42.09±0.53	41.95±0.85	42.03±0.64	42.14±0.54	41.61±1.09	42.12±1.92	42.81±1.23	42.62±0.48	42.12±0.45	18
2014-05	45.66±1.94	43.48±0.96	42.32±0.52	41.59±1.01	42.03±1.01	41.90±0.77	41.77±1.17	42.02±1.79	42.85±1.24	42.61±0.65	42.00±0.51	18
2014-06	44.91±1.54	43.71±0.75	42.68±0.82	42.00±1.02	42.33±1.13	42.18±0.83	42.19±1.11	42.47±1.66	43.10±1.19	42.72±0.47	42.57±0.32	15
2014-07	45.11±0.99	43.52±0.62	42.21±0.98	41.48±1.09	41.63±0.51	41.92±0.64	42.05±1.30	42.19±1.74	42.84±1.35	42.69±0.51	42.32±0.42	15
2014-08	45.03±1.45	43.70±1.05	42.08±0.91	41.40±0.97	41.61±0.76	42.19±0.63	42.04±1.42	42.26±1.78	42.87±1.32	42.75±0.54	42.38±0.49	18
2014-09	45.24±0.98	43.42±0.48	42.10±0.86	41.35±1.13	41.57±0.67	41.82±0.43	42.17±1.29	42.45±1.65	42.76±1.18	42.88±0.53	42.41±0.44	18
2014-10	43.37±1.31	42.80±0.82	41.62±0.59	40.86±0.90	40.93±0.84	41.61±0.84	41.75±1.49	42.19±1.86	42.56±1.99	42.85±0.50	42.38±0.44	18
2014-11	43.61±1.80	42.87±0.63	41.67±1.07	40.93±1.27	41.06±1.01	41.80±0.53	41.96±1.57	42.20±2.08	43.27±1.82	43.24±0.72	43.28±0.72	9
2014-12	40.92±1.82	42.73±1.04	41.27±0.49	40.18±0.49	40.51±0.75	41.80±0.77	41.64±1.11	42.18±2.21	43.04±1.89	43.17±1.14	43.09±0.51	9

表 3-4 土壤体积含水量表——桃源站坡地综合观测场（TYAZH02）

时间（年-月）	各观测层次的土壤体积含水量/%						测定数
	10 cm	20 cm	30 cm	40 cm	50 cm	70 cm	
2004-01	26.25±1.34	29.78±0.88	30.83±0.66	31.69±0.70	33.32±0.81	33.22±0.18	4
2004-02	25.37±1.26	28.91±0.83	30.07±0.49	32.02±0.79	32.95±0.16	33.46±0.55	6
2004-03	26.76±1.63	30.19±1.16	30.77±0.63	32.63±0.48	33.51±0.51	33.63±0.74	8
2004-04	26.50±1.34	29.86±0.92	30.51±0.38	32.50±0.48	33.41±0.39	33.43±0.66	10
2004-05	27.81±1.76	30.47±1.09	30.86±0.70	32.80±0.68	33.75±0.56	33.67±0.66	12
2004-06	27.27±2.20	30.32±1.20	30.94±0.55	32.98±0.43	33.73±0.55	33.31±0.57	10
2004-07	24.99±2.97	28.54±1.79	29.88±0.87	31.97±1.19	32.79±0.51	32.70±0.71	12
2004-08	28.83±2.15	30.73±1.20	31.20±1.39	32.75±1.14	33.73±1.56	33.48±1.07	10
2004-09	26.53±2.26	30.50±1.79	31.38±1.79	33.50±2.15	34.60±2.19	34.92±2.52	10
2004-10	23.13±0.65	27.16±0.57	29.13±0.36	31.29±0.50	32.47±0.39	32.87±0.68	6
2004-11	26.55±1.37	28.94±1.94	30.28±0.79	32.38±0.82	33.22±1.03	33.74±0.96	6
2004-12	25.59±2.15	29.02±1.92	30.32±1.20	32.25±1.03	33.35±0.75	33.42±0.81	6
2005-01	25.85±1.99	29.89±1.71	31.34±1.46	33.22±0.74	33.20±1.51	34.49±1.98	27
2005-02	27.92±1.14	30.73±1.00	31.96±0.82	33.00±0.59	34.03±0.92	34.77±1.10	9
2005-03	29.52±2.76	32.54±2.95	33.49±2.88	34.59±3.05	35.74±3.24	36.58±2.93	18
2005-04	25.60±2.14	29.54±1.85	31.29±1.27	32.60±0.91	33.78±1.54	34.62±1.36	36
2005-05	27.52±2.28	30.57±1.34	31.75±1.15	32.85±0.87	33.87±0.92	34.82±1.13	30
2005-06	28.65±2.27	30.79±1.33	31.92±1.28	33.33±1.13	34.32±1.06	35.39±1.30	36
2005-07	24.62±3.56	29.10±3.63	30.85±2.94	32.65±2.98	33.90±2.66	34.92±3.00	36
2005-08	24.15±3.25	28.44±1.97	30.58±1.45	32.03±1.22	33.03±1.02	34.23±1.27	36
2005-09	24.07±2.95	28.29±1.94	30.53±1.35	32.12±1.34	33.05±0.94	34.09±1.22	36
2005-10	23.91±2.12	28.19±1.63	29.94±1.30	31.46±1.21	32.51±0.95	33.68±1.28	30
2005-11	25.75±1.91	29.63±1.34	31.11±1.30	32.57±1.01	33.67±0.70	34.48±0.90	18
2005-12	23.71±1.48	28.55±2.08	30.50±1.60	31.99±1.40	33.09±1.23	34.09±1.18	18
2006-01	25.40±1.05	28.92±1.36	30.37±1.30	31.87±1.27	32.78±0.97	34.28±1.52	18
2006-02	27.43±0.92	30.62±0.94	31.82±0.94	32.95±0.89	33.98±0.82	35.04±1.40	12
2006-03	25.45±1.09	29.48±1.29	30.92±1.25	32.27±1.03	33.24±0.96	34.38±1.31	24
2006-04	25.45±1.42	28.87±1.33	30.36±1.19	31.78±1.11	32.76±0.87	33.85±1.35	30
2006-05	24.50±4.06	28.60±2.73	30.55±2.15	32.13±1.90	33.34±1.70	34.90±1.70	30
2006-06	25.84±2.97	30.29±2.52	32.16±3.21	33.61±2.54	34.39±1.82	36.26±2.11	24

（续）

时间（年-月）	各观测层次的土壤体积含水量/%						测定数
	10 cm	20 cm	30 cm	40 cm	50 cm	70 cm	
2006-07	23.81±2.87	27.90±2.10	29.62±1.62	31.27±1.74	32.56±1.38	35.01±1.53	30
2006-08	25.97±5.67	28.32±3.88	29.44±3.45	30.58±3.01	31.56±2.68	34.07±2.48	24
2006-09	21.90±1.73	25.39±1.70	27.22±1.50	28.76±1.92	29.72±1.68	31.67±1.55	30
2006-10	25.22±1.58	28.45±1.50	29.61±1.65	30.85±1.80	31.55±1.65	32.77±1.42	18
2006-11	—	—	—	—	—	—	—
2006-12	—	—	—	—	—	—	—
2007-01	28.18±1.98	31.42±1.21	32.20±1.12	33.65±1.08	34.47±1.03	35.88±1.07	18
2007-02	—	—	—	—	—	—	—
2007-03	27.03±1.93	30.98±1.44	31.90±1.10	33.34±1.09	34.37±0.96	35.61±1.03	24
2007-04	27.65±1.96	30.40±1.21	31.38±1.14	32.78±0.96	33.65±0.90	35.02±1.17	30
2007-05	25.91±2.90	29.23±2.65	30.98±1.66	32.47±1.45	33.48±1.25	34.82±1.20	30
2007-06	27.41±2.07	31.16±1.41	32.04±1.11	33.48±1.10	34.48±0.94	35.71±1.01	24
2007-07	25.95±1.64	29.20±1.52	30.46±1.66	31.94±1.15	32.90±0.94	34.47±1.40	30
2007-08	25.57±1.87	29.14±1.41	30.28±1.05	31.63±0.92	32.66±0.89	34.08±1.18	30
2007-09	26.75±1.50	29.82±1.16	30.64±1.16	31.81±1.00	32.73±0.88	34.01±1.21	30
2007-10	25.77±1.50	29.00±1.03	30.00±1.09	31.13±0.97	32.09±0.90	33.45±1.19	30
2007-11	24.96±1.60	28.82±1.22	30.06±1.12	31.14±1.01	32.18±0.93	33.61±1.19	18
2007-12	25.81±1.89	29.63±1.64	30.75±1.33	31.79±1.14	32.81±1.00	33.97±1.12	18
2008-01	27.14±1.83	30.04±1.36	30.80±1.12	31.72±1.09	32.85±0.98	34.32±1.11	18
2008-02	26.11±1.69	29.38±1.17	30.81±1.21	32.10±0.85	32.76±0.73	34.40±1.19	18
2008-03	27.69±1.99	30.51±1.26	31.47±1.06	32.58±1.09	33.33±0.86	35.16±1.32	18
2008-04	26.59±2.57	30.15±2.11	31.47±1.83	32.85±1.62	33.80±1.64	35.54±1.72	30
2008-05	25.30±2.92	28.74±2.43	30.45±2.15	31.95±2.30	32.95±1.70	34.89±1.78	36
2008-06	25.77±2.25	29.43±1.47	30.55±1.02	31.77±1.05	32.57±0.82	33.84±1.20	30
2008-07	25.11±2.39	28.97±1.68	30.40±1.34	31.77±1.09	32.76±0.98	34.29±1.24	36
2008-08	24.25±2.43	27.97±2.26	29.86±1.73	31.43±1.49	32.67±1.19	34.69±1.37	36
2008-09	23.73±2.32	27.64±1.98	29.49±1.50	30.98±1.39	32.14±1.18	33.90±1.40	36
2008-10	25.49±2.20	29.18±1.56	30.39±1.12	31.46±1.00	32.38±1.09	33.75±1.03	30
2008-11	25.25±2.39	29.30±1.20	30.65±1.03	32.10±0.99	33.33±1.04	34.68±1.33	18
2008-12	23.44±1.28	27.54±0.64	29.53±0.91	30.93±1.08	32.21±0.73	33.85±1.32	18

（续）

时间（年-月）	各观测层次的土壤体积含水量/%						测定数
	10 cm	20 cm	30 cm	40 cm	50 cm	70 cm	
2009 - 01	25.41±1.64	29.39±0.95	30.47±1.00	31.58±0.83	32.52±0.72	33.94±1.16	18
2009 - 02	26.01±1.64	29.22±1.07	30.24±1.11	31.55±1.06	32.36±0.62	34.16±1.33	12
2009 - 03	26.64±2.32	30.16±1.37	31.25±1.10	32.64±1.07	33.55±0.89	35.19±1.32	24
2009 - 04	27.20±2.19	30.69±1.41	31.51±1.09	32.87±1.28	33.75±0.94	35.07±1.21	36
2009 - 05	26.15±1.96	30.00±1.32	31.09±1.13	32.41±0.94	33.36±0.85	35.34±0.95	36
2009 - 06	25.61±1.87	29.57±1.22	30.85±1.08	32.37±0.99	33.19±0.75	34.66±1.14	30
2009 - 07	25.68±2.54	29.14±1.94	30.44±1.54	31.94±1.46	32.87±1.02	34.39±1.28	42
2009 - 08	23.22±2.15	27.40±1.86	29.35±1.54	30.90±1.34	32.04±1.07	33.66±1.41	36
2009 - 09	23.24±2.68	27.71±2.08	29.71±1.59	31.26±1.62	32.35±1.57	34.05±1.50	36
2009 - 10	24.86±1.95	28.49±0.99	30.01±0.81	31.33±0.74	32.43±0.91	33.90±0.98	36
2009 - 11	26.78±1.63	30.00±0.87	31.35±0.84	32.59±0.78	33.45±0.80	34.76±1.03	18
2009 - 12	26.87±1.93	30.30±1.07	31.49±0.81	32.73±0.77	33.33±0.79	35.00±1.25	12
2010 - 01	25.47±1.83	28.86±1.33	30.24±0.99	31.62±1.02	32.70±0.61	34.31±1.22	18
2010 - 02	24.74±1.58	29.16±1.13	30.78±0.89	32.02±0.86	33.10±0.78	34.98±1.23	18
2010 - 03	25.53±1.70	29.70±1.20	31.02±1.05	32.39±0.89	33.42±0.77	34.73±1.30	18
2010 - 04	26.23±2.06	30.02±1.70	31.16±1.11	32.52±0.93	33.36±1.37	34.82±1.24	36
2010 - 05	27.00±2.00	30.34±1.39	31.51±1.18	32.75±1.04	33.62±0.92	34.81±1.12	36
2010 - 06	28.14±1.84	31.36±1.22	32.31±1.05	33.67±0.93	34.32±1.05	35.52±1.30	36
2010 - 07	30.59±2.00	33.86±2.00	35.00±1.88	35.30±3.92	36.58±1.83	37.92±1.96	36
2010 - 08	23.94±1.74	28.57±2.36	30.53±2.90	32.26±3.24	33.63±3.36	35.17±3.87	36
2010 - 09	24.60±2.44	27.44±2.08	29.46±1.92	30.80±1.76	31.76±1.84	33.04±1.57	36
2010 - 10	27.47±1.66	30.37±1.15	31.38±0.91	32.59±0.80	33.32±0.75	34.42±1.03	36
2010 - 11	25.76±1.85	29.21±1.10	30.48±1.02	31.80±0.92	32.80±0.70	34.12±1.05	18
2010 - 12	26.16±1.88	29.66±1.29	31.00±1.05	32.36±0.92	33.20±0.85	34.46±1.06	18
2011 - 01	29.71±2.30	31.34±1.03	32.40±0.86	33.20±0.89	33.80±0.81	34.82±1.05	18
2011 - 02	28.48±1.12	29.94±1.12	31.46±0.90	32.47±0.80	33.10±0.62	34.50±0.87	18
2011 - 03	30.72±1.31	31.57±1.06	32.68±0.80	33.27±0.91	33.77±1.02	34.48±0.90	18
2011 - 04	29.83±1.10	30.95±1.04	32.37±0.88	32.99±0.78	33.51±0.76	34.63±0.80	36
2011 - 05	28.08±2.22	29.98±1.56	31.50±1.42	32.36±1.37	32.94±1.54	33.95±1.86	36
2011 - 06	31.99±5.31	32.82±5.29	34.39±6.05	33.55±6.88	35.21±5.58	35.56±5.18	22

（续）

时间（年-月）	各观测层次的土壤体积含水量/%						测定数
	10 cm	20 cm	30 cm	40 cm	50 cm	70 cm	
2011-07	29.05±2.87	32.10±3.04	35.01±3.55	36.19±3.64	37.47±3.45	38.85±3.35	36
2011-08	30.64±2.03	33.59±2.52	35.46±2.75	37.09±2.88	37.51±3.30	38.07±3.07	36
2011-09	26.71±3.65	29.77±3.89	31.53±4.10	33.05±4.14	33.76±4.11	36.25±5.80	30
2011-10	28.28±1.14	30.57±1.04	31.82±0.87	32.94±0.66	33.53±0.64	35.08±0.81	36
2011-11	29.67±1.17	31.44±1.19	32.71±0.96	33.62±0.88	34.20±0.64	35.44±0.94	12
2011-12	29.40±1.85	31.04±1.28	32.29±1.10	33.01±1.18	33.89±0.79	35.01±1.07	24
2012-01	29.47±2.54	30.79±1.47	32.19±1.03	32.93±0.99	33.55±0.88	34.98±0.81	18
2012-02	30.04±1.00	31.64±1.06	32.83±1.52	33.59±0.66	34.14±1.19	35.13±0.87	12
2012-03	29.27±1.75	31.07±1.10	32.25±1.12	33.24±0.81	33.79±0.79	34.95±0.86	18
2012-04	29.03±1.65	30.71±1.19	31.74±1.12	33.01±1.02	33.41±0.76	34.58±0.96	24
2012-05	29.43±1.64	30.97±1.04	31.90±1.04	32.91±0.90	33.32±0.59	34.54±0.79	36
2012-06	28.33±2.48	30.77±1.54	31.90±1.32	33.07±1.15	33.64±0.67	34.91±0.99	36
2012-07	27.47±1.96	30.11±1.53	31.40±1.29	32.75±0.99	33.61±0.60	35.07±0.93	36
2012-08	24.83±1.65	27.66±1.32	29.45±1.73	30.70±1.45	31.63±1.46	33.57±1.11	36
2012-09	26.63±2.22	28.63±1.77	29.67±1.74	30.60±1.87	31.29±1.51	33.00±1.11	30
2012-10	28.22±1.87	30.17±1.48	31.03±1.60	31.94±1.69	32.45±1.45	33.67±1.31	42
2012-11	30.33±1.53	31.83±1.01	32.91±0.90	33.74±0.85	34.41±0.68	35.58±1.06	18
2012-12	30.17±1.58	31.48±1.16	32.43±1.08	33.19±0.77	33.83±0.63	35.21±0.78	18
2013-01	29.01±1.87	30.54±1.36	31.79±1.45	32.35±0.78	33.32±0.67	34.43±1.02	18
2013-02	30.42±1.24	31.62±1.02	32.58±1.06	33.25±0.73	33.91±0.74	34.89±1.01	12
2013-03	29.89±1.48	31.15±1.10	32.16±1.04	33.04±0.82	33.76±0.71	35.26±1.14	24
2013-04	29.09±1.86	30.63±1.36	31.51±1.17	32.65±0.87	33.29±0.69	34.56±1.02	36
2013-05	30.01±1.44	31.00±1.02	32.02±0.82	32.86±0.61	33.61±0.52	34.85±0.94	36
2013-06	28.86±1.62	30.37±1.09	31.48±1.13	32.54±0.73	33.22±0.73	34.68±0.96	30
2013-07	27.99±3.34	30.33±1.42	31.44±1.16	32.61±0.91	33.30±0.66	34.63±0.98	30
2013-08	29.04±2.17	30.32±1.81	31.49±1.49	32.44±0.98	33.24±0.95	34.46±1.05	36
2013-09	28.91±1.52	30.21±1.22	31.41±0.92	32.36±0.75	33.03±0.95	34.39±0.94	36
2013-10	26.37±2.63	28.36±2.20	29.64±2.08	30.80±1.70	31.73±1.47	33.40±1.17	36
2013-11	30.59±2.08	30.85±3.47	32.64±1.04	33.54±0.82	34.07±0.84	34.91±1.45	18
2013-12	29.00±1.23	30.53±1.03	31.62±0.95	32.95±0.97	33.56±0.66	34.92±1.03	18

（续）

时间（年-月）	各观测层次的土壤体积含水量/%						测定数
	10 cm	20 cm	30 cm	40 cm	50 cm	70 cm	
2014-01	29.01±1.87	30.54±1.36	31.79±1.45	32.35±0.78	33.32±0.67	34.43±1.02	18
2014-02	30.42±1.24	31.62±1.02	32.58±1.06	33.25±0.73	33.91±0.74	34.89±1.01	12
2014-03	29.89±1.48	31.15±1.10	32.16±1.04	33.04±0.82	33.76±0.71	35.26±1.14	24
2014-04	29.09±1.86	30.63±1.36	31.51±1.17	32.65±0.87	33.29±0.69	34.56±1.02	36
2014-05	30.01±1.44	31.00±1.02	32.02±0.82	32.86±0.61	33.61±0.52	34.85±0.94	36
2014-06	28.86±1.62	30.37±1.09	31.48±1.13	32.54±0.73	33.22±0.73	34.68±0.96	24
2014-07	27.99±3.34	30.33±1.42	31.44±1.16	32.61±0.91	33.30±0.66	34.63±0.98	24
2014-08	29.04±2.17	30.32±1.81	31.49±1.49	32.44±0.98	33.24±0.95	34.46±1.05	30
2014-09	28.91±1.52	30.21±1.22	31.41±0.92	32.36±0.75	33.03±0.95	34.39±0.94	30
2014-10	26.37±2.63	28.36±2.20	29.64±2.08	30.80±1.70	31.73±1.47	33.40±1.17	30
2014-11	30.59±2.08	30.85±3.47	32.64±1.04	33.54±0.82	34.07±0.84	34.91±1.45	18
2014-12	29.00±1.23	30.53±1.03	31.62±0.95	32.95±0.97	33.56±0.66	34.92±1.03	18

表 3-5 土壤体积含水量表——桃源站坡地辅助观测场（恢复系统）（TYAFZ04）

时间（年-月）	各观测层次的土壤体积含水量/%						测定数
	10 cm	20 cm	30 cm	40 cm	50 cm	70 cm	
2004-01	27.02±0.79	29.57±0.96	31.33±1.14	31.69±0.54	32.66±0.89	32.85±0.95	4
2004-02	26.01±0.89	29.33±0.98	30.76±1.20	31.45±0.45	32.73±0.51	33.52±0.52	6
2004-03	26.80±1.25	29.61±1.04	30.95±0.91	31.73±0.48	32.93±0.28	33.86±0.74	8
2004-04	26.28±1.20	29.12±1.36	30.45±1.17	31.17±0.80	32.44±0.88	33.26±0.76	10
2004-05	27.18±1.48	29.60±1.20	30.97±1.35	31.51±0.63	32.24±1.62	33.26±0.64	12
2004-06	27.32±1.15	29.83±1.29	30.91±1.43	31.35±0.93	32.66±0.77	33.12±0.74	10
2004-07	25.13±2.02	27.96±1.79	29.28±1.72	29.90±1.40	31.23±0.98	32.22±0.86	12
2004-08	28.36±0.88	30.48±1.00	31.38±1.21	31.71±1.02	32.72±0.95	33.52±0.59	10
2004-09	26.58±2.20	29.09±2.33	30.37±2.40	31.10±2.26	32.34±2.18	33.38±2.32	10
2004-10	21.99±0.78	25.07±1.04	27.00±1.26	27.60±0.86	28.94±1.00	30.15±0.43	6
2004-11	25.67±1.43	28.71±2.03	29.94±2.30	29.95±1.87	30.81±1.91	31.07±1.27	6
2004-12	26.33±1.68	29.04±1.63	30.53±1.48	31.05±0.88	31.93±0.99	32.47±0.68	6
2005-01	28.04±1.22	29.98±0.75	31.36±0.78	31.61±0.92	32.04±1.63	33.15±0.98	9
2005-02	29.54±1.69	31.22±0.65	31.89±0.62	31.76±0.53	32.32±1.13	33.28±0.80	3
2005-03	29.20±1.21	30.75±0.91	31.58±0.74	31.43±1.19	32.49±1.25	33.46±0.82	6

（续）

时间（年-月）	各观测层次的土壤体积含水量/%						测定数
	10 cm	20 cm	30 cm	40 cm	50 cm	70 cm	
2005-04	27.60±1.51	29.79±1.10	31.06±1.14	30.85±1.07	31.69±1.51	33.30±0.97	9
2005-05	29.40±1.33	30.59±0.86	31.79±0.64	31.48±1.03	32.18±1.45	33.22±0.95	9
2005-06	29.13±1.48	30.62±1.46	31.30±1.22	31.04±1.35	32.16±1.62	33.13±1.06	9
2005-07	25.40±3.65	27.52±2.77	29.02±2.80	28.92±2.84	29.43±3.28	31.06±2.33	9
2005-08	25.38±2.48	27.84±2.46	29.25±2.24	29.26±2.28	30.05±2.57	31.22±2.00	9
2005-09	24.73±2.28	27.37±2.16	29.15±1.78	29.39±1.94	30.22±2.30	31.52±1.72	9
2005-10	24.80±1.84	26.97±2.04	27.79±1.61	27.53±1.48	28.04±1.92	29.24±1.48	9
2005-11	27.40±0.82	29.63±0.94	30.11±1.54	30.10±1.92	30.84±2.08	32.10±1.74	9
2005-12	26.69±0.95	29.09±0.89	30.05±1.22	30.12±1.36	31.25±1.61	32.24±1.10	9
2006-01	28.52±1.83	29.93±0.96	31.34±1.28	31.16±1.44	31.84±1.93	33.37±1.35	8
2006-02	28.20±0.75	30.40±0.51	31.59±0.72	31.36±1.02	32.03±1.57	33.45±1.02	8
2006-03	28.57±4.74	30.15±1.93	32.39±5.23	31.65±3.46	32.11±3.89	33.62±2.69	12
2006-04	26.97±1.19	29.40±1.15	30.54±1.06	30.79±1.08	31.94±1.59	32.74±0.76	10
2006-05	23.62±2.63	27.51±2.17	29.51±2.50	30.21±1.59	31.17±1.29	33.10±0.77	10
2006-06	26.11±5.04	29.88±3.86	31.17±2.94	31.54±2.59	32.63±2.10	33.49±1.34	8
2006-07	22.96±2.33	27.44±1.95	29.48±2.70	30.11±1.45	31.36±1.31	33.03±0.91	12
2006-08	27.33±2.81	29.82±2.48	30.76±2.75	30.91±2.50	31.44±1.99	32.46±2.11	10
2006-09	23.29±1.83	26.13±1.63	27.68±1.62	28.39±1.23	29.32±1.22	30.68±0.76	12
2006-10	25.30±2.54	27.47±2.49	28.11±2.52	28.05±1.77	28.62±1.83	29.85±0.41	12
2006-11	—	—	—	—	—	—	—
2006-12	—	—	—	—	—	—	—
2007-01	28.96±0.70	31.55±1.19	32.69±1.20	32.82±0.73	33.78±0.96	34.19±0.68	6
2007-02	—	—	—	—	—	—	—
2007-03	29.30±2.91	31.84±2.04	31.43±1.65	32.05±0.93	33.37±0.67	33.95±1.04	8
2007-04	28.05±1.09	29.92±1.15	31.25±1.28	31.67±0.70	32.84±0.82	33.41±0.85	12
2007-05	26.23±1.95	29.40±2.08	30.68±1.86	31.31±1.63	32.34±1.42	33.38±1.05	12
2007-06	29.24±2.61	31.81±1.85	31.71±1.63	32.25±0.93	33.51±0.68	33.95±0.96	10
2007-07	26.41±1.09	28.96±1.13	30.29±1.14	30.68±0.78	31.82±0.49	33.27±1.37	12
2007-08	24.70±2.50	27.68±2.17	29.21±1.89	29.46±1.69	30.70±1.63	31.85±1.41	12
2007-09	26.31±1.21	28.56±1.09	29.85±1.14	30.17±0.78	31.26±0.70	32.34±0.95	12
2007-10	24.85±1.02	26.40±0.76	27.76±0.86	28.45±0.66	29.48±0.39	30.56±0.69	12
2007-11	24.33±1.26	26.94±1.18	28.05±1.27	28.24±0.90	29.34±0.55	30.43±0.53	6

（续）

时间（年-月）	各观测层次的土壤体积含水量/%						测定数
	10 cm	20 cm	30 cm	40 cm	50 cm	70 cm	
2007-12	25.54±1.75	28.27±1.41	29.26±1.56	29.34±1.06	30.10±0.65	30.57±0.27	6
2008-01	26.83±0.75	29.29±0.81	30.66±0.88	30.64±0.77	31.66±0.61	32.15±0.63	6
2008-02	26.40±0.51	29.32±0.59	30.83±0.98	31.15±0.61	32.03±0.33	33.21±0.69	6
2008-03	27.77±0.66	30.06±0.62	31.62±1.09	31.72±0.33	32.92±0.53	33.86±0.76	6
2008-04	27.07±1.66	29.98±1.33	31.54±1.50	31.78±1.27	32.94±1.05	34.11±1.34	10
2008-05	25.44±2.07	28.56±2.07	30.38±2.25	30.55±1.80	31.51±1.76	32.72±2.69	12
2008-06	25.55±1.16	27.69±0.92	29.29±1.26	29.01±0.83	30.07±0.85	31.40±1.07	10
2008-07	25.16±1.93	27.89±1.47	29.00±1.27	29.27±0.90	29.90±0.67	31.10±0.65	12
2008-08	24.82±1.83	27.63±1.88	29.41±2.25	29.72±1.94	30.82±2.00	32.11±1.63	12
2008-09	24.92±1.68	27.74±1.59	29.55±1.74	30.00±1.31	31.32±1.20	32.77±1.14	12
2008-10	26.21±1.23	28.96±1.04	30.05±1.10	29.84±1.04	30.50±0.96	31.77±0.46	10
2008-11	26.60±0.94	29.36±0.86	30.94±0.95	31.23±0.57	32.61±0.49	33.66±0.73	6
2008-12	25.23±0.94	28.16±1.15	29.73±1.23	29.94±0.91	31.30±0.71	32.12±0.29	6
2009-01	27.18±0.81	29.92±0.87	31.04±1.06	31.03±0.70	31.84±0.75	32.47±0.20	6
2009-02	27.78±0.08	29.93±0.49	31.18±1.11	31.33±0.70	32.13±0.79	32.86±0.22	4
2009-03	27.66±0.82	30.16±0.79	31.57±0.98	31.94±0.66	33.08±0.56	34.13±0.85	8
2009-04	28.17±0.73	30.57±0.78	31.74±0.89	31.91±0.49	33.02±0.41	34.14±0.60	12
2009-05	27.31±1.10	29.52±0.74	30.93±0.93	31.32±0.66	32.27±0.58	33.49±0.74	12
2009-06	25.87±1.37	28.45±1.34	29.86±1.45	30.41±1.34	31.48±1.27	33.06±1.38	10
2009-07	25.06±2.12	27.96±1.91	29.33±1.84	29.65±1.76	30.36±1.88	31.48±1.97	14
2009-08	22.06±2.08	25.31±1.97	27.11±1.84	27.56±1.56	28.10±1.63	29.29±0.92	12
2009-09	22.05±2.21	25.58±2.22	27.65±2.48	28.02±2.21	28.97±2.26	30.12±1.51	12
2009-10	24.09±1.77	26.30±0.76	27.66±0.84	27.92±0.84	28.98±0.76	30.17±0.29	12
2009-11	26.17±0.69	29.49±0.28	31.05±0.69	31.52±0.32	32.47±0.31	33.46±0.42	6
2009-12	27.05±0.24	30.07±0.06	31.84±0.68	32.11±0.08	32.63±0.16	33.80±0.52	6
2010-01	25.99±0.65	29.38±0.44	30.65±0.91	31.21±0.43	32.15±0.10	33.53±0.39	6
2010-02	26.07±0.41	29.46±0.77	30.67±0.89	31.35±0.41	32.67±0.42	33.89±0.48	6
2010-03	26.21±0.44	29.62±0.64	31.21±1.12	31.65±0.32	32.81±0.28	33.99±0.51	6
2010-04	26.95±0.70	29.84±0.62	31.34±0.74	31.74±0.46	32.87±0.43	33.97±0.66	12
2010-05	27.28±0.82	29.82±0.64	31.30±0.83	31.64±0.59	31.25±4.84	33.42±1.17	12
2010-06	28.09±1.24	30.71±0.94	31.80±1.16	32.28±0.76	33.56±0.61	34.37±0.93	12
2010-07	30.90±2.72	33.45±1.68	34.99±2.20	35.16±2.22	36.08±2.30	36.16±1.85	12

（续）

时间（年-月）	各观测层次的土壤体积含水量/%						测定数
	10 cm	20 cm	30 cm	40 cm	50 cm	70 cm	
2010-08	23.94±1.65	26.83±1.81	28.38±2.32	28.51±2.64	29.42±2.77	30.94±3.08	12
2010-09	24.46±1.89	26.64±2.44	27.72±2.31	29.06±3.23	28.57±2.09	30.35±1.90	12
2010-10	27.67±0.75	30.02±0.47	31.08±0.80	32.04±0.55	32.80±0.27	33.65±0.70	12
2010-11	26.62±0.71	28.97±0.74	30.18±1.07	30.54±0.59	31.56±0.58	32.54±0.33	6
2010-12	26.34±0.98	29.34±1.01	30.66±1.35	31.12±0.72	31.89±0.75	32.68±0.63	6
2011-01	29.63±1.22	31.12±0.74	31.68±0.60	32.58±0.67	32.86±0.35	33.11±0.38	6
2011-02	29.26±0.80	30.36±0.78	31.10±0.47	31.89±0.64	32.38±0.44	32.83±1.13	6
2011-03	30.55±0.68	31.55±0.30	32.09±0.27	32.64±0.51	32.80±0.59	32.63±0.46	6
2011-04	31.57±3.60	30.77±0.76	31.71±0.46	32.41±0.40	32.79±0.74	32.98±1.48	12
2011-05	27.68±1.67	28.22±1.43	28.86±1.73	29.57±1.79	30.35±1.10	30.84±0.69	12
2011-06	29.64±2.60	31.38±4.33	32.13±4.61	31.71±4.07	31.87±3.42	34.12±5.20	8
2011-07	29.56±2.70	31.57±2.74	32.28±2.57	33.63±2.56	33.66±3.32	33.85±2.75	12
2011-08	28.37±2.17	30.48±2.43	31.14±2.63	31.76±2.56	31.90±2.24	32.52±2.47	14
2011-09	25.32±3.74	27.80±3.64	28.33±3.79	29.55±4.52	30.71±5.70	31.11±4.46	10
2011-10	27.27±1.03	28.99±1.31	29.58±1.16	29.87±0.96	29.99±0.81	29.77±0.43	12
2011-11	28.50±0.65	29.79±0.80	29.73±0.72	30.08±0.92	30.67±0.52	30.30±0.14	4
2011-12	28.95±0.91	29.96±1.25	30.34±1.02	30.89±0.91	30.79±0.38	31.03±0.51	8
2012-01	29.37±1.31	30.53±1.36	31.20±0.91	31.90±1.14	32.05±1.01	32.49±0.88	6
2012-02	30.28±0.98	31.79±1.15	32.01±0.73	33.07±0.23	33.76±0.62	33.88±0.66	4
2012-03	29.17±0.50	31.37±0.84	31.37±0.63	32.49±0.16	32.98±0.23	33.72±1.02	6
2012-04	29.06±0.71	30.77±0.65	31.45±0.66	32.02±0.39	33.02±0.54	33.82±0.97	8
2012-05	29.27±0.56	30.82±0.65	31.32±0.48	32.21±0.37	32.94±0.37	33.49±0.96	12
2012-06	28.72±1.70	30.57±1.63	31.05±1.37	31.98±1.01	32.63±1.11	33.29±1.24	12
2012-07	28.31±1.59	29.98±1.33	30.63±1.43	31.60±1.26	32.54±1.14	33.09±1.28	12
2012-08	26.62±1.21	28.67±1.35	29.66±1.29	30.27±1.07	30.66±0.72	31.31±0.64	12
2012-09	28.21±1.24	29.77±1.49	29.95±1.54	30.11±1.21	30.39±0.80	30.70±0.37	10
2012-10	29.07±1.19	30.53±1.55	30.97±1.37	31.56±1.11	31.90±1.23	31.83±1.37	14
2012-11	30.41±0.89	32.00±0.95	32.43±0.70	33.14±0.58	33.38±0.37	34.34±0.43	6
2012-12	30.37±0.55	32.06±0.85	31.98±0.72	32.87±0.56	33.20±0.38	33.71±0.67	6
2013-01	29.01±0.70	31.02±1.03	31.44±1.03	32.44±0.74	32.86±0.41	33.80±0.84	6
2013-02	30.08±0.43	31.72±0.76	32.41±0.77	32.94±0.63	33.20±0.53	33.70±0.91	6
2013-03	29.48±0.29	31.49±0.98	31.78±1.00	32.39±0.22	33.17±0.16	33.62±0.76	6

（续）

时间（年-月）	各观测层次的土壤体积含水量/%						测定数
	10 cm	20 cm	30 cm	40 cm	50 cm	70 cm	
2013-04	29.17±1.14	30.91±0.92	31.74±0.78	32.50±1.08	33.04±0.78	33.59±1.07	12
2013-05	28.95±0.67	30.40±1.07	30.95±0.89	31.91±0.86	32.50±1.08	32.95±1.35	12
2013-06	28.82±1.52	30.51±1.58	31.03±1.29	31.94±0.93	32.58±1.30	33.19±1.42	10
2013-07	28.23±1.75	30.03±1.63	30.62±1.59	31.64±1.35	32.30±1.08	33.04±1.28	14
2013-08	26.76±1.66	28.19±2.02	28.83±2.08	29.43±2.45	30.21±2.63	30.94±2.89	12
2013-09	29.10±1.73	30.44±1.42	31.07±1.68	31.74±1.63	32.43±1.61	32.84±1.70	12
2013-10	27.61±1.70	30.03±3.34	30.66±3.33	30.85±2.55	30.93±1.95	30.88±2.38	12
2013-11	28.75±0.61	30.90±1.00	30.98±0.88	31.84±1.21	32.20±1.41	32.49±1.70	6
2013-12	25.43±4.98	27.58±6.04	30.69±0.97	31.54±0.76	32.12±0.56	32.73±0.35	6
2014-01	28.45±0.63	30.33±1.23	31.21±1.28	31.35±0.78	32.15±0.64	32.67±0.36	6
2014-02	29.97±0.66	32.16±1.00	32.14±0.62	32.89±0.49	33.48±0.62	34.03±1.29	4
2014-03	29.20±0.68	30.96±0.80	31.31±0.66	32.14±0.38	33.33±1.01	33.87±1.03	8
2014-04	29.60±1.65	31.10±1.42	31.56±1.07	32.33±0.88	32.84±0.81	33.27±0.93	12
2014-05	29.93±1.29	31.40±0.89	31.96±0.96	32.62±0.69	33.11±0.47	33.75±0.97	14
2014-06	28.54±1.98	30.27±1.19	30.73±0.96	31.52±0.73	31.87±0.78	32.64±0.96	10
2014-07	28.67±1.36	30.41±1.23	31.04±1.33	31.87±0.94	32.33±1.07	33.07±1.29	10
2014-08	29.18±1.85	30.53±1.65	30.81±1.40	31.32±1.34	31.59±1.50	31.84±1.33	12
2014-09	30.21±1.29	31.17±1.05	31.48±0.82	32.27±0.70	32.44±0.43	32.88±0.80	12
2014-10	27.32±1.98	29.25±1.82	29.86±1.64	30.75±1.60	31.10±1.37	31.63±1.45	12
2014-11	30.36±0.70	31.80±0.95	31.94±0.89	33.01±0.64	33.60±0.15	34.04±1.15	6
2014-12	29.39±0.62	31.15±1.03	31.52±0.79	32.38±0.30	33.00±0.48	33.88±1.04	6

表 3-6 土壤体积含水量表——桃源站坡地辅助观测场（退化系统）（TYAFZ05）

时间（年-月）	各观测层次的土壤体积含水量/%						测定数
	10 cm	20 cm	30 cm	40 cm	50 cm	70 cm	
2004-01	28.99±0.74	31.86±0.76	31.81±0.82	32.73±0.95	33.67±1.36	35.53±0.19	4
2004-02	27.95±1.12	31.11±1.12	31.56±1.20	32.39±1.20	32.86±1.20	33.88±1.37	6
2004-03	28.61±1.14	31.69±1.36	32.12±1.28	32.69±1.24	33.48±1.25	34.04±0.95	8
2004-04	28.22±1.14	31.22±1.36	31.86±1.37	32.45±1.46	33.21±1.43	33.15±1.41	10
2004-05	29.39±1.41	32.01±1.47	32.42±1.31	33.12±1.38	33.76±1.20	33.79±1.33	12
2004-06	29.38±1.21	32.21±1.28	32.53±1.21	33.01±1.41	33.91±1.19	33.81±1.37	10
2004-07	27.60±2.41	30.52±1.91	31.59±1.61	32.18±1.50	33.09±1.41	33.27±1.10	12

（续）

时间（年-月）	各观测层次的土壤体积含水量/%						测定数
	10 cm	20 cm	30 cm	40 cm	50 cm	70 cm	
2004-08	30.73±1.04	32.95±1.26	32.96±1.26	33.33±1.26	34.07±1.27	34.18±1.25	10
2004-09	28.97±2.05	31.94±2.10	32.65±2.26	33.14±2.57	33.82±2.58	34.48±2.48	10
2004-10	24.27±0.81	27.93±0.73	29.33±0.95	30.25±1.32	31.05±1.04	32.21±1.45	6
2004-11	28.61±1.33	30.73±1.39	31.37±1.59	31.70±1.68	32.31±1.53	32.63±1.92	6
2004-12	28.69±1.70	31.44±1.61	32.02±1.08	32.64±1.45	33.22±1.12	32.98±1.99	6
2005-01	29.73±1.13	32.27±1.10	32.35±1.00	33.65±1.00	34.11±1.05	34.22±1.61	9
2005-02	31.16±0.43	33.17±0.91	33.13±0.74	33.97±0.85	34.49±0.86	34.91±1.46	3
2005-03	30.50±1.01	32.66±0.97	32.84±0.95	33.72±1.02	34.37±0.95	34.89±1.01	6
2005-04	28.90±1.54	31.82±1.26	32.19±1.27	33.18±1.33	34.12±1.11	34.69±1.45	9
2005-05	31.00±1.32	32.71±0.90	33.01±0.96	33.68±1.00	34.38±0.96	34.61±1.57	9
2005-06	31.47±1.43	32.77±1.07	33.14±1.09	34.05±1.40	34.78±1.21	35.54±1.06	9
2005-07	27.56±4.30	31.15±4.75	32.59±5.13	33.61±4.61	33.99±2.99	34.82±3.66	9
2005-08	27.29±2.51	30.42±1.97	31.27±1.56	32.21±1.61	33.10±1.34	33.45±1.72	9
2005-09	26.61±2.25	30.04±2.43	31.61±2.33	31.94±1.59	33.02±1.66	34.00±1.04	9
2005-10	27.41±1.94	30.19±1.60	30.86±1.27	31.37±1.07	32.01±1.04	32.24±1.71	9
2005-11	28.84±1.16	31.94±1.19	32.34±1.13	33.01±1.19	33.77±1.20	34.03±1.50	9
2005-12	28.28±1.21	31.03±0.90	31.67±0.98	32.60±1.25	33.39±1.64	33.91±1.38	9
2006-01	28.22±0.69	31.80±0.98	32.23±1.01	32.87±1.08	33.75±1.20	34.66±1.05	8
2006-02	29.79±0.44	33.38±0.98	33.65±0.93	34.64±1.02	35.21±1.10	35.75±1.48	8
2006-03	27.80±1.10	32.33±2.07	32.16±1.11	32.99±1.13	33.77±1.26	34.28±1.28	12
2006-04	28.10±1.64	31.72±1.38	32.07±1.24	32.47±1.38	33.22±1.34	33.46±1.28	10
2006-05	27.42±1.86	31.08±1.79	31.72±1.62	32.28±1.45	33.09±1.35	34.35±0.95	10
2006-06	30.07±5.55	34.73±5.97	35.06±5.25	36.49±6.23	37.28±6.44	37.04±4.24	8
2006-07	27.60±1.94	31.18±1.52	31.84±1.46	32.22±1.50	33.04±1.36	34.51±1.14	12
2006-08	29.51±1.28	32.44±1.53	32.62±1.10	33.05±1.15	33.57±1.22	35.21±0.82	10
2006-09	26.19±3.27	29.29±2.73	30.12±2.20	30.72±1.98	31.65±2.05	33.02±1.57	12
2006-10	28.86±0.62	31.33±0.80	31.44±1.05	32.25±0.87	32.72±0.87	33.73±1.65	12
2006-11	—	—	—	—	—	—	—
2006-12	—	—	—	—	—	—	—
2007-01	31.11±1.51	33.28±1.41	33.24±1.35	34.02±1.69	34.29±1.58	34.65±1.94	6

（续）

时间（年-月）	各观测层次的土壤体积含水量/%						测定数
	10 cm	20 cm	30 cm	40 cm	50 cm	70 cm	
2007－02	—	—	—	—	—	—	—
2007－03	30.71±3.06	33.15±2.16	32.37±1.87	33.56±1.50	34.09±1.32	34.83±1.55	8
2007－04	30.33±1.38	32.53±1.28	32.86±1.09	33.26±1.26	34.01±1.06	35.39±0.73	12
2007－05	27.19±3.27	30.91±2.33	32.09±1.57	32.80±1.43	33.68±1.32	34.55±1.12	12
2007－06	30.77±2.83	33.29±2.05	32.66±1.82	33.84±1.50	34.31±1.36	34.81±1.54	10
2007－07	29.17±1.31	31.53±1.68	31.94±1.36	32.37±1.57	33.30±1.17	34.34±1.00	12
2007－08	27.55±2.31	30.68±1.94	31.40±1.51	32.06±1.11	32.59±0.98	33.67±0.97	12
2007－09	29.06±1.39	31.52±1.40	31.80±1.44	32.15±1.50	32.85±1.22	33.70±1.01	12
2007－10	27.92±1.50	30.50±1.18	30.75±1.14	30.98±1.34	31.74±1.36	32.82±0.92	12
2007－11	27.62±1.31	30.79±1.24	31.08±1.27	31.40±1.06	31.88±0.82	32.59±1.01	6
2007－12	28.58±1.49	31.87±1.51	32.26±1.62	32.44±1.37	32.94±1.30	33.37±1.50	6
2008－01	29.78±1.57	32.10±1.30	32.38±1.31	32.65±1.09	33.17±1.23	33.84±1.08	6
2008－02	29.42±0.71	31.84±1.35	31.95±1.21	32.58±1.42	33.18±1.44	34.39±1.01	6
2008－03	30.15±1.12	32.84±1.46	32.69±1.29	33.22±1.08	33.95±1.17	34.14±1.23	6
2008－04	29.25±1.95	32.32±1.83	32.67±1.79	33.36±2.00	34.06±1.79	34.93±1.52	10
2008－05	28.03±2.05	31.80±2.32	32.12±1.70	32.20±1.76	33.04±1.79	33.79±1.36	12
2008－06	28.33±1.51	31.10±1.20	31.38±1.12	31.74±1.08	32.48±1.13	33.28±1.36	10
2008－07	28.07±2.38	31.31±1.84	31.77±1.54	32.24±1.32	33.10±1.16	34.09±1.13	12
2008－08	27.70±1.82	31.26±1.61	31.91±1.39	32.49±1.49	33.13±1.48	34.16±1.16	12
2008－09	26.49±2.14	30.21±1.76	31.25±1.61	32.07±1.64	32.99±1.65	34.00±1.00	12
2008－10	28.42±1.83	31.37±1.59	31.71±1.28	31.71±1.18	32.43±1.11	33.07±1.09	10
2008－11	28.68±1.25	32.00±1.47	32.33±1.40	32.76±1.53	33.50±1.47	34.36±0.99	6
2008－12	27.41±1.45	30.75±1.45	31.50±1.50	32.43±1.47	32.79±1.62	33.79±0.93	6
2009－01	29.09±1.32	32.19±1.31	32.35±1.35	32.98±1.71	33.23±1.82	33.89±1.06	6
2009－02	30.14±0.90	32.72±1.45	32.80±1.51	33.25±1.68	33.73±1.55	35.14±0.36	4
2009－03	29.64±1.51	32.56±1.44	32.84±1.35	33.29±1.36	33.92±1.31	34.32±1.46	8
2009－04	30.38±1.50	33.05±1.61	33.09±1.44	33.63±1.38	34.45±1.52	34.80±1.04	12
2009－05	29.66±1.56	32.26±1.61	32.64±1.43	33.29±1.47	33.93±1.57	34.76±1.03	12
2009－06	28.49±2.46	31.43±1.88	32.10±1.51	32.80±1.65	33.62±1.73	34.73±1.08	10
2009－07	28.53±2.29	31.27±1.99	31.86±1.65	32.40±1.75	32.94±1.72	33.79±1.40	14

（续）

时间（年-月）	各观测层次的土壤体积含水量/%						测定数
	10 cm	20 cm	30 cm	40 cm	50 cm	70 cm	
2009-08	24.67±3.37	28.12±2.98	29.39±2.31	30.21±2.33	30.81±2.22	32.02±1.86	12
2009-09	24.41±3.71	28.07±3.33	29.52±2.68	30.05±2.58	30.68±2.41	31.41±2.09	12
2009-10	27.22±1.60	29.66±0.85	29.37±2.77	30.78±0.49	31.39±0.62	31.97±1.52	12
2009-11	29.46±1.27	32.23±1.14	32.48±1.16	33.01±1.39	33.47±1.13	33.60±1.47	6
2009-12	29.34±0.88	32.37±1.20	32.40±1.16	33.01±1.22	33.55±1.42	33.96±1.38	6
2010-01	29.12±1.32	31.71±1.32	31.92±1.29	32.47±1.27	32.90±1.36	34.01±0.73	6
2010-02	28.08±0.93	31.40±1.23	32.14±1.16	32.66±1.49	33.34±1.37	33.59±1.04	6
2010-03	28.25±1.40	31.82±1.16	32.43±1.33	32.94±1.21	33.49±1.31	33.88±1.09	6
2010-04	28.87±1.27	32.03±1.12	32.54±1.22	33.06±1.21	33.68±1.32	34.33±1.16	12
2010-05	29.85±0.90	32.45±0.86	32.91±0.95	33.21±1.17	33.27±1.59	34.33±1.18	12
2010-06	30.90±1.80	33.01±1.85	33.46±1.51	34.05±1.51	34.42±1.57	35.06±1.04	12
2010-07	33.55±2.41	35.75±1.95	35.73±1.80	36.25±2.18	36.74±2.21	37.79±1.57	12
2010-08	26.34±1.74	30.09±1.92	31.10±2.58	31.69±3.14	32.27±3.37	33.16±3.49	12
2010-09	27.38±2.47	29.98±2.16	30.28±1.98	30.76±1.99	31.17±1.52	32.08±1.30	12
2010-10	30.04±0.91	32.15±0.99	32.32±1.03	33.13±1.18	33.63±0.91	32.13±2.66	12
2010-11	32.01±1.45	32.08±1.15	32.57±1.35	33.06±1.40	33.73±0.70	33.71±1.34	6
2010-12	29.78±1.17	32.28±1.27	32.33±1.31	32.89±1.30	33.38±1.34	33.95±0.79	6
2011-01	31.78±1.52	32.52±1.21	32.89±1.17	33.35±1.01	33.14±0.67	34.57±0.52	6
2011-02	31.75±1.11	31.80±1.23	32.37±1.22	32.79±1.07	32.56±0.90	34.42±0.64	6
2011-03	32.37±1.14	32.75±1.30	33.22±0.92	32.88±1.28	33.89±0.92	34.73±0.47	6
2011-04	31.99±1.19	32.22±1.07	32.72±1.37	33.26±1.08	32.65±0.99	34.55±0.56	12
2011-05	29.40±2.69	30.32±2.61	30.73±3.28	30.91±3.02	30.62±2.70	32.28±3.15	12
2011-06	31.85±2.90	32.54±3.31	32.60±3.12	33.59±4.19	34.08±5.16	34.15±3.29	8
2011-07	30.63±2.22	33.33±2.84	34.80±3.41	35.76±2.41	36.32±2.68	38.10±2.34	12
2011-08	32.05±1.92	33.48±1.97	33.89±2.26	34.07±2.43	35.17±2.42	36.85±3.06	14
2011-09	26.90±3.30	29.81±4.62	30.37±4.58	30.50±3.00	31.43±4.43	34.08±6.36	10
2011-10	30.51±0.86	31.31±0.93	31.83±1.20	32.29±1.21	32.34±0.55	33.47±1.01	12
2011-11	31.60±0.57	32.19±0.63	32.48±0.92	32.69±0.90	32.74±0.71	33.51±1.16	4
2011-12	31.92±1.45	32.33±0.95	32.89±1.09	33.32±1.03	32.91±1.37	34.00±1.34	8
2012-01	31.69±1.12	32.07±1.06	32.65±1.34	32.90±1.39	32.55±0.67	34.50±1.00	6

（续）

时间（年-月）	各观测层次的土壤体积含水量/%						测定数
	10 cm	20 cm	30 cm	40 cm	50 cm	70 cm	
2012-02	31.79±0.78	32.42±0.80	33.17±1.35	33.43±0.60	33.95±1.26	34.56±0.65	4
2012-03	31.61±1.04	32.40±0.88	32.94±1.30	33.13±1.20	33.31±0.85	34.51±0.53	6
2012-04	30.63±2.52	32.09±0.96	32.55±1.22	32.90±1.29	33.22±0.60	33.93±1.01	8
2012-05	31.76±0.73	32.39±0.85	32.49±1.00	33.17±1.35	33.24±0.71	34.22±0.72	12
2012-06	31.14±1.89	32.10±1.51	32.56±1.37	33.08±1.42	33.52±0.67	34.65±0.58	12
2012-07	30.29±1.55	31.73±1.32	32.25±1.35	33.02±1.55	33.28±1.02	34.58±0.45	12
2012-08	28.71±1.19	30.20±1.15	30.83±1.50	31.51±1.71	31.73±1.10	33.14±0.61	12
2012-09	30.33±1.20	31.42±0.77	31.50±0.73	31.70±0.92	31.66±1.03	31.95±0.24	10
2012-10	31.02±1.50	31.56±1.50	31.80±1.64	32.23±1.61	32.21±1.24	33.28±1.20	14
2012-11	32.79±1.16	33.25±0.85	33.61±1.20	34.35±1.53	34.57±0.66	35.10±0.78	6
2012-12	32.27±0.99	32.83±1.04	32.92±0.99	33.41±1.28	33.41±0.48	34.60±0.49	6
2013-01	31.35±0.93	32.18±0.76	32.43±1.13	33.08±1.13	33.39±0.48	34.28±0.80	6
2013-02	32.28±1.12	32.92±1.17	32.91±1.00	33.71±1.65	33.60±0.45	34.52±0.34	6
2013-03	31.55±1.19	32.43±0.80	32.94±1.00	33.78±0.93	33.58±1.03	34.71±0.60	6
2013-04	31.01±1.48	32.11±1.15	32.38±1.31	33.11±1.10	33.33±0.79	34.62±0.47	12
2013-05	31.44±0.87	32.21±1.00	32.39±1.16	33.04±1.41	32.94±0.80	34.07±0.80	12
2013-06	30.98±1.93	31.96±1.55	32.49±1.45	33.03±1.43	33.20±0.88	34.46±0.80	10
2013-07	30.62±1.63	31.90±1.29	32.44±1.33	33.12±1.55	33.44±1.01	34.66±0.46	14
2013-08	28.70±2.14	29.96±2.28	30.50±2.51	31.12±2.66	31.12±3.31	33.05±3.66	12
2013-09	31.38±1.38	32.19±1.12	32.58±1.25	33.10±1.42	33.35±1.42	34.69±1.79	12
2013-10	30.74±1.38	31.51±1.27	32.00±1.41	33.24±2.99	33.28±3.29	33.82±1.33	12
2013-11	31.07±1.01	32.37±0.92	32.53±0.79	32.90±1.47	33.20±0.84	34.37±1.09	6
2013-12	29.88±0.69	31.60±1.22	32.02±0.98	32.56±1.70	33.32±0.70	34.69±0.72	6
2014-01	31.39±1.31	32.35±1.60	32.33±1.23	32.89±1.41	33.17±0.64	34.34±0.65	6
2014-02	32.47±1.48	32.76±1.18	32.76±1.00	33.25±1.05	33.62±0.86	34.49±0.38	4
2014-03	31.83±1.27	32.62±1.13	32.95±1.27	33.20±1.33	33.54±0.57	34.59±0.53	8
2014-04	31.10±1.62	32.05±1.38	32.27±1.22	32.66±1.41	33.11±0.73	34.15±0.54	12
2014-05	31.75±1.19	32.27±1.17	32.65±1.07	33.15±1.19	33.33±0.57	34.62±0.46	14
2014-06	31.10±1.31	31.70±1.14	32.10±1.27	32.78±1.35	33.08±0.53	34.31±0.43	10
2014-07	30.49±2.06	31.49±1.66	31.87±1.35	32.58±1.90	33.08±1.12	34.50±0.62	10

（续）

时间（年-月）	各观测层次的土壤体积含水量/%						测定数
	10 cm	20 cm	30 cm	40 cm	50 cm	70 cm	
2014-08	30.51±2.47	31.33±1.74	31.65±1.65	32.07±1.76	32.07±1.14	33.12±1.00	12
2014-09	31.59±1.30	31.42±2.19	31.98±1.65	32.57±1.45	32.47±0.44	33.84±0.53	12
2014-10	28.58±2.39	29.70±2.06	30.58±2.10	31.17±2.14	31.25±1.61	32.67±0.77	12
2014-11	32.72±1.61	32.60±1.45	32.83±1.39	32.94±1.39	33.67±0.70	35.11±0.50	6
2014-12	31.31±1.42	32.04±1.48	32.33±1.06	33.34±1.10	33.48±0.64	34.57±0.59	6

表3-7　土壤体积含水量表——桃源站坡地辅助观测场（茶园系统）（TYAFZ06）

时间（年-月）	各观测层次的土壤体积含水量/%						测定数
	10 cm	20 cm	30 cm	40 cm	50 cm	70 cm	
2004-01	26.04±0.34	27.14±0.72	27.52±0.54	28.93±0.77	31.25±1.87	33.12±0.41	4
2004-02	23.06±1.91	25.28±1.19	26.86±0.57	28.73±1.34	30.37±2.00	33.42±1.23	6
2004-03	24.08±2.37	26.38±1.32	27.86±0.66	29.62±1.41	30.82±1.75	34.06±0.90	8
2004-04	25.06±3.62	26.08±1.32	27.60±0.78	29.31±1.27	30.65±1.73	33.77±1.09	10
2004-05	24.82±2.49	26.76±1.48	28.15±0.82	29.87±1.16	31.27±1.61	34.36±0.94	12
2004-06	25.31±1.94	27.12±1.31	28.30±0.64	29.98±0.94	31.34±1.63	34.17±0.86	10
2004-07	24.79±2.36	26.42±1.33	27.34±1.04	28.75±1.22	30.12±1.53	33.17±1.09	12
2004-08	26.81±1.73	28.29±1.02	29.12±0.57	30.21±1.19	31.88±1.40	34.44±0.74	10
2004-09	25.66±2.31	27.82±1.94	28.81±1.86	30.47±2.34	31.78±2.58	34.80±2.28	10
2004-10	22.38±1.35	24.80±0.77	26.23±0.66	27.84±1.54	29.26±1.96	32.16±1.43	6
2004-11	24.41±2.00	26.41±1.06	27.74±0.83	28.69±1.62	30.21±2.10	33.20±1.54	6
2004-12	24.09±2.36	26.45±1.46	27.77±0.83	29.24±1.35	30.61±1.85	33.72±1.02	6
2005-01	25.89±1.59	27.94±0.82	28.59±0.53	30.63±0.86	31.80±1.67	34.18±0.70	9
2005-02	27.51±1.35	28.94±0.75	29.21±0.45	29.93±0.67	32.26±1.56	34.43±0.63	3
2005-03	26.74±1.32	27.91±0.55	28.60±0.24	30.22±0.96	32.07±1.34	34.14±1.05	6
2005-04	25.48±1.46	27.57±0.85	28.26±0.59	29.91±0.99	31.85±1.59	33.74±0.80	9
2005-05	27.74±1.55	28.70±0.57	29.27±0.60	30.42±1.22	32.34±1.82	33.61±2.22	9
2005-06	28.24±2.20	29.42±1.25	29.44±1.19	31.37±1.11	33.30±1.44	34.70±1.10	9
2005-07	26.56±4.71	27.12±2.66	28.25±2.57	29.86±2.47	32.07±2.35	33.51±2.51	9
2005-08	24.72±2.29	26.81±1.64	27.58±1.26	29.26±1.19	30.98±1.46	33.22±1.07	9
2005-09	24.03±2.25	26.13±1.77	26.91±1.14	28.49±1.47	30.70±1.86	32.62±1.25	9
2005-10	23.90±2.04	25.40±1.40	26.23±1.36	27.63±1.73	29.35±2.07	31.27±1.33	9

（续）

时间（年-月）	各观测层次的土壤体积含水量/%						测定数
	10 cm	20 cm	30 cm	40 cm	50 cm	70 cm	
2005 - 11	25.49±1.70	27.38±1.01	27.86±0.85	29.38±1.17	31.54±1.69	33.09±1.13	9
2005 - 12	23.98±1.80	26.25±1.06	26.98±0.57	28.84±1.23	30.98±2.25	33.60±3.52	9
2006 - 01	24.08±1.29	26.49±1.38	27.15±1.01	28.86±1.16	31.41±1.71	33.10±1.54	8
2006 - 02	26.64±1.14	28.50±0.63	28.85±0.75	30.04±0.95	32.04±1.23	34.04±0.80	8
2006 - 03	25.43±1.58	27.94±1.56	28.03±0.73	29.44±0.78	31.31±1.44	33.52±1.09	12
2006 - 04	25.37±1.87	27.16±0.86	28.30±0.60	29.33±0.94	30.57±1.50	33.60±1.01	10
2006 - 05	23.70±2.10	25.77±1.35	27.04±0.97	28.49±1.08	30.10±1.69	33.37±1.17	10
2006 - 06	26.35±2.82	28.36±2.04	29.85±2.77	31.34±3.01	32.25±2.40	34.99±1.73	8
2006 - 07	24.31±1.80	26.59±1.48	27.60±1.04	29.10±1.21	30.49±1.67	33.84±1.05	12
2006 - 08	25.67±2.07	26.79±1.45	27.95±1.02	29.22±1.25	30.51±1.49	33.10±0.94	10
2006 - 09	21.75±1.80	24.80±1.24	27.18±1.79	28.48±1.83	30.11±1.24	32.38±0.61	12
2006 - 10	23.87±2.04	26.84±1.51	29.06±2.27	30.04±1.95	31.41±0.29	33.00±0.10	12
2006 - 11	—	—	—	—	—	—	—
2006 - 12	—	—	—	—	—	—	—
2007 - 01	27.58±1.85	29.80±1.69	30.46±0.60	32.01±1.22	33.66±1.25	36.46±0.62	6
2007 - 02	—	—	—	—	—	—	—
2007 - 03	26.17±5.69	29.27±2.25	28.82±1.70	30.47±1.49	31.90±1.83	35.18±1.43	8
2007 - 04	25.91±2.42	27.67±1.34	29.12±0.95	30.75±1.34	32.04±1.47	35.42±0.98	12
2007 - 05	24.50±2.44	26.36±2.03	28.12±1.40	29.67±1.83	31.17±2.01	34.18±1.59	12
2007 - 06	26.29±5.19	29.23±2.07	29.06±1.59	30.71±1.53	32.12±1.78	35.33±1.34	10
2007 - 07	24.84±3.16	27.06±1.70	28.32±1.12	29.77±1.48	31.35±1.93	34.32±1.26	12
2007 - 08	24.18±2.25	26.64±1.30	27.75±0.96	29.16±1.24	30.47±1.69	33.70±0.95	12
2007 - 09	24.53±1.94	26.64±1.17	27.61±0.80	29.21±0.98	30.44±1.51	33.51±0.73	12
2007 - 10	23.44±1.67	25.36±0.80	26.46±0.39	27.81±1.17	29.15±1.74	32.78±0.87	12
2007 - 11	23.44±2.00	25.99±0.96	27.07±0.58	28.27±1.19	29.35±1.75	32.39±1.01	6
2007 - 12	24.10±2.29	26.53±1.29	27.43±0.59	29.10±1.33	30.06±1.89	33.21±1.24	6
2008 - 01	24.87±1.71	27.40±1.09	27.76±0.50	29.30±0.82	30.31±1.61	33.61±0.87	6
2008 - 02	24.42±1.73	26.98±1.11	27.72±0.63	29.63±0.99	30.74±1.59	33.92±0.74	6
2008 - 03	25.62±1.96	28.02±1.12	28.78±0.92	29.86±1.12	31.04±1.32	34.21±0.99	6
2008 - 04	26.10±2.43	28.47±1.91	28.85±1.08	30.25±1.20	31.29±1.61	34.60±1.09	10
2008 - 05	24.14±2.12	27.32±3.15	28.49±3.46	29.81±3.62	30.34±1.73	33.62±1.03	12
2008 - 06	24.83±1.49	26.80±0.81	27.42±0.65	28.71±1.25	29.93±1.77	33.13±2.06	10

（续）

时间（年-月）	各观测层次的土壤体积含水量/%						测定数
	10 cm	20 cm	30 cm	40 cm	50 cm	70 cm	
2008-07	24.98±2.07	26.90±1.08	27.63±0.94	28.94±1.38	30.20±1.89	33.82±0.88	12
2008-08	24.43±1.79	26.92±1.41	27.79±1.22	29.12±1.56	30.24±2.07	34.04±1.00	12
2008-09	23.71±1.93	26.29±1.50	27.18±1.31	28.71±1.47	29.96±1.84	33.61±1.10	12
2008-10	24.40±1.55	26.96±0.89	27.69±0.81	29.12±1.42	30.36±1.87	33.61±0.88	10
2008-11	24.69±1.85	27.27±1.12	28.20±0.61	29.77±0.83	30.77±1.68	34.47±0.91	6
2008-12	22.98±1.67	25.79±0.85	26.89±0.38	28.47±0.92	29.60±1.54	33.68±1.05	6
2009-01	24.55±1.90	26.86±0.83	27.73±0.41	29.10±1.01	30.34±1.33	33.87±0.85	6
2009-02	24.84±1.46	26.95±1.15	27.68±0.57	29.26±0.62	30.31±1.16	33.85±0.33	4
2009-03	25.93±1.65	28.34±0.86	29.09±0.79	30.28±1.06	31.51±1.41	35.00±0.59	8
2009-04	26.76±1.21	28.78±0.54	29.28±0.48	30.64±0.92	31.83±1.28	35.24±0.89	12
2009-05	26.39±1.31	28.11±1.09	28.52±1.29	30.17±1.06	31.33±1.53	34.27±1.87	12
2009-06	26.47±1.90	28.11±0.83	28.87±0.77	29.90±0.78	31.33±1.42	33.99±1.46	10
2009-07	26.23±1.97	27.88±1.32	28.45±0.97	29.75±1.27	30.97±1.64	34.01±1.17	14
2009-08	23.23±1.91	25.31±1.66	26.24±1.51	27.62±1.83	28.88±2.30	32.36±1.84	12
2009-09	22.87±1.97	25.44±1.89	26.55±1.63	27.82±2.06	28.88±2.34	32.24±2.03	12
2009-10	23.87±1.56	26.11±0.85	26.77±0.42	27.85±1.00	29.10±1.80	32.55±0.99	12
2009-11	25.78±1.41	28.14±0.47	28.84±0.21	30.03±1.03	31.02±1.57	34.78±0.88	6
2009-12	26.31±0.85	28.96±0.81	29.65±1.11	30.78±1.09	31.84±1.57	33.85±1.44	6
2010-01	25.18±1.38	27.40±0.59	28.10±0.37	29.33±1.23	30.31±1.66	33.72±1.44	6
2010-02	24.74±1.44	27.46±0.69	28.50±0.34	29.73±1.11	30.87±1.72	34.01±1.57	6
2010-03	25.52±1.25	28.19±0.61	28.55±0.34	30.03±1.18	31.28±1.53	34.45±0.88	6
2010-04	25.94±1.24	28.41±0.50	28.99±0.42	30.20±0.95	31.45±1.43	34.57±1.00	12
2010-05	26.66±1.23	28.60±0.62	29.24±0.50	30.37±1.19	31.52±1.64	34.83±0.94	12
2010-06	28.32±1.35	29.94±0.92	30.58±0.58	31.56±1.18	32.77±1.47	35.51±0.73	12
2010-07	29.56±3.02	31.97±1.12	32.19±0.92	33.61±1.99	34.91±2.35	38.17±1.84	12
2010-08	23.57±1.67	26.50±1.87	27.17±2.00	28.73±2.67	30.00±3.30	33.11±3.83	12
2010-09	23.48±2.00	25.84±2.01	26.52±1.99	27.65±2.22	28.51±2.26	31.75±2.07	12
2010-10	26.22±1.19	28.23±0.54	29.05±0.68	30.60±1.43	31.76±1.37	34.40±0.68	12
2010-11	24.04±1.59	26.36±0.84	27.70±0.33	29.00±1.00	30.39±1.57	33.23±0.56	6
2010-12	24.85±1.52	27.21±1.18	27.90±0.81	29.38±1.30	30.20±1.66	33.52±0.82	6
2011-01	27.24±0.89	28.49±0.56	29.68±1.33	30.67±1.88	32.57±1.55	33.45±0.44	6
2011-02	26.34±0.55	27.18±0.36	28.56±0.76	29.58±1.64	31.09±1.81	33.10±0.77	6

（续）

时间（年-月）	各观测层次的土壤体积含水量/%						测定数
	10 cm	20 cm	30 cm	40 cm	50 cm	70 cm	
2011-03	28.17±0.40	29.16±1.15	30.27±1.65	31.73±1.79	33.08±1.04	33.46±1.35	6
2011-04	27.56±0.65	28.39±0.50	29.78±1.33	30.83±1.70	32.81±1.73	33.81±0.90	12
2011-05	25.88±1.28	26.99±1.35	28.45±2.13	29.49±2.10	30.83±2.79	32.70±2.16	12
2011-06	27.75±2.20	28.91±2.26	29.80±2.73	31.51±2.33	32.43±3.07	34.95±3.47	8
2011-07	26.80±1.81	29.20±2.22	30.86±2.62	32.33±3.11	34.41±3.23	35.98±2.64	12
2011-08	32.05±1.88	33.48±2.09	33.89±3.23	34.07±4.38	35.17±3.60	36.85±2.77	14
2011-09	23.50±1.72	24.80±1.90	26.41±2.48	27.63±3.04	29.28±3.86	31.37±3.32	10
2011-10	25.05±0.51	26.85±0.70	28.43±1.75	29.65±2.40	31.46±2.35	33.19±1.74	12
2011-11	25.82±0.36	27.22±0.84	28.76±1.99	30.59±2.45	31.84±2.49	33.11±2.09	4
2011-12	26.07±0.41	28.02±1.24	29.33±1.83	30.17±2.46	31.87±2.74	32.93±1.82	8
2012-01	26.86±1.21	27.85±0.75	29.29±1.60	30.45±2.08	32.27±2.25	34.10±2.26	6
2012-02	27.43±0.71	28.65±0.22	29.78±0.86	30.70±1.61	32.52±1.68	34.05±0.99	4
2012-03	27.69±0.78	28.39±0.47	29.58±0.81	30.88±1.39	32.46±1.77	34.04±1.12	6
2012-04	27.89±0.88	28.32±0.48	29.61±0.88	31.00±1.38	32.54±1.68	34.12±1.14	8
2012-05	28.44±0.85	28.88±1.01	29.77±1.45	30.91±1.72	32.12±1.40	34.05±1.09	12
2012-06	27.26±2.01	27.97±1.73	29.34±1.67	30.45±1.81	31.94±1.94	33.99±1.25	12
2012-07	27.06±1.51	27.79±1.19	28.93±1.32	30.32±2.07	31.73±1.93	33.60±1.32	12
2012-08	25.39±0.95	26.42±0.81	27.92±1.56	29.26±2.43	30.74±2.45	32.91±1.66	12
2012-09	26.43±1.05	27.66±0.86	28.89±1.52	29.62±2.22	30.95±2.53	32.86±2.05	10
2012-10	27.78±1.32	27.97±1.14	29.20±1.67	30.08±2.14	31.49±2.61	33.68±1.49	14
2012-11	29.22±0.42	29.73±0.81	30.67±1.28	31.54±1.70	33.51±1.90	34.80±1.10	6
2012-12	28.88±0.45	29.17±0.27	30.25±0.95	31.12±1.62	32.63±1.71	34.37±0.87	6
2013-01	27.78±0.53	28.20±0.46	29.18±0.91	30.12±1.75	31.77±1.68	33.91±1.12	6
2013-02	29.02±0.28	29.39±0.35	30.49±0.96	31.07±1.62	32.97±1.46	34.32±1.03	6
2013-03	27.98±0.65	28.53±0.61	30.00±0.59	30.86±1.37	32.67±1.96	34.11±0.98	6
2013-04	27.22±1.83	28.22±1.52	29.24±1.89	30.29±2.64	31.99±1.78	33.60±1.50	12
2013-05	27.99±1.20	28.57±1.20	29.54±1.61	30.73±1.77	32.01±1.54	33.91±1.10	12
2013-06	27.12±2.16	27.89±1.88	29.18±1.74	30.42±1.89	31.83±1.99	33.94±1.33	10
2013-07	27.19±1.46	27.96±1.16	29.23±1.33	30.39±1.96	31.85±1.88	33.72±1.24	14
2013-08	25.42±1.40	26.65±1.62	27.99±2.75	29.48±3.08	30.48±2.51	33.12±2.50	12
2013-09	27.54±1.41	28.30±1.00	29.67±1.49	30.88±2.29	32.46±2.36	34.02±1.71	12
2013-10	25.71±1.80	27.37±1.49	28.80±2.07	29.94±2.54	31.86±2.48	33.51±2.08	12

（续）

时间（年-月）	各观测层次的土壤体积含水量/%						测定数
	10 cm	20 cm	30 cm	40 cm	50 cm	70 cm	
2013-11	26.52±0.80	27.83±0.84	29.04±1.61	30.08±2.21	31.60±2.17	33.08±1.67	6
2013-12	25.69±0.54	27.05±0.48	27.93±1.27	29.30±1.95	31.06±2.21	33.15±1.12	6
2014-01	27.33±0.83	27.98±0.66	29.01±1.02	29.59±1.91	30.80±2.37	33.02±1.83	6
2014-02	28.94±0.84	29.24±1.11	30.33±1.34	31.04±1.70	32.35±1.44	33.44±1.22	4
2014-03	28.13±1.07	28.71±0.86	29.73±1.18	31.04±1.90	32.41±1.79	34.26±1.29	8
2014-04	28.17±0.99	28.44±0.70	29.72±1.12	30.54±1.85	32.01±1.95	34.05±0.98	12
2014-05	28.78±0.73	29.24±0.87	30.05±1.22	30.73±1.46	32.35±1.33	33.95±1.09	14
2014-06	28.22±0.95	28.34±0.70	29.32±1.06	30.35±1.59	32.02±1.78	33.95±0.98	10
2014-07	27.53±1.54	28.17±1.00	29.49±1.22	30.38±1.75	32.17±2.01	33.93±1.00	10
2014-08	27.11±1.59	27.97±1.37	29.13±1.45	30.40±2.08	32.02±2.02	33.53±1.22	12
2014-09	27.68±0.79	28.07±0.70	29.32±0.94	30.37±1.70	32.16±1.69	33.71±1.13	12
2014-10	25.15±2.05	26.41±1.53	27.77±1.84	29.03±2.06	30.79±2.33	32.57±1.82	12
2014-11	28.72±1.14	29.27±0.86	30.42±1.19	31.28±1.76	32.89±1.63	34.53±1.19	6
2014-12	27.74±0.65	28.39±0.54	29.78±1.39	30.66±1.95	32.36±2.43	34.22±1.11	6

表3-8 土壤体积含水量表——桃源站坡地辅助观测场（柑橘园系统）（TYAFZ07）

时间（年-月）	各观测层次的土壤体积含水量/%						测定数
	10 cm	20 cm	30 cm	40 cm	50 cm	70 cm	
2004-01	25.79±3.09	28.69±1.40	29.63±1.36	30.19±1.14	32.30±0.81	32.84±0.95	4
2004-02	22.98±1.35	27.01±0.67	29.08±1.51	30.17±1.89	31.43±0.68	33.11±0.25	6
2004-03	23.96±1.63	27.03±1.72	28.93±1.34	30.51±1.63	31.79±0.56	33.29±0.27	8
2004-04	23.59±2.12	27.26±1.07	29.23±1.39	30.38±1.80	31.82±0.39	33.21±0.29	10
2004-05	23.95±1.88	27.36±1.28	29.44±1.66	30.42±1.78	31.87±0.34	33.32±0.38	12
2004-06	25.43±4.27	29.04±4.46	32.41±8.60	31.68±4.24	31.91±0.46	33.40±0.34	10
2004-07	22.90±2.43	26.37±1.74	28.26±1.33	29.75±1.83	30.86±0.97	32.63±0.53	12
2004-08	25.55±2.03	28.66±0.94	30.21±1.49	31.03±1.63	32.03±0.37	33.53±0.26	10
2004-09	23.26±2.46	27.42±2.10	29.53±2.33	31.05±2.60	32.66±1.95	34.22±2.08	10
2004-10	20.17±1.28	23.64±1.15	26.25±2.65	27.62±2.68	29.72±1.02	31.75±0.78	6
2004-11	22.38±2.12	26.39±1.04	29.01±1.58	30.32±1.84	31.47±0.52	33.09±0.51	6
2004-12	22.98±2.21	26.68±1.60	28.87±1.85	30.10±2.03	31.09±0.91	32.89±0.62	6
2005-01	25.96±2.28	28.44±1.21	29.84±1.21	30.91±1.14	31.90±0.83	32.92±0.55	9

（续）

时间（年-月）	各观测层次的土壤体积含水量/%						测定数
	10 cm	20 cm	30 cm	40 cm	50 cm	70 cm	
2005-02	28.43±2.78	30.37±1.45	30.93±1.10	31.44±1.56	32.54±0.51	33.30±0.47	3
2005-03	26.93±0.57	29.10±1.23	30.26±1.19	30.72±1.46	32.17±0.67	32.75±0.49	6
2005-04	25.18±2.48	28.31±1.16	29.85±1.22	30.67±1.31	32.28±0.57	32.93±0.62	9
2005-05	27.13±3.14	29.61±1.12	30.47±1.26	30.87±1.23	32.34±0.60	32.92±0.73	9
2005-06	29.93±3.19	30.89±2.21	31.68±2.02	32.38±2.34	33.90±2.44	34.26±2.06	9
2005-07	23.68±3.86	28.00±2.95	30.58±3.24	31.81±3.04	33.38±2.77	34.25±2.75	9
2005-08	22.86±3.32	27.11±1.79	29.05±1.52	30.09±1.54	31.70±0.57	32.45±0.80	9
2005-09	22.23±3.25	26.15±2.08	28.47±1.81	30.11±2.13	31.15±1.08	32.23±0.79	9
2005-10	23.62±2.71	26.53±1.71	28.67±1.65	29.83±1.84	31.06±1.18	32.27±0.72	9
2005-11	25.04±3.46	28.77±2.61	30.43±2.28	32.63±5.68	33.81±4.78	34.17±3.35	9
2005-12	23.12±2.59	26.78±1.42	28.68±1.39	29.94±1.61	31.57±0.90	32.58±0.45	9
2006-01	25.66±1.04	27.98±1.38	29.66±1.74	30.87±1.91	31.97±1.16	32.87±0.73	9
2006-02	27.41±1.94	29.95±1.18	31.12±1.45	31.55±1.43	32.89±0.96	33.82±0.74	9
2006-03	25.93±1.68	29.09±1.25	30.56±1.24	31.21±1.64	32.65±0.83	33.45±0.78	12
2006-04	26.83±4.24	28.07±1.22	29.69±1.72	30.86±2.07	31.98±0.38	33.66±0.21	10
2006-05	22.81±2.10	26.04±1.85	28.51±2.08	29.96±2.02	31.50±0.81	33.18±1.17	10
2006-06	25.47±3.46	28.11±2.47	30.06±2.02	30.78±1.79	32.09±0.62	33.67±0.47	8
2006-07	22.72±2.18	25.89±1.76	28.14±1.98	29.59±2.25	30.88±0.96	32.70±1.13	12
2006-08	23.75±2.76	26.70±2.32	28.91±2.45	30.07±2.15	31.36±0.80	34.16±1.50	10
2006-09	20.98±1.50	24.47±1.52	27.19±2.09	28.53±2.19	30.10±0.83	32.02±0.59	12
2006-10	23.78±2.28	26.55±1.74	28.86±2.49	29.91±1.97	31.40±0.36	32.96±0.12	12
2006-11	—	—	—	—	—	—	—
2006-12	—	—	—	—	—	—	—
2007-01	26.44±2.43	29.01±2.13	29.80±2.90	31.47±1.79	33.33±2.02	34.31±2.32	6
2007-02	—	—	—	—	—	—	—
2007-03	25.41±2.04	28.41±1.33	30.26±1.88	31.20±1.96	32.65±0.65	34.29±0.20	8
2007-04	25.56±2.16	28.43±1.34	30.15±1.97	31.11±1.66	32.53±0.85	34.12±0.90	12
2007-05	23.26±2.38	26.56±2.40	29.12±2.32	30.46±2.05	32.04±1.16	34.16±0.62	12
2007-06	25.43±2.22	28.46±1.58	30.27±2.10	31.23±2.00	32.71±0.60	34.43±0.35	10
2007-07	24.77±2.05	27.51±1.62	29.20±2.16	30.50±1.89	31.88±1.08	33.15±0.68	12

（续）

时间（年-月）	各观测层次的土壤体积含水量/%						测定数
	10 cm	20 cm	30 cm	40 cm	50 cm	70 cm	
2007 - 08	23.33±2.04	26.45±1.70	28.40±1.87	29.65±1.88	31.17±0.58	32.77±0.32	12
2007 - 09	23.84±1.75	26.54±1.53	28.41±1.86	29.79±2.10	31.30±0.61	32.70±0.30	12
2007 - 10	22.76±0.89	25.34±1.12	27.37±1.95	28.77±2.15	30.15±0.65	32.00±0.37	12
2007 - 11	22.00±1.97	25.49±1.60	27.63±2.36	28.91±2.25	30.15±1.01	32.08±0.51	6
2007 - 12	23.41±2.01	26.44±1.80	28.34±2.28	29.45±2.65	30.65±0.91	32.54±0.45	6
2008 - 01	25.31±2.16	27.53±1.56	28.71±1.97	29.62±2.16	30.72±0.62	32.37±0.33	6
2008 - 02	24.31±1.54	27.58±1.15	28.93±1.93	30.08±2.00	31.19±0.28	33.05±0.12	6
2008 - 03	25.77±1.94	28.29±1.51	29.53±1.75	30.54±2.11	31.55±0.51	33.13±0.57	6
2008 - 04	25.11±2.01	28.50±1.58	29.79±1.92	30.82±1.86	32.06±0.78	33.63±0.83	10
2008 - 05	24.26±4.54	27.44±2.08	28.92±1.87	29.79±2.09	31.25±1.40	33.46±2.61	12
2008 - 06	23.43±1.95	26.68±1.58	28.34±2.09	29.53±2.29	30.80±0.60	32.37±0.32	10
2008 - 07	23.56±2.21	26.83±1.60	28.65±2.01	29.80±1.93	31.08±0.78	32.83±0.40	12
2008 - 08	23.41±2.09	27.42±1.41	29.40±1.73	30.58±2.09	31.66±0.32	33.41±0.33	12
2008 - 09	23.31±2.12	26.91±1.51	28.86±1.88	30.07±1.88	31.32±0.53	33.08±0.29	12
2008 - 10	23.58±1.71	27.22±1.10	29.14±1.90	30.31±1.91	31.45±0.54	33.19±0.39	10
2008 - 11	24.14±1.89	27.73±1.55	29.26±1.62	30.46±2.03	31.45±0.50	33.37±0.39	6
2008 - 12	22.31±1.38	26.21±1.05	28.24±1.67	29.40±2.03	30.75±0.76	32.75±0.51	6
2009 - 01	23.92±1.69	27.12±1.50	29.02±2.11	29.89±2.33	31.10±0.81	32.87±0.43	6
2009 - 02	24.70±1.77	27.76±1.49	28.87±1.88	29.95±2.20	31.11±0.61	32.90±0.29	4
2009 - 03	25.75±2.38	29.01±1.73	29.81±1.92	30.94±1.95	31.89±0.38	33.69±0.20	8
2009 - 04	26.70±2.24	29.16±1.70	29.97±1.69	30.83±2.04	31.98±0.53	33.62±0.41	12
2009 - 05	26.08±2.73	28.77±1.81	29.83±1.95	30.72±1.88	31.79±0.53	33.73±0.26	12
2009 - 06	23.06±2.48	27.37±1.92	28.69±2.62	30.15±1.93	31.40±0.81	33.56±0.29	10
2009 - 07	23.97±2.94	27.45±2.15	28.99±2.08	30.15±2.04	31.53±0.60	33.17±0.51	14
2009 - 08	21.87±1.93	26.22±2.69	27.95±2.22	29.20±2.01	30.68±0.80	32.51±0.54	12
2009 - 09	21.36±2.31	25.16±1.95	27.64±2.38	29.25±2.28	30.65±1.54	32.82±0.88	12
2009 - 10	23.37±2.48	26.63±1.61	28.42±1.79	30.11±2.07	31.28±0.85	32.75±0.38	12
2009 - 11	25.39±2.32	28.03±1.69	29.39±1.97	30.53±1.85	31.60±0.38	33.24±0.34	6
2009 - 12	26.20±1.99	28.70±1.60	29.59±1.90	30.73±1.84	31.80±0.20	33.58±0.35	4
2010 - 01	24.76±2.07	27.79±1.54	29.07±1.62	30.08±2.01	31.22±0.44	33.45±0.18	6

（续）

时间（年-月）	各观测层次的土壤体积含水量/%						测定数
	10 cm	20 cm	30 cm	40 cm	50 cm	70 cm	
2010-02	24.19±1.70	28.08±1.08	29.16±1.60	30.25±2.09	31.60±0.54	33.63±0.15	6
2010-03	24.71±2.22	28.32±1.41	29.69±1.67	30.47±1.85	31.80±0.46	33.53±0.36	6
2010-04	25.46±2.55	28.70±1.61	29.79±1.70	30.75±2.04	31.71±0.32	33.45±0.44	12
2010-05	26.41±2.31	29.14±1.77	30.12±1.94	30.80±1.86	32.11±0.36	33.81±0.29	12
2010-06	27.76±2.68	30.39±1.95	31.24±1.82	32.01±1.74	32.91±0.98	34.52±1.06	12
2010-07	28.13±3.22	30.52±3.92	33.14±2.03	34.42±2.18	35.61±0.95	37.55±0.98	12
2010-08	21.75±1.69	25.49±2.17	27.92±2.78	29.77±3.12	31.58±2.76	34.03±3.46	12
2010-09	23.25±2.24	26.14±1.81	27.85±1.67	29.28±1.45	31.16±1.42	32.40±1.37	12
2010-10	26.20±1.87	28.71±1.51	30.00±1.77	30.67±1.63	32.36±0.42	33.50±0.18	12
2010-11	24.39±1.76	27.33±1.20	28.98±1.88	30.37±1.67	31.90±0.51	33.29±0.25	6
2010-12	24.65±2.21	27.62±1.48	29.08±1.76	30.29±1.91	31.74±0.36	33.48±0.20	6
2011-01	27.70±2.48	29.53±1.91	30.54±2.00	31.69±0.37	33.31±0.54	33.28±0.32	6
2011-02	26.48±1.47	28.22±1.75	29.51±2.13	30.42±1.04	32.19±0.43	32.54±0.27	6
2011-03	28.92±2.12	29.94±2.27	30.94±1.39	32.49±0.64	32.79±0.36	33.02±0.18	6
2011-04	27.19±2.23	28.83±2.20	29.49±2.43	31.33±1.51	32.15±1.46	32.34±1.85	14
2011-05	25.53±2.25	27.82±1.96	29.82±2.29	30.90±1.91	32.16±2.06	32.10±2.20	12
2011-06	29.73±4.97	29.44±2.98	31.54±3.97	32.45±3.57	33.16±3.64	33.31±3.74	8
2011-07	28.84±2.36	31.64±2.81	33.68±3.37	35.22±2.78	36.69±2.89	36.94±3.27	12
2011-08	29.22±2.81	31.54±2.58	32.81±2.29	34.98±1.79	36.12±1.91	38.39±3.50	14
2011-09	24.82±3.68	28.26±2.98	30.12±3.21	31.38±2.88	33.56±3.34	34.17±3.16	12
2011-10	26.62±1.49	28.89±1.50	30.53±1.83	31.71±0.65	33.06±0.74	33.33±0.70	12
2011-11	27.99±1.60	29.82±1.81	31.33±1.86	32.29±0.36	33.94±0.60	33.81±0.77	4
2011-12	27.51±1.82	29.50±1.78	30.83±1.91	31.89±0.92	33.43±0.81	33.62±0.80	8
2012-01	27.13±1.66	28.81±1.54	30.99±2.21	31.27±0.56	32.92±0.52	33.21±0.50	6
2012-02	28.33±0.98	29.70±1.51	30.78±1.71	31.64±0.41	33.47±0.44	33.77±1.00	4
2012-03	28.36±1.50	29.45±1.56	30.37±1.89	31.73±0.57	33.16±0.59	33.33±0.32	6
2012-04	28.09±1.86	29.72±1.83	30.42±1.76	31.58±0.47	33.01±1.02	33.23±0.58	8
2012-05	28.58±1.52	29.66±1.38	30.62±1.75	31.24±0.71	32.83±0.93	33.19±0.31	12
2012-06	27.83±2.64	29.42±2.12	30.62±2.04	31.70±1.17	33.20±1.07	33.60±0.60	12
2012-07	27.26±1.86	29.09±1.61	30.49±1.88	31.72±0.98	33.28±0.88	33.83±0.63	12

（续）

时间（年-月）	各观测层次的土壤体积含水量/%						测定数
	10 cm	20 cm	30 cm	40 cm	50 cm	70 cm	
2012-08	25.98±1.89	28.52±1.68	29.98±2.04	31.37±1.20	33.01±0.63	33.49±0.62	12
2012-09	27.30±1.89	29.30±1.77	30.54±1.92	31.58±0.87	33.07±0.68	33.82±0.74	10
2012-10	28.31±1.87	29.38±1.92	30.31±2.32	31.16±1.99	32.49±2.23	32.95±2.31	14
2012-11	29.75±1.70	30.47±1.61	31.43±2.04	31.71±1.14	32.98±1.92	33.71±0.54	6
2012-12	29.54±1.33	29.86±1.43	30.87±1.63	31.92±0.67	33.28±0.78	33.78±0.79	6
2013-01	27.77±1.39	28.93±1.30	29.87±1.72	30.96±1.02	32.74±0.37	33.12±0.51	6
2013-02	29.54±1.52	30.45±1.79	30.88±1.86	31.47±0.66	33.04±0.78	33.47±0.47	6
2013-03	28.12±2.16	29.63±1.76	30.69±1.70	31.66±0.87	33.47±0.77	33.62±0.32	6
2013-04	27.30±2.23	29.43±1.62	30.63±2.15	31.66±1.07	32.88±0.70	33.40±0.52	10
2013-05	27.44±2.60	28.72±2.17	29.96±2.28	30.54±1.74	32.11±2.11	32.94±0.82	12
2013-06	27.57±2.80	29.32±2.23	30.65±2.12	31.62±1.26	33.05±0.87	33.60±0.66	10
2013-07	27.51±1.90	29.21±1.62	30.43±1.77	31.85±0.76	33.36±1.03	33.76±0.57	14
2013-08	25.90±2.19	27.95±2.83	29.52±3.60	30.60±3.41	32.11±3.59	32.31±3.90	14
2013-09	28.39±1.85	30.09±1.74	31.32±1.98	32.43±1.56	33.69±1.49	34.54±1.31	12
2013-10	27.17±2.01	29.18±1.76	30.82±1.99	32.06±1.03	33.32±1.03	33.59±0.94	12
2013-11	26.16±2.18	28.93±1.73	30.81±1.84	31.68±0.67	33.09±0.63	33.48±0.68	6
2013-12	25.04±1.98	27.84±1.61	29.53±2.13	30.70±1.29	32.56±0.43	33.60±0.69	6
2014-01	26.84±1.85	28.74±1.64	30.28±2.15	31.21±1.06	33.12±0.51	33.24±0.53	6
2014-02	28.34±1.44	29.43±1.35	30.51±1.69	31.66±0.58	33.46±1.10	33.66±0.79	4
2014-03	27.87±2.11	29.36±1.85	30.46±2.01	31.44±0.98	32.82±0.61	33.75±0.67	8
2014-04	27.45±2.21	29.27±2.04	30.34±2.11	31.32±1.17	32.80±0.98	33.39±0.79	12
2014-05	28.09±1.97	29.26±1.40	30.32±1.83	31.29±1.01	32.81±0.95	33.40±0.60	12
2014-06	27.20±2.14	28.84±1.76	30.14±2.21	31.09±1.08	32.71±0.79	33.40±0.39	10
2014-07	26.91±2.63	28.46±2.04	30.17±1.97	31.12±1.04	32.92±0.66	33.42±0.49	10
2014-08	27.05±2.69	28.77±2.06	30.17±1.91	31.31±1.05	32.81±0.91	33.11±0.58	12
2014-09	27.56±1.92	29.30±1.89	30.45±1.85	31.36±0.68	32.83±0.60	33.28±0.42	12
2014-10	25.49±2.76	27.77±2.09	29.41±2.21	30.57±1.25	32.42±0.73	33.00±0.74	12
2014-11	28.22±2.07	29.64±1.73	30.76±2.05	31.94±0.73	33.35±0.74	33.77±0.46	6
2014-12	26.56±1.92	28.78±1.67	30.16±2.29	31.19±1.14	32.99±0.56	33.43±0.62	6

表 3-9　土壤体积含水量表——土壤含水量烘干法观测样地（TYAFZ16）

时间（年-月）	各观测层次的土壤质量含水量/%									
	10 cm	20 cm	30 cm	40 cm	50 cm	60 cm	70 cm	80 cm	90 cm	100 cm
2004-01	34.03	37.22	37.65	38.05	37.90	38.05	38.25	38.15	37.98	37.84
2004-02	34.00	37.31	37.74	37.69	37.86	38.01	38.10	38.10	38.20	37.88
2004-03	34.07	36.97	37.55	37.41	37.73	38.01	38.19	38.07	37.89	38.28
2004-04	33.10	36.80	37.75	37.77	37.97	38.17	38.25	38.17	38.03	38.03
2004-05	33.09	37.03	37.65	37.61	37.87	37.93	38.23	38.23	38.19	38.19
2004-06	34.05	37.06	37.64	37.74	37.94	37.94	38.18	38.18	38.10	38.10
2004-07	30.00	35.00	36.77	37.24	37.49	37.71	37.86	37.86	38.06	38.06
2004-08	30.99	37.22	37.64	37.92	37.90	38.04	37.96	37.96	38.10	38.10
2004-09	32.94	36.89	37.36	37.41	37.41	37.59	37.85	37.85	37.95	37.81
2004-10	31.64	35.46	36.31	36.63	36.92	37.75	37.75	37.75	37.75	37.95
2004-11	32.98	37.10	37.53	37.69	37.89	38.06	38.18	37.89	37.99	37.75
2004-12	33.07	37.11	37.56	37.83	37.87	38.15	38.15	38.13	38.13	38.21
2007-02	35.05	36.27	36.76	36.95	37.23	37.40	37.74	37.89	38.00	38.13
2007-04	35.63	36.29	36.74	36.99	37.25	37.61	37.72	37.81	38.15	38.13
2007-06	34.58	36.20	37.05	37.35	37.29	37.57	37.72	37.72	38.14	38.38
2007-08	34.08	35.78	36.50	36.92	36.76	37.96	37.44	37.57	37.77	37.92
2007-10	33.71	35.46	36.04	36.42	36.70	37.07	37.29	37.42	37.70	37.72
2007-12	27.70	30.82	30.97	31.96	32.33	32.80	33.52	33.89	33.94	34.72
2008-02	35.72	36.75	37.04	37.11	37.47	37.60	37.65	37.89	38.16	38.27
2008-04	34.96	36.63	37.00	37.40	37.38	37.82	37.75	37.82	38.03	38.12
2008-06	34.52	35.72	36.06	36.50	36.78	36.93	37.19	37.32	37.49	37.60
2008-08	33.35	34.87	35.75	36.32	36.41	38.28	36.96	37.07	37.40	37.57
2008-10	33.68	35.44	36.01	36.23	36.65	36.78	36.91	37.35	37.68	38.45
2008-12	34.44	35.75	36.49	36.66	37.04	37.15	37.46	37.69	37.69	38.37
2009-02	34.75	36.53	37.11	37.31	37.40	37.62	37.86	37.89	37.93	38.00
2009-04	36.51	37.09	37.35	37.57	37.60	37.75	37.80	38.24	38.09	38.13
2009-06	32.52	34.84	35.97	36.48	36.35	37.10	37.28	37.50	37.57	37.68
2009-08	31.64	33.46	34.40	34.95	35.50	37.30	36.01	36.31	36.51	37.02
2009-10	32.56	34.01	34.88	35.30	35.57	35.94	36.38	36.61	36.97	37.64
2009-12	34.54	36.33	36.79	36.81	37.02	37.32	37.46	37.78	37.99	38.38
2010-02	31.95	33.74	34.85	35.03	35.91	36.14	36.66	36.87	37.16	37.67
2010-04	31.95	33.74	34.85	35.03	35.91	36.14	36.66	36.87	37.16	37.67

（续）

时间（年-月）	各观测层次的土壤质量含水量/%									
	10 cm	20 cm	30 cm	40 cm	50 cm	60 cm	70 cm	80 cm	90 cm	100 cm
2010-06	36.03	37.11	37.85	38.21	38.21	38.54	38.77	38.72	39.02	38.90
2010-08	31.92	33.95	35.06	35.72	36.00	37.49	36.52	36.85	37.13	37.27
2010-10	30.23	34.92	36.33	36.92	37.01	37.16	37.53	37.67	37.77	38.05
2010-12	34.82	36.33	37.16	37.01	37.25	37.56	37.67	37.63	37.86	38.10
2011-02	35.90	36.48	36.95	36.88	37.21	37.35	37.60	37.74	37.70	38.05
2011-04	36.20	37.14	37.37	37.51	37.56	37.70	37.86	37.74	37.77	37.63
2011-06	37.20	37.78	37.88	37.56	37.67	38.03	38.03	37.96	37.96	37.71
2011-08	—	—	—	—	—	—	—	—	—	—
2011-10	35.68	36.88	37.28	37.23	37.81	37.65	37.62	37.79	38.06	37.86
2011-12	36.63	37.18	37.12	37.20	37.56	37.36	37.69	37.76	37.40	37.54
2012-02	—	—	—	—	—	—	—	—	—	—
2012-04	36.40	36.87	37.49	37.40	37.75	37.49	37.84	38.02	37.60	37.66
2012-06	35.49	36.70	36.86	37.11	37.31	37.40	38.18	37.75	37.77	37.36
2012-08	36.10	36.24	37.10	36.93	37.05	38.16	37.37	37.44	37.44	38.00
2012-10	36.82	37.75	37.84	38.04	37.79	38.13	38.18	38.00	37.98	37.95
2012-12	37.00	37.46	37.72	37.46	37.64	37.66	37.59	37.92	37.75	37.90
2013-02	37.33	37.55	37.66	37.70	37.55	37.88	37.79	38.01	37.72	38.05
2013-04	36.20	37.14	37.37	37.51	37.56	37.70	37.86	37.74	37.77	37.63
2013-06	35.47	36.20	36.65	36.90	37.15	37.15	37.36	37.56	37.79	37.31
2013-08	34.41	35.41	36.24	36.08	35.99	36.96	36.89	36.59	37.12	36.86
2013-09	36.20	37.14	37.37	37.51	37.56	37.70	37.86	37.74	37.77	37.63
2013-10	35.26	36.40	36.95	37.09	37.05	37.53	37.37	37.60	37.81	37.79
2013-12	36.42	36.76	37.30	37.28	37.44	37.78	37.62	37.96	37.80	37.08
2014-02	36.83	37.58	37.56	37.49	37.78	37.80	37.94	37.98	37.74	37.89
2014-04	36.79	37.38	37.52	37.05	37.56	37.25	37.45	37.47	37.61	37.41
2014-06	35.43	36.31	36.70	36.81	37.04	37.60	37.40	37.56	37.42	37.47
2014-08	36.99	37.49	37.56	37.65	37.67	37.78	37.74	38.08	38.01	37.83
2014-10	35.42	36.59	36.62	36.75	36.89	37.25	37.30	37.34	37.52	37.36
2014-12	36.37	37.21	37.48	37.34	37.79	37.59	37.75	37.77	37.79	35.19

（2）土壤质量含水量数据

土壤质量含水量表——土壤含水量烘干法观测样地（TYAFZ16），数据包括各观测层次土壤质量含水量（表3-10）。

表 3-10 土壤质量含水量表——土壤含水量烘干法观测样地（TYAFZ16）

时间（年-月）	各观测层次的土壤质量含水量/%									
	10 cm	20 cm	30 cm	40 cm	50 cm	60 cm	70 cm	80 cm	90 cm	100 cm
2004-01	19.70	20.30	20.70	20.70	22.60	22.10	22.50	21.50	20.20	20.10
2004-02	18.40	20.50	21.30	21.60	20.80	20.40	21.00	20.60	20.80	20.00
2004-03	16.20	17.90	15.90	18.40	20.00	20.10	20.40	20.70	20.50	20.50
2004-04	20.10	20.50	20.70	20.50	21.30	20.70	21.70	21.80	22.20	21.20
2004-05	21.30	21.20	22.10	22.20	22.00	22.20	22.10	21.20	21.30	21.50
2004-06	21.00	21.90	21.80	22.40	22.40	22.00	22.20	22.50	21.50	21.80
2004-07	15.60	20.30	20.30	20.90	21.60	22.50	21.50	21.30	21.70	22.10
2004-08	23.10	22.50	22.10	21.50	24.70	20.80	22.50	21.80	21.40	21.20
2004-09	18.60	17.80	18.50	18.90	20.00	20.10	20.60	20.30	20.50	20.70
2004-10	16.00	19.20	19.60	19.80	20.70	21.30	20.70	21.20	21.50	21.20
2004-11	19.60	20.70	21.60	21.90	21.10	21.70	21.40	21.00	21.60	21.90
2004-12	21.30	22.10	22.50	21.50	22.50	23.20	23.10	23.40	22.90	24.20
2007-02	17.20	18.80	20.80	20.90	21.50	21.20	21.30	21.40	21.30	21.80
2007-04	21.80	20.40	21.60	21.40	21.40	21.40	21.40	21.30	21.50	21.70
2007-06	19.10	20.40	20.90	21.40	21.50	22.50	21.40	22.30	21.10	21.30
2007-08	19.90	20.00	20.90	22.40	21.70	20.90	20.80	20.40	19.90	20.30
2007-10	18.40	18.40	19.30	19.60	20.50	20.30	20.40	20.50	20.60	21.10
2007-12	22.10	21.50	21.60	21.20	20.50	20.10	20.60	20.80	20.20	21.00
2008-02	19.80	19.70	20.90	20.90	21.20	21.70	21.80	22.00	21.50	21.60
2008-04	19.10	21.20	21.60	22.40	22.20	20.90	21.90	22.20	21.90	21.50
2008-06	20.20	20.90	21.90	22.10	21.50	22.10	21.50	21.50	20.50	21.80
2008-08	16.90	19.50	20.20	20.70	20.80	21.00	21.70	21.50	21.10	20.60
2008-10	17.90	20.40	20.90	21.20	21.00	21.10	21.20	21.40	21.10	20.50
2008-12	16.70	18.90	20.00	20.70	21.50	22.20	21.40	21.50	21.60	22.00
2009-02	24.80	30.30	35.40	37.00	37.40	38.20	39.10	39.00	39.00	39.50
2009-04	27.40	33.50	36.00	37.20	38.10	39.40	40.00	39.70	39.80	39.70
2009-06	27.00	30.30	36.20	38.40	39.20	40.10	39.80	39.50	38.70	40.20
2009-08	20.00	30.20	36.10	37.30	38.20	39.70	39.50	38.70	39.40	39.70
2009-10	31.20	32.20	32.70	37.10	36.40	37.20	37.50	38.80	39.00	39.50
2009-12	33.60	35.90	39.40	41.30	40.90	42.00	41.90	41.40	41.70	42.30
2010-02	19.20	21.60	21.20	22.00	22.00	22.10	21.90	20.90	21.10	21.40
2010-04	21.80	20.30	21.70	21.20	21.10	21.30	21.00	21.20	21.50	21.50

（续）

时间（年-月）	各观测层次的土壤质量含水量/%									
	10 cm	20 cm	30 cm	40 cm	50 cm	60 cm	70 cm	80 cm	90 cm	100 cm
2010-06	20.20	21.40	21.60	22.30	21.60	22.60	21.90	22.70	21.40	21.10
2010-08	16.60	19.00	19.80	20.50	20.40	20.80	20.50	20.30	36.80	20.50
2010-10	17.90	20.40	20.90	21.20	21.00	21.10	21.20	21.40	21.10	20.50
2010-12	20.30	21.40	21.80	22.40	22.30	22.60	21.30	22.10	21.30	21.30
2011-02	24.49	25.47	26.00	26.08	26.41	26.66	25.98	26.69	26.80	26.72
2011-04	23.07	26.00	26.17	26.93	27.37	26.35	26.53	26.88	27.60	27.74
2011-06	23.01	24.88	24.05	24.30	25.02	20.85	22.18	23.22	24.85	23.79
2011-08	13.82	20.95	21.28	20.99	21.86	22.29	21.65	21.81	22.34	20.86
2011-10	20.98	24.03	25.09	24.80	25.98	25.38	25.98	23.23	24.57	26.32
2011-12	21.95	25.51	26.36	26.22	26.29	27.97	27.02	27.05	26.51	26.38
2012-02	21.40	24.07	24.19	24.47	24.90	24.69	25.39	21.74	25.11	24.37
2012-04	22.31	25.21	21.73	20.64	23.52	20.18	23.10	18.22	22.19	22.42
2012-06	21.08	23.66	24.21	24.21	24.68	23.93	25.79	24.91	26.06	26.60
2012-08	17.22	22.50	21.85	20.93	23.43	22.37	21.73	24.43	23.99	23.22
2012-10	24.24	27.55	26.72	26.32	27.30	29.06	26.45	27.55	26.33	25.81
2012-12	27.10	28.18	28.49	27.94	27.38	26.76	26.83	22.78	24.33	23.58
2013-02	25.90	29.51	28.38	27.87	27.41	28.67	28.00	27.28	27.27	26.50
2013-04	33.30	28.25	29.35	29.26	28.82	28.30	29.86	29.61	28.62	26.68
2013-06	17.41	17.08	22.95	22.91	23.30	24.75	24.41	25.23	24.19	24.24
2013-08	15.97	17.78	19.06	19.71	19.85	20.94	20.45	20.26	20.76	19.78
2013-10	14.39	21.97	23.27	23.95	24.01	23.69	23.93	22.74	24.26	23.99
2013-12	21.13	24.72	24.94	24.94	25.44	26.05	25.96	24.42	24.28	25.58
2014-02	23.65	25.42	25.29	25.97	26.28	26.15	23.91	23.03	24.12	25.86
2014-04	27.17	28.63	28.47	28.27	28.52	28.40	28.69	27.86	24.16	26.68
2014-06	26.02	26.69	26.02	26.63	26.86	26.46	27.22	27.03	27.47	27.39
2014-08	16.19	35.62	27.23	26.32	26.23	26.29	23.76	27.53	25.70	26.28
2014-10	14.12	19.94	22.04	24.42	24.29	23.87	24.60	24.92	24.87	25.12
2014-12	14.18	20.79	20.37	21.76	24.98	25.37	27.49	25.98	24.00	26.69

3.2.2 地表水、地下水和雨水水质数据集

3.2.2.1 概述

本节数据起止时间为2004—2015年，包括地表水、地下水及雨水水质数据，监测的水类型有雨水、静止地表水、流动地表水、灌溉水、土壤水和浅层地下水。通过对不同类型水的水质分析，可全面反映农业生产活动对水质的影响。

3.2.2.2 数据采集和处理方法

（1）样品采集

桃源站地表水、地下水、雨水共12个采样点，具体采样和分析内容见表3-11。

表3-11 水质数据集样品采集信息表

采样点类型	采样点名称	采样点代码	样品采集	观测指标	数据表编号
地表水采样点	坡地综合观测场水土流失观测点	TYAZH02CTL_01	每年雨季、旱季各1次，降雨后采集600 mL水样，冷藏保存运输，一般在采样后24 h内分析测试完毕	野外：pH、水温、矿化度（电导法）、水中溶解氧（DO）、电导率。 室内分析：矿化度（质量法）、钙离子（Ca^{2+}）、镁离子（Mg^{2+}）、钾离子（K^{+}）、钠离子（Na^{+}）、碳酸氢根离子（HCO_3^{-}）、氯离子（Cl^{-}）、硫酸根离子（SO_4^{2-}）、磷酸根离子（PO_4^{3-}）、硝酸根离子（NO_3^{-}）、高锰酸盐指数（COD）、总氮（TN）、总磷（TP）	表3-13
	坡地恢复系统水土流失观测点	TYAFZ04CTL_01			表3-14
	坡地退化系统水土流失观测点	TYAFZ05CTL_01			表3-15
	坡地茶园系统水土流失观测点	TYAFZ06CTL_01			表3-16
	坡地柑橘园系统水土流失观测点	TYAFZ07CTL_01			表3-17
	水分辅助观测流动水观测点（水质）	TYAFZ11CLB_01			表3-18
	水分辅助观测溢流水观测点（流量、水质）	TYAFZ12CLB_01			表3-19
	水分辅助观测灌溉水观测点（水质）	TYAFZ14CGB_01			表3-20
	水分辅助观测静止水观测点（水质）	TYAFZ15CJB_01			表3-21
地下水采样点	水分辅助观测地下水观测点（水位、水质）	TYAFZ10CDX_01			表3-22
雨水采样点	气象场集雨器	TYAQX01CYS_01	收集当月所有雨水样品，冷藏保存，于月底将样品混合均匀，采集500 mL水样，冷藏保存寄送至CERN水分分中心集中分析	野外：水温。 室内分析：pH、矿化度（电导法）、电导率、硫酸根离子（SO_4^{2-}）	表3-23
	气象场干湿沉降仪（SYC-3）	TYAQX01CGS_01			表3-24

（2）分析测定

水质分析方法采用《中国生态系统研究网络观测与分析标准方法：水环境要素观测与分析》推荐的方法。主要指标分析测试方法和使用仪器见表 3-12。

表 3-12　水质分析方法信息表

分析项目名称	分析方法名称	使用仪器	质控措施
pH	pH 复合电极法	哈纳便携式 pH 计（2004—2005 年）/sensION156 便携式多参数水质分析仪（2006—2014 年）/YSI 多参数水质分析仪（EXO，2015 年）/Ultrameter Ⅱ便携式多参数水质分析仪（2013—2015 年雨水水质表）	分析前校准仪器；带标准样品分析
钙离子（Ca^{2+}）	原子吸收分光光度法/电感耦合等离子体发光光谱分析法	原子吸收仪（GBC932AA，2004—2011 年；novAA 350，2011—2013 年）/电感耦合等离子体光谱仪（ICP-OES 安捷伦 720，2013—2015 年）	带标准样品分析
镁离子（Mg^{2+}）	原子吸收分光光度法/电感耦合等离子体发光光谱分析法	原子吸收仪（GBC932AA，2004—2011 年；novAA 350，2011—2013 年）/电感耦合等离子体光谱仪（ICP-OES 安捷伦 720，2013—2015 年）	带标准样品分析
钾离子（K^{+}）	原子吸收分光光度法/电感耦合等离子体发光光谱分析法	原子吸收仪（GBC932AA，2004—2011 年；novAA 350，2011—2013 年）/电感耦合等离子体光谱仪（ICP—OES 安捷伦 720，2013—2015 年）	带标准样品分析
钠离子（Na^{+}）	原子吸收分光光度法/电感耦合等离子体发光光谱分析法	原子吸收仪（岛津）（2004—2013 年）/电感耦合等离子体光谱仪（ICP-OES 安捷伦 720，2013—2015 年）	带标准样品分析
碳酸氢根离子（HCO_3^-）	酸碱滴定法	10 mL 酸性滴定管	标定标准溶液；带标准样品分析
氯离子（Cl^-）	硝酸银滴定法	10 mL 酸性滴定管	标定标准溶液；带标准样品分析
硫酸根离子（SO_4^{2-}）	硫酸钡比浊法/电感耦合等离子体发光光谱分析法	紫外可见分光光度计（岛津 UV-2450/UV-2600，2004—2012 年）/电感耦合等离子体光谱仪（ICP-OES 安捷伦 720，2013—2015 年）	带标准样品分析
磷酸根离子（PO_4^{3-}）	磷钼蓝分光光度法	紫外可见分光光度计（岛津 UV-2450/UV-2600，2004—2013 年）/全自动间断化学分析仪（SmartChem140，2014—2015 年）	带标准样品分析
硝酸根离子（NO_3^-）	酚二磺酸分光光度法	流动注射仪（FOSS FIAstar5000）	带标准样品分析
矿化度	重量法/电导法	蒸发器、烘箱（2004—2014 年）/ YSI 多参数水质分析仪（EXO，2015 年）	多次称量到恒重；分析前校准仪器
高锰酸盐指数(COD)	酸性高锰酸钾滴定法	10 mL 酸性滴定管	带标准样品分析

（续）

分析项目名称	分析方法名称	使用仪器	质控措施
水中溶解氧（DO）	电极法	便携式多参数水质分析仪（sensION156，2005—2014 年）/ YSI 多参数水质分析仪（EXO，2015 年）/ Ultrameter Ⅱ便携式多参数水质分析仪（2013—2015 年雨水水质表）	分析前校准仪器
总氮（TN）	碱性过硫酸钾消解紫外分光光度法	流动注射仪（FOSS FIAstar5000）	带标准样品分析
总磷（TP）	钼酸铵分光光度计	紫外可见分光光度计（岛津 UV-2450/UV-2600）	带标准样品分析
电导率	电极法	便携式多参数水质分析仪（sensION156，2011—2014 年）/ YSI 多参数水质分析仪（EXO，2015 年）/Ultrameter Ⅱ便携式多参数水质分析仪（2013—2015 年雨水水样）	分析前校准仪器

3.2.2.3 数据质量控制和评估

针对原始观测数据和实验室分析的数据，数据质量控制过程包括对源数据的检查整理、单个数据点的检查、数据转换和入库，以及元数据的编写、检查和入库。对源数据的检查包括文件格式化错误、存储损坏等明显的数据问题，以及文件格式、字段标准化命名、字段量纲、数据完整性等。单个数据点的检查中，主要针对异常数据进行修正、剔除。

针对桃源站开展的水质观测项目，对于滴定法测定的项目都有空白样品平行测试。数据整理和入库过程的质量控制方面，主要分为两个步骤：①对原始数据进行整理、转换、格式统一；②通过一系列质量控制方法，去除随机误差及系统误差。使用的质量控制方法，包括极值检查、内部一致性检查，以保障数据的质量。

3.2.2.4 数据价值/使用方法和建议

长期的农田生态系统水质监测是农田生态系统水分观测的重要内容，可以全面地反映出生态系统中水质现状及发展趋势，对整个农田生态系统水环境管理、污染源控制及维护水环境健康等方面起着至关重要的作用（袁国富等，2007）。农田生态系统由于连年使用化肥和机械翻耕，导致养分淋洗流失进入土壤水中，严重会造成地下水污染和富营养化，所以长期连续的观测水质变化规律可以为制定合理的施肥和耕作提供数据支持（杨林章等，2002）。

由于仪器配置原因，桃源站 2005 年 8 月开始监测水中溶解氧（DO），2011 年 5 月开始监测电导率，之前年份该指标缺测；2007 年 5 月至 2010 年 5 月，由于实验室调整，4 个辅助观测场（观测场代码：TYAFZ04、TYAFZ05、TYAFZ06、TYAFZ07）部分指标未进行监测，数据表中按缺测处理；辅助观测场（恢复系统，TYAFZ04；退化系统，TYAFZ05）2009 年 5 月、8 月和 2015 年 5 月、8 月未产生或径流量太小不能获取监测样品，无数据，也做缺测处理，同时添加注释。

3.2.2.5 数据表

本节数据包含 9 个地表水水质观测点、1 个地下水水质观测点和 2 个雨水水质观测点的数据，各观测样地的观测内容以及对应的数据详见表 3-11。

（1）地表水水质

地表水水质观测点的数据如表 3-13 至表 3-21 所示。

表 3-13 地表水水质表——桃源站坡地综合观测场水土流失观测点（TYAZH02CTL_01）

时间（年-月）	水温/℃	pH	Ca^{2+}/(mg/L)	Mg^{2+}/(mg/L)	K^{+}/(mg/L)	Na^{+}/(mg/L)	HCO_3^-/(mg/L)	Cl^-/(mg/L)	SO_4^{2-}/(mg/L)	NO_3^-/(mg/L)	矿化度/(mg/L)	COD/(mg/L)	DO/(mg/L)	TN/(mg/L)	TP/(mg/L)	电导率/(uS/cm)
2004-05	19.8	6.80	11.99	0.83	8.62	—	25.80	0.43	19.90	1.79	176.0	8.95	—	0.69	0.61	—
2004-08	19.7	7.10	23.22	2.71	5.55	—	51.42	0.28	4.57	2.05	102.0	9.26	—	0.77	0.20	—
2005-05	20.5	7.24	24.70	1.94	3.76	2.27	36.92	7.66	5.20	1.73	78.0	2.22	—	0.97	0.06	—
2005-08	25.4	6.42	9.82	2.12	6.43	0.43	45.32	18.00	8.15	1.95	397.0	8.29	5.26	7.30	0.32	—
2006-05	20.4	5.48	8.71	0.82	2.96	0.12	14.89	4.25	8.61	3.71	28.0	3.33	6.55	0.08	0.71	—
2006-08	26.7	6.70	4.40	0.39	8.39	0.61	35.24	8.00	29.94	0.89	78.0	8.62	6.10	0.08	1.73	—
2007-05	26.8	6.43	6.14	0.55	12.05	0.91	8.93	1.80	21.14	3.88	108.0	38.44	3.58	0.91	1.38	—
2007-08	26.8	6.39	8.93	0.63	12.17	1.48	20.84	—	23.79	2.60	180.0	24.33	5.60	2.89	0.25	—
2008-05	24.8	6.44	9.06	0.49	6.21	0.43	14.89	—	11.34	7.06	74.0	14.23	8.21	3.32	0.23	—
2008-08	23.4	6.30	5.54	0.47	4.41	0.46	6.25	3.44	7.34	8.16	38.0	6.48	7.30	3.51	0.19	—
2009-05	19.8	6.94	3.86	0.32	3.30	0.34	23.12	—	9.28	3.99	52.0	7.95	5.40	1.48	0.08	—
2009-08	21.4	6.98	167.93	3.26	21.01	1.29	65.73	5.25	26.48	53.94	354.0	57.23	5.60	22.26	0.31	—
2010-05	18.2	7.20	16.12	0.38	1.35	0.44	19.09	2.41	13.11	3.45	42.0	6.43	7.35	3.31	0.08	—
2010-08	26.9	6.85	20.21	0.60	5.18	0.77	30.08	0.30	22.51	29.82	116.0	12.80	5.07	9.47	0.30	—
2011-05	15.6	6.86	8.67	0.46	5.56	0.77	11.80	1.17	31.03	0.77	72.0	6.99	16.00	1.88	0.11	65.5
2011-08	21.4	6.13	21.38	0.79	10.54	0.54	49.36	2.54	11.30	0.98	84.0	13.03	3.59	3.43	0.15	147.0
2012-05	18.3	6.76	19.71	0.32	9.13	1.44	34.66	5.16	19.64	2.87	98.3	1.90	5.60	3.78	0.24	190.2
2012-08	18.3	6.86	23.35	1.98	5.71	0.56	26.72	1.79	59.70	2.12	71.1	12.02	4.19	3.44	0.19	101.1
2013-05	24.4	5.43	20.14	0.77	3.93	0.49	6.24	5.03	17.88	3.22	38.7	18.29	3.53	5.57	0.79	81.9
2013-08	25.8	7.01	5.65	0.38	3.85	0.26	26.45	1.51	8.80	0.96	24.5	3.78	7.42	1.33	0.11	52.3
2014-05	18.8	5.43	15.76	1.11	7.27	0.50	61.78	3.12	9.63	0.26	58.8	2.01	3.48	5.30	0.34	123.6
2014-08	24.4	5.82	11.19	0.80	13.71	0.63	24.89	2.31	8.34	3.55	37.7	11.04	5.69	1.92	0.08	79.7
2015-05	22.3	5.27	5.33	0.62	3.21	0.46	6.24	3.07	10.35	1.67	19.2	26.30	6.94	3.37	0.57	40.9
2015-09	25.1	5.48	6.96	0.41	5.20	0.53	13.69	1.91	10.87	1.53	27.3	9.42	8.79	2.60	0.15	58.2

表 3-14　地表水水质表——桃源站坡地辅助观测场恢复系统水土流失观测点（TYAFZ04CTL _ 01）

时间（年-月）	水温/℃	pH	Ca^{2+}/（mg/L）	Mg^{2+}/（mg/L）	K^{+}/（mg/L）	Na^{+}/（mg/L）	HCO_3^-/（mg/L）	Cl^-/（mg/L）	SO_4^{2-}/（mg/L）	NO_3^-/（mg/L）	矿化度/（mg/L）	COD/（mg/L）	DO/（mg/L）	TN/（mg/L）	TP/（mg/L）	电导率/（uS/cm）
2004-05	19.6	6.70	21.79	2.18	2.14	—	35.70	4.60	11.50	1.49	196.0	11.10	—	2.59	0.42	—
2004-08	19.5	7.20	23.36	1.30	2.61	—	46.54	1.42	4.03	1.98	126.0	6.59	—	0.54	0.05	—
2005-05	20.5	5.56	8.08	0.53	4.48	1.12	14.77	1.28	5.32	1.10	74.0	4.80	—	0.79	0.18	—
2005-08	25.3	7.01	9.55	1.86	7.64	0.10	39.81	13.40	15.38	2.05	425.0	10.56	4.75	4.65	0.58	—
2006-05	20.0	5.75	8.57	0.37	2.43	0.09	29.78	4.50	9.36	0.81	132.0	5.62	5.80	0.07	1.27	—
2006-08	21.0	6.86	9.38	0.90	9.30	0.40	26.85	12.80	24.35	—	188.0	8.37	6.19	0.25	1.32	—
2007-05	26.5	6.54	24.46	1.88	15.75	—	—	—	—	—	—	—	2.03	17.22	0.77	—
2007-08	26.5	6.75	15.95	1.36	12.59	0.88	—	—	—	—	—	—	5.10	4.92	0.38	—
2008-05	24.3	6.59	17.35	0.83	9.27	0.57	—	—	—	—	—	—	6.81	5.07	0.56	—
2008-08	23.1	6.72	13.09	0.83	8.13	0.39	—	—	—	—	—	—	7.00	1.99	0.27	—
2009-05*	—	—	—	—	—	—	—	—	—	—	—	—	—	—	—	—
2009-08*	—	—	—	—	—	—	—	—	—	—	—	—	—	—	—	—
2010-05	17.8	7.04	83.02	3.80	10.18	1.91	—	—	—	42.73	—	—	6.14	28.13	1.01	—
2010-08	27.0	6.71	52.43	4.48	59.64	3.58	63.16	10.04	63.54	142.86	440.0	—	5.64	40.26	2.78	—
2011-05	15.0	7.64	93.85	3.40	26.04	6.83	52.43	16.06	57.86	30.23	536.0	15.57	10.58	1.41	2.24	528.00
2011-08	21.9	6.81	37.34	2.27	23.67	1.95	67.38	5.28	18.91	7.04	230.0	19.71	4.22	35.18	0.96	301.00
2012-05	18.6	7.31	66.93	0.24	41.92	4.69	76.14	24.27	64.58	13.91	394.0	1.42	6.05	10.54	0.37	800.00
2012-08	22.2	6.55	36.98	3.56	4.29	1.43	49.79	2.26	56.45	5.06	90.0	12.20	4.40	4.12	0.23	137.90
2013-05	24.4	7.02	35.55	1.27	16.97	9.41	47.43	7.04	34.72	54.83	156.6	20.20	2.77	5.22	0.23	325.00
2013-08	25.3	6.62	15.64	2.18	24.06	3.63	31.12	2.72	194.04	3.68	274.0	13.30	5.74	11.61	0.61	564.00
2014-05	18.5	5.30	379.25	9.28	24.16	6.43	133.55	6.34	680.54	20.16	766.0	2.19	6.99	22.91	0.40	1 541.00
2014-08	24.1	5.60	220.76	6.07	24.41	5.42	116.38	3.52	305.71	242.91	569.0	32.03	6.39	56.62	0.21	1 154.00
2015-05*	—	—	—	—	—	—	—	—	—	—	—	—	—	—	—	—
2015-09*	—	—	—	—	—	—	—	—	—	—	—	—	—	—	—	—

* 当月未产生径流。

表 3-15 地表水水质表——桃源站坡地辅助观测场退化系统水土流失观测点（TYAFZ05CTL_01）

时间（年-月）	水温/℃	pH	Ca^{2+}/(mg/L)	Mg^{2+}/(mg/L)	K^{+}/(mg/L)	Na^{+}/(mg/L)	HCO_3^-/(mg/L)	Cl^-/(mg/L)	SO_4^{2-}/(mg/L)	NO_3^-/(mg/L)	矿化度/(mg/L)	COD/(mg/L)	DO/(mg/L)	TN/(mg/L)	TP/(mg/L)	电导率/(uS/cm)
2004-05	20.1	6.70	13.09	0.63	2.99	—	29.50	—	17.52	1.52	201.0	12.10	—	0.76	0.49	—
2004-08	20.4	7.10	23.38	1.69	2.80	—	48.71	0.20	4.15	1.87	201.0	8.62	—	0.40	0.15	—
2005-05	20.5	7.08	42.90	1.76	8.09	1.16	54.16	—	—	0.70	812.0	10.10	—	0.65	0.15	—
2005-08	25.7	7.17	10.50	1.52	3.59	0.30	35.23	2.54	6.72	1.55	386.0	12.47	6.61	6.08	0.20	—
2006-05	20.4	6.41	8.57	0.25	1.09	0.10	28.29	4.00	14.62	3.30	112.0	4.17	6.48	0.02	0.86	—
2006-08	26.3	6.72	8.18	0.91	15.47	0.65	46.98	8.96	45.56	—	196.0	17.22	6.25	0.23	1.74	—
2007-05	26.8	6.43	10.75	1.08	19.47	—	—	—	—	—	—	—	1.24	1.90	0.29	—
2007-08	26.6	6.25	13.01	1.00	5.64	0.83	—	—	—	—	—	—	5.70	2.99	0.13	—
2008-05	24.7	6.54	10.64	0.45	4.87	0.42	—	—	—	—	—	—	8.15	1.89	0.18	—
2008-08	23.3	6.39	10.93	0.64	4.08	0.48	—	—	—	—	—	—	7.61	0.88	0.08	—
2009-05	20.4	7.05	9.96	0.75	7.15	0.65	—	—	—	—	—	—	5.93	5.16	0.32	—
2009-08*	—	—	—	—	—	—	—	—	—	—	—	—	—	—	—	—
2010-05	18.2	7.22	33.24	0.63	2.35	0.77	—	—	—	—	—	—	5.74	7.58	0.39	—
2010-08	26.8	6.86	26.90	1.05	11.27	0.59	48.12	0.69	26.43	25.69	146.0	22.24	5.56	8.42	0.59	—
2011-05	15.1	7.32	13.25	1.07	15.30	1.08	39.32	1.96	24.15	1.57	112.0	18.77	14.17	1.62	0.37	107.8
2011-08	21.2	6.32	26.60	1.65	8.03	1.13	35.26	0.10	11.03	2.64	124.0	15.23	4.48	4.06	0.28	136.8
2012-05	18.4	6.80	16.16	0.38	3.94	1.15	37.44	2.40	17.29	0.99	54.0	0.89	5.01	2.43	0.40	111.9
2012-08	22.6	6.85	33.05	2.78	14.40	0.19	40.45	1.66	69.35	2.70	116.0	24.60	3.98	4.85	0.39	151.0
2013-05	24.3	6.76	21.62	1.23	9.26	0.48	61.16	5.03	25.17	0.38	70.8	37.78	2.18	5.10	0.26	148.6
2013-08	25.5	6.96	12.74	1.42	4.20	0.60	90.24	1.81	20.85	4.02	59.1	4.78	7.68	4.39	0.05	124.2
2014-05	18.7	5.43	47.99	1.64	13.46	1.03	100.48	9.40	46.83	1.56	134.6	1.71	5.68	4.12	0.32	280.0
2014-08	24.3	5.78	29.93	1.19	8.31	0.78	73.44	1.71	23.85	9.68	88.0	8.53	6.34	2.80	0.07	184.1
2015-05	21.8	4.99	38.26	2.64	48.50	1.49	138.86	24.14	31.50	0.06	151.4	55.14	2.31	7.08	0.63	317.3
2015-09	22.1	5.29	22.09	1.56	11.14	3.02	62.24	3.42	26.49	2.02	77.5	10.16	8.56	3.69	0.28	162.4

* 当月未产生径流。

表 3-16 地表水水质表——桃源站坡地辅助观测场茶园系统水土流失观测点（TYAFZ06CTL _ 01）

时间（年-月）	水温/℃	pH	Ca^{2+}/(mg/L)	Mg^{2+}/(mg/L)	K^{+}/(mg/L)	Na^{+}/(mg/L)	HCO_3^-/(mg/L)	Cl^-/(mg/L)	SO_4^{2-}/(mg/L)	NO_3^-/(mg/L)	矿化度/(mg/L)	COD/(mg/L)	DO/(mg/L)	TN/(mg/L)	TP/(mg/L)	电导率/(uS/cm)
2004-05	21.0	7.00	12.73	0.46	3.07	—	24.60	—	16.50	1.60	203.0	10.94	—	0.97	0.09	—
2004-08	20.2	6.90	21.41	1.59	4.32	—	46.00	0.78	4.71	2.01	186.0	7.63	—	5.00	0.15	—
2005-05	20.5	6.97	24.17	0.72	3.66	0.98	36.92	0.92	6.52	0.16	106.0	5.97	—	0.30	0.09	—
2005-08	25.9	6.81	6.13	0.73	3.31	0.19	36.71	1.32	6.43	2.01	401.0	10.98	6.43	5.02	0.34	—
2006-05	20.6	6.90	5.10	0.17	1.49	0.11	26.05	2.00	13.99	0.78	20.0	5.46	6.50	0.10	1.29	—
2006-08	26.7	6.75	4.56	0.29	6.75	0.38	43.63	8.96	31.64	0.77	242.0	9.81	6.84	0.10	1.52	—
2007-05	26.8	7.25	10.29	0.41	3.45	—	—	—	—	—	—	—	4.04	1.99	0.05	—
2007-08	26.7	6.44	13.38	0.70	6.65	1.27	—	—	—	—	—	—	6.30	2.87	0.08	—
2008-05	24.8	6.57	8.75	0.27	3.00	0.47	—	—	—	—	—	—	9.15	2.85	0.23	—
2008-08	23.6	6.67	7.45	0.28	2.68	0.54	—	—	—	—	—	—	6.80	0.90	0.07	—
2009-05	20.1	6.81	3.63	0.28	2.78	0.39	—	—	—	—	—	—	6.22	1.64	0.08	—
2009-08	21.4	6.90	157.90	2.92	18.29	1.45	—	—	—	17.30	—	—	6.28	11.47	0.51	—
2010-05	18.0	7.16	10.53	0.34	1.48	0.51	—	—	—	4.74	—	—	7.60	4.68	0.09	—
2010-08	27.4	6.87	15.00	0.53	5.42	0.60	19.85	1.38	26.68	17.86	108.0	—	4.35	8.61	0.20	—
2011-05	15.9	6.77	10.55	0.40	2.47	0.90	11.80	3.13	26.78	1.07	66.0	5.81	12.50	1.79	0.09	60.7
2011-08	21.7	6.04	16.15	0.62	3.67	0.54	23.50	0.59	7.55	1.37	86.0	8.71	4.16	3.44	0.11	102.9
2012-05	18.4	6.85	12.37	0.34	3.34	0.71	26.68	1.80	10.39	1.01	40.0	4.28	4.39	1.69	0.11	92.7
2012-08	23.4	6.93	15.96	0.49	3.65	0.05	12.45	1.86	58.34	1.95	18.0	9.76	3.60	3.55	0.06	74.7
2013-05	24.6	6.40	20.07	0.50	1.99	0.31	9.99	3.02	19.94	1.95	38.0	13.46	3.34	4.66	0.08	80.3
2013-08	25.7	6.87	8.84	0.32	2.36	0.35	14.00	2.01	10.77	0.85	33.1	7.98	7.91	1.53	0.05	70.2
2014-05	18.8	5.40	20.93	0.88	6.38	0.93	89.87	3.27	17.80	1.20	61.5	1.56	7.17	3.26	0.14	129.3
2014-08	24.5	5.79	14.45	0.59	3.32	0.72	29.87	2.01	11.90	6.72	41.5	6.96	5.70	2.10	0.38	87.6
2015-05	22.0	5.28	8.58	0.43	2.41	0.38	18.10	2.01	8.51	1.55	25.5	6.81	6.94	2.51	0.08	53.6
2015-09	22.4	5.44	17.92	0.67	4.71	0.22	68.46	2.21	13.91	1.94	53.4	6.76	9.04	2.81	0.13	112.3

表3-17　地表水水质表——桃源站坡地辅助观测场柑橘园系统水土流失观测点（TYAFZ07CTL_01）

时间（年-月）	水温/℃	pH	Ca^{2+}/(mg/L)	Mg^{2+}/(mg/L)	K^{+}/(mg/L)	Na^{+}/(mg/L)	HCO_3^-/(mg/L)	Cl^-/(mg/L)	SO_4^{2-}/(mg/L)	NO_3^-/(mg/L)	矿化度/(mg/L)	COD/(mg/L)	DO/(mg/L)	TN/(mg/L)	TP/(mg/L)	电导率/(uS/cm)
2004-05	20.5	6.70	16.74	2.70	1.06	—	5.50	1.70	13.86	1.60	196.0	3.40	—	4.50	0.24	—
2004-08	20.6	7.00	36.32	2.33	5.01	—	58.18	0.35	6.24	2.13	175.0	7.45	—	0.77	0.15	—
2005-05	20.5	6.77	20.77	0.64	4.01	1.31	36.92	0.92	6.64	2.82	88.0	7.73	—	1.02	0.10	—
2005-08	26.2	7.36	7.24	1.59	4.05	0.20	42.59	1.80	10.28	2.13	379.0	7.68	6.35	7.36	0.45	—
2006-05	20.8	7.09	6.38	0.23	2.41	0.14	29.78	2.00	14.95	0.64	24.0	7.47	6.40	0.13	1.05	—
2006-08	26.9	6.93	5.52	0.34	10.88	0.54	40.27	7.68	43.88	—	240.0	14.03	6.65	0.21	1.41	—
2007-05	26.8	7.27	18.60	0.75	5.54	—	—	—	—	—	—	—	3.63	2.46	0.51	—
2007-08	26.6	6.60	16.76	0.70	5.26	1.12	—	—	—	—	—	—	6.80	4.07	0.13	—
2008-05	24.5	6.63	12.07	0.30	2.55	0.49	—	—	—	—	—	—	8.09	2.68	0.30	—
2008-08	23.6	6.65	13.94	0.74	3.26	0.88	—	—	—	—	—	—	8.58	4.56	0.05	—
2009-05	20.2	7.66	9.94	0.46	4.28	0.61	—	—	—	—	—	—	6.65	3.19	0.22	—
2009-08	21.2	7.34	162.33	2.84	11.65	1.97	—	—	—	55.19	—	—	5.94	19.59	0.72	—
2010-05	18.2	6.91	8.92	0.84	2.28	0.74	—	—	—	5.67	—	—	6.39	5.77	0.41	—
2010-08	27.1	6.82	45.19	1.02	15.94	1.87	108.27	5.61	35.15	33.01	236.0	—	3.79	13.38	1.05	—
2011-05	16.4	7.06	16.81	0.57	4.50	1.15	19.66	3.91	29.64	1.28	88.0	6.44	14.04	2.06	0.16	94.9
2011-08	21.5	6.57	24.73	0.90	10.11	1.62	31.34	0.29	10.83	4.09	160.0	13.11	3.96	5.92	0.28	168.6
2012-05	18.3	6.93	13.34	0.40	4.54	1.20	57.42	1.40	—	0.29	56.0	2.08	6.25	4.48	0.41	116.0
2012-08	22.8	6.87	24.33	0.83	4.57	0.51	28.01	1.91	69.04	0.66	70.0	13.84	3.81	2.23	0.12	100.7
2013-05	24.6	6.65	21.07	0.62	2.82	0.37	24.96	4.02	24.27	2.09	48.3	15.84	2.90	4.92	0.16	101.8
2013-08	25.7	6.84	11.08	0.73	7.62	0.42	24.89	1.51	12.64	4.89	49.5	3.90	6.72	4.00	0.09	104.3
2014-05	19.0	5.45	41.92	1.10	6.50	1.21	48.05	3.42	23.18	4.45	106.1	1.11	6.33	5.65	0.24	222.0
2014-08	24.3	5.69	60.44	1.44	18.69	2.03	102.07	3.32	38.27	64.97	170.9	9.47	5.64	0.84	0.05	355.0
2015-05	21.8	5.21	30.45	1.08	5.44	0.81	56.17	3.92	26.44	4.90	83.8	7.98	5.76	5.97	0.17	174.4
2015-09	24.8	5.11	42.35	1.28	17.56	1.28	39.83	4.73	44.51	8.27	128.8	7.69	7.24	11.32	0.47	268.0

表 3-18 地表水水质表——水分辅助观测流动水观测点（TYAFZ11CLB_01）

时间（年-月）	水温/℃	pH	Ca^{2+}/（mg/L）	Mg^{2+}/（mg/L）	K^{+}/（mg/L）	Na^{+}/（mg/L）	HCO_3^-/（mg/L）	Cl^-/（mg/L）	SO_4^{2-}/（mg/L）	NO_3^-/（mg/L）	矿化度/（mg/L）	COD/（mg/L）	DO/（mg/L）	TN/（mg/L）	TP/（mg/L）	电导率/（uS/cm）
2004-05	21.0	7.20	30.00	1.90	2.58	—	61.50	2.40	8.68	0.84	158.0	5.82	—	0.91	0.26	—
2004-08	20.8	7.20	27.63	3.70	2.08	—	73.61	0.35	3.67	1.02	152.0	5.29	—	0.31	0.04	—
2005-05	20.0	6.15	8.76	0.73	2.11	1.79	19.08	1.42	2.92	0.41	56.0	0.82	—	—	0.05	—
2005-08	26.8	7.03	11.88	2.62	4.50	1.07	61.33	20.00	10.26	0.91	336.0	5.76	6.48	0.38	0.73	—
2006-05	22.9	5.87	19.61	1.26	2.69	1.37	54.71	5.00	17.66	3.32	124.0	6.61	6.47	0.17	3.00	—
2006-08	27.6	7.64	15.68	2.13	2.85	2.19	26.85	11.52	12.47	0.93	274.0	4.68	6.33	0.13	0.77	—
2007-05	24.7	7.12	20.94	0.99	3.23	3.16	47.94	2.80	15.15	2.01	170.0	6.40	4.86	1.76	0.07	—
2007-08	27.2	6.90	24.89	2.62	3.67	3.14	82.78	0.99	12.45	1.73	150.0	7.11	7.70	1.27	0.20	—
2008-05	26.7	7.27	36.20	2.55	3.43	3.18	68.48	3.96	14.73	3.55	132.0	9.21	8.69	2.41	0.28	—
2008-08	23.9	7.02	20.81	1.52	3.26	2.22	44.66	—	15.75	2.25	80.0	8.69	7.54	1.17	0.45	—
2009-05	22.7	7.88	11.85	2.61	3.45	2.94	71.54	4.41	16.83	5.51	150.0	12.03	9.14	2.45	0.12	—
2009-08	22.5	7.32	20.49	3.10	2.31	2.17	87.18	0.97	8.64	0.19	104.0	3.87	9.36	0.46	0.10	—
2010-05	20.3	6.52	22.46	2.09	1.23	3.39	57.26	4.19	18.76	6.13	86.0	3.96	10.40	4.95	0.11	—
2010-08	28.6	6.63	16.24	0.70	2.54	2.04	54.14	1.28	15.84	2.54	72.0	6.46	7.26	1.60	0.17	—
2011-05	16.1	7.61	28.64	1.77	3.91	3.54	53.74	8.80	32.52	1.35	130.0	4.88	17.40	2.38	0.27	161.3
2011-08	21.7	6.58	35.53	3.30	4.06	4.11	117.52	6.16	6.38	1.03	190.0	5.41	3.71	2.70	0.25	217.0
2012-05	19.6	7.13	29.30	1.55	4.66	3.52	92.99	6.21	19.43	1.40	142.0	0.94	4.43	2.30	0.43	194.8
2012-08	24.1	6.67	39.61	0.51	14.91	2.24	62.24	5.73	60.58	0.97	138.0	0.53	3.83	2.38	0.20	160.3
2013-05	25.4	7.05	20.26	2.81	3.15	2.13	37.44	5.83	19.60	1.56	73.1	12.28	3.84	3.77	0.40	153.3
2013-08	26.2	6.74	13.99	2.84	4.59	2.50	57.57	7.04	31.39	1.19	85.8	0.80	6.93	2.31	0.35	179.5
2014-05	21.6	5.59	30.17	3.41	4.22	3.16	88.62	5.93	17.50	1.62	91.4	1.03	6.65	3.00	0.38	191.1
2014-08	24.8	5.69	22.98	2.56	6.70	3.20	66.59	5.13	16.22	5.19	79.9	7.59	6.58	2.06	0.04	167.4
2015-05	22.6	4.94	26.82	3.51	4.44	2.73	81.75	8.15	14.14	1.98	87.8	12.40	5.92	4.05	0.38	183.1
2015-09	23.0	5.06	28.84	4.25	10.87	3.50	92.11	9.86	23.85	0.15	113.7	9.85	9.43	5.22	0.84	237.0

表 3-19 地表水水质表——水分辅助观测溢流水观测点（TYAFZ12CLB_01）

时间（年-月）	水温/℃	pH	Ca^{2+}/(mg/L)	Mg^{2+}/(mg/L)	K^{+}/(mg/L)	Na^{+}/(mg/L)	HCO_3^-/(mg/L)	Cl^-/(mg/L)	SO_4^{2-}/(mg/L)	NO_3^-/(mg/L)	矿化度/(mg/L)	COD/(mg/L)	DO/(mg/L)	TN/(mg/L)	TP/(mg/L)	电导率/(uS/cm)
2004-05	20.2	7.20	17.53	1.81	3.35	—	35.10	2.82	9.58	0.97	158.0	4.28	—	1.12	0.27	—
2004-08	21.0	6.80	21.78	3.26	0.44	—	50.87	0.71	2.68	0.89	146.0	3.18	—	0.10	0.02	—
2005-05	20.0	7.56	38.46	2.56	3.56	3.23	72.31	3.86	5.65	1.03	128.0	4.72	—	0.46	0.14	—
2005-08	25.5	6.25	7.02	1.16	1.23	0.24	61.33	4.57	4.08	0.86	760.0	4.01	5.47	4.85	0.18	—
2006-05	25.2	5.84	16.71	1.03	9.35	0.45	44.66	19.99	45.23	0.41	36.0	4.60	5.54	0.05	18.05	—
2006-08	31.1	6.80	7.42	0.92	4.73	1.29	23.49	11.52	23.93	1.89	196.0	5.56	6.05	0.10	1.45	—
2007-05	27.2	6.22	7.05	1.28	4.98	2.11	16.67	2.40	17.71	0.14	70.0	6.13	3.35	0.72	0.12	—
2007-08	27.2	6.01	3.72	0.60	0.57	0.86	5.96	—	8.44	0.66	36.0	2.57	5.50	0.87	0.04	—
2008-05	27.9	6.70	26.87	2.00	4.04	2.06	28.58	10.29	14.49	11.41	133.0	3.22	10.21	3.36	0.02	—
2008-08	24.6	6.48	25.16	2.04	4.54	2.27	39.90	11.29	14.19	9.58	102.0	2.96	8.93	2.83	0.04	—
2009-05	22.4	7.58	8.29	2.04	4.44	1.83	29.99	10.00	19.33	12.14	130.0	3.17	8.86	4.40	0.04	—
2009-08	22.0	6.46	15.03	2.60	6.02	1.51	43.59	14.67	11.39	0.12	76.0	3.74	6.67	0.84	0.14	—
2010-05	21.5	6.36	23.89	1.72	1.90	1.91	27.67	8.23	18.53	14.09	80.0	5.17	9.62	9.70	0.06	—
2010-08	30.3	6.55	17.80	1.56	5.20	1.71	42.11	9.25	13.36	4.16	76.0	3.30	8.53	2.15	0.03	—
2011-05	18.2	6.27	23.37	1.77	5.12	3.19	38.01	13.69	33.55	3.18	150.0	1.29	14.75	2.08	0.10	144.3
2011-08	21.6	6.49	27.29	2.25	6.42	2.01	56.41	21.13	9.76	0.53	100.0	5.17	5.52	3.50	0.13	185.3
2012-05	19.6	6.99	23.17	1.32	5.22	2.38	36.20	9.56	16.55	4.26	114.0	0.28	7.05	3.55	0.04	162.8
2012-08	24.5	6.83	35.93	21.47	4.79	1.25	46.68	13.58	47.53	0.56	96.0	3.80	3.83	1.78	0.04	147.7
2013-05	24.5	6.76	16.65	2.33	3.25	1.11	28.08	10.26	18.85	2.82	58.6	3.96	4.86	4.00	0.06	123.3
2013-08	27.3	6.82	12.25	1.62	4.45	0.86	15.56	7.34	15.09	3.84	53.5	0.90	8.85	4.23	0.09	112.6
2014-05	20.9	5.61	17.44	2.33	4.51	1.35	36.82	9.45	16.34	1.75	61.2	0.64	6.81	2.76	0.06	128.6
2014-08	24.9	5.74	15.78	1.89	8.07	1.65	42.94	8.85	14.19	4.77	61.0	2.57	7.94	1.50	0.12	128.2
2015-05	23.0	4.89	16.04	2.47	4.58	1.18	31.83	13.08	18.18	0.82	58.0	2.33	7.56	1.54	0.04	121.7
2015-09	24.5	5.15	21.17	2.64	4.76	0.81	49.17	9.05	20.56	0.32	71.8	3.68	12.55	1.50	0.16	150.6

表 3-20 地表水水质表——水分辅助观测灌溉水观测点（TYAFZ14CGB_01）

时间（年-月）	水温/℃	pH	Ca^{2+}/(mg/L)	Mg^{2+}/(mg/L)	K^{+}/(mg/L)	Na^{+}/(mg/L)	HCO_3^-/(mg/L)	Cl^-/(mg/L)	SO_4^{2-}/(mg/L)	NO_3^-/(mg/L)	矿化度/(mg/L)	COD/(mg/L)	DO/(mg/L)	TN/(mg/L)	TP/(mg/L)	电导率/(uS/cm)
2004-05	21.2	7.00	6.81	0.48	1.20	—	11.10	—	13.82	1.66	152.0	7.16	—	0.52	7.00	—
2004-08	20.8	6.90	14.92	3.70	5.93	—	51.42	2.48	3.50	2.30	135.0	5.06	—	0.25	0.08	—
2005-05	20.5	6.74	26.55	0.91	4.90	1.17	39.63	1.15	6.52	1.78	240.0	7.30	—	0.66	0.12	—
2005-08	26.2	6.73	10.63	2.58	6.95	1.10	40.89	8.72	20.20	1.97	572.0	6.25	7.43	6.68	1.09	—
2006-05	24.0	5.20	14.68	1.28	4.08	0.72	37.22	5.50	20.26	3.71	108.0	3.27	7.00	0.08	0.60	—
2006-08	32.8	9.38	5.28	0.89	4.81	1.39	46.98	5.76	38.87	0.01	140.0	9.02	6.89	0.28	1.50	—
2007-05	28.8	6.61	8.99	0.95	3.37	1.29	30.97	5.81	11.34	0.63	118.0	5.69	4.85	0.16	0.15	—
2007-08	27.2	6.55	0.40	0.03	0.47	0.46	—	—	7.30	2.46	68.0	1.87	6.50	1.99	0.04	—
2008-05	27.8	8.59	12.69	1.29	4.88	1.90	20.84	4.20	12.82	0.41	74.0	7.63	10.40	1.68	0.30	—
2008-08	24.1	7.15	15.54	1.64	6.40	1.96	27.39	6.87	15.98	6.41	86.0	10.76	17.45	3.72	0.18	—
2009-05	22.5	8.76	5.12	1.81	4.99	1.58	24.99	4.90	17.37	2.50	87.0	4.75	6.77	1.31	0.14	—
2009-08	22.0	6.42	16.10	1.37	5.60	1.73	4.84	6.31	23.83	0.90	50.0	30.03	10.29	8.92	0.76	—
2010-05	20.6	6.46	12.48	0.37	3.59	1.85	19.56	3.30	19.38	2.62	30.0	3.88	9.86	2.45	0.14	—
2010-08	27.4	5.80	2.41	0.88	0.62	1.61	6.02	2.26	0.26	12.53	10.0	1.49	7.82	3.39	0.02	—
2011-05	15.7	7.54	14.46	1.25	5.44	1.65	27.52	5.48	31.54	0.59	74.0	2.69	16.61	1.68	0.14	194.6
2011-08	21.2	6.64	14.00	1.30	6.27	1.88	21.15	3.62	14.31	0.48	116.0	16.57	6.19	4.19	0.31	98.0
2012-05	19.2	6.84	13.93	1.07	5.25	1.89	30.58	4.38	16.70	1.69	64.0	0.34	7.24	2.01	0.04	111.2
2012-08	24.8	6.91	23.22	11.95	5.57	0.94	32.36	3.37	44.32	0.01	108.0	7.80	4.19	1.77	0.06	104.1
2013-05	22.5	6.94	12.12	2.15	4.12	1.14	34.32	5.23	15.33	0.75	45.1	7.68	6.17	3.45	0.18	95.2
2013-08	27.6	6.95	8.17	1.18	4.58	0.91	23.34	4.02	13.30	0.87	37.8	8.70	8.66	3.21	0.24	79.9
2014-05	20.2	5.54	10.90	1.99	5.31	1.26	28.71	3.77	16.32	0.35	41.2	0.88	8.54	1.17	0.07	87.1
2014-08	24.3	5.82	10.04	1.66	7.54	1.54	29.25	3.22	13.08	0.13	39.6	4.93	8.03	1.26	0.02	83.6
2015-05	22.8	5.10	9.26	1.86	4.22	1.13	28.08	3.92	13.86	0.18	36.8	4.70	6.50	1.25	0.12	77.9
2015-09	25.0	5.55	10.18	1.53	6.53	0.93	20.54	4.12	22.58	0.11	41.4	13.87	12.37	2.43	0.26	87.5

表 3-21　地表水水质表——水分辅助观测静止水观测点（TYAFZ15CJB_01）

时间（年-月）	水温/℃	pH	Ca^{2+}/(mg/L)	Mg^{2+}/(mg/L)	K^{+}/(mg/L)	Na^{+}/(mg/L)	HCO_3^-/(mg/L)	Cl^-/(mg/L)	SO_4^{2-}/(mg/L)	NO_3^-/(mg/L)	矿化度/(mg/L)	COD/(mg/L)	DO/(mg/L)	TN/(mg/L)	TP/(mg/L)	电导率/(uS/cm)
2004-05	22.0	6.60	12.58	1.92	5.58	—	34.50	2.23	14.98	1.32	167.0	5.01	—	0.52	0.30	—
2004-08	20.6	6.80	20.13	3.48	3.95	—	30.85	4.25	3.42	1.57	109.0	3.87	—	0.72	0.10	—
2005-05	20.5	7.22	17.97	2.00	4.52	2.49	34.46	6.24	5.69	0.79	80.0	5.22	—	0.40	0.08	—
2005-08	26.5	7.13	11.33	2.53	4.31	1.18	40.89	20.00	9.86	1.43	412.0	4.73	6.88	1.53	0.05	—
2006-05	23.6	5.53	17.36	1.30	2.80	0.74	31.27	9.40	19.53	2.77	96.0	3.07	6.56	0.05	0.82	—
2006-08	28.9	9.27	11.21	1.38	3.95	2.31	46.98	9.60	18.08	0.24	294.0	6.50	9.28	0.19	1.37	—
2007-05	28.6	7.35	15.59	1.69	3.30	2.68	50.62	11.81	15.80	0.30	134.0	6.06	5.15	0.95	0.15	—
2007-08	26.6	6.65	18.10	2.05	4.89	2.75	53.60	10.10	11.57	1.50	160.0	4.65	6.70	1.91	0.10	—
2008-05	27.9	6.70	26.87	2.00	4.04	2.06	28.58	10.29	14.49	11.41	133.0	3.22	10.21	3.36	0.02	—
2008-08	24.6	6.48	25.16	2.04	4.54	2.27	39.90	11.29	14.19	9.58	102.0	2.96	8.93	2.83	0.04	—
2009-05	22.4	7.58	8.29	2.04	4.44	1.83	29.99	10.00	19.33	12.14	130.0	3.17	8.86	4.40	0.04	—
2009-08	22.0	6.46	15.03	2.60	6.02	1.51	43.59	14.67	11.39	0.12	76.0	3.74	6.67	0.84	0.14	—
2010-05	21.5	6.36	23.89	1.72	1.90	1.91	27.67	8.23	18.53	14.09	80.0	5.17	9.62	9.70	0.06	—
2010-08	30.3	6.55	17.80	1.56	5.20	1.71	42.11	9.25	13.36	4.16	76.0	3.30	8.53	2.15	0.03	—
2011-05	18.2	6.27	23.37	1.77	5.12	3.19	38.01	13.69	33.55	3.18	150.0	1.29	14.75	2.08	0.10	144.3
2011-08	21.6	6.49	27.29	2.25	6.42	2.01	56.41	21.13	9.76	0.53	100.0	5.17	5.52	3.50	0.13	185.3
2012-05	19.6	6.99	23.17	1.32	5.22	2.38	36.20	9.56	16.55	4.26	114.0	0.28	7.05	3.55	0.04	162.8
2012-08	24.5	6.83	35.93	21.47	4.79	1.25	46.68	13.58	47.53	0.56	96.0	3.80	3.83	1.78	0.04	147.7
2013-05	24.5	6.76	16.65	2.33	3.25	1.11	28.08	10.26	18.85	2.82	58.6	3.96	4.86	4.00	0.06	123.3
2013-08	27.3	6.82	12.25	1.62	4.45	0.86	15.56	7.34	15.09	3.84	53.5	0.90	8.85	4.23	0.09	112.6
2014-05	20.9	5.61	17.44	2.33	4.51	1.35	36.82	9.45	16.34	1.75	61.2	0.64	6.81	2.76	0.06	128.6
2014-08	24.9	5.74	15.78	1.89	8.07	1.65	42.94	8.85	14.19	4.77	61.0	2.57	7.94	1.50	0.12	128.2
2015-05	23.0	4.89	16.04	2.47	4.58	1.18	31.83	13.08	18.18	0.82	58.0	2.33	7.56	1.54	0.04	121.7
2015-09	24.5	5.15	21.17	2.64	4.76	0.81	49.17	9.05	20.56	0.32	71.8	3.68	12.55	1.50	0.16	150.6

（2）地下水水质

地下水水质观测点的数据如表 3 - 22 所示。

表 3 - 22　地下水水质表——水分辅助观测地下水观测点（TYAFZ10CDX _ 01）

时间（年-月）	水温/℃	pH	Ca^{2+}/(mg/L)	Mg^{2+}/(mg/L)	K^{+}/(mg/L)	Na^{+}/(mg/L)	HCO_3^-/(mg/L)	Cl^-/(mg/L)	SO_4^{2-}/(mg/L)	NO_3^-/(mg/L)	矿化度/(mg/L)	COD/(mg/L)	DO/(mg/L)	TN/(mg/L)	TP/(mg/L)	电导率/(uS/cm)
2004 - 05	18.6	6.70	8.95	0.90	1.50	—	56.00	0.53	5.82	0.62	102.0	1.29	—	0.52	0.14	—
2004 - 08	18.8	6.90	33.49	3.58	1.96	—	83.89	1.38	0.55	0.69	85.0	1.33	—	0.03	0.03	—
2005 - 05	18.0	7.31	36.82	0.92	4.25	1.26	55.39	1.49	7.60	4.11	124.0	7.91	—	0.52	0.11	—
2005 - 08	22.1	6.08	8.31	1.91	3.32	0.72	51.11	4.36	11.63	0.72	520.0	1.05	7.47	3.74	0.30	—
2006 - 05	19.0	5.31	13.03	1.04	2.38	0.36	37.22	4.00	20.63	2.26	76.0	3.14	6.68	0.60	0.39	—
2006 - 08	32.8	5.65	5.25	0.53	1.21	0.91	33.56	7.04	8.64	2.90	128.0	0.95	4.45	0.03	0.07	—
2007 - 05	25.3	6.00	7.12	0.69	1.25	1.13	23.82	—	4.35	2.17	70.0	1.62	5.12	0.57	0.02	—
2007 - 08	25.4	5.54	5.79	0.72	1.98	1.59	11.91	—	5.17	3.91	54.0	1.46	5.60	1.30	0.05	—
2008 - 05	23.6	5.94	11.47	0.81	1.42	1.34	26.20	1.98	4.18	4.31	69.0	1.47	8.73	0.97	0.04	—
2008 - 08	23.0	5.65	15.67	1.81	3.94	1.76	14.89	5.99	16.25	18.75	104.0	3.46	8.49	4.73	0.04	—
2009 - 05	20.1	6.08	3.25	0.73	1.25	1.04	19.37	2.75	4.41	4.21	53.0	1.07	8.02	0.93	0.06	—
2009 - 08	20.3	6.10	12.10	0.66	1.04	0.64	17.64	1.17	3.95	1.70	12.0	0.48	6.18	0.39	0.05	—
2010 - 05	17.8	6.42	9.71	0.79	0.89	1.27	19.09	2.71	3.71	4.94	34.0	1.15	7.65	2.52	0.04	—
2010 - 08	26.4	5.85	5.43	0.48	1.23	1.12	18.05	1.97	3.70	2.87	28.0	0.44	5.09	0.96	0.02	—
2011 - 05	15.7	6.11	11.79	1.16	2.39	1.49	17.04	4.11	26.38	1.11	72.0	1.41	15.77	1.81	0.07	72.7
2011 - 08	19.9	6.60	10.90	0.94	1.27	1.23	25.07	2.15	21.56	1.05	56.0	1.63	6.48	4.51	0.08	66.3
2012 - 05	18.1	5.48	9.03	0.69	1.73	1.56	13.73	6.06	9.81	1.85	42.0	1.18	5.54	4.56	0.14	64.5
2012 - 08	21.2	6.63	10.48	3.08	1.33	0.73	15.56	4.27	26.73	0.70	40.0	0.44	3.91	1.37	0.03	49.3
2013 - 05	22.2	5.45	10.33	2.06	1.96	0.95	17.47	6.54	12.47	4.07	41.4	4.12	4.76	6.62	0.05	87.3
2013 - 08	26.4	6.55	12.76	2.01	5.00	0.70	15.56	4.83	18.73	4.34	62.0	0.74	7.14	4.42	0.05	130.3
2014 - 05	17.8	5.18	7.58	1.30	1.67	1.03	11.86	5.03	9.18	1.78	28.6	0.54	7.60	2.62	0.03	60.8
2014 - 08	22.9	5.80	7.79	1.30	3.61	1.63	—	4.73	8.39	10.54	32.3	3.20	6.76	2.49	0.56	68.4
2015 - 05	20.4	4.97	6.31	1.15	1.27	0.77	12.48	4.48	6.53	1.25	21.8	1.74	5.51	1.42	0.03	45.9
2015 - 09	23.4	5.63	5.15	0.68	1.28	0.24	16.80	2.92	6.21	0.29	18.2	0.28	9.86	0.53	0.03	39.2

(3) 雨水水质

雨水水质观测点的数据如表 3-23 和表 3-24 所示。

表 3-23 雨季、旱季雨水水质表——气象场集雨器(TYAQX01CYS_01)

时间(年-月)	水温/℃	pH	Ca^{2+}/(mg/L)	Mg^{2+}/(mg/L)	K^+/(mg/L)	Na^+/(mg/L)	HCO_3^-/(mg/L)	Cl^-/(mg/L)	SO_4^{2-}/(mg/L)	NO_3^-/(mg/L)	矿化度/(mg/L)	COD/(mg/L)	DO/(mg/L)	TN/(mg/L)	TP/(mg/L)	电导率/(uS/cm)
2004-05	22.0	5.00	1.47	0.13	0.76	—	2.50	0.20	13.45	0.92	64.0	3.28	—	1.02	0.16	—
2004-08	21.4	4.60	2.44	0.18	0.18	—	14.07	0.71	1.78	0.76	20.0	2.65	—	0.33	—	—
2005-05	20.0	6.06	1.28	0.11	0.48	0.53	13.54	1.28	3.50	4.29	56.0	4.10	—	0.30	0.05	—
2005-08	25.9	5.21	4.36	0.73	0.49	—	30.67	2.00	4.34	1.35	376.0	3.26	7.39	0.23	0.06	—
2006-05	25.9	4.31	0.64	0.02	0.06	—	7.44	1.00	3.43	0.45	20.0	1.36	7.40	0.01	1.72	—
2006-08	29.5	5.94	5.61	3.77	1.24	1.36	26.85	2.56	16.35	3.78	290.0	3.64	6.33	0.54	0.39	—
2007-05	26.2	4.62	0.88	0.07	0.37	0.27	13.10	—	5.25	1.09	74.0	3.39	5.12	1.55	0.01	—
2007-08	26.6	3.99	8.28	1.37	5.60	2.32	25.01	2.77	11.72	0.46	142.0	6.19	6.50	2.20	0.13	—
2008-05	25.4	6.52	0.67	0.03	0.40	0.07	11.31	—	5.31	1.18	28.0	1.71	10.06	0.87	0.05	—
2008-08	23.2	5.36	0.43	0.02	0.26	0.20	6.85	—	4.80	0.40	4.0	1.88	10.94	0.58	—	—
2009-05	23.4	6.06	0.82	0.12	2.13	0.22	1.87	—	5.89	1.45	27.0	4.38	5.55	1.12	0.05	—
2009-08	21.6	5.22	12.75	0.36	1.34	0.22	—	—	19.10	3.10	16.0	19.28	8.58	3.74	0.13	—
2010-05	19.7	6.38	6.88	0.73	0.19	0.37	9.54	1.43	12.35	3.74	26.0	2.38	9.27	4.73	0.05	—
2010-08	29.1	5.70	2.08	0.03	0.15	0.17	3.01	0.69	1.56	1.00	8.0	1.16	7.59	1.24	0.03	—
2011-05	14.1	7.44	15.97	0.81	5.81	1.29	17.69	3.91	41.27	0.84	70.0	2.85	17.78	1.98	0.05	112.0
2011-08	20.9	6.39	26.89	1.77	12.57	1.94	31.34	4.99	23.51	9.29	176.0	10.91	6.16	4.92	0.15	226.0
2012-05	18.8	6.96	15.46	0.89	11.26	2.10	24.34	2.80	22.69	5.62	78.0	0.28	7.08	6.35	0.16	15.3
2012-08	19.6	6.78	0.79	8.57	0.43	—	3.11	2.39	16.22	0.30	12.0	0.56	4.82	1.59	0.02	27.6
2013-05	25.4	7.34	16.23	1.53	7.73	3.32	68.65	4.02	26.53	3.17	19.6	11.64	4.10	7.53	0.67	42.0
2013-08	27.1	6.58	12.63	1.10	9.47	1.63	23.34	6.03	34.33	12.86	7.8	2.10	8.13	11.79	0.18	17.4
2014-05	18.7	5.48	6.48	0.76	3.87	0.82	11.23	5.03	10.67	2.10	29.2	0.66	7.99	2.30	0.06	61.9
2014-08	24.0	5.80	9.10	1.06	6.44	1.57	11.20	2.11	8.60	40.95	39.1	0.85	8.03	4.42	0.10	82.7
2015-05	21.1	5.20	15.09	1.56	7.85	2.06	31.20	3.12	17.70	4.53	59.8	8.63	7.58	5.57	0.20	126.7
2015-09	21.5	5.43	13.79	1.06	5.78	0.33	1.87	5.33	25.43	6.94	37.7	4.29	12.70	6.25	0.14	79.8

表 3-24 雨水水质表——气象场干湿沉降仪（SYC-3）（TYAQX01CGS_01）

时间（年-月）	水温/℃	pH	矿化度/(mg/L)	SO_4^{2-}/(mg/L)	电导率/(uS/cm)
2005-01	11.5	5.76	43.00	9.15	—
2005-02	11.5	5.76	43.00	9.15	—
2005-05	22.0	6.42	87.00	3.61	—
2005-08	32.0	5.93	27.00	7.34	—
2005-10	16.2	6.25	40.00	6.88	—
2006-01	5.2	6.00	96.70	8.23	—
2006-04	19.8	6.43	67.00	4.56	—
2006-07	26.4	6.13	70.00	9.41	—
2006-10	19.3	5.98	67.00	5.98	—
2007-01	10.0	6.31	90.00	4.15	—
2007-04	15.9	6.40	80.00	3.27	—
2007-07	28.8	5.81	43.00	5.75	—
2007-10	15.1	5.63	86.70	1.60	—
2008-01	3.0	6.50	86.00	5.76	—
2008-04	21.5	5.89	70.00	12.23	—
2008-07	28.0	5.92	80.00	10.24	—
2008-10	20.4	6.21	107.00	14.63	—
2009-01	11.3	6.60	90.00	18.04	—
2009-04	17.2	5.87	90.00	8.48	—
2009-07	28.4	6.15	70.00	6.21	—
2009-10	18.4	5.06	70.00	10.33	—
2010-01	9.5	5.75	16.10	11.20	—
2010-02	9.4	4.75	17.80	10.80	—
2010-03	13.1	6.07	19.40	10.10	—
2010-04	24.5	5.71	22.20	8.31	—
2010-05	24.3	5.27	19.80	9.27	—
2010-06	29.4	5.48	22.50	9.35	—
2010-07	31.8	5.04	24.10	8.15	—
2010-08	24.7	5.08	22.60	8.69	—
2010-09	18.2	5.32	25.30	8.09	—
2010-10	11.7	5.06	26.30	8.02	—
2010-11	11.2	4.69	21.60	9.26	—
2010-12	11.4	6.50	26.30	7.78	—
2011-01	8.3	6.34	68.00	14.93	72.10
2011-02	3.1	5.29	194.00	14.93	233.00

（续）

时间（年-月）	水温/℃	pH	矿化度/(mg/L)	SO_4^{2-}/(mg/L)	电导率/(uS/cm)
2011-03	13.5	6.35	77.00	40.93	89.50
2011-04	19.4	4.05	72.00	27.75	80.50
2011-05	24.7	5.04	33.00	11.48	43.60
2011-06	25.8	6.68	25.00	11.45	30.40
2011-07	36.1	5.87	67.00	14.20	83.90
2011-08	29.8	5.88	22.00	13.69	28.90
2011-09	15.5	5.01	78.00	15.09	111.50
2011-10	13.7	4.67	41.00	18.32	47.10
2011-11	4.8	4.24	85.00	19.16	96.80
2011-12	3.5	3.96	96.00	10.78	127.10
2012-01	3.2	3.96	149.00	21.19	186.20
2012-02	4.1	4.46	101.00	18.90	128.60
2012-03	12.2	4.92	72.00	13.54	84.90
2012-04	16.6	4.59	44.00	10.30	53.80
2012-05	21.6	3.94	31.00	18.63	40.60
2012-06	28.7	4.05	19.00	13.06	21.90
2012-07	30.6	4.30	16.00	17.22	16.54
2012-08	31.8	3.96	25.00	15.57	27.80
2012-09	18.2	3.90	32.00	8.09	41.20
2012-10	16.9	3.27	96.00	36.10	107.10
2012-11	7.9	5.15	74.00	14.63	94.10
2012-12	4.1	4.49	69.00	22.48	84.50
2013-01	10.1	4.25	94.68	29.32	144.80
2013-02	11.1	4.22	84.30	25.04	128.90
2013-03	16.0	5.41	28.73	9.99	44.00
2013-04	19.6	5.26	24.88	8.39	38.18
2013-05	23.6	4.96	18.92	4.77	29.20
2013-06	26.0	6.28	10.24	2.81	15.80
2013-07	31.7	5.95	6.50	—	14.70
2013-08	26.4	5.23	21.30	—	45.60
2013-09	18.4	6.30	11.30	—	24.70
2013-10	15.8	4.32	38.09	6.94	58.75
2013-11	10.8	4.55	19.23	8.34	29.89
2013-12	4.5	5.31	34.81	13.98	53.72

（续）

时间（年-月）	水温/℃	pH	矿化度/(mg/L)	SO_4^{2-}/(mg/L)	电导率/(uS/cm)
2014-01	11.2	3.96	88.70	25.04	140.30
2014-02	9.7	4.40	39.26	12.75	62.05
2014-03	18.2	5.90	20.80	7.61	33.12
2014-04	17.5	5.73	27.26	10.05	43.23
2014-05	21.2	5.00	17.39	6.60	27.83
2014-06	24.2	5.57	73.89	25.97	116.90
2014-07	29.8	5.83	11.13	3.32	17.42
2014-08	24.8	5.08	11.09	3.37	17.46
2014-09	23.0	4.09	51.81	12.54	80.41
2014-10	15.1	5.37	48.71	14.13	75.47
2014-11	10.4	4.31	21.35	5.86	39.44
2014-12	9.7	4.78	38.87	10.95	60.30
2015-01	3.8	5.04	102.20	25.23	157.00
2015-02	5.0	5.80	24.00	7.46	37.24
2015-03	15.6	5.78	24.84	7.95	38.52
2015-04	22.2	5.73	28.50	6.52	44.19
2015-05	22.3	4.77	18.04	5.77	28.12
2015-06	26.5	4.13	7.77	2.06	12.12
2015-07	28.4	5.98	38.33	6.34	59.42
2015-08	28.4	4.16	36.24	10.43	56.12
2015-09	20.4	4.24	10.06	2.70	15.73
2015-10	14.8	5.96	28.80	6.71	44.92
2015-11	10.9	5.15	32.81	7.37	51.14
2015-12	7.7	5.24	170.80	34.32	259.70

3.2.2.6 桃源站水质指标统计特征

为描述各水质观测点在时间上的变化特性，特整理了水质指标统计特征值（表3-25），结果显示，各指标变异系数在8.37%～403.37%，其中变异系数最大的指标是总磷（TP），各观测场平均变异系数为165.24%，且各观测场之间变异系数范围是93.24%～403.37%，差异较大，由于观测指标总磷在地表地下水中含量较低，表明此指标的长期观测需要有更高频、多点位的资料才能有更好的代表性；变异系数最小的指标是pH，各观测场平均变异系数为11.24%，其中雨水水质pH变异系数最大，茶园系统径流水最小，表明pH相对其他指标来说随均值在时间上的和空间上的变动较稳定。

表 3-25 各观测点水质指标统计特征值

采样点代码	项目	pH	Ca^{2+}/(mg/L)	Mg^{2+}/(mg/L)	K^{+}/(mg/L)	Na^{+}/(mg/L)	HCO_3^{-}/(mg/L)	Cl^{-}/(mg/L)	SO_4^{2-}/(mg/L)	NO_3^{-}/(mg/L)	矿化度/(mg/L)	COD/(mg/L)	DO/(mg/L)	TN/(mg/L)	TP/(mg/L)	电导率/(uS/cm)
TYAZH02CTL_01	平均值	6.43	19.12	0.96	7.06	0.66	27.51	3.78	16.62	5.96	98.11	13.06	6.25	3.74	0.38	94.04
	标准偏差	0.62	31.74	0.80	4.29	0.50	16.85	3.82	11.79	11.52	93.59	12.44	2.65	4.45	0.41	44.71
	变异系数/%	9.64	166.00	83.33	60.76	75.76	61.25	101.06	70.94	193.29	95.39	95.25	42.40	118.98	107.89	47.54
TYAFZ04CTL_01	平均值	6.61	58.67	2.43	16.48	2.87	55.39	7.70	103.09	35.68	306.44	11.69	5.68	12.70	0.74	668.86
	标准偏差	0.60	87.63	2.16	14.19	2.72	31.61	6.27	173.64	63.98	198.63	7.96	1.83	15.53	0.69	444.34
	变异系数/%	9.08	149.36	88.89	86.10	94.77	57.07	81.43	168.44	179.32	64.82	68.09	32.22	122.28	93.24	66.43
TYAFZ05CTL_01	平均值	6.54	21.03	1.21	9.80	0.85	57.05	4.25	25.72	3.54	178.91	15.56	5.98	3.35	0.37	172.41
	标准偏差	0.62	11.60	0.64	9.58	0.61	28.45	5.81	16.03	5.94	175.71	13.35	2.67	2.41	0.35	67.27
	变异系数/%	9.48	55.16	52.89	97.76	71.76	49.87	136.71	62.33	167.80	98.21	85.80	44.65	71.94	94.59	39.02
TYAFZ06CTL_01	平均值	6.57	18.62	0.62	4.19	0.57	31.68	2.19	17.20	3.52	101.71	7.68	6.44	3.08	0.25	86.43
	标准偏差	0.55	29.56	0.56	3.28	0.36	20.56	1.90	12.79	5.04	99.36	2.82	2.11	2.58	0.37	22.36
	变异系数/%	8.37	158.75	90.32	78.28	63.16	64.90	86.76	74.36	143.18	97.69	36.72	32.76	83.77	148.00	25.87
TYAFZ07CTL_01	平均值	6.67	27.80	1.02	6.69	0.97	44.35	2.85	24.11	10.48	135.26	8.08	6.28	4.88	0.37	170.57
	标准偏差	0.65	31.29	0.70	4.82	0.56	26.07	1.93	17.28	18.47	88.62	4.21	2.26	4.39	0.35	82.99
	变异系数/%	9.75	112.55	68.63	72.05	57.73	58.78	67.72	71.67	176.24	65.52	52.10	35.99	89.96	94.59	48.65
TYAFZ11CLB_01	平均值	6.70	23.48	2.29	4.23	2.70	65.07	5.34	17.31	1.99	132.32	5.93	7.28	2.01	0.41	184.48
	标准偏差	0.77	7.94	1.00	2.89	0.76	21.97	4.29	11.44	1.60	63.16	3.54	2.95	1.44	0.58	25.26
	变异系数/%	11.49	33.82	43.67	68.32	28.15	33.76	80.34	66.09	80.40	47.73	59.70	40.52	71.64	141.46	13.69
TYAFZ12CLB_01	平均值	6.43	18.58	2.69	4.40	1.60	37.66	9.40	17.47	3.38	122.96	3.38	7.55	2.42	0.89	140.51
	标准偏差	0.65	8.58	3.96	2.01	0.76	14.65	5.22	10.85	4.06	138.93	1.50	2.71	2.09	3.59	20.96
	变异系数/%	10.11	46.18	147.21	45.68	47.50	38.90	55.53	62.11	120.12	112.99	44.38	35.89	86.36	403.37	14.92

（续）

采样点代码	项目	pH	Ca^{2+}/(mg/L)	Mg^{2+}/(mg/L)	K^{+}/(mg/L)	Na^{+}/(mg/L)	HCO_3^-/(mg/L)	Cl^-/(mg/L)	SO_4^{2-}/(mg/L)	NO_3^-/(mg/L)	矿化度/(mg/L)	COD/(mg/L)	DO/(mg/L)	TN/(mg/L)	TP/(mg/L)	电导率/(uS/cm)
TYAFZ14CGB_01	平均值	6.76	11.62	1.84	4.69	1.37	26.57	4.10	17.20	1.88	103.08	7.18	8.56	2.27	0.57	101.91
	标准偏差	1.03	5.70	2.23	1.79	0.42	12.36	2.00	9.82	2.64	109.80	6.10	3.32	2.05	1.39	32.51
	变异系数/%	15.24	49.05	121.20	38.17	30.66	46.52	48.78	57.09	140.43	106.52	84.96	38.79	90.31	243.86	31.90
TYAFZ15CJB_01	平均值	6.59	18.77	2.85	4.61	1.78	38.20	10.56	16.70	3.51	119.71	3.55	7.96	2.33	0.17	140.51
	标准偏差	0.86	6.13	3.91	1.20	0.67	9.42	4.09	8.56	4.00	79.35	1.62	2.48	2.00	0.30	20.96
	变异系数/%	13.05	32.66	137.19	26.03	37.64	24.66	38.73	51.26	113.96	66.29	45.63	31.16	85.84	176.47	14.92
TYAFZ10CDX_01	平均值	6.00	11.19	1.25	2.05	1.07	25.57	3.66	10.27	3.38	78.05	1.75	6.99	2.01	0.10	68.47
	标准偏差	0.57	7.81	0.78	1.11	0.40	18.42	1.83	7.35	3.86	97.37	1.62	2.47	1.79	0.13	24.51
	变异系数/%	9.50	69.79	62.40	54.15	37.38	72.04	50.00	71.57	114.20	124.75	92.57	35.34	89.05	130.00	35.80
TYAQX01CYS_01	平均值	5.77	7.54	1.12	3.54	1.04	16.24	2.76	13.99	4.61	70.01	4.23	8.05	2.97	0.19	79.14
	标准偏差	0.91	6.96	1.76	3.87	0.93	14.77	1.68	10.47	8.17	89.90	4.32	2.95	2.88	0.35	60.95
	变异系数/%	15.77	92.31	157.14	109.32	89.42	90.95	60.87	74.84	177.22	128.41	102.13	36.65	96.97	184.21	77.02
TYAQX01CGS_01	平均值	5.08							10.88		40.53					63.26
	标准偏差	0.68							8.24		35.94					54.88
	变异系数/%	13.39							75.74		88.68					86.75

3.2.3　地下水位记录

3.2.3.1　概述

地下水位是分析和模拟土壤水分变化的重要参数，并且地下水位变化对土壤团聚体、有机碳及其组分产生均存在显著影响，是农田生态系统水分监测的基础指标之一。本数据集包括 2004—2017 年桃源站地下水位月平均数据，所涉及的样地及设施代码：

水分辅助观测地下水观测点（水位、水质）（TYAFZ10CDX _ 01）；

稻田综合观测场潜水水位观测井 1 号（TYAZH01CDX _ 01）；

稻田综合观测场潜水水位观测井 2 号（TYAZH01CDX _ 02）。

本站地下水位的变化具有明显的季节特征，夏季水位较高，冬季水位较低（图 3 - 3），2005—2015 年桃源站稻田综合观测场地下水位平均值为 0.85 m，月均值最大值出现在 2015 年 1 月，1.94 m，最小值出现在 2015 年 6 月，0.2 m；水分辅助观测地下水观测点地下水位平均值为 2.63 m，月均值最大值出现在 2011 年 8 月，4.42 m，最小值出现在 2004 年 7 月，2.07 m。

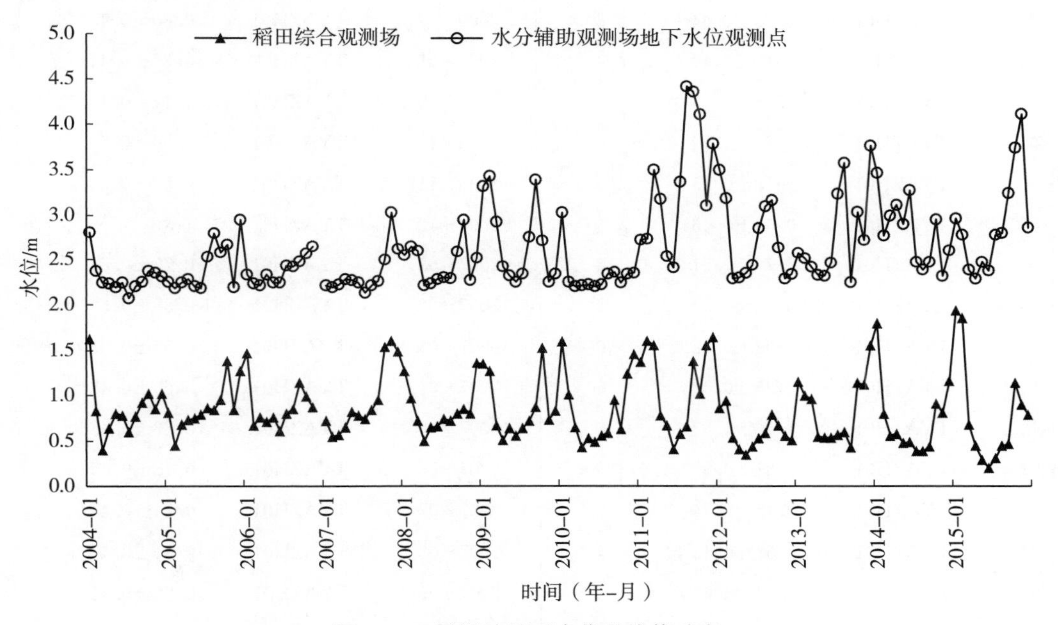

图 3 - 3　桃源站地下水位月均值动态

3.2.3.2　数据采集和处理方法

地下水位的监测 2004 年 1 月至 2014 年 3 月采用人工观测方式，观测频率为作物生长季 4—10 月为 5 d/次，11 月至次年 3 月为 10 d/次。水分辅助观测地下水观测点（水位、水质）（TYAFZ10CDX _ 01）的测量工具为用绳索和重金属体制成的吊索，在吊索上标记出米数，将吊索放入水井中，测量井口位置到水线的距离，即是地下水位；稻田综合观测场潜水水位观测井 1 号（TYAZH01CDX _ 01）和稻田综合观测场潜水水位观测井 2 号（TYAZH01CDX _ 02）采用自制标尺，固定在田间，测定日 8：00 读取标尺数据作为当日地下水位（水面到井口的距离）；2014 年 4 月至 2015 年 12 月数据采用加拿大 Solinst 地下水位计观测，观测频率为 4 h/次，提取每日 8：00 自动记录数据作为当日的地下水位值。

本次出版的数据在观测记录基础上进行整理加工，计算每个观测场地下水位的月均值，即将每个观测场当月观测的所有数据平均后的数据代表当月该观测场地下水位月均值，同时标明标准差和重复数（计算过程可参见 3.2.1.2）。

3.2.3.3 数据质量控制和评估

本台站地下水位观测过程严格按照《陆地生态系统水环境观测规范》实施，人工测量地下水位，应重复两次，两次间隔时间不少于 1 min，取两次水位的平均值进行记录，两次测量允许偏差为±2 cm。当两次测量的偏差超过±2 cm 时，要重新测量。

Solinst 地下水位计测量时，探头放置的深度位置长期保持不变。

3.2.3.4 数据表

本节包含 1 个数据表（表 3-26），数据内容为稻田综合观测场潜水水位观测井 1 号和 2 号观测数据的月均值统计及参与均值统计的数据个数（重复数），以及水分辅助观测地下水观测点地下水位月均值统计及参与均值统计的数据个数。

表 3-26 地下水位数据表

时间（年-月）	观测场代码	地下水位/m	重复数	时间（年-月）	观测场代码	地下水位/m	重复数
2004-01	TYAZH01	1.63±0.55	6	2006-06	TYAZH01	0.61±0.38	12
2004-02	TYAZH01	0.83±0.54	8	2006-07	TYAZH01	0.80±0.45	12
2004-03	TYAZH01	0.40±0.40	6	2006-08	TYAZH01	0.85±0.44	12
2004-04	TYAZH01	0.64±0.53	6	2006-09	TYAZH01	1.14±0.48	12
2004-05	TYAZH01	0.80±0.54	6	2006-10	TYAZH01	0.99±0.57	12
2004-06	TYAZH01	0.78±0.53	6	2006-11	TYAZH01	0.87±0.54	6
2004-07	TYAZH01	0.60±0.46	6	2006-12	TYAZH01		0
2004-08	TYAZH01	0.77±0.51	6	2007-01	TYAZH01	0.72±0.54	6
2004-09	TYAZH01	0.92±0.54	6	2007-02	TYAZH01	0.55±0.51	6
2004-10	TYAZH01	1.02±0.58	6	2007-03	TYAZH01	0.57±0.51	6
2004-11	TYAZH01	0.85±0.59	6	2007-04	TYAZH01	0.65±0.48	12
2004-12	TYAZH01	1.02±0.52	6	2007-05	TYAZH01	0.82±0.48	12
2005-01	TYAZH01	0.81±0.52	6	2007-06	TYAZH01	0.78±0.45	12
2005-02	TYAZH01	0.45±0.34	6	2007-07	TYAZH01	0.74±0.44	12
2005-03	TYAZH01	0.68±0.43	6	2007-08	TYAZH01	0.84±0.47	12
2005-04	TYAZH01	0.73±0.46	12	2007-09	TYAZH01	0.95±0.45	12
2005-05	TYAZH01	0.75±0.46	12	2007-10	TYAZH01	1.54±0.28	12
2005-06	TYAZH01	0.79±0.47	12	2007-11	TYAZH01	1.61±0.28	6
2005-07	TYAZH01	0.86±0.46	12	2007-12	TYAZH01	1.49±0.35	6
2005-08	TYAZH01	0.84±0.46	12	2008-01	TYAZH01	1.27±0.37	6
2005-09	TYAZH01	0.95±0.49	12	2008-02	TYAZH01	0.97±0.50	6
2005-10	TYAZH01	1.38±0.38	12	2008-03	TYAZH01	0.72±0.47	6
2005-11	TYAZH01	0.84±0.46	8	2008-04	TYAZH01	0.50±0.34	12
2005-12	TYAZH01	1.27±0.46	6	2008-05	TYAZH01	0.65±0.38	12
2006-01	TYAZH01	1.47±0.38	6	2008-06	TYAZH01	0.66±0.40	12
2006-02	TYAZH01	0.67±0.37	4	2008-07	TYAZH01	0.74±0.36	12
2006-03	TYAZH01	0.76±0.47	8	2008-08	TYAZH01	0.72±0.37	12
2006-04	TYAZH01	0.71±0.46	12	2008-09	TYAZH01	0.80±0.39	12
2006-05	TYAZH01	0.76±0.43	12	2008-10	TYAZH01	0.85±0.49	12

（续）

时间（年-月）	观测场代码	地下水位/m	重复数	时间（年-月）	观测场代码	地下水位/m	重复数
2008-11	TYAZH01	0.80±0.41	6	2012-02	TYAZH01	0.94±0.56	6
2008-12	TYAZH01	1.36±0.48	6	2012-03	TYAZH01	0.54±0.51	6
2009-01	TYAZH01	1.35±0.35	6	2012-04	TYAZH01	0.41±0.40	12
2009-02	TYAZH01	1.27±0.53	6	2012-05	TYAZH01	0.35±0.35	12
2009-03	TYAZH01	0.67±0.41	6	2012-06	TYAZH01	0.44±0.38	12
2009-04	TYAZH01	0.51±0.35	12	2012-07	TYAZH01	0.53±0.43	12
2009-05	TYAZH01	0.64±0.42	12	2012-08	TYAZH01	0.59±0.44	12
2009-06	TYAZH01	0.56±0.41	12	2012-09	TYAZH01	0.79±0.39	12
2009-07	TYAZH01	0.64±0.41	12	2012-10	TYAZH01	0.67±0.24	12
2009-08	TYAZH01	0.72±0.40	12	2012-11	TYAZH01	0.56±0.33	6
2009-09	TYAZH01	0.87±0.45	12	2012-12	TYAZH01	0.51±0.41	6
2009-10	TYAZH01	1.53±0.33	12	2013-01	TYAZH01	1.15±0.52	6
2009-11	TYAZH01	0.73±0.48	6	2013-02	TYAZH01	1.00±0.51	6
2009-12	TYAZH01	0.83±0.51	6	2013-03	TYAZH01	0.96±0.51	6
2010-01	TYAZH01	1.60±0.23	6	2013-04	TYAZH01	0.55±0.37	12
2010-02	TYAZH01	1.01±0.55	6	2013-05	TYAZH01	0.54±0.36	12
2010-03	TYAZH01	0.65±0.47	6	2013-06	TYAZH01	0.54±0.40	12
2010-04	TYAZH01	0.43±0.41	12	2013-07	TYAZH01	0.57±0.38	12
2010-05	TYAZH01	0.53±0.40	12	2013-08	TYAZH01	0.60±0.41	12
2010-06	TYAZH01	0.49±0.40	12	2013-09	TYAZH01	0.43±0.32	12
2010-07	TYAZH01	0.56±0.41	12	2013-10	TYAZH01	1.14±0.50	12
2010-08	TYAZH01	0.59±0.38	12	2013-11	TYAZH01	1.12±0.51	6
2010-09	TYAZH01	0.95±0.43	12	2013-12	TYAZH01	1.56±0.30	6
2010-10	TYAZH01	0.63±0.37	12	2014-01	TYAZH01	1.80±0.00	6
2010-11	TYAZH01	1.24±0.49	6	2014-02	TYAZH01	0.80±0.61	6
2010-12	TYAZH01	1.46±0.33	6	2014-03	TYAZH01	0.56±0.44	16
2011-01	TYAZH01	1.37±0.38	6	2014-04	TYAZH01	0.58±0.25	60
2011-02	TYAZH01	1.61±0.24	6	2014-05	TYAZH01	0.48±0.27	62
2011-03	TYAZH01	1.56±0.34	6	2014-06	TYAZH01	0.49±0.33	60
2011-04	TYAZH01	0.78±0.44	12	2014-07	TYAZH01	0.39±0.35	62
2011-05	TYAZH01	0.67±0.47	12	2014-08	TYAZH01	0.39±0.36	62
2011-06	TYAZH01	0.41±0.37	12	2014-09	TYAZH01	0.44±0.32	60
2011-07	TYAZH01	0.58±0.44	12	2014-10	TYAZH01	0.91±0.43	62
2011-08	TYAZH01	0.66±0.42	12	2014-11	TYAZH01	0.81±0.41	60
2011-09	TYAZH01	1.38±0.41	12	2014-12	TYAZH01	1.16±0.47	62
2011-10	TYAZH01	1.02±0.64	12	2015-01	TYAZH01	1.94±0.35	62
2011-11	TYAZH01	1.56±0.60	6	2015-02	TYAZH01	1.86±0.74	56
2011-12	TYAZH01	1.65±0.25	6	2015-03	TYAZH01	0.68±0.50	62
2012-01	TYAZH01	0.86±0.48	6	2015-04	TYAZH01	0.45±0.34	60

（续）

时间（年-月）	观测场代码	地下水位/m	重复数	时间（年-月）	观测场代码	地下水位/m	重复数
2015-05	TYAZH01	0.29±0.35	62	2006-08	TYAFZ10	2.42±0.17	6
2015-06	TYAZH01	0.20±0.31	60	2006-09	TYAFZ10	2.48±0.20	6
2015-07	TYAZH01	0.31±0.38	62	2006-10	TYAFZ10	2.57±0.11	6
2015-08	TYAZH01	0.45±0.42	62	2006-11	TYAFZ10	2.65±0.39	3
2015-09	TYAZH01	0.47±0.35	60	2006-12	TYAFZ10		0
2015-10	TYAZH01	1.14±0.49	62	2007-01	TYAFZ10	2.21±0.04	3
2015-11	TYAZH01	0.90±0.50	60	2007-02	TYAFZ10	2.19±0.02	3
2015-12	TYAZH01	0.79±0.48	62	2007-03	TYAFZ10	2.22±0.03	3
2004-01	TYAFZ10	2.81±0.64	4	2007-04	TYAFZ10	2.28±0.06	6
2004-02	TYAFZ10	2.37±0.14	4	2007-05	TYAFZ10	2.27±0.03	6
2004-03	TYAFZ10	2.24±0.05	3	2007-06	TYAFZ10	2.24±0.00	6
2004-04	TYAFZ10	2.23±0.05	3	2007-07	TYAFZ10	2.13±0.15	6
2004-05	TYAFZ10	2.19±0.04	3	2007-08	TYAFZ10	2.21±0.12	6
2004-06	TYAFZ10	2.24±0.07	3	2007-09	TYAFZ10	2.26±0.02	6
2004-07	TYAFZ10	2.07±0.19	3	2007-10	TYAFZ10	2.50±0.29	6
2004-08	TYAFZ10	2.20±0.02	3	2007-11	TYAFZ10	3.03±0.26	3
2004-09	TYAFZ10	2.25±0.02	3	2007-12	TYAFZ10	2.62±0.14	3
2004-10	TYAFZ10	2.37±0.08	3	2008-01	TYAFZ10	2.55±0.33	3
2004-11	TYAFZ10	2.35±0.11	3	2008-02	TYAFZ10	2.65±0.34	3
2004-12	TYAFZ10	2.31±0.02	3	2008-03	TYAFZ10	2.60±0.49	3
2005-01	TYAFZ10	2.25±0.05	3	2008-04	TYAFZ10	2.21±0.04	6
2005-02	TYAFZ10	2.18±0.02	3	2008-05	TYAFZ10	2.23±0.04	6
2005-03	TYAFZ10	2.24±0.01	3	2008-06	TYAFZ10	2.28±0.01	6
2005-04	TYAFZ10	2.28±0.02	6	2008-07	TYAFZ10	2.30±0.03	6
2005-05	TYAFZ10	2.20±0.03	6	2008-08	TYAFZ10	2.29±0.05	6
2005-06	TYAFZ10	2.18±0.06	6	2008-09	TYAFZ10	2.59±0.44	6
2005-07	TYAFZ10	2.53±0.22	6	2008-10	TYAFZ10	2.95±0.33	6
2005-08	TYAFZ10	2.80±0.58	6	2008-11	TYAFZ10	2.27±0.07	3
2005-09	TYAFZ10	2.58±0.32	6	2008-12	TYAFZ10	2.52±0.10	3
2005-10	TYAFZ10	2.67±0.27	6	2009-01	TYAFZ10	3.32±0.24	3
2005-11	TYAFZ10	2.19±0.04	3	2009-02	TYAFZ10	3.43±0.44	3
2005-12	TYAFZ10	2.95±0.46	3	2009-03	TYAFZ10	2.93±0.17	3
2006-01	TYAFZ10	2.33±0.03	2	2009-04	TYAFZ10	2.42±0.16	6
2006-02	TYAFZ10	2.23±0.03	2	2009-05	TYAFZ10	2.32±0.08	6
2006-03	TYAFZ10	2.21±0.05	4	2009-06	TYAFZ10	2.25±0.05	6
2006-04	TYAFZ10	2.33±0.17	6	2009-07	TYAFZ10	2.34±0.08	6
2006-05	TYAFZ10	2.24±0.04	6	2009-08	TYAFZ10	2.76±0.61	6
2006-06	TYAFZ10	2.24±0.04	6	2009-09	TYAFZ10	3.39±0.72	6
2006-07	TYAFZ10	2.43±0.17	6	2009-10	TYAFZ10	2.72±0.12	6

（续）

时间（年-月）	观测场代码	地下水位/m	重复数	时间（年-月）	观测场代码	地下水位/m	重复数
2009-11	TYAFZ10	2.25±0.02	3	2012-12	TYAFZ10	2.34±0.08	3
2009-12	TYAFZ10	2.34±0.07	3	2013-01	TYAFZ10	2.58±0.04	3
2010-01	TYAFZ10	3.03±0.43	3	2013-02	TYAFZ10	2.52±0.04	3
2010-02	TYAFZ10	2.25±0.06	3	2013-03	TYAFZ10	2.42±0.03	3
2010-03	TYAFZ10	2.20±0.02	3	2013-04	TYAFZ10	2.33±0.05	6
2010-04	TYAFZ10	2.21±0.04	6	2013-05	TYAFZ10	2.32±0.05	6
2010-05	TYAFZ10	2.22±0.04	6	2013-06	TYAFZ10	2.47±0.22	6
2010-06	TYAFZ10	2.20±0.02	6	2013-07	TYAFZ10	3.24±0.72	6
2010-07	TYAFZ10	2.22±0.05	6	2013-08	TYAFZ10	3.58±1.04	6
2010-08	TYAFZ10	2.34±0.02	6	2013-09	TYAFZ10	2.25±0.06	6
2010-09	TYAFZ10	2.36±0.05	6	2013-10	TYAFZ10	3.04±0.25	6
2010-10	TYAFZ10	2.24±0.05	6	2013-11	TYAFZ10	2.73±0.13	3
2010-11	TYAFZ10	2.34±0.01	3	2013-12	TYAFZ10	3.77±0.48	3
2010-12	TYAFZ10	2.35±0.06	3	2014-01	TYAFZ10	3.47±0.16	3
2011-01	TYAFZ10	2.73±0.18	3	2014-02	TYAFZ10	2.78±0.44	3
2011-02	TYAFZ10	2.74±0.21	3	2014-03	TYAFZ10	3.00±0.93	8
2011-03	TYAFZ10	3.50±0.05	3	2014-04	TYAFZ10	3.12±1.16	30
2011-04	TYAFZ10	3.18±0.30	6	2014-05	TYAFZ10	2.91±1.03	31
2011-05	TYAFZ10	2.54±0.15	6	2014-06	TYAFZ10	3.28±1.03	30
2011-06	TYAFZ10	2.41±0.30	6	2014-07	TYAFZ10	2.48±0.77	31
2011-07	TYAFZ10	3.37±0.81	6	2014-08	TYAFZ10	2.39±0.16	31
2011-08	TYAFZ10	4.42±0.23	6	2014-09	TYAFZ10	2.48±0.16	30
2011-09	TYAFZ10	4.36±0.24	6	2014-10	TYAFZ10	2.96±0.58	31
2011-10	TYAFZ10	4.11±0.68	6	2014-11	TYAFZ10	2.32±0.25	30
2011-11	TYAFZ10	3.11±0.18	3	2014-12	TYAFZ10	2.61±0.65	31
2011-12	TYAFZ10	3.79±0.25	3	2015-01	TYAFZ10	2.97±0.56	31
2012-01	TYAFZ10	3.50±0.39	3	2015-02	TYAFZ10	2.79±0.71	28
2012-02	TYAFZ10	3.19±0.11	3	2015-03	TYAFZ10	2.39±0.27	31
2012-03	TYAFZ10	2.29±0.10	3	2015-04	TYAFZ10	2.29±0.36	30
2012-04	TYAFZ10	2.30±0.07	6	2015-05	TYAFZ10	2.48±0.67	31
2012-05	TYAFZ10	2.35±0.42	6	2015-06	TYAFZ10	2.38±0.90	30
2012-06	TYAFZ10	2.44±0.37	6	2015-07	TYAFZ10	2.79±2.79	31
2012-07	TYAFZ10	2.86±0.43	6	2015-08	TYAFZ10	2.81±0.66	31
2012-08	TYAFZ10	3.10±0.19	6	2015-09	TYAFZ10	3.25±0.83	30
2012-09	TYAFZ10	3.17±0.22	6	2015-10	TYAFZ10	3.75±0.95	31
2012-10	TYAFZ10	2.64±0.21	6	2015-11	TYAFZ10	4.12±0.80	30
2012-11	TYAFZ10	2.29±0.07	3	2015-12	TYAFZ10	2.87±0.58	31

3.2.4 水面蒸发量

3.2.4.1 概述

水面蒸发可以衡量农田生态系统所处地域的大气干燥程度，反映地气界面的动量和辐射特征，是农田生态系统水分监测的基础观测指标之一。本节整理 2005—2015 年桃源站水面蒸发量人工观测数据月统计值和水温月平均数据。

数据统计分析显示，2005—2015 年桃源站气象综合观测场自由水面蒸发量年均值为 666.2 mm，最高蒸发量 2014 年 787.1 mm，最低 2015 年 545.2 mm；月平均蒸发量 55.5 mm，最高 7 月，平均蒸发量 97.4 mm，最低 2 月，平均蒸发量 25.5 mm。

3.2.4.2 数据采集和处理方法

水面蒸发采用 E601 型蒸发器进行人工观测，观测场地为桃源站气象综合观测场（TYAQX01），设施代码为 TYAQX01CZF_01。每日 20：00 时定时进行观测。观测时先调整测针尖与水面恰好相接，然后从游标尺上读出水面高度。读数方法：通过游尺零线所对标尺的刻度，即可读出整数；再从游尺刻度线上找出一根与标尺上某一刻度线相吻合的刻度线，游尺上这根刻度线的数字，就是小数读数。

蒸发量＝前一日水面高度＋降水量（以雨量器观测值为准）－测量时水面高度

水温数据采用水银温度计测定，蒸发量观测时同时读取。

3.2.4.3 数据质量控制和评估

水面蒸发观测后应及时调整蒸发桶内的水面高度，水面如低（高）于水面指示针尖 1 cm 时，则需加（汲）水，使水面恰与针尖齐平。每次加水或汲水后，均应用测针测量器中水面高度值，记入观测簿次日的蒸发“原量”栏，作为次日观测器内水面高度的起算点。如因降水，蒸发器内有水流入溢流桶时，须测出其量，并从蒸发量中减去此值。

蒸发用水尽可能取用代表当地自然水体（江、河、湖）的水。器内水要保持清洁，水面无漂浮物，水中无小虫及悬浮污物，无青苔，水色无显著改变。如不合此要求时，及时换水。蒸发器换水时，换入水的温度与原有水的温度相接近。

人工观测允许的偏差为±5 mm。

3.2.4.4 数据表

本节包含 1 个数据表（表 3-27），数据内容为 2005—2015 年各月水面自由蒸发量统计值以及水温月均值。

表 3-27 水面月蒸发累计量及月均水温统计表

时间（年-月）	蒸发量/mm	水温/℃	时间（年-月）	蒸发量/mm	水温/℃
2005-01	27.9	5.1	2005-10	58.6	19.5
2005-02	19.8	4.2	2005-11	36.2	15.2
2005-03	41.8	11.1	2005-12	36.9	
2005-04	77.7	20.6	2006-01	32.8	
2005-05	40.3	23.0	2006-02	20.0	6.5
2005-06	72.0	28.3	2006-03	42.0	13.4
2005-07	113.8	30.4	2006-04	65.0	19.8
2005-08	94.1	27.8	2006-05	86.9	
2005-09	80.6	25.2	2006-06	84.1	30.6

（续）

时间（年-月）	蒸发量/mm	水温/℃	时间（年-月）	蒸发量/mm	水温/℃
2006-07	97.9	29.9	2009-08	113.5	29.3
2006-08	91.3	30.1	2009-09	87.6	25.3
2006-09	98.3	24.8	2009-10	55.7	20.9
2006-10	49.7	21.5	2009-11	39.8	12.1
2006-11	45.5	15.3	2009-12	28.3	8.4
2006-12	30.5	9.1	2010-01	24.8	6.9
2007-01	32.0	6.8	2010-02	32.7	10.5
2007-02	23.4	11.4	2010-03	43.1	13.6
2007-03	34.5	12.4	2010-04	41.9	18.8
2007-04	69.7	18.5	2010-05	49.4	23.1
2007-05	84.8	24.9	2010-06	57.0	30.0
2007-06	58.2	26.3	2010-07	81.1	30.8
2007-07	95.3	29.5	2010-08	104.2	30.1
2007-08	101.6	29.6	2010-09	63.6	26.1
2007-09	72.3	24	2010-10	49.3	21.5
2007-10	54.7	19.4	2010-11	42.5	12.5
2007-11	55.3	13.8	2010-12	39.7	8.8
2007-12	32.9	9.2	2011-01	24.8	4.5
2008-01	13.8	5.9	2011-02	32.7	8.8
2008-02	37.4	6.3	2011-03	43.1	10.7
2008-03	46.6	15.5	2011-04	41.9	18.9
2008-04	52.3	18.2	2011-05	49.4	21.9
2008-05	67.7	24.7	2011-06	57.0	26.2
2008-06	67.8	27.0	2011-07	81.1	28.2
2008-07	83.5	30.5	2011-08	104.2	26.9
2008-08	67.7	29.5	2011-09	63.6	22.1
2008-09	57.0	26.1	2011-10	49.3	18.6
2008-10	41.7	20.5	2011-11	42.5	15.5
2008-11	36.4	14.8	2011-12	39.7	8.1
2008-12	42.4	10.0	2012-01	30.8	5.8
2009-01	31.2	6.4	2012-02	27.6	6.2
2009-02	26.7	10.2	2012-03	51.8	11.2
2009-03	37.2	12.7	2012-04	64.0	19.4
2009-04	44.1	18.8	2012-05	91.0	23.2
2009-05	62.1	23.1	2012-06	52.0	27.5
2009-06	78.8	30.0	2012-07	112.6	30.9
2009-07	86.2	29.6	2012-08	99.4	28.9

（续）

时间（年-月）	蒸发量/mm	水温/℃	时间（年-月）	蒸发量/mm	水温/℃
2012-09	59.5	24.4	2014-05	54.7	22.6
2012-10	51.5	19.2	2014-06	95.4	26.0
2012-11	32.1	12.3	2014-07	150.4	29.6
2012-12	34.4	7.0	2014-08	134.0	27.9
2013-01	18.4	5.9	2014-09	56.1	25.1
2013-02	23.6	8.0	2014-10	71.2	21.3
2013-03	31.6	11.4	2014-11	36.3	14.7
2013-04	55.1	17.9	2014-12	39.2	9.4
2013-05	45.5	23.5	2015-01	38.3	9.3
2013-06	59.1	28.2	2015-02	13.6	9.6
2013-07	95.9	31.9	2015-03	35.0	13.2
2013-08	94.7	30.9	2015-04	39.2	19.1
2013-09	61.4	23.9	2015-05	46.0	23.5
2013-10	35.4	19.9	2015-06	49.8	26.4
2013-11	25.5	14.6	2015-07	73.7	28.7
2013-12	20.7	8.9	2015-08	59.2	29.1
2014-01	21.8	8.9	2015-09	50.9	25.4
2014-02	23.0	7.2	2015-10	69.2	21.3
2014-03	51.2	13.8	2015-11	32.6	13.2
2014-04	53.8	18.2	2015-12	37.7	9.2

3.3 大气观测数据

3.3.1 气象要素人工观测月统计数据

3.3.1.1 概述

本节所有数据均来源于桃源站气象综合观测场（TYAQX01）人工观测数据，数据时间段为2005年1月—2015年12月，本站气象要素人工观测项目相关信息见表3-28。

表3-28 桃源站气象要素人工观测项目

指标	观测项目	频度	备注
天气现象/天气状况	总云量、下垫面状况、太阳面状况、	3次/d（8：00、14：00、20：00）	目测，观测日记
气压	气压	3次/d（8：00、14：00、20：00）	空盒气压表（DYM3）

（续）

指标	观测项目	频度	备注
风	风速、风向	3次/d（8：00、14：00、20：00）	10 m风杆，电接风向风速仪（EL）
空气温度	定时温度	3次/d（8：00、14：00、20：00）	百叶箱内测量
	最高温度	1次/d（20：00）	最高温度表
	最低温度	1次/d（20：00）	最低温度表
空气湿度	相对湿度	3次/d（8：00、14：00、20：00）	百叶箱内测量 干湿球温度表 毛发温湿度表（WS-1型）
降水	总量	降雨时测，2次/d（8：00、20：00）	雨量筒（SMI-1）
蒸发	蒸发	1次/d（20：00）	蒸发器
地表温度	定时地表温度	3次/d（8：00、14：00、20：00）	水银温度表
	最高地表温度	1次/d（20：00）	最高温度表
	最低地表温度	1次/d（20：00）	最低温度表
日照	日照时数	1次/d（日落）	暗筒式日照计（FJ-2）

3.3.1.2 数据采集方法

本节整编了气象要素人工观测各指标月统计数据，主要包括气压、气温、相对湿度、地表温度、降水量和日照时数，所涉及人工观测仪器、数据采样和记录规范（刘广仁等，2007）如下。

（1）气压

采用DYM3型空盒气压计，该仪器每年检定。观测读数要进行读数订正，包括器差订正、温度订正、补充订正。把读数订正为本站气压（在仪器订正卡上查找订正）。每日录入3次观测（8：00、14：00、20：00）数据。缺测空白，数据记录保留1位小数。

（2）温度和相对湿度

空气温度（以下简称气温）是表示空气冷热程度的物理量。空气相对湿度（以下简称相对湿度）是表示空气中的水汽含量和潮湿程度的物理量。地面观测中测定的是距地面1.50 m高度处的气温和相对湿度。测量仪器安装在百叶箱中。

干湿球温度表是用于测量空气的温度和湿度的仪器。它由两支型号完全一样的温度表组成，气温由干球温度表测定，相对湿度是根据热力学原理由干球温度表与湿球温度表的温度差值计算得出。在实际观测中，相对湿度是按照干、湿球温度表的温度差值查《湿度查算表》得出相对湿度，这一查算过程由CERN的“生态气象工作站”软件完成，观测时输入干球温度表读数和湿球温度表的读数，软件自动完成，给出相对湿度值。

各种温度表读数准确到0.1 ℃。

（3）地表温度

采用玻璃液体地温表观测。地温表于每日8：00、14：00、20：00观测；地面最高、最低温度表于每日20：00观测1次，并随即进行调整。

温度表读数准确到0.1 ℃。

（4）降水

降水量是指从天空降落到地面上的液态或固态（经融化后）的水，未经蒸发、渗透、流失而在水平地面上积聚的深度。每天8：00和20：00观测前12 h的降水量；降水量大时，视具体情况增加观测次数，更换储水瓶，以免降水溢出储水瓶，造成记录失真；高温季节，为减少蒸发，降水停止后及时进行降水量测量。雨量筒的安装维护按照规范进行。每日记录当日降水量（时段前日 20：00 至当日 20：00），数据记录保留 1 位小数。

（5）日照

日照时数定义为连续观测太阳直接辐照度达到或超过 120 W/m^2 的时间总和，以分钟为单位。本站采用暗筒式日照计又称乔唐式日照计，它是利用太阳光通过仪器上的小孔射入筒内，使涂有感光剂的日照纸留下感光迹线，来计算日照时数。感光剂的存放、配置和日照纸的涂刷需要特别注意。

每日在日落后换纸，即使是全日阴雨，无日照记录，也应照常换纸，以备日后查考。换下的日照纸，依据感光迹线的长短，在其下描画铅笔线。然后，将日照纸放入足量的清水中浸漂 3～5 min 拿出，阴干后复验与铅笔的线是否一致。如感光迹线比铅笔线长则应补上这一段铅笔线，然后按铅笔线计算各时日照时数及全天的日照时数。若无日照记为 00.00。

数据记录，（地方平均太阳时）日照时数以分钟为单位取整数计算，日统计计算以“小时：分钟”统计计算结果记录，月统计以小时为单位统计计算结果，保留 2 位小数。

3.3.1.3 数据处理和质控方法

本站气温、相对湿度、气压、地面温度观测时执行每日 3 次观测，统计时按照地面气象观测规范“三次观测站 02 时记录的统计规定”中无自记仪器项目的方法处理，具体如下：

（1）气压

日平均按 3 次记录统计。

（2）气温

每日 3 次观测按照每日 4 次观测统计处理。插补 2：00 数据，2：00 气温用（当日最低气温＋前一日 20：00 气温）÷2 求得；日平均值按［（当日最低气温＋前一日 20：00 气温）÷2 ＋$t8$＋$t14$＋$t20$］÷4 统计。

（3）相对湿度

按照每日 4 次观测统计处理，2：00 数据用 8：00 记录代替，日平均值按（2×$t8$＋$t14$＋$t20$）÷4 统计。

（4）地面温度

按照每日 4 次观测统计处理，2：00 地面温度用（当日地面最低温度＋前一日 20：00 地面温度）÷2 求得；日平均值按［（当日地面最低温度＋前一日 20：00 地面温度）÷2 ＋$t8$＋$t14$＋$t20$］÷4 统计。

本数据集在生产过程中采用与自动站观测数据和气象观测日记比对的方式进行了数据的再次质控，对缺失、记录错误进行了订正，数据表中订正数据下面加下划线“ _ ”标示。

3.3.1.4 数据价值/使用方法和建议

自动化观测与人工观测的原理及观测采样时间各不相同，得到的观测数据也存在差异。自动气象站中使用的传感器与人工观测使用的仪器在原理上是不一样的，自动气象站传感器比较灵敏，所得的数据更有准确性，传感器有性能好、观测频率高、观测时间一致、便于清洁维护等优点，观测的资料有更好的使用价值。但自动气象站可能因仪器故障、停电等造成缺测，人工观测数据可以作为自动观测数据的补充和替代，也可用来分析自动观测数据质量（安学武等，2019；樊万珍等，2017）。

由于篇幅所限，本节选取了部分指标月统计数据出版，如对其他数据有需要，可在桃源站数据共享平台查询、在线申请，网址 http：//tya. cern. ac. cn/meta/metaData。

3.3.1.5 数据表

本节整理了 2005—2015 年气象要素部分人工观测指标月统计数据，共 1 个数据表（表 3 - 29），数据包括气压、气温、相对湿度、地表温度、降水量、日照时数。

表3-29 桃源站气象要素人工观测月平均统计数据表

时间（年-月）	气压/hPa	气温/℃	相对湿度/%	地表温度/℃	降水量/mm	日照时数/h
2005-01	1 009.87	1.5	81	8.3	16.0	56.00
2005-02	1 008.46	3.5	84	9.1	124.9	36.02
2005-03	1 006.55	5.6	74	13.4	60.9	75.40
2005-04	998.93	5.0	70	19.4	132.2	160.92
2005-05	993.61	4.8	82	23.9	178.5	56.42
2005-06	989.17	6.5	80	26.9	545.5	132.73
2005-07	990.16	5.0	75	29.8	96.9	185.60
2005-08	992.06	3.5	80	32.0	14.5	142.10
2005-09	998.74	3.0	78	26.4	110.8	142.60
2005-10	1 005.35	—0.5	78	21.2	31.4	109.80
2005-11	1 006.22	0.5	78	12.7	94.1	72.50
2005-12	1 012.69	1.7	63	8.5	61.1	89.10
2006-01	1 007.93	2.3	78	7.8	34.9	78.22
2006-02	1 009.66	3.4	88	5.9	122.3	38.90
2006-03	1 002.10	2.4	76	13.4	122.2	99.20
2006-04	996.26	2.0	76	18.1	98.5	115.90
2006-05	995.48	3.9	74	22.3	202.6	144.20
2006-06	990.00	4.8	80	26.2	98.2	170.20
2006-07	987.40	4.5	81	30.5	244.8	167.90
2006-08	990.49	3.7	81	28.7	141.8	171.10
2006-09	998.83	1.2	73	25.0	78.0	141.30
2006-10	1 003.16	2.3	79	22.4	126.2	89.00
2006-11	1 004.20	2.6	80	13.9	107.6	94.50
2006-12	1 010.14	3.5	76	7.7	8.1	91.40
2007-01	1 011.40	3.5	78	5.4	18.5	77.60
2007-02	1 002.80	1.7	81	7.5	54.0	65.50
2007-03	1 001.30	1.3	81	14.4	127.2	64.40
2007-04	1 000.40	5.0	78	19.1	169.0	137.90
2007-05	992.90	5.3	74	24.3	192.2	169.85
2007-06	990.60	3.2	88	30.0	148.2	74.50
2007-07	988.30	2.0	83	35.3	24.2	174.95

（续）

时间（年-月）	气压/hPa	气温/℃	相对湿度/%	地表温度/℃	降水量/mm	日照时数/h
2007-08	990.00	3.2	79	34.7	197.2	189.70
2007-09	997.10	3.4	80	24.2	396.4	107.57
2007-10	1 004.00	2.9	77	20.4	26.6	57.80
2007-11	1 007.60	2.8	69	13.5	116.7	135.70
2007-12	1 006.90	3.5	83	7.2	57.0	44.60
2008-01	1 011.00	0.5	85	4.6	59.8	36.30
2008-02	1 009.60	0.0	67	5.2	61.9	62.20
2008-03	1 005.80	0.5	79	10.3	142.6	109.50
2008-04	1 000.50	0.6	78	18.5	253.5	87.20
2008-05	995.60	0.8	72	22.8	285.1	155.57
2008-06	993.00	0.2	81	28.0	210.8	114.80
2008-07	991.10	−0.4	85	31.7	259.1	146.10
2008-08	993.30	−0.1	86	30.8	79.2	131.00
2008-09	999.10	0.6	84	24.8	112.4	112.30
2008-10	1 005.60	2.7	80	18.3	131.2	113.60
2008-11	1 009.90	3.1	75	11.5	136.5	112.40
2008-12	1 011.10	1.5	69	5.6	79.9	116.60
2009-01	1 013.50	2.2	74	2.3	40.1	85.20
2009-02	1 004.20	1.7	85	7.9	28.4	34.20
2009-03	1 004.10	1.6	80	11.4	55.4	93.80
2009-04	998.40	4.8	82	18.9	106.4	81.30
2009-05	996.30	7.5	83	24.6	110.3	93.50
2009-06	987.50	9.3	75	26.5	186.5	175.90
2009-07	988.10	9.5	76	33.1	9.6	166.70
2009-08	991.20	6.7	73	31.2	88.2	161.50
2009-09	996.70	1.4	72	24.8	35.3	122.10
2009-10	1 001.60	3.8	76	18.5	116.8	97.70
2009-11	1 009.20	7.0	73	14.5	51.6	103.50

（续）

时间（年-月）	气压/hPa	气温/℃	相对湿度/%	地表温度/℃	降水量/mm	日照时数/h
2009-12	1 009.10	7.6	80	6.8	19.3	56.20
2010-01	1 009.80	8.3	81	6.1	35.9	55.90
2010-02	1 004.20	8.8	82	8.6	53.6	63.80
2010-03	1 003.80	8.0	77	11.9	171.1	105.80
2010-04	1 004.70	7.9	81	16.3	217.9	89.30
2010-05	998.70	12.1	84	22.6	319.9	82.60
2010-06	997.30	15.9	84	26.4	175.0	98.80
2010-07	994.90	16.4	82	31.7	237.9	146.60
2010-08	998.70	16.4	79	32.0	112.4	222.50
2010-09	1 002.40	19.2	85	26.0	165.6	89.40
2010-10	1 010.00	7.1	81	18.1	197.5	87.07
2010-11	1 012.10	−0.3	76	14.5	31.5	121.17
2010-12	1 011.30	3.7	75	8.5	52.6	94.30
2011-01	1 020.90	8.7	70	6.0	32.1	43.20
2011-02	1 010.80	8.8	79	10.5	91.4	55.30
2011-03	1 013.90	10.2	75	13.5	113.1	76.80
2011-04	1 006.00	11.7	75	19.2	248.0	119.80
2011-05	1 001.10	12.6	70	23.9	126.2	181.90
2011-06	996.10	9.2	88	32.5	200.7	89.10
2011-07	995.20	8.1	74	34.7	112.6	180.30
2011-08	998.60	8.3	79	34.6	8.1	188.50
2011-09	1 004.30	8.3	81	29.6	118.8	45.40
2011-10	1 011.10	9.9	81	22.4	47.9	92.50
2011-11	1 012.50	10.9	85	12.1	114.2	71.40
2011-12	1 020.20	9.9	71	8.1	55.1	46.80
2012-01	1 018.10	9.2	82	2.8	68.4	17.00
2012-02	1 014.80	11.3	79	7.6	24.5	20.90
2012-03	1 010.00	14.1	83	15.6	136.1	61.20

（续）

时间（年-月）	气压/hPa	气温/℃	相对湿度/%	地表温度/℃	降水量/mm	日照时数/h
2012-04	998.60	15.1	82	20.2	140.3	78.40
2012-05	999.80	11.6	87	28.1	207.4	74.80
2012-06	993.90	13.1	84	29.8	105.2	105.90
2012-07	993.30	14.5	83	32.7	104.7	177.70
2012-08	996.90	17.3	83	30.5	288.5	142.90
2012-09	1 004.50	18.4	82	27.8	43.6	116.10
2012-10	1 008.50	19.7	87	20.6	135.8	64.50
2012-11	1 010.30	21.2	86	14.5	173.5	62.80
2012-12	1 015.40	23.4	88	10.0	15.5	54.70
2013-01	1 015.50	25.6	84	6.5	88.5	62.50
2013-02	1 013.00	23.8	91	12.6	103.8	27.20
2013-03	1 007.50	13.4	77	13.6	100.5	100.60
2013-04	1 003.10	10.3	76	19.9	115.4	111.90
2013-05	999.20	10.0	82	28.9	93.3	114.00
2013-06	995.80	15.0	83	27.9	133.8	154.00
2013-07	993.60	16.7	73	33.0	216.6	269.40
2013-08	995.40	17.7	76	33.5	147.9	193.27
2013-09	1 004.00	19.8	86	25.8	83.5	125.00
2013-10	1 010.50	19.5	75	20.8	42.6	134.10
2013-11	1 013.10	19.3	82	14.8	23.2	102.10
2013-12	1 016.10	19.0	72	9.5	48.8	85.00
2014-01	1 014.70	21.1	73	6.4	51.6	117.80
2014-02	1 014.00	22.5	88	7.3	197.4	39.00
2014-03	1 009.60	24.1	83	14.4	71.9	69.80
2014-04	1 005.90	18.8	85	22.1	135.2	62.90
2014-05	1 001.20	20.0	84	28.1	240.8	77.60
2014-06	997.00	22.0	87	31.3	229.2	59.30
2014-07	996.90	21.6	86	33.1	157.3	170.60

（续）

时间（年-月）	气压/hPa	气温/℃	相对湿度/%	地表温度/℃	降水量/mm	日照时数/h
2014-08	999.10	22.7	87	32.3	116.0	129.20
2014-09	1 002.90	24.7	88	28.1	20.0	94.80
2014-10	1 009.90	25.8	78	22.7	150.2	147.00
2014-11	1 013.30	26.6	82	15.8	102.9	76.22
2014-12	1 018.70	28.6	72	8.9	26.2	109.10
2015-01	1 016.20	24.1	79	1.8	72.4	57.83
2015-02	1 013.20	21.1	83	1.5	179.1	66.10
2015-03	1 010.30	21.7	84	8.3	67.8	73.50
2015-04	1 005.40	20.7	81	17.8	51.2	125.00
2015-05	999.50	19.3	85	21.3	332.7	103.10
2015-06	996.10	18.9	89	27.1	111.7	94.00
2015-07	991.20	19.8	83	29.5	114.3	190.00
2015-08	992.70	20.9	79	25.9	199.2	210.30
2015-09	998.70	22.9	81	23.5	28.0	102.10
2015-10	1 005.30	22.7	78	16.4	76.5	142.60
2015-11	1 010.00	22.1	90	11.8	162.7	25.00
2015-12	1 014.90	21.2	82	3.8	13.5	45.90

3.3.2 气象要素自动观测月统计数据

3.3.2.1 概述

本节所有数据均来源于桃源站气象综合观测场（TYAQX01）自动观测数据，数据时间段为 2005 年 1 月至 2015 年 12 月，本站气象自动观测站观测指标见表 3-30。

表 3-30　桃源站气象自动观测站观测指标列表

指标	测定项目	频度和位置
气压	本站气压、最高本站气压、最高本站气压出现时间、最低本站气压、最低本站气压出现时间、计算海平面气压	1 次/h，距地面小于 1 m
风	2 min 平均风向、2 min 平均风速、10 min 平均风向、10 min 平均风速、10 min 最大风速时风向、10 min 最大风速、最大风速出现时间、1 h 风向、1 h 风速、极大风速、极大风速时风向、极大风速出现时间	2 min 1 次、10 min 1 次、1 次/h，10 m 风杆
温度	露点温度、气温、最高气温、最高气温出现时间、最低气温、最低气温出现时间	1 次/h，距地面 1.5 m
空气相对湿度	相对湿度、最小相对湿度、最小相对湿度出现时间	1 次/h，距地面 1.5 m
降水	降水总量、1 h 最大降水量	1 次/h，距地面 0.5 m

（续）

指标	测定项目	频度和位置
地温	定时地表温度、最高地表温度、最低地表温度、土壤温度	1次/h，地表面0 cm处，地表面以下（5 cm、10 cm、15 cm、20 cm、40 cm、60 cm、100 cm）
辐射	总辐射曝辐量、总辐射最大辐照度、总辐射最大辐照度出现时间、紫外辐射曝辐量、紫外辐射最大辐照度、光合有效辐射光量子数、光合有效辐射光通量密度、净全辐射曝辐量、净全辐射最大辐照度、净全辐射最大辐照度出现时间、直接辐射曝辐量、直接辐射最大辐照度、直接辐射最大辐照度出现时间、反射辐射曝辐量、反射辐射最大辐照度、反射辐射最大辐照度出现时间	1次/h，距地面1.5 m
土壤热通量	土壤热通量	1次/h，地表面以下3 cm处
日照	每日日照时数	1次/min，距地面1.5 m

3.3.2.2 数据采集方法

观测仪器采用芬兰VAISALA生产的MILOS520自动气象站，数据按月处理，由CENR专用气象报表处理软件“生态气象工作站”进行数据处理，数据处理程序会对观测数据进行自动处理、质量审核，按照观测规范最终编制出观测报表文件（胡波等，2012）。本数据集中所涉及自动气象站的数据采样和记录规范如下。

（1）温度和相对湿度

自动观测采用HMP155型温湿度传感器。每10 s采测1个温度和相对湿度，每分钟采测6个温度和相对湿度，去除一个最大值和一个最小值后取平均值，作为每分钟的温度和相对湿度存储。正点时采测00：00的温度和相对湿度作为正点数据存储，同时获取前1 h内的温度极值和相对湿度极值及其出现时间进行存储。每日20：00从每小时的最高、最低气温和最小相对湿度及其出现时间中，挑选出1 d内的气温极值和相对湿度极值及其出现时间存储。数据记录，温度保留1位小数，相对湿度取整数。观测层次：距地面1.5 m。

（2）气压

采用PTB330型气压传感器。每分钟采测6个气压，去除一个最大值和一个最小值后取平均值，作为每分钟的气压存储。正点时采测00：00的气压作为正点数据存储，同时获取前1 h内的最高、最低气压和出现时间进行存储。每日20：00从每小时的最高、最低气压及出现时间中，挑选出1 d内的最高、最低气压极值和出现时间存储。数据记录保留1位小数。

（3）降水

采用降雨降水传感器RG13，记录液态降水，每分钟计算出1 min的降水量，正点时计算、存储前1 h的降水量。每日20：00计算存储每日降水（时段前日20：00至当日20：00）。数据记录保留1位小数。

（4）风向和风速

采用GFW15型风速风向传感器。每秒采测1次风向和风速数据，取3 s平均风向和风速；以3 s为步长，滑动平均法计算2 min平均风向、风速；以1 min为步长，滑动平均法计算10 min数据。正点时存储2 min风向和风速瞬时值、10 min风向和风速瞬值、10 min最大风速和对应风向及出现时间作为正点值存储，同时从前1 h内每3s平均风速中挑取1 h内的极大风速和出现时间，从10 min平均风速值中挑取1 h内的最大风速和对应风向和出现时间。每日20：00从每小时的最大风速和极大风速中，挑取每日的最大风速和极大风速及对应的风向和出现时间。风向记录整数，风速保留1位小数。本数据集中仅列出10 min风速、风向月统计数据。

（5）日照

采用 Z17078 和 CSD3 型日照时数传感器。以太阳直接辐射达 120W/m^2 为阈值，每分钟记录存储有无日照信息，正点时（地方平均太阳时）计算小时日照分钟数存储，若无日照记为 0。数据记录，（地方平均太阳时）日照时数以分钟数为单位取整数计算，日统计计算以“小时：分钟”统计计算结果记录，月统计以小时为单位统计计算结果，保留 2 位小数。

（6）地温

下垫面温度和不同深度的土壤温度统称为地温。

本站采用 QMT110 型土壤温度传感器。每 10s 采测 1 次地面和地下各层温度，每分钟采测 6 次各层温度，去除一个最大值和一个最小值取平均，作为每分钟的分层地温存储，正点时存储00：00的数值作为正点小时存储，并获取每小时地面温度的最高、最低温度和出现时间。每日 20：00 挑取每日的地面温度最高、最低温度和出现时间，数值保留 2 位小数。

（7）辐射

采用 CMP11 太阳总辐射传感器、CMP6 反射辐射传感器、CUV5 紫外辐射传感器、LI－190SA 光合有效辐射传感器、QMN101 型净辐射传感器。

总辐射、反射辐射、净辐射、紫外辐射和光合有效辐射每 10 s 采测 1 次，每分钟采测 6 次辐照度（瞬时值），去除一个最大值和一个最小值后取平均值。存储，正点（地方平均太阳时）采集存储 00：00 各辐射量辐照度，同时计算、存储各辐射量曝辐量（累计值），挑选 1 h 内每分钟最大值及出现时间进行存储。每日 24：00（地方平均太阳时）计算当日各辐射要素最大辐照度和出现时间并存储，累加计算各辐射要素日总量。

数据记录格式：辐照度（W/m^2），数值取整数；曝辐量、日总量（MJ/ m^2），数值保留 3 位小数；光量子通量密度 [umol/（m^2·s）]，数值取整数；小时累计光量子通量密度（mol/ m^2），数值保留 3 位小数。

土壤热通量（MJ/m^2）采用 HFP01SC 自校准热通量传感器。每 12 h 自动校准传感器 1 次，计算得出测量参数用于热通量测量。采样频率和存储要求同辐射要素。

3.3.2.3 数据处理和质控方法

本节主要包括气温、降水、相对湿度、气压、10 min 风速风向、地温和辐射，是基于 CERN 长期联网监测桃源站大气自动监测入库数据的再加工数据集。原始数据和数据集整编过程的数据处理和质控措施见表 3－31。

表 3－31 数据处理过程及其质量控制和评估方法

观测指标	原始数据处理及其质控、评估方法	数据集整编过程处理及质控措施
气温	①超出气候学界限值域－80～60 ℃的数据为错误数据。 ②1 min 内允许的最大变化值为 3 ℃，1 h 内变化幅度的最小值为 0.1 ℃。 ③定时气温大于等于日最低地温且小于等于日最高气温。 ④24 h 气温变化范围小于 50 ℃。 ⑤利用与台站下垫面及周围环境相似的一个或多个邻近站观测数据计算本站气温，比较台站观测值和计算值，如果超出阈值即认为观测数据可疑。 ⑥某一定时气温缺测时，用前、后两定时数据内插求得，按正常数据统计；若连续两个或以上定时数据缺测时，不能内插，仍按缺测处理。 ⑦一日中若 24 次定时观测记录有缺测时，该日按照 2：00、8：00、14：00、20：00 4 次定时记录做日平均；若 4 次定时记录缺测 1 次或以上，但该日各定时记录缺测 5 次或以下时，按实有记录做日统计；缺测 6 次或以上时，不做日平均	①气温数据自动观测的日值缺失时，使用人工观测数据代替。 ②采用订正后的日值数据重新计算月值。 ③当月有插补日值的月统计数据下面加下划线“_”表示

（续）

观测指标	原始数据处理及其质控、评估方法	数据集整编过程处理及质控措施
相对湿度	①相对湿度介于0～100%。 ②定时相对湿度大于等于日最小相对湿度。 ③干球温度大于等于湿球温度（结冰期除外）。 ④某一定时相对湿度缺测时，用前、后两定时数据内插求得，按正常数据统计；若连续两个或以上定时数据缺测时，不能内插，仍按缺测处理。 ⑤一日中若24次定时观测记录有缺测时，该日按照2：00、8：00、14：00、20：00 4次定时记录做日平均；若4次定时记录缺测1次或以上，但该日各定时记录缺测5次或以下时，按实有记录做日统计；缺测6次或以上时，不做日平均	①相对湿度自动观测的日值缺失时，使用人工观测数据计算结果插补。 ②当月有插补日值的月统计数据下面加下划线“_”表示
气压	①超出气候学界限值域300～1 100 hPa的数据为错误数据。 ②所观测的气压不小于日最低气压且不大于日最高气压。海拔高度大于0 m时，台站气压小于海平面气压；海拔高度等于0 m时，台站气压等于海平面气压；海拔高度小于0 m时，台站气压大于海平面气压。 ③24 h变压的绝对值小于50 hPa。 ④1 min内允许的最大变化值为1.0 hPa，1 h内变化幅度的最小值为0.1 hPa。 ⑤某一定时气压缺测时，用前、后两定时数据内插求得，按正常数据统计；若连续两个或以上定时数据缺测时，不能内插，仍按缺测处理。 ⑥一日中若24次定时观测记录有缺测时，该日按照2：00、8：00、14：00、20：00 4次定时记录做日平均；若4次定时记录缺测1次或以上，但该日各定时记录缺测5次或以下时，按实有记录做日统计；缺测6次或以上时，不做日平均	①气压日数据极值有记录，日均数据缺失时，采用最高和最低气压的平均值作为日值插补；日均值和极值均缺失时，采用人工观测数据对日均值进行插补，当日极值仍按缺失处理。 ②用质控后的日均值合计值除以当月日数获得月平均值。 ③当月有插补日值的月统计数据下面加下划线“_”表示
降水	①降水强度超出气候学界限值域0～400 mm/min的数据为错误数据。 ②降水量大于0.0 mm或者微量时，应有降水或者雪暴天气现象。 ③降水量的日总量由该日降水量各时值累加获得。一日中定时记录缺测1次，另一定时记录未缺测时，按实有记录做日合计，全天缺测时不做日合计。 ④月累计降水量由日总量累加而得。1个月中降水量缺测7 d或以上时，该月不做月合计，按缺测处理	①降水量月值为累积值，当降水量日值有缺测时，采用人工观测数据进行插补和修订，月降水量合计值根据修订后的降水日累计值计算。 ②当月有插补日值的月统计数据下面加下划线“_”表示
10 min风向和风速	①超出气候学界限值域0～75 m/s的数据为错误数据。 ②10 min平均风速小于最大风速。 ③一日中若24次定时观测记录有缺测时，该日按照2：00、8：00、14：00、20：00 4次定时记录做日平均；若4次定时记录缺测1次或以上，但该日各定时记录缺测5次或以下时，按实有记录做日统计；缺测6次或以上时，不做日平均	①缺失数据在数据表中用“—”表示。 ②缺测10 d或以上时，该月不做月统计，按缺测处理（本集中只有2015年12月缺失）。 ③月统计数据表明当月有效数据个数

（续）

观测指标	原始数据处理及其质控、评估方法	数据集整编过程处理及质控措施
地温	①错误数据范围：地表温度超出气候学界限值域−90～90 ℃的数据为错误数据；5 cm 土壤温度超出气候学界限值域−80～80 ℃的数据为错误数据；10 cm 土壤温度超出气候学界限值域−70～70 ℃的数据为错误数据；15 cm 土壤温度超出气候学界限值域−60～60 ℃的数据为错误数据；20 cm 土壤温度超出气候学界限值域−50～50 ℃的数据为错误数据；40 cm 土壤温度超出气候学界限值域−45～45 ℃的数据为错误数据；60 cm 土壤温度超出气候学界限值域−40～40 ℃的数据为错误数据；100 cm 土壤温度超出气候学界限值域−40～40 ℃的数据为错误数据。 ②定时观测地表温度大于等于日地表最低温度且小于等于日地表最高温度。 ③地表温度 1 min 内允许的最大变化值为 5 ℃，1 h 内变化幅度的最小值为 0.1 ℃；各层次土壤温度 1 min 内允许的最大变化值为1 ℃，2 h 内变化幅度的最小值为 0.1 ℃。 ④土壤温度 24 h 变化范围：地表温度 24 h 变化范围小于 60 ℃；5 cm 土壤温度 24 h 变化范围小于 40 ℃；10 cm 土壤温度 24 h 变化范围小于 40 ℃；15 cm 土壤温度 24 h 变化范围小于 40 ℃；20 cm 土壤温度 24 h 变化范围小于 30 ℃；40 cm 土壤温度 24 h 变化范围小于 30 ℃；60 cm 土壤温度 24 h 变化范围小于 20 ℃；100 cm 土壤温度 24 h变化范围小于 20 ℃。 ⑤某一定时土壤温度缺测时，用前、后两定时数据内插求得，按正常数据统计；若连续两个或以上定时数据缺测时，不能内插，仍按缺测处理。 ⑥一日中若 24 次定时观测记录有缺测时，该日按照 2：00、8：00、14：00、20：00 4 次定时记录做日平均；若 4 次定时记录缺测 1 次或以上，但该日各定时记录缺测 5 次或以下时，按实有记录做日统计；缺测 6 次或以上时，不做日平均	①地表温度的日值缺失时采用人工观测数据结果插补。 ②各层次土壤温度日值缺失时，用缺测日前后的气温数据内插求得（连续缺失最长不超过 5 d），采用插补后的日值计算月均值。 ③当月有插补日值的月统计数据下面加下划线“_”表示。 ④通过时间序列比对法，标注未达到本数据集剔除条件的异常数据（2006 年 10—12 月土壤 5 cm土壤温度数据），注释“偏高”
辐射	①总辐射最大值不能超过气候学界限值 2 000 W/m²。 ②当前瞬时值与前一次值的差异小于最大变幅 800 W/m²。 ③小时总辐射量大于等于小时净辐射、反射辐射和紫外辐射。 ④除阴天、雨天和雪天外总辐射一般在中午前后出现极大值。 ⑤小时总辐射累积值应小于同一地理位置大气层顶的辐射总量，小时总辐射累积值可以稍微大于同一地理位置在大气具有很大透过率和非常晴朗天空状态下的小时总辐射累积值，所有夜间观测的小时总辐射累积值小于 0 时用 0 代替。 ⑥直接辐射达到 120 W/m² 时，应该有日照记录。 ⑦晴好天气状态，测量值一般不超过净辐射的 20%，有植被的情况下，土壤热通量一般是净辐射的 5%～10%。 ⑧辐射曝辐量缺测数小时但不是全天缺测时，按实有记录做日合计；全天缺测时，不做日合计	①一月中辐射曝辐量日总量缺测 9 d 或以下时，月平均日合计等于实有记录之和除以实有记录天数。缺测 10 d 或以上时，该月不做月统计，按缺测处理。 ②月统计数据保留 2 位小数。 ③月统计数据表明当月有效数据个数

3.3.2.4　数据价值/使用方法和建议

气象观测信息和数据是开展天气预警预报、气候预测预估及各类气象服务、科学研究的基础，是推动气象科学发展的原动力。

在 CERN 顶层设计规范下实施的各站气象要素自动观测工作及观测结果的规范和量化管理，按照《生态系统大气环境观测规范》和《中国生态系统研究网络（CERN）长期观测质量管理规范丛书：生态系统气象辐射监测质量控制方法》（胡波等，2012）实施，实现了网络内各台站间的数据可比性，为提高生态环境科学的研究水平，为促进我国自然资源的可持续利用，为国家关于资源、环境方面的重大决策提供科学依据。

本节源数据有部分日、时观测值因仪器故障、停电等问题缺失，考虑到气温、降水数据的使用频率较高，且数据缺失对于后续应用的影响较大，数据集在整编过程中对气温、降水、相对湿度、气压和地表温度采用人工观测数据替代的方式加以处理，对分层土壤温度日值缺失数据采用内插法进行了插补，并在插补日尺度数据的基础上统计出月数据。数据集还编入了气温、降水、相对湿度和地表温度 4 个指标的人工、自动数据对比，使数据的使用更为便利。未经插补处理的数据表格，则在数据表的最后一列标明当月有效数据个数，方便数据使用者评估数据质量。

由于篇幅所限，本节选取了部分指标月统计数据出版，如对其他数据有需要（如日尺度、小时尺度或未插补数据），可在桃源站数据共享平台查询、在线申请，网址 http：//tya. cern. ac. cn/meta/metaData。

3.3.2.5 数据表

本节整编了 2005—2015 年气象要素部分自动观测指标月统计数据，共 7 个数据表，具体包括：①自动观测气象要素月统计——气温（表 3－32），数据列包括日平均值、日最大值月平均、日最小值月平均、月极大值、月极大值出现日期以及月极小值和出现日期；②自动观测气象要素月统计——降水（表 3－33），数据列包括降水量月合计值、月小时降水量极大值以及极大值出现日期；③自动观测气象要素月统计——相对湿度（表 3－34），数据列包括日平均值月平均、日最小值月平均、月极小值以及极小值出现日期；④自动观测气象要素月统计——气压（表 3－35），数据列包括日平均值月平均、日最大值月平均、日最小值月平均、月极大值、极大值日期以及月极小值和极小值日期；⑤自动观测气象要素月统计——10 min 风速风向（表 3－36），数据列包括月平均风速、月最多风向、最大风速、最大风风向、最大风出现日期、最大风出现时间，由于本数据表数据没有进行插补，故特别列出当月参与统计的有效数据条数；⑥自动观测气象要素月统计——地温（表 3－37），观测层次包括 0 cm、5 cm、10 cm、15 cm、20 cm、40 cm、60 cm、100 cm；⑦自动观测气象要素月统计——辐射（表 3－38），数据列包括总辐射量、反射辐射总量、紫外辐射总量、净辐射总量、光合有效辐射、土壤热通量、日照时数以及有效数据条数。

表 3－32 自动观测气象要素月统计——气温

时间（年-月）	日平均值/℃	日最大值月平均/℃	日最小值月平均/℃	月极大值/℃	极大值日期	月极小值/℃	极小值日期
2005－01	3.5	7.7	0.7	12.6	28	−5.4	1
2005－02	3.5	7.6	0.0	18.9	23	−3.8	1
2005－03	11.4	16.8	6.7	29.0	7	−2.5	12
2005－04	21.2	28.3	14.4	36.9	30	0.9	2
2005－05	22.4	27.0	18.7	33.4	30	12.6	7
2005－06	27.6	33.6	22.8	39.1	30	18.5	7
2005－07	29.9	35.6	25.1	40.4	17	21.4	11
2005－08	26.7	31.7	22.5	40.4	12	16.3	21
2005－09	24.6	30.5	19.8	37.9	20	16.3	7
2005－10	18.2	23.9	13.7	29.0	6	7.5	30
2005－11	14.8	19.8	10.6	26.5	7	2.5	21

（续）

时间（年-月）	日平均值/℃	日最大值月平均/℃	日最小值月平均/℃	月极大值/℃	极大值日期	月极小值/℃	极小值日期
2005-12	6.9	11.0	3.4	17.4	23	−3.5	18
2006-01	4.8	8.9	2.0	20.9	29	−3.9	7
2006-02	5.5	9.1	3.1	18.8	11	−1.6	28
2006-03	12.5	18.3	8.2	25.6	30	−1.4	1
2006-04	19.0	25.1	14.4	32.7	3	5.3	13
2006-05	22.7	28.7	18.0	34.4	20	10.5	12
2006-06	26.0	31.3	21.9	37.0	21	18.1	4
2006-07	28.6	33.5	25.1	37.5	13	21.3	24
2006-08	28.0	33.6	24.2	39.2	15	21.7	20
2006-09	23.1	29.2	18.7	36.9	1	13.9	12
2006-10	20.1	24.7	16.8	30.9	14	11.6	25
2006-11	13.5	18.0	10.1	30.0	4	5.5	25
2006-12	7.0	11.7	3.4	17.6	16	−0.7	23
2007-01	4.6	9.1	1.2	20.9	29	−1.7	9
2007-02	10.5	15.3	6.7	23.4	3	−0.5	1
2007-03	11.6	15.9	8.3	34.5	30	0.4	9
2007-04	17.0	23.1	12.2	32.4	19	6.2	3
2007-05	24.5	31.0	19.5	36.8	23	14.5	12
2007-06	24.8	29.3	21.8	37.3	28	17.9	14
2007-07	27.8	32.8	24.1	37.4	20	20.7	25
2007-08	28.0	33.9	24.2	38.0	6	21.6	13
2007-09	22.3	27.6	18.6	35.1	27	14.4	19
2007-10	17.8	22.4	14.5	33.2	6	7.6	29
2007-11	12.2	18.7	7.0	24.4	7	0.6	29
2007-12	7.5	10.5	5.1	16.7	19	0.6	3
2008-01	1.5	4.7	−0.7	19.1	9	−4.1	26
2008-02	5.4	10.7	1.0	23.3	22	−5.0	3
2008-03	13.9	19.4	9.5	28.5	26	3.6	1
2008-04	17.4	22.4	13.5	32.1	30	9.0	2
2008-05	23.4	29.8	18.3	35.9	26	13.0	14

（续）

时间（年-月）	日平均值/℃	日最大值月平均/℃	日最小值月平均/℃	月极大值/℃	极大值日期	月极小值/℃	极小值日期
2008-06	25.4	31.0	21.5	36.5	30	17.7	18
2008-07	27.9	33.5	24.2	37.4	27	21.8	6
2008-08	26.5	31.9	22.9	37.1	20	19.3	17
2008-09	23.8	29.0	20.2	37.5	22	14.3	28
2008-10	18.3	23.2	14.6	29.9	2	10.6	25
2008-11	12.6	17.8	8.7	23.3	3	0.2	28
2008-12	8.3	13.9	3.8	23.8	3	−1.8	23
2009-01	4.5	9.2	0.9	17.2	30	−3.8	13
2009-02	9.4	12.6	7.1	31.0	12	0.5	27
2009-03	11.8	17.1	7.8	27.0	21	0.2	3
2009-04	17.0	21.9	13.4	34.5	15	5.6	5
2009-05	20.8	26.0	17.2	34.7	11	12.8	4
2009-06	26.8	33.2	22.5	38.1	27	16.5	4
2009-07	28.1	33.4	24.4	40.7	18	20.1	27
2009-08	28.3	33.9	24.4	39.6	22	15.7	30
2009-09	24.3	29.8	20.3	38.8	6	15.2	23
2009-10	19.9	25.0	16.2	31.9	3	13.2	24
2009-11	9.6	15.1	5.5	30.5	8	−1.0	16
2009-12	6.4	10.3	3.3	18.1	4	−2.4	20
2010-01	5.8	10.5	2.3	19.3	3	−2.9	6
2010-02	7.4	11.5	4.3	27.7	24	−2.2	12
2010-03	11.3	16.6	7.2	31.6	18	−2.0	10
2010-04	15.1	20.2	11.3	29.7	29	3.4	15
2010-05	20.9	25.7	17.3	35.0	24	12.9	8
2010-06	24.3	29.7	20.7	37.0	18	16.1	11
2010-07	28.5	33.9	25.1	37.8	30	22.3	12
2010-08	28.0	34.0	23.7	40.6	5	19.0	27
2010-09	23.7	28.3	20.6	38.0	18	14.0	23
2010-10	16.8	21.8	13.3	29.0	3	5.1	31
2010-11	13.6	19.8	8.7	28.7	10	5.0	25

（续）

时间（年-月）	日平均值/℃	日最大值月平均/℃	日最小值月平均/℃	月极大值/℃	极大值日期	月极小值/℃	极小值日期
2010-12	8.4	14.2	3.9	22.9	2	−2.0	25
2011-01	1.6	4.4	−0.9	10.5	11	−5.9	3
2011-02	7.3	12.1	3.3	22.3	24	−1.9	2
2011-03	10.2	15.3	6.0	24.0	31	−1.7	4
2011-04	17.9	23.2	13.4	34.0	26	4.7	4
2011-05	22.2	28.9	16.7	37.3	19	11.3	22
2011-06	24.6	29.2	21.6	36.1	22	17.2	3
2011-07	28.5	34.7	23.7	40.3	26	18.0	9
2011-08	27.1	32.5	22.8	39.3	18	18.3	25
2011-09	22.3	26.6	19.6	33.5	14	11.0	19
2011-10	17.3	21.9	13.7	29.5	9	7.9	30
2011-11	14.1	18.5	10.3	22.8	3	3.7	30
2011-12	6.3	9.6	3.6	14.7	2	−3.0	11
2012-01	3.4	6.1	1.2	15.2	31	−5.1	26
2012-02	4.6	7.2	2.6	13.3	19	−2.2	11
2012-03	9.6	13.5	6.2	27.7	27	0.5	13
2012-04	17.7	23.0	13.8	32.2	22	8.5	16
2012-05	21.4	25.8	18.1	34.5	7	15.3	15
2012-06	25.4	29.9	21.9	35.6	22	17.4	2
2012-07	28.7	34.0	24.8	37.8	30	22.2	14
2012-08	27.3	32.5	23.6	37.8	19	19.9	25
2012-09	22.8	28.3	19.0	36.6	8	13.0	15
2012-10	17.3	21.3	14.4	27.7	2	8.4	18
2012-11	10.9	14.7	7.9	23.0	13	2.2	27
2012-12	4.7	7.9	2.2	16.2	6	−3.6	24
2013-01	4.9	9.5	1.0	16.8	29	−4.9	10
2013-02	6.4	9.6	3.8	17.8	28	−2.4	8
2013-03	13.8	19.4	9.3	31.6	8	3.8	4
2013-04	17.2	23.1	12.3	33.0	28	5.1	7
2013-05	22.4	27.9	18.3	35.7	13	13.1	1

（续）

时间（年-月）	日平均值/℃	日最大值月平均/℃	日最小值月平均/℃	月极大值/℃	极大值日期	月极小值/℃	极小值日期
2013-06	26.2	31.4	22.0	38.2	19	16.0	12
2013-07	30.8	36.9	25.5	41.1	31	23.5	6
2013-08	30.1	36.0	25.4	42.0	10	21.5	31
2013-09	22.3	27.3	18.7	34.1	14	11.6	25
2013-10	18.6	24.4	13.9	33.6	10	7.0	26
2013-11	12.9	17.9	9.1	24.1	6	0.6	29
2013-12	6.9	12.5	2.1	24.1	2	−4.2	22
2014-01	7.8	13.9	2.7	26.2	31	−2.1	19
2014-02	5.1	8.3	2.6	26.2	2	−6.4	11
2014-03	12.6	17.5	8.7	29.6	17	0.2	8
2014-04	16.9	21.0	13.5	29.4	30	10.3	3
2014-05	20.8	25.5	17.4	32.7	27	10.7	6
2014-06	24.4	28.6	21.6	34.4	18	19.8	9
2014-07	27.0	31.9	23.5	38.2	22	20.8	13
2014-08	25.3	29.9	22.3	37.8	6	18.2	13
2014-09	22.8	27.2	19.8	35.4	12	16.6	23
2014-10	19.3	24.9	15.1	31.0	26	10.8	23
2014-11	12.8	16.1	10.2	22.7	4	6.0	20
2015-01	7.3	11.4	3.7	21.2	4	1.5	29
2015-02	8.1	11.9	4.8	22.7	12	1.7	6
2015-03	12.0	16.4	8.6	31.5	31	0.6	7
2015-04	16.9	22.3	12.9	32.7	1	5.2	10
2015-05	21.8	26.2	18.5	30.2	31	11.8	12
2015-06	24.6	29.5	21.5	36.7	29	15.3	5
2015-07	26.2	31.1	22.4	37.9	13	18.2	7
2015-08	27.2	32.5	22.9	36.2	2	19.8	26
2015-09	23.7	28.6	20.2	33.7	4	16.5	16
2015-10	19.1	24.6	14.7	30.3	15	11.6	31
2015-11	11.0	13.9	9.1	20.1	2	1.3	25
2015-12	6.9	10.3	4.6	16.6	26	1.0	7

表3-33 自动观测气象要素月统计——降水

时间（年-月）	月合计值/mm	月小时降水极大值/mm	极大值日期
2005-01	<u>60.8</u>	2.8	22
2005-02	166.2	4.8	14
2005-03	<u>69.4</u>	4.6	22
2005-04	54.4	8.4	22
2005-05	<u>532.3</u>	100.0	16
2005-06	107.6	8.8	5
2005-07	110.2	20.6	11
2005-08	193.2	22.6	15
2005-09	29.8	3.2	2
2005-10	71.6	4.4	28
2005-11	154.2	10.2	9
2005-12	14.6	1.8	3
2006-01	46.6	2.2	19
2006-02	165.8	9.0	15
2006-03	66.4	6.2	11
2006-04	127.8	15.2	25
2006-05	227.2	61.4	8
2006-06	205.0	25.6	24
2006-07	148.8	28.8	7
2006-08	114.0	17.6	25
2006-09	19.2	1.8	8
2006-10	149.2	21.6	22
2006-11	100.8	6.0	16
2006-12	24.8	1.8	30
2007-01	81.0	3.0	1
2007-02	102.8	8.0	28
2007-03	90.2	5.4	4
2007-04	111.4	7.8	22
2007-05	90.6	13.8	23
2007-06	128.0	12.0	23
2007-07	195.0	17.6	13

（续）

时间（年-月）	月合计值/mm	月小时降水极大值/mm	极大值日期
2007 - 08	139.2	20.2	23
2007 - 09	74.4	6.6	8
2007 - 10	41.0	6.0	28
2007 - 11	22.8	3.8	17
2007 - 12	53.4	3.0	10
2008 - 01	116.0	2.4	29
2008 - 02	24.2	2.8	24
2008 - 03	130.8	7.8	28
2008 - 04	134.2	11.2	20
2008 - 05	185.8	35.6	4
2008 - 06	100.8	18.8	23
2008 - 07	101.2	18.4	14
2008 - 08	269.8	19.2	16
2008 - 09	41.0	11.2	3
2008 - 10	131.4	8.4	4
2008 - 11	162.2	9.2	6
2008 - 12	15.4	2.2	28
2009 - 01	31.2	1.6	20
2009 - 02	90.0	14.4	25
2009 - 03	108.8	6.4	28
2009 - 04	235.6	9.4	23
2009 - 05	123.0	10.0	16
2009 - 06	185.6	26.0	8
2009 - 07	109.8	15.4	24
2009 - 08	10.2	3.6	30
2009 - 09	110.4	30.8	20
2009 - 10	48.2	3.4	21
2009 - 11	107.0	14.8	9
2009 - 12	53.4	2.2	8
2010 - 01	33.8	5.8	31

（续）

时间（年-月）	月合计值/mm	月小时降水极大值/mm	极大值日期
2010 - 02	50.0	8.2	2
2010 - 03	158.0	15.0	23
2010 - 04	199.4	17.2	1
2010 - 05	295.4	13.2	13
2010 - 06	163.2	9.8	19
2010 - 07	222.6	11.4	11
2010 - 08	111.4	19.6	6
2010 - 09	175.2	26.2	22
2010 - 10	201.2	12.8	13
2010 - 11	37.0	2.8	28
2010 - 12	54.2	3.2	13
2011 - 01	38.8	3.4	20
2011 - 02	30.4	1.8	9
2011 - 03	61.0	2.8	6
2011 - 04	109.8	18.4	16
2011 - 05	119.4	11.2	22
2011 - 06	195.2	16.0	10
2011 - 07	10.2	4.2	23
2011 - 08	89.0	24.9	23
2011 - 09	35.9	6.1	3
2011 - 10	118.6	5.0	2
2011 - 11	55.8	8.6	5
2011 - 12	19.4	1.8	1
2012 - 01	59.4	3.8	14
2012 - 02	64.6	5.6	22
2012 - 03	143.0	8.4	30
2012 - 04	258.4	23.2	12
2012 - 05	293.5	9.6	29
2012 - 06	213.8	14.8	26
2012 - 07	259.2	31.6	18

（续）

时间（年-月）	月合计值/mm	月小时降水极大值/mm	极大值日期
2012 - 08	77.4	15.4	21
2012 - 09	116.2	17.4	12
2012 - 10	139.6	9.2	20
2012 - 11	138.0	8.8	22
2012 - 12	83.6	9.6	27
2013 - 01	19.4	3.4	5
2013 - 02	55.4	4.0	7
2013 - 03	129.6	18.2	13
2013 - 04	171.2	26.4	29
2013 - 05	196.6	32.0	25
2013 - 06	147.2	19.6	29
2013 - 07	22.6	8.0	6
2013 - 08	197.2	35.6	24
2013 - 09	390.8	22.6	24
2013 - 10	32.6	5.8	30
2013 - 11	122.2	4.0	11
2013 - 12	6.8	1.0	9
2014 - 01	36.6	3.0	6
2014 - 02	122.4	13.6	7
2014 - 03	122.0	16.8	28
2014 - 04	72.4	7.2	19
2014 - 05	211.0	10.4	25
2014 - 06	100.0	16.2	27
2014 - 07	245.5	18.2	4
2014 - 08	129.8	42.8	7
2014 - 09	75.8	15.0	2
2014 - 10	118.6	8.6	29
2014 - 11	103.4	5.8	24
2014 - 12	6.8	1.2	28

（续）

时间（年-月）	月合计值/mm	月小时降水极大值/mm	极大值日期
2015-01	15.4	1.2	27
2015-02	106.8	12.4	20
2015-03	51.8	5.2	29
2015-04	127.8	15.2	19
2015-05	145.7	17.2	28
2015-06	310.2	27.6	2
2015-07	86.0	11.6	3
2015-08	10.0	1.8	18
2015-09	99.0	10.4	5
2015-10	27.6	3.2	6
2015-11	81.0	3.8	24
2015-12	28.0	2.2	5

表3-34　自动观测气象要素月统计——相对湿度

时间（年-月）	日平均值月平均/%	日最小值月平均/%	月极小值/%	极小值日期
2005-01	81	64	24	31
2005-02	84	69	29	21
2005-03	74	51	17	6
2005-04	70	41	4	18
2005-05	82	65	25	6
2005-06	80	58	39	30
2005-07	75	54	37	17
2005-08	80	61	35	12
2005-09	78	56	37	16
2005-10	78	54	23	8
2005-11	78	55	22	29
2005-12	63	39	15	18
2006-01	79	60	23	26
2006-02	90	75	41	11
2006-03	76	50	18	2
2006-04	75	50	21	17

（续）

时间（年-月）	日平均值月平均/%	日最小值月平均/%	月极小值/%	极小值日期
2006 - 05	76	51	23	19
2006 - 06	81	59	26	10
2006 - 07	81	62	42	3
2006 - 08	82	60	41	30
2006 - 09	75	51	33	9
2006 - 10	81	58	30	4
2006 - 11	80	60	22	2
2006 - 12	76	54	22	16
2007 - 01	79	58	25	8
2007 - 02	80	60	16	1
2007 - 03	79	60	29	20
2007 - 04	71	46	19	11
2007 - 05	70	46	20	5
2007 - 06	83	65	48	14
2007 - 07	78	60	42	7
2007 - 08	77	56	35	13
2007 - 09	79	58	29	18
2007 - 10	77	57	30	19
2007 - 11	69	41	19	27
2007 - 12	79	61	27	3
2008 - 01	78	61	18	1
2008 - 02	62	39	14	14
2008 - 03	73	50	14	3
2008 - 04	76	53	16	25
2008 - 05	70	43	19	20
2008 - 06	77	54	33	1
2008 - 07	80	56	38	1
2008 - 08	82	61	37	31
2008 - 09	78	57	37	17
2008 - 10	79	57	31	14

（续）

时间（年-月）	日平均值月平均/%	日最小值月平均/%	月极小值/%	极小值日期
2008-11	74	50	18	30
2008-12	67	41	24	5
2009-01	75	53	21	24
2009-02	87	72	28	12
2009-03	82	60	26	6
2009-04	84	63	21	7
2009-05	85	65	32	31
2009-06	80	54	31	4
2009-07	83	61	31	18
2009-08	79	57	34	26
2009-09	77	55	32	22
2009-10	82	57	28	6
2009-11	79	56	28	23
2009-12	85	64	37	25
2010-01	80	57	26	12
2010-02	82	67	26	19
2010-03	77	56	22	18
2010-04	82	59	18	23
2010-05	85	59	22	10
2010-06	85	60	41	18
2010-07	86	63	48	1
2010-08	82	58	36	5
2010-09	89	68	41	17
2010-10	86	62	30	5
2010-11	77	44	22	22
2010-12	74	47	17	30
2011-01	68	46	19	11
2011-02	76	53	19	2
2011-03	72	45	14	28
2011-04	74	48	12	23

（续）

时间（年-月）	日平均值月平均/%	日最小值月平均/%	月极小值/%	极小值日期
2011-05	71	42	14	17
2011-06	90	69	31	1
2011-07	77	47	26	9
2011-08	80	55	30	18
2011-09	84	63	34	24
2011-10	84	59	24	14
2011-11	87	65	39	11
2011-12	71	47	20	24
2012-01	82	65	32	4
2012-02	80	61	20	19
2012-03	84	65	17	25
2012-04	82	50	15	26
2012-05	87	65	22	16
2012-06	84	61	28	13
2012-07	81	57	38	6
2012-08	78	55	41	19
2012-09	78	51	25	28
2012-10	85	61	24	31
2012-11	84	60	26	26
2012-12	85	66	28	30
2013-01	78	51	21	7
2013-02	88	71	31	22
2013-03	73	47	12	5
2013-04	74	46	16	14
2013-05	80	54	20	12
2013-06	79	54	28	12
2013-07	69	42	28	31
2013-08	67	42	23	7

（续）

时间（年-月）	日平均值月平均/%	日最小值月平均/%	月极小值/%	极小值日期
2013-09	83	59	33	18
2013-10	72	43	22	9
2013-11	79	52	29	28
2013-12	70	36	14	31
2014-01	68	38	14	20
2014-02	86	68	36	20
2014-03	82	58	27	16
2014-04	85	64	24	30
2014-05	85	58	16	6
2014-06	89	68	44	11
2014-07	87	66	43	30
2014-08	87	66	44	3
2014-09	88	69	44	24
2014-10	77	52	24	6
2014-11	81	60	28	3
2014-12	68	41	22	16
2015-01	75	53	14	1
2015-02	81	60	25	11
2015-03	82	61	31	1
2015-04	80	55	16	13
2015-05	85	64	37	12
2015-06	90	70	34	5
2015-07	84	62	43	13
2015-08	79	54	37	23
2015-09	81	58	36	14
2015-10	77	50	19	11
2015-11	91	77	34	26
2015-12	83	—	47	3

表 3-35　自动观测气象要素月统计——气压

时间（年-月）	日平均值月平均/hPa	日最大值月平均/hPa	日最小值月平均/hPa	月极大值/hPa	极大值日期	月极小值/hPa	极小值日期
2005-01	1 013.2	1 016.4	1 010.5	1 026.2	1	998.3	28
2005-02	1 012.6	1 015.6	1 009.1	1 024.6	19	994.2	23
2005-03	1 009.2	1 012.7	1 006.0	1 026.8	5	992.0	10
2005-04	1 001.2	1 003.7	997.9	1 011.9	13	984.2	30
2005-05	995.5	998.4	993.2	1 003.9	18	985.5	1
2005-06	990.8	992.3	988.8	998.4	7	984.0	25
2005-07	991.8	993.5	989.9	998.0	14	986.6	27
2005-08	994.3	996.1	992.1	1 002.5	19	986.1	3
2005-09	1 001.0	1 003.1	998.7	1 008.5	22	993.3	16
2005-10	1 009.1	1 011.4	1 006.6	1 019.0	22	1 000.0	11
2005-11	1 009.0	1 011.4	1 006.3	1 021.0	21	998.4	5
2005-12	1 016.4	1 019.8	1 013.2	1 029.8	21	1 004.3	1
2006-01	1 012.8	1 015.7	1 009.6	1 028.1	6	999.3	29
2006-02	1 014.1	1 017.6	1 010.4	1 029.7	9	998.3	14
2006-03	1 005.7	1 008.7	1 001.8	1 024.0	13	993.0	31
2006-04	999.5	1 002.4	995.9	1 015.4	13	986.4	3
2006-05	998.6	1 000.9	995.6	1 016.0	13	990.0	1
2006-06	992.8	994.4	966.4	998.4	2	266.0	3
2006-07	990.0	991.6	988.0	998.4	30	986.0	5
2006-08	994.2	995.9	991.9	999.7	22	986.8	14
2006-09	1 001.9	1 004.2	999.4	1 011.3	10	990.1	1
2006-10	1 006.5	1 008.6	1 004.6	1 017.1	26	1 000.1	4
2006-11	1 008.7	1 011.2	1 005.9	1 018.0	14	1 000.6	4
2006-12	1 015.6	1 018.3	1 012.8	1 025.1	9	1 004.8	25
2007-01	1 017.3	1 020.1	1 014.4	1 025.8	6	1 007.1	29
2007-02	1 007.3	1 010.1	1 004.1	1 024.9	1	994.8	12
2007-03	1 005.5	1 008.3	1 002.1	1 019.6	6	987.3	30
2007-04	1 004.2	1 007.1	1 001.1	1 021.0	3	991.4	21
2007-05	996.2	998.6	993.2	1 010.3	12	982.7	23
2007-06	993.3	995.0	991.4	999.2	23	986.1	27
2007-07	991.0	992.8	989.2	999.1	25	984.7	8

（续）

时间（年-月）	日平均值月平均/hPa	日最大值月平均/hPa	日最小值月平均/hPa	月极大值/hPa	极大值日期	月极小值/hPa	极小值日期
2007-08	992.8	994.7	990.5	1 000.6	25	983.6	10
2007-09	1 000.7	1 002.6	998.5	1 010.0	29	995.3	7
2007-10	1 008.2	1 010.3	1 005.7	1 017.9	15	994.0	6
2007-11	1 012.3	1 014.6	1 009.6	1 020.6	1	1 005.8	8
2007-12	1 012.4	1 014.8	1 009.6	1 022.7	5	1 002.7	11
2008-01	1 016.5	1 019.2	1 013.4	1 029.3	16	998.4	9
2008-02	1 015.5	1 018.0	1 012.6	1 023.4	18	1 003.5	29
2008-03	1 005.8	1 005.8	1 002.6	1 018.2	7	994.5	28
2008-04	1 002.0	1 004.5	999.1	1 014.7	23	985.6	8
2008-05	996.3	998.7	993.0	1 008.5	13	984.6	27
2008-06	993.3	995.0	991.0	1 000.0	4	986.2	22
2008-07	991.3	993.1	989.3	996.1	9	984.5	22
2008-08	994.0	995.8	991.8	1 002.0	31	986.9	15
2008-09	1 000.1	1 002.0	998.0	1 009.1	27	990.8	22
2008-10	1 007.1	1 009.4	1 004.9	1 016.3	24	999.8	22
2008-11	1 012.4	1 014.8	1 009.8	1 024.1	27	1 001.6	6
2008-12	1 013.3	1 016.7	1 009.4	1 030.7	22	998.4	3
2009-01	1 016.0	1 019.2	1 012.4	1 030.6	12	1 001.5	22
2009-02	1 006.5	1 009.6	1 002.5	1 017.4	27	976.8	12
2009-03	1 006.3	1 009.5	1 002.4	1 022.2	13	987.0	21
2009-04	1 002.3	1 004.7	999.5	1 019.1	1	989.6	19
2009-05	1 000.0	1 002.2	997.3	1 008.6	3	990.8	9
2009-06	990.9	992.7	988.7	996.5	11	984.8	8
2009-07	991.4	992.8	989.5	995.8	1	985.8	23
2009-08	994.6	996.5	992.3	1 007.0	30	988.1	9
2009-09	1 000.3	1 002.4	998.0	1 007.7	21	989.3	5
2009-10	1 005.2	1 007.5	1 003.0	1 013.3	31	998.3	18
2009-11	1 012.9	1 015.7	1 009.5	1 032.1	2	994.7	8
2009-12	1 013.0	1 015.7	1 009.8	1 026.4	19	1 002.7	28
2010-01	1 013.1	1 016.5	1 009.2	1 025.9	22	1 000.0	3

（续）

时间（年-月）	日平均值月平均/hPa	日最大值月平均/hPa	日最小值月平均/hPa	月极大值/hPa	极大值日期	月极小值/hPa	极小值日期
2010-02	1 008.0	1 011.2	1 004.2	1 026.1	12	983.7	24
2010-03	1 007.8	1 011.6	1 003.4	1 030.9	9	991.0	19
2010-04	1 005.0	1 008.4	1 001.0	1 017.9	15	992.3	9
2010-05	997.2	999.3	994.7	1 004.8	1	985.3	4
2010-06	995.3	996.9	993.3	1 003.8	4	987.3	18
2010-07	992.5	994.1	990.6	999.3	26	986.5	30
2010-08	995.6	997.5	993.6	1 003.0	27	988.1	9
2010-09	999.9	1 001.9	997.8	1 010.2	29	991.6	7
2010-10	1 008.0	1 010.3	1 005.5	1 022.5	27	995.2	10
2010-11	1 010.0	1 012.9	1 006.8	1 023.0	15	997.4	21
2010-12	1 009.1	1 012.4	1 005.4	1 025.0	16	996.5	12
2011-01	1 018.6	1 021.1	1 015.6	1 027.7	28	1 007.8	12
2011-02	1 008.6	1 011.2	1 005.4	1 019.5	14	993.2	8
2011-03	1 011.5	1 014.6	1 007.4	1 025.9	15	995.3	13
2011-04	1 002.7	1 005.4	999.6	1 015.5	3	989.0	29
2011-05	998.1	1 000.6	995.2	1 006.6	3	984.1	9
2011-06	992.4	994.1	990.3	1 001.1	2	984.8	23
2011-07	991.3	993.0	989.0	996.2	14	983.5	6
2011-08	994.5	996.2	992.4	1 001.0	24	988.8	13
2011-09	1 001.0	1 002.9	998.6	1 012.4	19	991.3	1
2011-10	1 007.9	1 010.2	1 005.7	1 018.0	25	999.6	23
2011-11	1 009.3	1 011.7	1 006.6	1 020.8	30	999.8	18
2011-12	1 017.4	1 019.9	1 014.7	1 027.2	9	1 006.6	2
2012-01	1 015.0	1 017.7	1 012.3	1 026.1	4	1 004.1	16
2012-02	1 011.6	1 014.4	1 008.2	1 023.9	2	999.2	22
2012-03	1 008.0	1 010.7	1 004.5	1 017.9	31	996.9	17
2012-04	999.7	1 002.7	996.3	1 015.8	3	983.1	23
2012-05	997.8	999.6	995.6	1 002.5	31	988.1	7
2012-06	991.2	992.7	989.2	1 001.8	1	985.1	10
2012-07	990.7	992.1	988.8	996.3	19	985.5	31

（续）

时间（年-月）	日平均值月平均/hPa	日最大值月平均/hPa	日最小值月平均/hPa	月极大值/hPa	极大值日期	月极小值/hPa	极小值日期
2012-08	994.0	995.7	991.9	1 003.3	23	987.3	1
2012-09	1 002.1	1 004.0	1 000.0	1 010.5	29	992.8	1
2012-10	1 006.7	1 008.9	1 004.5	1 016.3	17	1 000.9	4
2012-11	1 008.7	1 011.7	1 005.5	1 018.3	16	1 001.1	2
2012-12	1 013.5	1 016.8	1 009.8	1 028.6	23	1 001.7	13
2013-01	1 013.7	1 016.8	1 010.2	1 030.0	3	1 002.8	31
2013-02	1 011.2	1 014.5	1 007.6	1 024.9	8	993.6	28
2013-03	1 005.3	1 008.7	1 000.9	1 023.8	2	991.2	9
2013-04	1 001.5	1 004.6	998.0	1 013.9	10	988.8	16
2013-05	996.5	998.6	993.9	1 005.2	30	983.6	26
2013-06	992.9	994.6	990.6	1 001.2	11	983.4	18
2013-07	990.9	992.1	988.5	994.9	11	985.8	31
2013-08	992.3	994.3	989.8	1 002.7	31	985.1	23
2013-09	1 001.4	1 003.5	999.1	1 012.9	26	993.1	23
2013-10	1 007.9	1 010.0	1 005.7	1 017.2	17	998.7	13
2013-11	1 011.1	1 013.5	1 008.3	1 022.8	28	999.4	8
2013-12	1 014.1	1 016.7	1 011.1	1 025.2	27	1 001.1	8
2014-01	1 012.6	1 015.4	1 009.3	1 025.6	18	996.2	31
2014-02	1 011.6	1 014.2	1 008.7	1 022.8	10	993.9	2
2014-03	1 007.1	1 010.0	1 003.7	1 020.1	20	990.6	28
2014-04	1 003.2	1 005.6	1 000.2	1 011.5	4	995.1	11
2014-05	998.0	1 000.3	995.4	1 010.8	5	988.9	10
2014-06	993.4	994.8	991.6	997.8	30	985.8	19
2014-07	993.3	994.8	990.8	999.8	26	986.6	8
2014-08	995.6	997.2	993.7	1 003.7	29	987.0	3
2014-09	999.7	1 001.6	997.6	1 008.2	30	991.6	11
2014-10	1 006.5	1 008.8	1 003.9	1 016.5	13	998.0	20
2014-11	1 010.3	1 012.7	1 007.7	1 019.2	18	1 001.1	29
2014-12	1 016.2	1 019.2	1 012.7	1 029.4	16	1 004.1	30
2015-01	1 013.9	1 016.7	1 011.0	1 025.2	31	997.3	4

（续）

时间（年-月）	日平均值月平均/hPa	日最大值月平均/hPa	日最小值月平均/hPa	月极大值/hPa	极大值日期	月极小值/hPa	极小值日期
2015-02	1 010.5	1 013.4	1 007.5	1 023.9	5	997.7	14
2015-03	1 008.0	1 010.8	1 004.5	1 020.1	1	988.8	31
2015-04	1 002.9	1 005.7	999.8	1 019.0	8	983.9	1
2015-05	996.5	998.9	993.5	1 008.7	11	988.9	28
2015-06	992.9	994.7	990.7	1 000.1	4	985.0	26
2015-07	993.1	994.6	991.2	998.8	10	986.1	15
2015-08	995.2	996.8	992.9	1 001.0	20	989.1	5
2015-09	1 001.0	1 002.8	999.0	1 009.3	13	992.9	24
2015-10	1 007.0	1 009.4	1 004.7	1 020.5	31	999.0	20
2015-11	1 011.1	1 013.4	1 008.4	1 023.0	25	999.2	6
2015-12	1 015.1	—	—	1 021.0	4	1 005.9	1

表 3-36 自动观测气象要素月统计——10 min 风速风向

时间（年-月）	月平均风速/（m/s）	月最多风向	最大风速/（m/s）	最大风风向	最大风出现日期	最大风出现时间	有效数据/条
2005-01	1.1	NE	5.0	42°	30	23：00	28
2005-02	1.4	NE	4.5	242°	22	12：00	28
2005-03	1.3	NE	7.6	35°	11	4：00	27
2005-04	1.4	NE	7.9	225°	5	13：00	30
2005-05	1.1	NE	5.0	36°	1	20：00	28
2005-06	1.1	NE	5.6	33°	6	0：00	30
2005-07	1.4	NE	6.8	217°	10	11：00	30
2005-08	1.2	NE	5.5	34°	17	19：00	31
2005-09	1.3	NE	6.8	45°	21	12：00	30
2005-10	1.5	NE	4.8	34°	14	20：00	30
2005-11	1.1	NE	6.4	44°	14	15：00	30
2005-12	1.1	NE	5.5	66°	17	12：00	31
2006-01	1.2	NE	5.9	40°	4	17：00	31
2006-02	1.5	NE	5.8	32°	16	5：00	28
2006-03	1.5	NE	8.0	2°	2	0：00	30

（续）

时间（年-月）	月平均风速/（m/s）	月最多风向	最大风速/（m/s）	最大风风向	最大风出现日期	最大风出现时间	有效数据/条
2006-04	1.5	NE	8.8	42°	12	5：00	26
2006-05	1.3	NE	6.8	38°	21	19：00	31
2006-06	1.3	NE	5.3	36°	23	22：00	30
2006-07	1.2	C	6.0	217°	2	13：00	31
2006-08	0.8	C	5.0	312°	16	21：00	31
2006-09	0.7	C	8.3	39°	5	22：00	30
2006-10	0.2	C	3.2	301°	16	20：00	31
2006-11	1.0	NE	7.2	308°	5	10：00	30
2006-12	1.0	NE	4.3	45°	8	0：00	31
2007-01	1.1	NE	4.9	65°	31	16：00	31
2007-02	1.3	NE	4.6	48°	13	9：00	28
2007-03	1.4	NE	4.8	60°	30	17：00	30
2007-04	1.5	NE	6.8	37°	1	11：00	26
2007-05	1.5	NE	7.8	34°	24	0：00	31
2007-06	0.9	NE	5.0	221°	24	13：00	30
2007-07	0.8	NE	5.9	263°	1	12：00	31
2007-08	1.1	NE	7.0	45°	31	18：00	31
2007-09	1.1	WSW	5.3	51°	19	12：00	30
2007-10	1.1	NE	5.8	36°	8	21：00	29
2007-11	1.0	WSW	5.3	40°	26	13：00	30
2007-12	0.9	NE	4.8	62°	30	10：00	31
2008-01	1.2	NE	5.0	40°	12	17：00	31
2008-02	1.3	WSW	4.9	51°	12	15：00	29
2008-03	1.3	NE	6.8	250°	26	13：00	30
2008-04	1.3	NE	5.1	60°	18	15：00	26
2008-05	1.2	WSW	6.9	33°	4	22：00	31
2008-06	1.0	NE	7.4	143°	6	17：00	30
2008-07	0.9	C	6.2	228°	5	12：00	31

（续）

时间（年-月）	月平均风速/（m/s）	月最多风向	最大风速/（m/s）	最大风风向	最大风出现日期	最大风出现时间	有效数据/条
2008-08	0.9	C	5.1	34°	16	1：00	31
2008-09	1.1	NE	6.6	40°	10	20：00	30
2008-10	0.7	C	4.4	39°	3	17：00	31
2008-11	0.7	C	5.9	47°	26	20：00	30
2008-12	1.2	NE	7.0	41°	21	18：00	31
2009-01	1.2	NE	9.3	61°	23	22：00	31
2009-02	1.5	NE	6.2	181°	12	13：00	28
2009-03	1.4	NE	6.3	37°	21	17：00	31
2009-04	1.2	NE	7.0	34°	16	2：00	30
2009-05	1.2	NE	8.4	35°	23	0：00	31
2009-06	1.2	NE	5.1	19°	8	17：00	30
2009-07	1.1	NE	6.3	227°	8	13：00	31
2009-08	0.9	C	6.8	39°	29	16：00	31
2009-09	0.5	C	4.7	38°	20	15：00	30
2009-10	0.3	C	7.6	38°	31	15：00	31
2009-11	1.3	NE	7.8	58°	2	9：00	30
2009-12	1.0	NE	6.8	57°	27	3：00	31
2010-01	1.0	NE	5.4	45°	5	1：00	31
2010-02	1.3	NE	6.1	47°	10	18：00	28
2010-03	1.5	NE	6.6	44°	1	21：00	31
2010-04	1.4	NE	6.2	48°	6	15：00	30
2010-05	0.9	C	4.6	33°	13	18：00	31
2010-06	1.1	C	4.9	36°	1	23：00	30
2010-07	1.1	C	5.0	258°	3	14：00	31
2010-08	1.2	WSW	7.6	79°	5	20：00	31
2010-09	1.1	NE	7.0	35°	22	5：00	30
2010-10	1.1	NE	4.8	36°	25	5：00	31
2010-11	1.1	WSW	5.1	40°	15	5：00	30

（续）

时间（年-月）	月平均风速/（m/s）	月最多风向	最大风速/（m/s）	最大风风向	最大风出现日期	最大风出现时间	有效数据/条
2010-12	1.3	WSW	6.2	243°	26	14：00	31
2011-01	0.8	C	6.0	58°	15	12：00	31
2011-02	1.2	NE	5.3	45°	9	16：00	28
2011-03	1.1	C	7.2	44°	14	18：00	31
2011-04	1.3	WSW	5.7	260°	26	10：00	30
2011-05	1.3	WSW	7.3	35°	10	14：00	31
2011-06	1.0	C	6.8	106°	22	17：00	30
2011-07	1.2	C	6.1	210°	2	12：00	31
2011-08	1.1	C	5.6	218°	15	11：00	31
2011-09	1.0	NE	5.7	34°	18	21：00	30
2011-10	0.3	C	5.2	36°	2	14：00	31
2011-11	0.7	C	5.0	56°	30	21：00	30
2011-12	0.9	NE	4.6	51°	8	13：00	31
2012-01	1.0	NE	4.8	40°	3	13：00	31
2012-02	1.2	NE	4.7	44°	7	11：00	29
2012-03	1.2	NE	5.1	41°	19	15：00	31
2012-04	1.3	WSW	6.7	53°	2	20：00	30
2012-05	1.1	NE	6.1	33°	12	18：00	31
2012-06	1.0	C	4.0	61°	24	16：00	30
2012-07	1.3	SW	5.2	224°	2	12：00	31
2012-08	1.1	NE	6.0	44°	21	12：00	31
2012-09	1.0	NE	5.8	43°	8	20：00	30
2012-10	0.5	C	7.3	47°	22	3：00	31
2012-11	0.3	C	4.4	46°	3	15：00	30
2012-12	0.8	C	4.5	32°	18	21：00	31
2013-01	1.1	NE	5.8	46°	2	19：00	31
2013-02	1.2	NE	6.3	37°	7	19：00	28
2013-03	1.4	NE	7.1	251°	8	13：00	31

（续）

时间（年-月）	月平均风速/（m/s）	月最多风向	最大风速/（m/s）	最大风风向	最大风出现日期	最大风出现时间	有效数据/条
2013-04	1.3	WSW	7.3	42°	18	16：00	30
2013-05	1.1	C	5.9	53°	29	6：00	31
2013-06	1.1	C	5.8	179°	30	17：00	30
2013-07	1.4	WSW	5.8	225°	4	15：00	25
2013-08	1.4	NE	6.2	236°	9	11：00	31
2013-09	1.1	C	7.0	37°	24	8：00	30
2013-10	0.6	C	5.6	42°	15	22：00	31
2013-11	0.4	C	4.2	60°	27	12：00	30
2013-12	0.4	C	4.6	66°	26	13：00	31
2014-01	1.1	NE	4.6	242°	30	12：00	31
2014-02	1.3	NE	5.2	50°	3	12：00	28
2014-03	1.2	NE	5.5	259°	25	13：00	31
2014-04	0.9	C	4.5	56°	3	16：00	30
2014-05	0.6	C	5.1	35°	11	21：00	31
2014-06	0.8	C	3.7	48°	20	4：00	30
2014-07	0.8	C	4.6	43°	12	14：00	30
2014-08	0.8	C	5.5	42°	31	13：00	31
2014-09	0.8	NE	5.9	42°	12	15：00	30
2014-10	0.9	NE	4.1	48°	5	12：00	31
2014-11	0.8	C	6.4	58°	2	11：00	30
2014-12	1.0	C	7.0	77°	31	13：00	31
2015-01	0.8	C	4.4	39°	28	5：00	31
2015-02	1.0	C	4.7	270°	11	12：00	28
2015-03	0.9	C	5.3	54°	23	12：00	31
2015-04	1.2	NE	5.2	69°	20	16：00	30
2015-05	0.9	C	6.7	46°	11	3：00	31
2015-06	0.9	C	4.7	219°	27	12：00	30
2015-07	0.8	C	7.1	268°	27	17：00	31

（续）

时间（年-月）	月平均风速/（m/s）	月最多风向	最大风速/（m/s）	最大风风向	最大风出现日期	最大风出现时间	有效数据/条
2015-08	1.0	C	5.5	44°	9	17：00	31
2015-09	0.8	C	4.2	69°	2	16：00	30
2015-10	0.8	C	5.0	50°	26	17：00	31
2015-11	0.6	C	5.2	55°	7	5：00	30
2015-12		C	2.9	71°	7	15：00	11

表3-37　自动观测气象要素月统计——地温

单位：℃

时间（年-月）	各观测层次的地温							
	0 cm	5 cm	10 cm	15 cm	20 cm	40 cm	60 cm	100 cm
2005-01	3.69	5.50	6.11	6.37	6.90	7.91	9.53	10.85
2005-02	3.57	4.71	5.10	5.26	5.62	6.31	7.53	8.63
2005-03	11.43	10.83	10.68	10.58	10.51	10.32	10.26	10.42
2005-04	21.75	19.17	18.44	18.09	17.62	16.60	15.34	14.62
2005-05	23.13	22.70	22.00	21.78	21.52	20.84	19.79	19.00
2005-06	29.99	27.09	26.26	25.94	25.51	24.51	23.09	22.06
2005-07	33.28	30.23	28.62	28.34	27.98	27.04	25.64	24.61
2005-08	28.85	29.94	27.33	27.21	27.11	26.71	26.05	25.46
2005-09	27.00	27.52	25.08	24.99	24.94	24.71	24.38	24.12
2005-10	18.81	23.89	20.30	20.43	20.72	21.14	21.67	21.98
2005-11	14.23	18.03	16.11	16.26	16.58	17.14	18.02	18.67
2005-12	7.25	11.25	10.49	10.80	11.36	12.37	13.86	14.99
2006-01	5.63	8.98	8.12	8.37	8.85	9.73	11.12	12.25
2006-02	6.41	9.20	8.06	8.22	8.54	9.09	10.02	10.83
2006-03	13.22	14.19	12.34	12.23	12.16	11.99	11.94	12.07
2006-04	20.38	20.21	18.35	18.10	17.80	17.11	16.23	15.68
2006-05	25.85	24.07	22.61	22.33	21.98	21.17	20.05	19.29
2006-06	29.13	27.88	25.67	25.35	24.95	24.03	22.77	21.88
2006-07	32.19	31.33	28.84	28.56	28.22	27.34	26.04	25.06
2006-08	30.84	32.87	28.62	28.39	28.10	27.39	26.37	25.62
2006-09	26.19	29.25	25.39	25.33	25.35	25.24	25.03	24.80

（续）

时间（年-月）	各观测层次的地温							
	0 cm	5 cm	10 cm	15 cm	20 cm	40 cm	60 cm	100 cm
2006-10	21.11	30.23*	21.66	21.69	21.85	22.06	22.36	22.53
2006-11	14.34	22.36*	16.49	16.69	17.12	17.88	18.93	19.63
2006-12	8.94	16.85*	10.67	10.95	11.47	12.49	14.00	15.15
2007-01	6.24	11.51	7.67	7.89	8.36	9.29	10.78	11.98
2007-02	11.23	15.01	11.34	11.32	11.40	11.52	11.87	12.30
2007-03	12.44	13.74	12.08	12.03	12.06	12.09	12.34	12.68
2007-04	18.20	17.47	17.17	17.04	16.90	16.47	15.89	15.51
2007-05	26.23	23.40	22.78	22.44	21.99	20.97	19.63	18.78
2007-06	26.30	25.32	25.03	24.80	24.53	23.83	22.77	21.94
2007-07	30.02	28.24	27.88	27.65	27.37	26.61	25.46	24.55
2007-08	31.10	28.97	28.59	28.38	28.14	27.46	26.46	25.70
2007-09	23.82	24.37	24.52	24.53	24.63	24.68	24.64	24.51
2007-10	18.59	20.04	20.49	20.62	20.91	21.35	21.89	22.19
2007-11	12.34	14.66	15.17	15.38	15.80	16.59	17.73	18.56
2007-12	8.05	10.41	11.01	11.24	11.72	12.63	14.01	15.07
2008-01	2.91	6.25	7.06	7.39	7.99	9.16	10.86	12.13
2008-02	2.86	6.19	7.01	7.34	7.95	9.12	10.83	12.11
2008-03	14.49	13.90	13.69	13.55	13.41	13.08	12.76	12.67
2008-04	18.65	17.37	17.15	16.97	16.78	16.29	15.70	15.35
2008-05	27.13	23.85	23.15	22.83	22.43	21.47	20.18	19.32
2008-06	28.18	26.27	25.79	25.48	25.10	24.23	23.00	22.09
2008-07	30.69	28.85	28.50	28.22	27.87	26.98	25.66	24.64
2008-08	29.16	28.06	27.94	27.80	27.67	27.21	26.45	25.80
2008-09	26.35	25.79	25.77	25.69	25.66	25.47	25.16	24.89
2008-10	19.59	20.61	20.84	20.91	21.13	21.46	21.95	22.28
2008-11	13.29	15.44	15.87	16.04	16.42	17.13	18.15	18.88
2008-12	8.62	11.19	11.76	11.99	12.45	13.35	14.69	15.68
2009-01	5.13	7.53	8.10	8.32	8.77	9.69	11.16	12.34
2009-02	9.78	10.89	11.15	11.21	11.39	11.70	12.24	12.73
2009-03	12.45	12.39	12.30	12.23	12.21	12.15	12.26	12.51

(续)

时间(年-月)	各观测层次的地温							
	0 cm	5 cm	10 cm	15 cm	20 cm	40 cm	60 cm	100 cm
2009-04	18.04	17.38	17.01	16.83	16.65	16.19	15.65	15.37
2009-05	22.50	21.48	21.09	20.88	20.64	20.02	19.16	18.58
2009-06	30.00	27.05	26.40	26.02	25.52	24.34	22.71	21.66
2009-07	32.26	28.65	28.31	28.07	27.77	26.94	25.71	24.79
2009-08	32.65	29.33	28.96	28.69	28.38	27.58	26.44	25.62
2009-09	27.49	25.93	25.91	25.80	25.74	25.50	25.19	24.92
2009-10	21.19	21.44	21.67	21.73	21.89	22.11	22.41	22.59
2009-11	10.86	12.98	13.90	14.26	14.88	16.02	17.53	18.52
2009-12	7.22	9.09	9.85	10.16	10.70	11.73	13.25	14.38
2010-01	6.19	7.73	8.31	8.53	8.96	9.78	11.07	12.09
2010-02	8.63	8.84	9.10	9.17	9.38	9.79	10.56	11.27
2010-03	12.50	11.91	11.94	11.89	11.91	11.90	12.02	12.24
2010-04	16.50	15.53	15.26	15.11	14.98	14.65	14.34	14.23
2010-05	22.49	20.75	20.38	20.13	19.84	19.13	18.19	17.58
2010-06	26.69	24.58	24.02	23.71	23.34	22.46	21.28	20.48
2010-07	31.88	28.68	28.18	27.84	27.43	26.44	25.04	24.03
2010-08	33.11	29.81	29.58	29.32	29.04	28.29	27.14	26.23
2010-09	26.46	25.20	25.24	25.19	25.20	25.11	24.91	24.69
2010-10	18.25	19.33	19.56	19.67	19.94	20.40	21.06	21.50
2010-11	14.80	15.74	15.96	16.11	16.43	16.98	17.85	18.52
2010-12	8.44	11.21	11.82	12.10	12.60	13.50	14.83	15.80
2011-01	2.66	5.62	6.33	6.67	7.26	8.39	10.15	11.52
2011-02	8.05	8.80	8.93	8.99	9.17	9.50	10.17	10.84
2011-03	11.32	11.26	11.19	11.17	11.23	11.30	11.58	11.92
2011-04	18.87	17.42	16.88	16.61	16.32	15.67	14.90	14.50
2011-05	24.56	22.33	21.80	21.53	21.22	20.45	19.36	18.63
2011-06	26.25	25.10	24.52	24.21	23.85	23.00	21.81	20.96
2011-07	33.69	29.09	28.08	27.72	27.29	26.24	24.76	23.76
2011-08	31.56	28.69	28.17	27.91	27.64	26.94	25.89	25.09
2011-09	24.62	24.27	24.36	24.33	24.36	24.29	24.13	23.94

（续）

时间（年-月）	各观测层次的地温							
	0 cm	5 cm	10 cm	15 cm	20 cm	40 cm	60 cm	100 cm
2011 - 10	18.53	19.41	19.69	19.76	19.98	20.35	20.86	21.17
2011 - 11	14.38	16.16	16.58	16.70	16.99	17.49	18.21	18.73
2011 - 12	6.72	9.66	10.36	10.68	11.26	12.39	13.97	15.08
2012 - 01	4.33	6.82	7.53	7.83	8.36	9.41	10.95	12.11
2012 - 02	5.19	6.91	7.32	7.49	7.84	8.51	9.58	10.47
2012 - 03	10.43	10.33	10.23	10.16	10.16	10.17	10.39	10.75
2012 - 04	18.52	17.58	17.15	16.90	16.62	15.94	15.08	14.60
2012 - 05	22.84	22.13	21.66	21.39	21.09	20.35	19.34	18.64
2012 - 06	27.49	25.85	25.21	24.90	24.52	23.59	22.31	21.43
2012 - 07	31.29	29.15	28.50	28.21	27.87	26.96	25.65	24.69
2012 - 08	29.94	28.52	28.31	28.10	27.89	27.31	26.43	25.74
2012 - 09	24.43	24.64	24.78	24.75	24.81	24.79	24.66	24.46
2012 - 10	18.30	19.49	19.78	19.90	20.18	20.65	21.27	21.63
2012 - 11	11.49	13.49	14.06	14.34	14.85	15.81	17.11	17.98
2012 - 12	5.44	7.89	8.59	8.97	9.63	10.90	12.69	13.95
2013 - 01	5.36	6.89	7.22	7.40	7.77	8.53	9.80	10.87
2013 - 02	7.60	8.47	8.71	8.81	9.05	9.52	10.31	11.01
2013 - 03	14.29	13.95	13.75	13.61	13.51	13.24	12.99	12.97
2013 - 04	19.14	17.52	17.07	16.85	16.63	16.10	15.50	15.20
2013 - 05	23.90	22.75	22.39	22.09	21.72	20.85	19.61	18.78
2013 - 06	29.83	27.48	26.97	26.59	26.12	25.04	23.53	22.47
2013 - 07	36.32	32.16	31.37	30.93	30.35	28.97	27.07	25.81
2013 - 08	34.69	32.02	31.39	31.04	30.62	29.63	28.22	27.26
2013 - 09	24.21	24.24	24.35	24.34	24.42	24.53	24.68	24.71
2013 - 10	20.40	20.80	20.85	20.91	21.11	21.44	21.89	22.20
2013 - 11	13.39	14.98	15.52	15.75	16.18	16.97	18.09	18.86
2013 - 12	7.01	9.23	9.98	10.36	10.99	12.20	13.90	15.12
2014 - 01	7.65	8.76	9.01	9.19	9.55	10.26	11.46	12.47
2014 - 02	5.87	7.39	7.93	8.16	8.56	9.31	10.47	11.40
2014 - 03	13.31	12.90	12.63	12.49	12.39	12.16	12.02	12.12

（续）

时间（年-月）	各观测层次的地温							
	0 cm	5 cm	10 cm	15 cm	20 cm	40 cm	60 cm	100 cm
2014 - 04	18.17	17.74	17.51	17.34	17.20	16.80	16.23	15.87
2014 - 05	22.09	21.21	20.78	20.52	20.23	19.56	18.68	18.12
2014 - 06	26.01	25.12	24.74	24.47	24.15	23.35	22.18	21.35
2014 - 07	30.68	28.47	28.12	27.85	27.43	26.35	25.02	23.82
2014 - 08	28.84	27.50	27.41	27.31	27.22	26.79	26.15	25.24
2014 - 09	24.98	24.85	24.88	24.82	24.89	24.78	24.54	24.17
2014 - 10	22.15	21.65	21.79	21.84	22.10	22.49	22.72	22.83
2014 - 11	14.03	15.08	15.37	15.50	16.04	17.08	18.13	19.25
2014 - 12	7.93	9.47	9.86	10.06	10.77	12.24	13.74	15.40
2015 - 01	8.29	9.36	9.65	9.78	10.31	11.34	12.39	13.61
2015 - 02	9.22	9.59	9.72	9.75	10.05	10.65	11.39	12.44
2015 - 03	13.36	12.78	12.72	12.61	12.60	12.52	12.58	12.91
2015 - 04	19.24	17.43	17.39	17.25	17.12	16.61	16.05	15.58
2015 - 05	23.94	22.61	22.52	22.35	22.11	21.29	20.29	19.17
2015 - 06	26.99	25.56	25.41	25.20	24.92	23.99	22.97	21.86
2015 - 07	29.88	27.41	27.32	27.16	26.94	26.13	25.13	23.93
2015 - 08	32.41	28.58	28.52	28.42	28.24	27.51	26.57	25.41
2015 - 09	26.41	25.50	25.54	25.50	25.56	25.44	25.15	24.70
2015 - 10	21.12	21.29	21.46	21.50	21.79	22.19	22.46	22.65
2015 - 11	12.71	14.70	15.01	15.16	15.77	16.95	18.12	19.34
2015 - 12	8.56	11.27	11.60	11.76	12.39	13.62	14.86	16.24

* 数据异常，偏高，但未达本数据集剔除标准。

表 3 - 38　自动观测气象要素月统计——辐射

时间（年-月）	总辐射总量/（MJ/m²）	反射辐射总量/（MJ/m²）	紫外辐射总量/（MJ/m²）	净辐射总量/（MJ/m²）	光合有效辐射/（mol/ m²）	土壤热通量/（MJ/m²）	日照时数/h	有效数据条数/条
2005 - 01	150.23①	34.78	5.88	28.93	246.44	−19.76	54.93	31
2005 - 02	146.72	33.20	5.45	47.99	286.47	−10.64	49.73	28
2005 - 03	275.30	54.96	11.02	112.61	534.05	9.20	96.87	31
2005 - 04	476.24	83.54	19.27	249.15	915.65	32.76	195.67	30
2005 - 05	302.35	58.60	13.56	141.73	586.83	10.31	75.98	31

（续）

时间（年-月）	总辐射总量/（MJ/m²）	反射辐射总量/（MJ/m²）	紫外辐射总量/（MJ/m²）	净辐射总量/（MJ/m²）	光合有效辐射/（mol/ m²）	土壤热通量/（MJ/m²）	日照时数/h	有效数据条数/条
2005-06	497.92	89.15	22.43	282.56	922.82	23.69	180.08	30
2005-07	551.31	103.72	25.40	307.02	1 062.04	19.78	218.88	31
2005-08	442.66	88.07	20.96	227.68	847.82	3.63	173.70	31
2005-09	383.06	71.62	17.12	239.82	702.21	39.86	154.73	30
2005-10	294.12	55.40	12.52	128.78	501.30	−16.23	129.93	31
2005-11	202.89	41.68	8.20	68.73	332.39	−12.57	90.88	30
2005-12	198.03	46.08	7.59	40.38	295.81	−20.30	91.15	31
2006-01	168.11	36.56	5.97	37.93	273.78	−15.02	86.15	31
2006-02	145.94	37.09	6.46	39.80	141.10	−8.61	45.82	28
2006-03	332.05	57.55	12.83	142.35	568.24	9.93	125.82	31
2006-04	427.31	77.48	17.35	217.78	798.45	15.42	160.13	30
2006-05	509.03	95.34	21.70	268.23	991.75	13.05	184.95	31
2006-06	519.12	97.55	23.58	300.86	1 071.86	12.19	192.53	30
2006-07	512.36	96.76	24.38	295.99	1 085.44	11.73	189.05	31
2006-08	531.11	103.00	23.63	299.33	1 102.76	15.29	213.90	31
2006-09	413.84	84.44	17.76	204.75	812.16	−6.58	172.83	30
2006-10	281.35	56.43	11.75	115.54	651.47	−5.94	107.32	31
2006-11	199.59	41.49	7.79	59.79	395.26	−18.21	81.13	30
2006-12	199.87	42.23	8.42	49.42	352.33	−20.85	94.18	31
2007-01	196.04	42.62	6.91	52.33	333.30	−14.43	86.75	31
2007-02	200.88	36.20	7.27	71.10	358.72	0.37	75.17	28
2007-03	252.64	42.44	9.79	114.40	469.19	4.55	78.18	31
2007-04	403.07	67.24	15.82	183.91	715.76	8.22	145.50	30
2007-05	539.56	94.46	22.29	278.63	1 005.50	23.09	180.03	31
2007-06	368.47	72.89	17.01	186.00	721.46	14.60	80.38	30
2007-07	522.23	99.38	24.94	289.25	1 047.49	14.45	171.58	31
2007-08	544.63	104.22	24.70	292.99	1 059.49	11.26	201.23	31
2007-09	344.71	67.76	14.85	161.67	650.95	−3.87	115.88	30
2007-10	232.65	50.39	9.84	78.77	423.84	−10.59	62.00	31
2007-11	288.02	63.59	10.41	78.69	479.18	−12.81	142.10	30

（续）

时间（年-月）	总辐射总量/（MJ/m²）	反射辐射总量/（MJ/m²）	紫外辐射总量/（MJ/m²）	净辐射总量/（MJ/m²）	光合有效辐射/（mol/ m²）	土壤热通量/（MJ/m²）	日照时数/h	有效数据条数/条
2007-12	139.89	30.96	5.43	23.53	237.43	−13.73	45.58	31
2008-01	115.07	53.46	4.28	12.98	190.71	−17.45	30.22	31
2008-02	274.24	58.81	9.93	88.55	413.33	−3.44	108.68	28
2008-03	317.94	55.98	12.19	131.66	557.65	7.90	123.98	31
2008-04	372.51	70.54	15.65	176.24	656.58	10.96	109.60	28
2008-05	533.85	101.54	22.40	263.35	929.53	14.61	174.53	31
2008-06	479.91	89.19	20.87	239.95	846.74	16.36	142.85	30
2008-07	534.26	101.83	25.20	269.79	974.54	16.02	165.52	31
2008-08	463.33	90.51	21.54	224.69	842.87	6.94	149.72	31
2008-09	376.28	77.10	16.53	179.74	668.37	−1.27	134.30	30
2008-10	306.25	60.53	12.40	118.94	517.05	−10.31	132.68	31
2008-11	273.16	59.91	10.65	84.58	427.31	−15.14	129.42	30
2008-12	239.53	55.40	8.16	63.78	425.35	−17.80	125.45	31
2009-01	218.21	48.31	7.52	64.18	302.51	−14.36	99.88	31
2009-02	131.96	24.88	5.23	48.57	213.01	−5.63	41.28	28
2009-03	305.61	55.04	11.44	139.37	522.99	3.84	108.27	31
2009-04	331.49	60.56	13.35	170.77	574.77	14.03	110.48	30
2009-05	392.47	69.41	17.19	211.50	661.73	15.96	109.55	31
2009-06	563.69	111.11	24.71	320.96	989.37	30.47	196.53	30
2009-07	552.62	103.89	25.23	310.02	989.45	19.88	194.50	31
2009-08	525.30	99.88	23.25	287.00	945.13	8.78	180.83	31
2009-09	410.13	74.55	17.02	203.59	727.90	1.29	150.23	30
2009-10	296.86	58.22	11.28	115.72	510.50	−5.33	123.58	31
2009-11	253.58	51.04	9.61	85.53	399.29	−19.26	115.67	30
2009-12	179.17	37.33	6.69	45.78	300.10	−15.46	63.27	31
2010-01	169.55	32.78	6.09	45.98	254.96	−11.32	68.08	31
2010-02	195.71	34.04	6.91	77.96	309.36	−1.80	74.68	28
2010-03	309.98	53.12	11.19	143.60	501.00	−0.13	122.68	31
2010-04	340.85	60.65	14.05	173.45	593.14	6.80	104.98	30
2010-05	347.02	63.10	15.48	182.04	634.34	10.98	94.10	31

（续）

时间（年-月）	总辐射总量/（MJ/m²）	反射辐射总量/（MJ/m²）	紫外辐射总量/（MJ/m²）	净辐射总量/（MJ/m²）	光合有效辐射/（mol/ m²）	土壤热通量/（MJ/m²）	日照时数/h	有效数据条数/条
2010-06	432.46	92.55	18.87	231.94	775.51	14.02	114.85	30
2010-07	513.86	88.38	24.07	307.96	941.74	16.64	168.47	31
2010-08	574.61	110.48	25.25	338.28	1 062.97	6.86	228.22	30
2010-09	331.39	60.92	14.98	168.38	611.29	−3.10	100.02	30
2010-10	304.23	60.37	12.40	123.96	496.70	−10.30	111.38	31
2010-11	296.08	64.58	11.55	91.01	570.54	−8.47	152.50	30
2010-12	236.06	61.39	9.56	54.86	447.43	−17.06	112.32	31
2011-01	174.57	63.15	6.81	22.86	290.28	−16.64	57.82	31
2011-02	199.73	39.64	7.97	61.94	350.67	−4.66	78.43	28
2011-03	308.95	59.26	13.31	129.29	535.80	−1.68	101.63	31
2011-04	377.71	78.15	16.63	194.24	637.61	10.88	137.72	30
2011-05	521.83	99.29	23.15	276.87	902.86	8.46	204.78	31
2011-06	384.63	85.47	19.05	204.75	657.12	14.78	113.08	30
2011-07	570.48	109.97	26.32	317.96	1 045.16	15.24	222.33	31
2011-08	540.77	101.03	25.00	290.43	1 065.25	9.03	225.28	31
2011-09	275.56	54.44	13.37	120.62	537.27	−3.75	68.68	30
2011-10	297.20	61.65	13.46	117.48	573.87	−10.52	118.17	31
2011-11	228.40	53.94	9.39	63.42	438.51	−10.24	89.95	30
2011-12	177.18	43.85	7.01	35.21	332.53	−16.46	64.40	31
2012-01	132.54	38.68	5.99	21.48	295.13	−14.85	27.00	31
2012-02	132.25	26.04	6.14	37.05	304.40	−8.79	30.40	29
2012-03	241.54	43.35	10.27	102.60	532.32	1.90	76.67	31
2012-04	329.96	68.18	15.01	160.75	682.99	10.46	105.68	30
2012-05	372.42	78.94	18.19	186.68	927.91	14.09	107.50	31
2012-06	416.01	87.73	19.93	212.91	1 192.82	20.11	132.82	30
2012-07	562.87	137.62	29.24	317.38	948.07	18.35	211.07	31
2012-08	501.50	103.74	24.18	265.63	948.07	7.17	180.60	31
2012-09	399.65	86.83	18.62	183.31	721.61	−2.94	145.37	30
2012-10	234.83	53.60	10.49	84.22	470.18	−8.62	84.82	31
2012-11	184.96	42.47	7.75	48.73	403.84	−16.98	71.00	30

（续）

时间（年-月）	总辐射总量/（MJ/m²）	反射辐射总量/（MJ/m²）	紫外辐射总量/（MJ/m²）	净辐射总量/（MJ/m²）	光合有效辐射/（mol/ m²）	土壤热通量/（MJ/m²）	日照时数/h	有效数据条数/条
2012-12	157.55	39.83	6.03	32.94	342.02	−19.87	61.07	31
2013-01	211.30	46.75	7.31	58.52	407.99	−10.55	78.92	31
2013-02	151.09	27.59	6.54	59.54	334.17	−5.54	35.47	28
2013-03	333.64	64.67	12.74	155.88	636.57	4.88	124.35	31
2013-04	400.83	79.11	17.31	206.57	798.92	6.78	137.83	30
2013-05	436.95	89.76	20.59	233.03	1 014.51	14.51	134.77	31
2013-06	531.91	94.29	24.99	305.44	1 069.89	19.13	192.05	30
2013-07	690.36	128.53	32.44	408.04	1 332.07	21.08	298.03	27
2013-08	553.49	100.93	26.17	290.18	1 088.48	10.39	223.82	31
2013-09	372.96	70.89	16.67	181.72	743.58	−8.89	146.20	30
2013-10	355.78	81.16	13.72	146.48	646.56	−9.81	164.25	31
2013-11	262.26	58.29	10.31	85.17	478.45	−14.21	127.90	30
2013-12	249.47	58.05	8.50	53.04	415.49	−14.82	103.32	31
2014-01	267.49	60.68	8.72	70.41	437.62	−7.07	146.53	31
2014-02	144.74	35.07	6.18	35.89	273.58	−8.56	47.92	28
2014-03	286.60	55.28	12.32	126.91	524.86	5.63	90.40	31
2014-04	290.64	59.32	13.02	131.07	559.57	6.91	83.98	30
2014-05	366.33	76.12	17.40	187.97	743.88	15.30	102.55	31
2014-06	337.75	66.44	16.17	176.39	704.95	16.53	79.95	30
2014-07	499.69 ②	100.04	24.41	277.89	1 083.34	37.07	201.35	25
2014-08	415.76	82.25	21.00	219.24	843.75	15.29	155.02	31
2014-09	325.43	58.46	16.22	157.89	631.77	−0.60	122.50	30
2014-10	382.62	79.29	16.04	159.77	683.06	−7.66	193.45	31
2014-11	212.71	44.23	9.48	72.34	392.42	−21.05	95.68	30
2014-12	246.30	46.75	7.31	58.52	407.99	−29.30	128.18	31
2015-01	184.11	39.16	7.37	47.95	315.52	−21.46	78.30	31
2015-02	190.11	36.28	7.36	64.98	331.71	−7.26	86.57	28
2015-03	286.83	50.11	12.65	136.09	507.70	13.92	100.65	31

（续）

时间（年-月）	总辐射总量/（MJ/m²）	反射辐射总量/（MJ/m²）	紫外辐射总量/（MJ/m²）	净辐射总量/（MJ/m²）	光合有效辐射/（mol/ m²）	土壤热通量/（MJ/m²）	日照时数/h	有效数据条数/条
2015-04	391.77	72.19	17.35	194.85	697.06	13.22	161.12	30
2015-05	384.24	67.24	18.16	204.42	697.34	18.57	143.85	31
2015-06	383.25	69.23	19.56	209.59	709.43	18.22	130.97	30
2015-07	539.32	109.67	26.56	299.27	986.93	17.70	229.55	31
2015-08	577.10	106.77	28.05	324.99	1 066.36	9.83	263.00	31
2015-09	373.51	73.77	18.15	180.82	695.95	0.26	151.27	30
2015-10	370.52	78.28	15.66	150.56	668.59	−15.43	180.73	31
2015-11	131.49	25.59	6.38	35.31	245.56	−26.53	40.97	30
2015-12	—	—	—	—	—	—	—	10

①当月总辐射总量有效数据 29 个。
②当月总有效辐射总量有效数据 30 个。

3.3.3 桃源站气象要素数据统计分析

3.3.3.1 气象要素人工观测和自动观测月统计数据对比

本节列出了气温、降水量、相对湿度、气压 4 个气象要素人工观测和自动观测月统计数据的对比情况，具体如下：

（1）气温人工观测与自动观测月统计数据的对比

由图 3-4 可知，气温差异范围 −4.7～1 ℃，人工观测均值 16.9 ℃，自动观测均值 17.1 ℃，人工观测较自动观测月均值低 0.2 ℃；人工观测与自动观测数据呈极显著相关（R^2=0.985 7），且统计上无显著差异（P>0.05）。

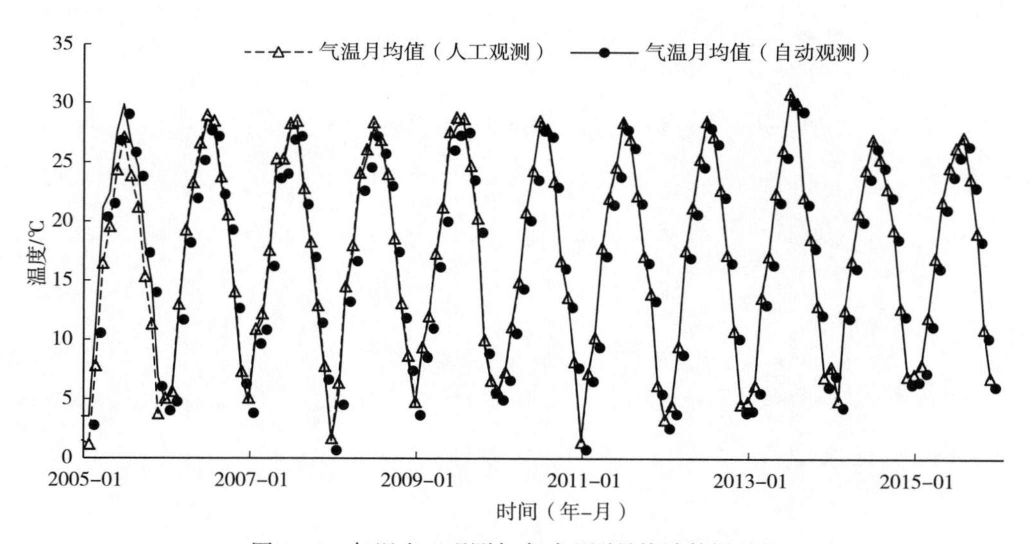

图 3-4 气温人工观测与自动观测月统计数据对比

（2）降水量人工观测与自动观测月统计数据对比

由图 3-5 可知，降水量差异范围为－47.6～33.1 mm，人工观测月均值 116.4 mm，自动观测月均值 112.6 mm，人工观测较自动观测月均值高 3.8 mm；人工观测与自动观测数据呈极显著相关（R^2＝0.987 8），且统计上两组观测值无显著差异（$P>0.05$）。

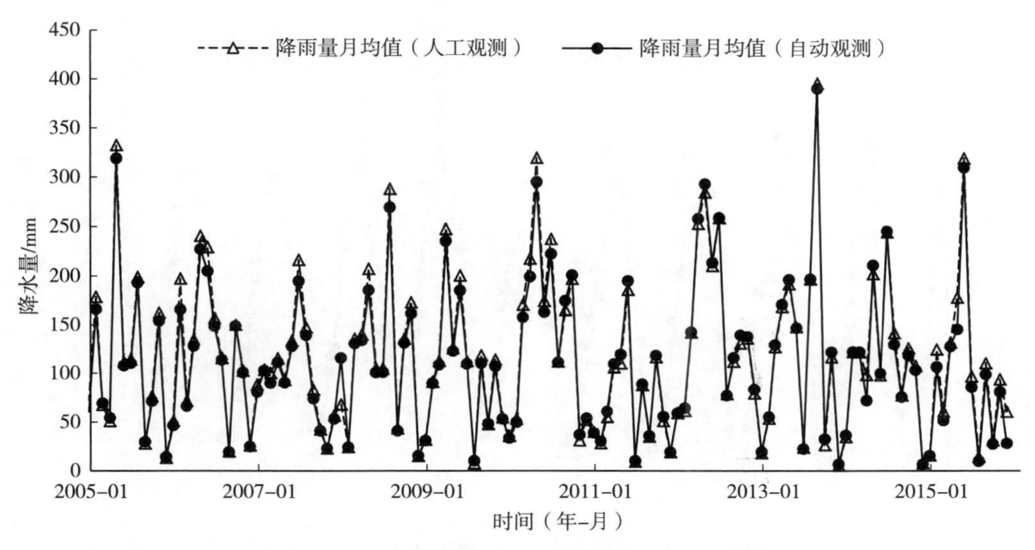

图 3-5　降水量人工观测与自动观测月统计数据对比

（3）相对湿度人工观测与自动观测月统计数据的对比

由图 3-6 可知，相对湿度差异范围为－7%～9%，人工观测月均值 80%，自动观测月均值 79%，人工观测较自动观测月均值高 1%；人工观测与自动观测数据相关系数 R^2＝0.687 1，且统计上两组观测值无显著差异（$P>0.05$）。

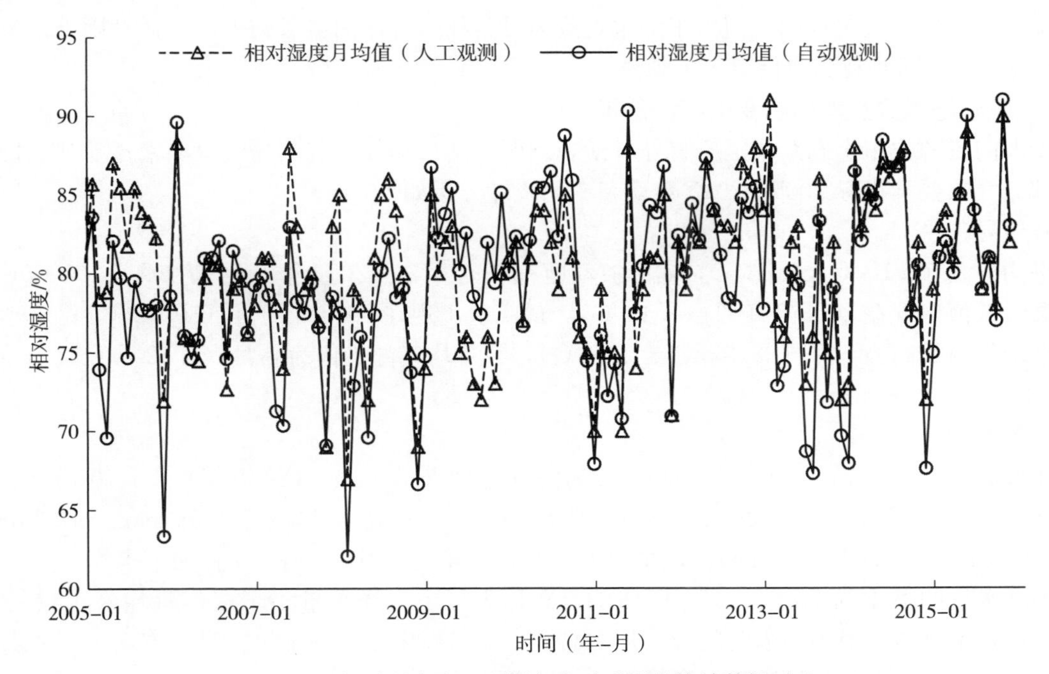

图 3-6　相对湿度人工观测与自动观测月统计数据对比

（4）气压人工观测与自动观测月统计数据的对比

由图 3－7 可知，气压差异范围为－5.9～4.1 hPa，人工观测月均值 1 004.4 hPa，自动观测月均值1 003.4 hPa，人工观测较自动观测月均值高 1.0 hPa；人工观测与自动观测数据呈显著相关（R^2＝0.888 9），且统计上两组观测值无显著差异（$P>0.05$）。

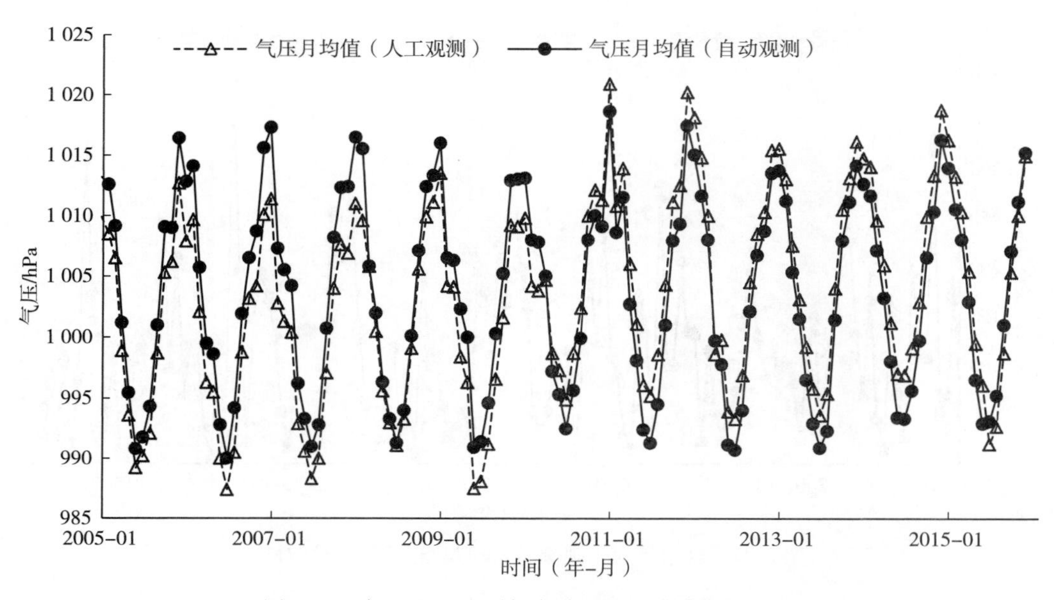

图 3－7　气压人工观测与自动观测月统计数据对比

人工观测与自动观测数据产生差异的原因有观测时间点不一致、观测频率不同、仪器的差异、观测环境和方式的不同等。从本站观测结果来看，气温、降水、相对湿度、气压 4 个指标人工和自动观测数据之间均有较好的相关性，自动观测数据可以替代人工观测，考虑到观测频率和数据质量稳定性，自动观测要优于人工观测。但由于降水观测因设备故障等原因造成缺失后，插补困难，建议采用 2 套自动观测设备同时观测或保留人工观测。

3.3.3.2　桃源站气象要素动态变化统计分析

基于湖南桃源农田生态系统国家野外科学观测研究站自动气象观测场气象要素自动观测校正后数据，对部分气象要素指标 2005—2015 年动态变化统计分析如下：

（1）气温

年平均气温 17.10 ℃±0.43 ℃，实际波动范围 16.15 ℃（2012 年）至 17.54 ℃（2005 年），月平均气温最低值出现在 2008 年 1 月（1.49 ℃），最高值出现在 2013 年 7 月（30.75 ℃）；从年内分布看，月平均气温最高为 7 月（28.35 ℃±1.18 ℃），月平均气温最低为 1 月（4.52 ℃±1.91 ℃），参见图 3－4。

（2）降水量

年降水量 1 336.85 mm±247.36 mm，实际波动范围 847.9 mm（2011 年）～1 701.4 mm（2010 年）。从年内分布来看，月均降水量 111.40 mm±79.00 mm，最高为 6 月（211.58 mm±59.98 mm），最低为 12 月（32.76 mm±23.63 mm）。从季节上来看，每年的 4 月、5 月、6 月为丰水季，降水量大于多年月均降水量的概率为 75.9%；7 月、8 月、9 月为旱季，降水量小于多年月均降水量的概率为 42.6%，这几个月由于降水间隔时间长，加之高温，极易发生季节性干旱，另一方面一旦降水往往历时短、强度高，极易引发洪涝灾害（参见图 3－5、图 3－8）。

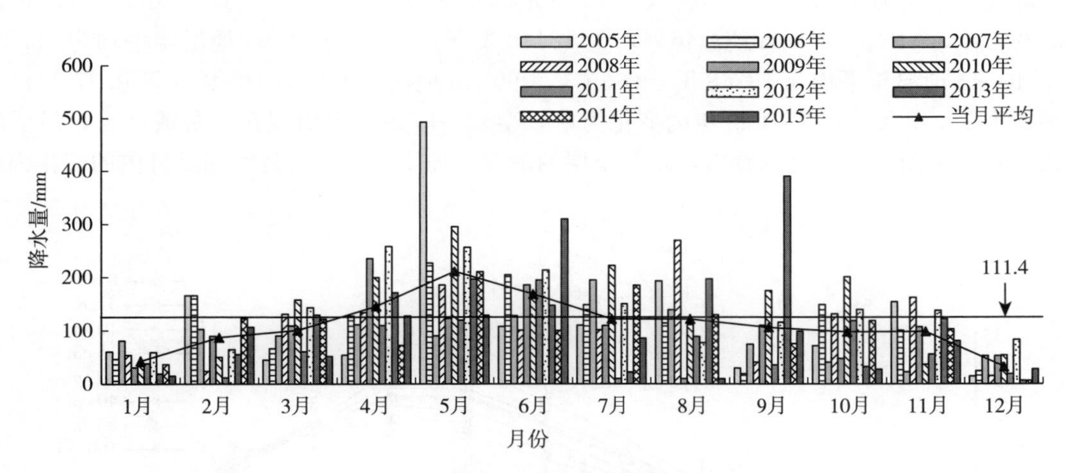

图 3-8　降水量自动观测月统计图

（3）相对湿度

相对湿度值为 78.94%±5.87%，实际波动范围 76.37%（2005 年）～82.25%（2015 年）；从年内分布来看，相对湿度最高为 6 月（83.45%±4.28%），最低为 12 月（74.56%±7.26%），参见图 3-6。

（4）气压

气压平均值为 1 003.64 hPa±8.12 hPa，从年内分布来看，气压最高为 1 月（1 014.81 hPa±1.92 hPa），最低为 7 月（991.51 hPa±0.97 hPa），参见图 3-7。

（5）10 min 风速

10 min 风速多年均值 1.05 m/s±0.28 m/s，月出现最多风向为东北（图 3-9），该风向平均风速为 1.18 m/s，其次是西西南，该风向平均风速为 1.22 m/s；10 min 最大风速年均值 5.81 m/s±1.16 m/s，最大风出现最多风向为东北。

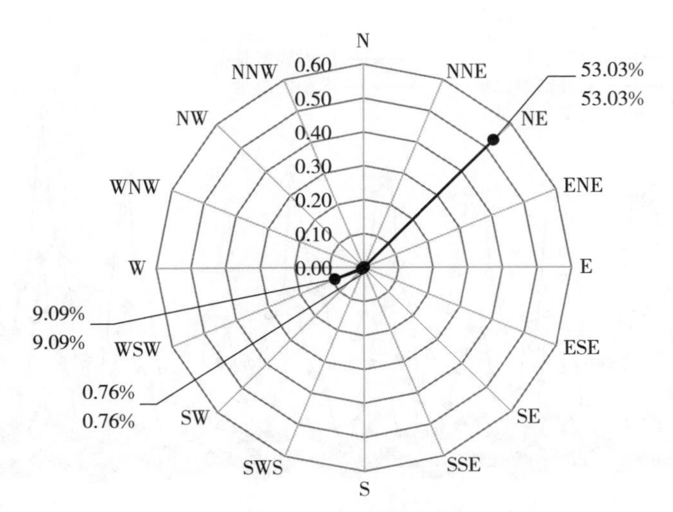

图 3-9　10 min 风速风向自动观测月统计数据风玫瑰图

注：数据源为 2005 年 1 月—2015 年 12 月月统数据；风向以 16 方位划分；方位旁数字表示，最多风向频率（%）/平均风速（m/s）；静风频率为 37.12%。

（6）地温

地表温度年平均为 18.79 ℃±0.59 ℃，5 cm 地温年平均为 18.98 ℃±1.15 ℃，10 cm 地温年平均为 18.50 ℃±0.41 ℃，15 cm 地温年平均为 18.46 ℃±0.40 ℃，20 cm 地温年平均为 18.50 ℃±0.40 ℃，40 cm 地温年平均为 18.48 ℃±0.39 ℃，60 cm 地温年平均为 18.46 ℃±0.37 ℃，100 cm 地温年平均为 18.49 ℃±0.35 ℃。年内变化为单峰型，一般最高温出现在 7 月或 8 月，最低温出现在 1 月或 2 月。从图 3—10 可以看出，随着土层的加深，地温无论是各月间还是月内的变化幅度均逐渐缩小。

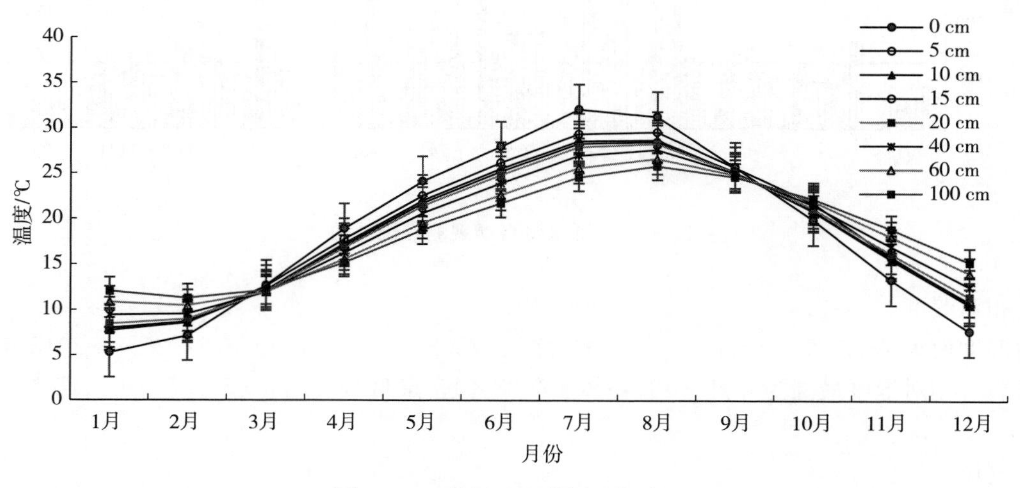

图 3-10 分层地温数据月统计图

（7）辐射

总辐射量年均值 4 050.35 MJ/m^2±243.12 MJ/m^2，反射辐射总量年均值 805.39 MJ/m^2±50.08 MJ/m^2，紫外辐射总量年均值 176.28 MJ/m^2±8.20 MJ/m^2，净辐射总量年均值 1 882.78 MJ/m^2±146.39 MJ/m^2，土壤热通量年均值 16.26 MJ/m^2±17.82 MJ/m^2（图 3-11）。光合有效辐射年均值 7 552.58 mol/m^2±559.28 mol/m^2，日照时数 1 501.97 h±131.33 h（图 3-12）。

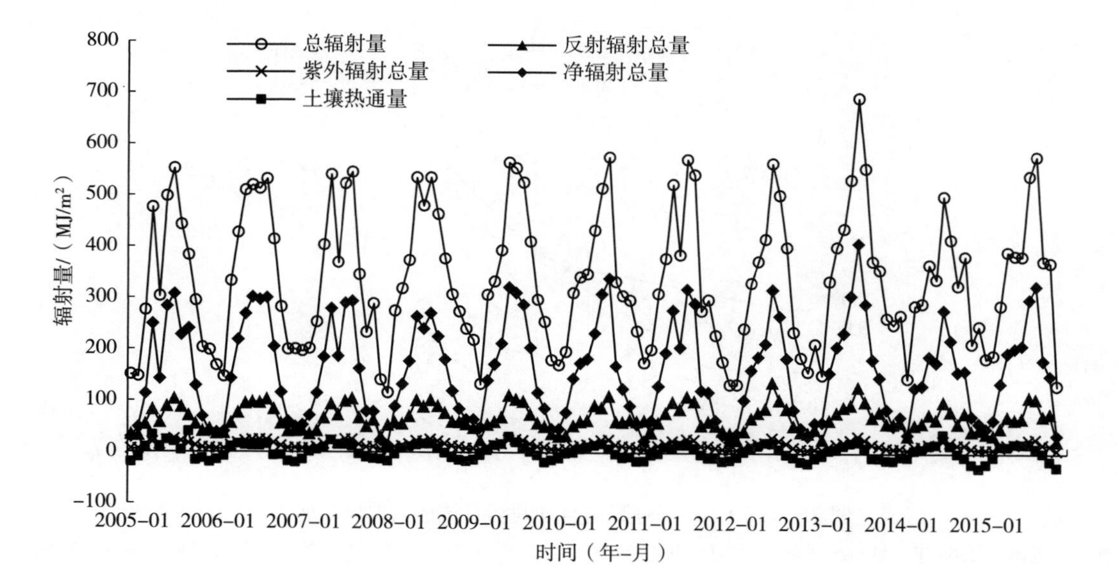

图 3-11 总辐射、反射辐射、紫外辐射、净辐射及土壤热通量数据月动态变化图

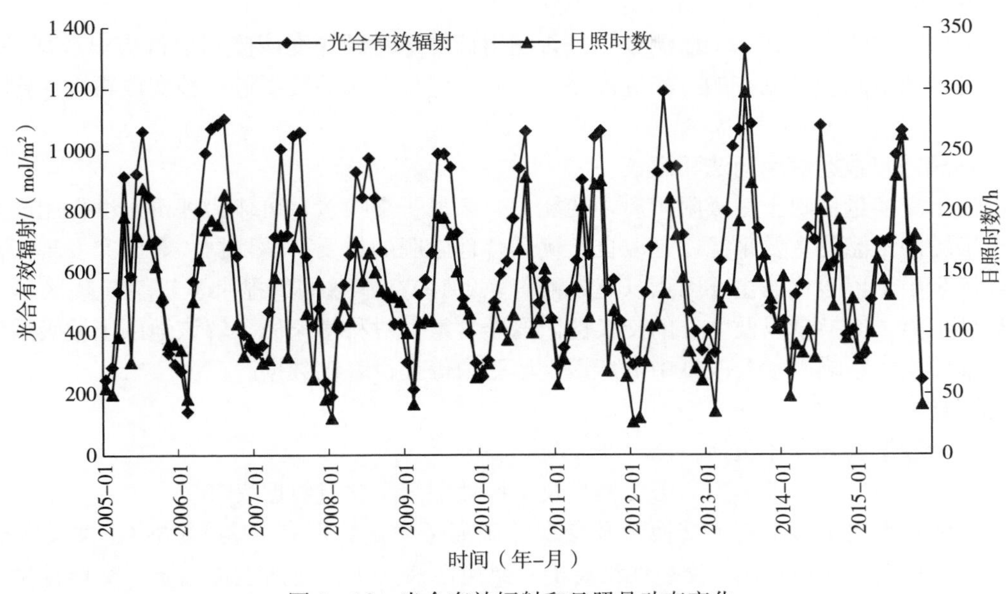

图 3-12　光合有效辐射和日照月动态变化

3.4　土壤监测数据

3.4.1　土壤交换量数据集

3.4.1.1　概述

本节为桃源站 13 个监测样地 2010 年和 2015 年表层（0～20 cm）土壤阳离子交换量（CEC）及交换性阳离子（交换性钙、交换性镁、交换性钾、交换性钠）含量数据。本节数据涉及的 13 个长期监测样地为桃源站稻田综合观测场（TYAZH01），桃源站稻田辅助观测场（不施肥 TYAFZ01、稻草还田 TYAFZ02、平衡施肥 TYAFZ03），桃源站坡地综合观测场（TYAZH02）、桃源站坡地辅助观测场（恢复系统 TYAFZ04、退化系统 TYAFZ05、茶园系统 TYAFZ06、柑橘园系统 TYAFZ07），官山村稻田土壤、生物长期采样地（TYAZQ01AB0 _ 01），官山村坡地土壤生物长期采样地（TYAZQ01AB0 _ 02），跑马岗（组）稻田土壤、生物长期采样地（TYAZQ02AB0 _ 01），跑马岗（组）坡地土壤生物长期采样地（TYAZQ02AB0 _ 02）。

3.4.1.2　数据采集和处理方法

（1）样品准备

按照 CERN 长期观测规范，表层土壤阳离子交换性能监测频率为 5 年 1 次。2010 年和 2015 年晚稻收获后，在各监测样地按分区多点采集土壤表层（0～20 cm）混合样品，综合观测场采集 6 个样品（具体方法见 2.2）、其他样地各采集 3 个混合样品（孙波等，2007）。

样品采回后，挑出根系和石子，在阴凉处风干，用四分法分取适量样品，碾磨后过 20 目尼龙筛，再四分法分取适量样品，碾磨后过 100 目筛，磨后样品用封口袋封装备用。

（2）分析方法

土壤交换性阳离子（Ex-K、Ex-Na、Ex-Ca、Ex-Mg）采用 EDTA-铵盐快速法浸提（中国科学院南京土壤研究所，1978），然后用原子吸收仪（2010 年）或电感耦合等离子体光谱仪（ICP）（2015 年）测定各交换性阳离子含量。蒸馏-滴定法测定阳离子交换量。

3.4.1.3　数据质量控制方法

第一，测定时插入国家标准样品进行质控（施建平等，2012）。

第二，分析时进行 3 次平行样品测定（施建平等，2012）。

第三，利用校验软件检查每个监测数据是否超出该样地相同深度该监测项目历史数据平均值的 2 倍标准差或者样地空间变异调查的 2 倍标准差等，对于超出范围的数据进行核实或再次测定（施建平等，2012）。

3.4.1.4 数据价值/数据使用方法和建议

土壤阳离子交换量反映土壤吸附阳离子的能力。阳离子交换量，可作为评价土壤保肥能力的重要指标，是土壤缓冲性能的主要来源，是改良土壤和合理施肥的重要科学依据。有研究发现阳离子交换量是影响红壤表层土壤酸化的主要因素（赵凯丽等，2019）。本数据集提供了红壤丘陵区旱地和水田两种土地类型阳离子交换量以及主要的交换性阳离子含量，对科学家们了解该地区土壤吸附阳离子的能力、对土壤性质的影响因素及改良中低产田土壤肥力等提供基础数据。

3.4.1.5 数据表

本节共 2 个数据表，具体包括：

（1）旱地（红壤）表层土壤阳离子交换量及交换性阳离子含量数据表

旱地（红壤）表层土壤阳离子交换量及交换性阳离子含量数据表（表 3－39），涉及 6 个观测样地，数据列包括日期、样地代码、交换性钙离子、交换性镁离子、交换性钾离子、交换性钠离子、阳离子交换量以及重复数，各离子含量数据格式为：均值±标准差（下同）。数据表内旱地交换性阳离子均值范围为：交换性钙 22.01～47.75 mmol/kg，交换性镁 2.43～6.74 mmol/kg，交换性钾 0.88～3.02 mmol/kg，交换性钠 0.33～1.78 mmol/kg，土壤阳离子交换总量 81.27～113.01 mmol/kg。

表 3－39 旱地（红壤）表层土壤阳离子交换量及交换性阳离子含量数据表

时间（年-月）	样地代码	交换性钙离子（$1/2Ca^{2+}$）/（mmol/kg）	交换性镁离子（$1/2\ Mg^{2+}$）/（mmol/kg）	交换性钾离子（K^{+}）/（mmol/kg）	交换性钠离子（Na^{+}）/（mmol/kg）	阳离子交换量/（mmol/kg）	重复数
2010－11	TYAZH02ABC_01	22.01±1.02	2.43±0.15	2.13±0.47	1.28±0.49	81.27±2.39	6
2010－11	TYAFZ01AB0_01	44.37±3.40	4.35±0.42	0.88±0.09	0.95±0.35	83.24±3.35	3
2010－11	TYAFZ02AB0_01	39.49±1.30	3.66±0.07	1.49±0.13	1.74±1.05	89.41±3.63	3
2010－11	TYAFZ03AB0_01	45.86±2.05	3.48±0.26	1.60±0.21	1.38±0.15	89.14±4.19	3
2010－11	TYAZQ01AB0_01	34.91±0.26	5.36±0.38	2.31±1.51	1.48±0.21	80.55±6.10	3
2010－10	TYAZQ02AB0_01	39.26±6.58	6.74±1.82	1.80±0.00	1.78±0.24	95.23±2.17	3
2015－10	TYAZH01ABC_01	28.63±1.34	3.20±0.17	2.07±0.30	0.46±0.10	85.46±2.91	6
2015－10	TYAFZ01AB0_01	46.37±1.25	4.61±0.17	1.26±0.13	0.65±0.08	86.74±5.96	3
2015－10	TYAFZ02AB0_01	45.82±3.90	3.85±0.23	1.44±0.09	0.85±0.05	100.49±0.92	3
2015－10	TYAFZ03AB0_01	47.75±3.71	3.78±0.26	1.99±0.07	1.01±0.23	95.03±5.80	3
2015－11	TYAZQ01AB0_01	33.54±3.66	5.02±0.56	2.20±0.47	1.27±0.16	87.09±4.31	3
2015－11	TYAZQ02AB0_01	39.39±5.66	5.66±0.63	3.02±0.59	0.33±0.06	113.01±1.46	3

注：2010 年样地 TYAZQ02AB0_01 中交换性钾离子标准差 0.00，是因为另两个样品可能取到含钾肥料，值较高，舍去。

（2）水田（水稻土）表层土壤阳离子交换量及交换性阳离子含量数据表

水田（水稻土）表层土壤阳离子交换量及交换性阳离子含量数据表（表 3－40），涉及 7 个观测样地，数据列包括日期、样地代码、交换性钙离子、交换性镁离子、交换性钾离子、交换性钠离子、阳离子交换量以及重复数。水田交换性阳离子均值范围为：交换性钙 2.12～23.48 mmol/kg，交换性镁 0.85～4.79 mmol/kg，交换性钾 0.95～5.70 mmol/kg，交换性钠 0.31～1.35 mmol/kg，土壤阳离子交换总量 89.91～122.57 mmol/kg。

表 3-40 水田（水稻土）表层土壤阳离子交换量及交换性阳离子含量数据表

时间（年-月）	样地代码	交换性钙离子 ($1/2Ca^{2+}$) / (mmol/kg)	交换性镁离子 ($1/2\ Mg^{2+}$) / (mmol/kg)	交换性钾离子 (K^{+}) / (mmol/kg)	交换性钠离子 (Na^{+}) / (mmol/kg)	阳离子交换量/ (mmol/kg)	重复数
2010-10	TYAZH01ABC_01	4.50±0.73	1.15±0.16	2.64±0.61	0.95±0.30	102.93±1.95	6
2010-10	TYAFZ04ABC_01	3.73±1.41	1.00±0.17	1.43±0.32	0.83±0.22	103.10±5.29	3
2010-10	TYAFZ05ABC_01	2.12±0.65	1.03±0.13	1.36±0.55	1.34±0.17	97.64±7.34	3
2010-10	TYAFZ06ABC_01	2.64±0.24	1.07±0.08	1.82±0.18	1.20±0.50	98.81±2.84	3
2010-10	TYAFZ07ABC_01	7.53±4.73	1.38±0.89	2.30±0.21	1.35±0.66	96.39±17.48	3
2010-11	TYAZQ01AB0_02	21.13±3.20	3.24±0.37	1.53±0.17	1.15±0.38	104.72±2.69	3
2010-10	TYAZQ02AB0_02	8.78±3.16	1.32±0.69	0.95±0.09	1.20±0.13	116.17±24.69	3
2015-10	TYAZH02ABC_01	23.48±8.85	3.41±0.52	4.12±0.44	0.95±0.36	122.57±11.94	6
2015-10	TYAFZ04ABC_01	5.12±0.44	1.32±0.15	1.89±0.12	0.76±0.14	120.59±1.85	3
2015-10	TYAFZ05ABC_01	2.39±0.43	0.85±0.05	1.24±0.15	0.53±0.13	89.91±10.42	3
2015-10	TYAFZ06ABC_01	9.54±2.19	1.81±0.41	3.55±0.62	0.38±0.04	122.79±8.81	3
2015-10	TYAFZ07ABC_01	10.93±3.54	1.99±0.70	5.70±3.58	0.37±0.05	114.95±6.64	3
2015-11	TYAZQ01AB0_02	16.32±8.74	4.79±3.12	2.05±0.33	0.31±0.08	104.72±4.33	3
2015-11	TYAZQ02AB0_02	3.55±0.60	1.36±0.10	1.65±0.76	0.31±0.02	119.18±10.84	3

3.4.2 土壤养分含量数据集

3.4.2.1 概述

本节为桃源站 13 个监测样地 2008—2015 年表层（0～20 cm）土壤养分含量的集合，涉及的长期观测场/样地同 3.4.1.1。

3.4.2.2 数据采集和处理方法

（1）采集方法

按照 CERN 长期观测规范，表层土壤养分全量及缓效钾、pH 等指标监测频率为 2～3 年 1 次，速效养分监测频率为每季作物 1 次（即每年 1～2 次），非种植作物样地于晚稻收获期采集土壤样品。每个综合观测场根据分区采集 6 个样品，其他样地根据分区采集 3 个样品，每个样品均采用 S 形多点取样混合，具体方法见 2.1.1。

（2）样品处理

样品采回后，挑出根系和石子，在阴凉处风干，用四分法分取适量样品，碾磨后过 20 目尼龙筛，再四分法分取适量样品，碾磨后过 100 目筛，磨后样品用封口袋封装备用。

（3）分析方法

土壤养分指标分析方法见表 3-41。

表 3-41 土壤养分指标分析方法表

序号	指标	分析方法	使用仪器
1	土壤有机质	重铬酸钾氧化法	滴定管
2	全氮	半微量凯氏法	流动注射仪
3	全磷	氢氧化钠熔融法	紫外分光光度计
4	全钾	氢氧化钠熔融法	原子吸收仪
5	碱解氮	碱扩散法	扩散皿
6	速效钾	乙酸铵浸提法	原子吸收仪
7	有效磷	碳酸氢钠浸提法（Olsen-P）	紫外分光光度计
8	缓效钾	硝酸浸提法	原子吸收仪
9	pH	电位法（水土比 2.5∶1）	pH 计

资料来源：鲍士旦，2000。

3.4.2.3 数据质量控制方法

第一，测定时插入国家标准样品进行质控。

第二，分析时进行 3 次平行样品测定。

第三，利用校验软件检查每个监测数据是否超出该样地相同深度该监测项目历史数据平均值的 2 倍标准差或者样地空间变异调查的 2 倍标准差等，对于超出范围的数据进行核实或再次测定。

3.4.2.4 数据价值/数据使用方法和建议

土壤养分含量反映土壤供肥能力，是土壤质量的重要评价指标。

土壤有机质是土壤中各种营养元素特别是氮、磷的重要来源，是植物营养的主要来源之一。它由于具有胶体特性，能吸附较多的阳离子，因而使土壤具有保肥能力和缓冲性。其还能使土壤疏松和形成结构，从而改善土壤的物理性状。一般来说，土壤有机质含量，是判断土壤肥力高低的一个重要指标（黄昌勇等，2010；鲍士旦，2000）。

土壤全量养分（氮、磷、钾）通常用于衡量土壤的基础肥力，其因土壤类型和地区而异，主要取决于成土母质类型、有机质含量和人为因素。一般而言，对于同一样地，土壤全量养分含量变化相对较慢，因此通过长期稳定的监测，可以分析人为因素对土壤养分全量带来的影响，从而探讨土壤肥力的变化。

土壤速效氮、磷、钾养分，是植物可以直接吸收利用的部分，其含量是土壤养分供给的强度指标，是作物获得高产的保证（陆景陵，2003）。同时，它们也是对人为因素影响最敏感的养分指标，特别是施肥措施。

本数据集提供了不同施肥措施下不同年度水稻土土壤养分含量以及不同土地利用方式土壤养分含量等数据，可供人们从不同角度了解、研究红壤丘陵区两种典型土壤类型（水稻土和红壤）土壤养分含量变化及养分循环等。

3.4.2.5 数据表

本节共 2 个数据表，数据表内各样地土壤有机质测定平均值范围为 18.78～39.84 g/kg，全氮平均值范围为 1.02～2.05 g/kg，全磷平均值范围为 0.21～1.00 g/kg，缓效钾平均值范围为 76.20～226.25 mg/kg，pH 的平均值范围为 4.01～5.60，碱解氮平均值范围为 72.54～255.77 mg/kg，有效磷平均值范围为 0.36～96.15 mg/kg，速效钾平均值范围为 22.22～138.80 mg/kg。

（1）表层（0～20 cm）土壤养分全量、缓效钾及 pH 数据表

表层（0～20 cm）土壤养分全量、缓效钾及 pH 数据表（表 3 - 42），涉及 13 个观测样地，数据列包括时间、样地代码、土壤类型、土壤有机质、全氮、全磷、缓效钾、pH 以及重复数。

表 3 - 42 表层（0～20 cm）土壤养分全量、缓效钾及 pH 数据表

时间（年-月）	样地代码	土壤类型	土壤有机质/(g/kg)	全氮（N）/(g/kg)	全磷（P）/(g/kg)	缓效钾（K）/(mg/kg)	pH	重复数
2010 - 10	TYAZQ02AB0 _ 01	水稻土	30.48±1.94	1.67±0.22	0.82±0.20	159.07±18.60	4.38±0.09	3
2010 - 10	TYAZH02ABC _ 01	红壤	23.47±2.44	1.30±0.13	0.62±0.04	180.56±16.81	4.41±0.10	6
2010 - 10	TYAFZ04ABC _ 01	红壤	23.89±5.01	1.36±0.23	0.33±0.04	177.63±27.95	4.44±0.17	3
2010 - 10	TYAFZ05ABC _ 01	红壤	22.13±5.03	1.19±0.40	0.31±0.05	182.70±15.43	4.60±0.06	3
2010 - 10	TYAFZ06ABC _ 01	红壤	18.78±3.37	1.02±0.16	0.31±0.02	155.53±16.65	4.19±0.10	3
2010 - 10	TYAFZ07ABC _ 01	红壤	24.27±4.47	1.41±0.13	0.35±0.00	170.67±7.68	4.40±0.01	3
2010 - 10	TYAZQ02AB0 _ 02	红壤	23.80±6.02	1.25±0.25	0.49±0.13	107.13±13.78	4.39±0.27	3
2010 - 11	TYAZH01ABC _ 01	水稻土	24.98±1.98	1.27±0.08	0.60±0.02	171.33±7.65	5.01±0.08	6
2010 - 11	TYAFZ01AB0 _ 01	水稻土	27.31±2.20	1.32±0.09	0.47±0.03	146.17±5.47	5.55±0.08	3
2010 - 11	TYAFZ02AB0 _ 01	水稻土	33.88±1.53	1.91±0.27	0.66±0.07	162.79±2.35	5.38±0.04	3
2010 - 11	TYAFZ03AB0 _ 01	水稻土	32.40±3.14	1.63±0.16	0.77±0.08	165.48±16.99	5.36±0.18	3
2010 - 11	TYAZQ01AB0 _ 01	水稻土	31.02±0.73	1.62±0.15	0.42±0.01	118.78±0.77	5.34±0.10	3
2010 - 11	TYAZQ01AB0 _ 02	红壤	21.13±3.48	1.35±0.18	0.56±0.05	138.03±8.62	4.52±0.12	3
2012 - 10	TYAZH01ABC _ 01	水稻土	25.81±2.12	1.57±0.11	0.50±0.01	198.73±6.72	5.08±0.07	6
2012 - 10	TYAFZ01AB0 _ 01	水稻土	24.74±2.53	1.47±0.15	0.43±0.02	198.40±1.40	5.60±0.20	3
2012 - 10	TYAFZ02AB0 _ 01	水稻土	30.82±1.45	1.92±0.10	0.56±0.04	224.40±8.42	5.28±0.06	3
2012 - 10	TYAFZ03AB0 _ 01	水稻土	29.42±1.20	1.83±0.06	0.67±0.01	212.50±6.55	5.24±0.09	3
2012 - 10	TYAZQ01AB0 _ 01	水稻土	32.84±1.17	2.05±0.10	0.30±0.01	150.04±0.80	5.07±0.02	3
2012 - 10	TYAZQ02AB0 _ 01	水稻土	28.86±1.33	1.72±0.15	0.69±0.08	199.13±7.66	4.88±0.28	3
2012 - 10	TYAZH02ABC _ 01	红壤	25.81±2.36	1.46±0.23	0.50±0.07	206.18±29.50	4.24±0.13	6
2012 - 10	TYAFZ04ABC _ 01	红壤	26.56±3.63	1.38±0.05	0.25±0.05	207.99±33.11	4.32±0.09	3
2012 - 10	TYAFZ05ABC _ 01	红壤	30.75±2.70	1.52±0.04	0.23±0.03	202.79±22.59	4.47±0.03	3
2012 - 10	TYAFZ06ABC _ 01	红壤	28.44±1.99	1.40±0.05	0.21±0.03	181.51±21.07	4.33±0.03	3
2012 - 10	TYAFZ07ABC _ 01	红壤	26.93±6.49	1.54±0.45	0.26±0.05	200.46±3.93	4.37±0.04	3
2012 - 10	TYAZQ01AB0 _ 02	红壤	21.19±1.83	1.35±0.06	0.44±0.07	177.10±10.00	4.53±0.18	3
2012 - 10	TYAZQ02AB0 _ 02	红壤	21.64±3.19	1.15±0.13	0.29±0.02	117.85±3.51	4.20±0.05	3
2015 - 10	TYAZH01ABC _ 01	水稻土	34.47±1.23	1.83±0.06	0.62±0.03	121.05±14.48	4.84±0.03	6
2015 - 10	TYAFZ01AB0 _ 01	水稻土	28.12±0.83	1.50±0.09	0.39±0.01	105.85±2.14	5.37±0.10	3
2015 - 10	TYAFZ02AB0 _ 01	水稻土	36.24±0.41	1.98±0.03	0.66±0.01	174.35±5.76	4.96±0.09	3

（续）

日期（年-月）	样地代码	土壤类型	土壤有机质/(g/kg)	全氮（N）/(g/kg)	全磷（P）/(g/kg)	缓效钾（K）/(mg/kg)	pH	重复数
2015-10	TYAFZ03AB0_01	水稻土	35.04±1.16	1.86±0.07	0.86±0.03	153.44±10.56	4.87±0.11	3
2015-10	TYAZH02ABC_01	红壤	32.26±2.03	1.92±0.05	0.83±0.04	149.50±88.57	4.17±0.11	6
2015-10	TYAFZ04ABC_01	红壤	39.84±0.95	1.87±0.09	0.31±0.02	211.92±44.81	4.17±0.08	3
2015-10	TYAFZ05ABC_01	红壤	28.94±4.99	1.36±0.13	0.27±0.04	213.24±32.02	4.36±0.02	3
2015-10	TYAFZ06ABC_01	红壤	38.45±4.34	1.87±0.18	0.43±0.05	219.07±30.71	4.32±0.13	3
2015-10	TYAFZ07ABC_01	红壤	31.69±3.58	1.68±0.09	0.68±0.06	226.25±27.57	4.19±0.14	3
2015-11	TYAZQ01AB0_01	水稻土	32.93±3.72	1.86±0.04	0.40±0.02	95.16±11.61	5.01±0.08	3
2015-11	TYAZQ02AB0_01	水稻土	26.61±2.13	1.58±0.09	1.00±0.08	139.28±12.02	4.80±0.08	3
2015-11	TYAZQ01AB0_02	红壤	27.25±2.29	1.43±0.14	0.58±0.04	142.95±10.49	4.76±0.36	3
2015-11	TYAZQ02AB0_02	红壤	33.11±7.21	1.47±0.28	0.37±0.01	76.20±7.27	4.01±0.15	3

（2）表层（0～20 cm）土壤速效养分含量数据表

表层（0～20 cm）土壤速效养分含量数据表（表 3-43），涉及 13 个观测样地，数据列包括时间、样地代码、土壤类型、碱解氮、有效磷、速效钾以及重复数。

表 3-43 表层（0～20 cm）土壤速效养分含量数据表

时间（年-月）	样地代码	土壤类型	碱解氮（N）/(mg/kg)	有效磷（P）/(mg/kg)	速效钾（K）/(mg/kg)	重复数
2008-05	TYAZH02ABC_01	红壤	169.09±34.05	34.47±25.41	138.80±29.76	6
2008-05	TYAZQ01AB0_02	红壤	180.60±0.00	4.55±0.00	72.42±0.00	1
2008-07	TYAZH01ABC_01	水稻土	138.67±2.79	11.04±2.33	96.72±16.00	6
2008-07	TYAFZ01AB0_01	水稻土	127.68±0.00	3.24±0.00	45.35±0.00	1
2008-07	TYAFZ02AB0_01	水稻土	162.96±0.00	9.99±0.00	60.56±0.00	1
2008-07	TYAFZ03AB0_01	水稻土	172.20±0.00	11.23±0.00	71.41±0.00	1
2008-07	TYAZQ01AB0_01	水稻土	159.18±0.00	10.72±0.00	65.95±0.00	1
2008-07	TYAZQ02AB0_01	水稻土	137.34±0.00	9.36±0.00	25.20±0.00	1
2008-10	TYAZH01ABC_01	水稻土	122.37±8.15	7.03±0.61	124.93±16.00	6
2008-10	TYAFZ01AB0_01	水稻土	131.30±0.00	2.92±0.00	48.08±0.00	1
2008-10	TYAFZ02AB0_01	水稻土	135.24±0.00	8.74±0.00	65.98±0.00	1
2008-10	TYAFZ03AB0_01	水稻土	157.78±0.00	20.48±0.00	75.76±0.00	1
2008-10	TYAZQ01AB0_01	水稻土	146.51±0.00	6.73±0.00	92.38±0.00	1
2008-10	TYAZQ02AB0_01	水稻土	114.95±0.00	7.65±0.00	36.43±0.00	1
2008-10	TYAZH02ABC_01	红壤	115.05±15.40	29.20±8.43	135.70±40.15	6

（续）

时间（年-月）	样地代码	土壤类型	碱解氮（N）/（mg/kg）	有效磷（P）/（mg/kg）	速效钾（K）/（mg/kg）	重复数
2008-10	TYAFZ04ABC_01	红壤	98.42±3.10	0.55±0.18	56.69±1.86	3
2008-10	TYAFZ05ABC_01	红壤	113.83±44.56	0.36±0.24	53.06±6.61	3
2008-10	TYAFZ06ABC_01	红壤	141.06±4.73	7.73±6.57	120.34±40.67	3
2008-10	TYAFZ07ABC_01	红壤	161.91±11.12	12.22±8.56	114.7±37.60	3
2008-10	TYAZQ01AB0_02	红壤	101.43±0.00	5.34±0.00	60.04±0.00	1
2008-10	TYAZQ02AB0_02	红壤	132.99±0.00	5.56±0.00	50.89±0.00	1
2009-03	TYAZH02ABC_01	红壤	123.78±35.30	27.14±5.90	138.19±41.27	6
2009-07	TYAZH01ABC_01	水稻土	102.18±28.17	11.23±3.18	97.21±9.69	6
2009-07	TYAFZ01AB0_01	水稻土	146.51±0.00	2.58±0.00	68.38±0.00	1
2009-07	TYAFZ02AB0_01	水稻土	213.00±0.00	8.07±0.00	73.71±0.00	1
2009-07	TYAFZ03AB0_01	水稻土	162.29±0.00	19.17±0.00	70.32±0.00	1
2009-07	TYAZQ01AB0_01	水稻土	180.88±0.00	6.60±0.00	41.62±0.00	1
2009-07	TYAZQ02AB0_01	水稻土	166.80±0.00	9.23±0.00	30.95±0.00	1
2009-07	TYAZH02ABC_01	红壤	212.63±82.31	37.25±18.70	131.02±25.98	6
2009-10	TYAZH01ABC_01	水稻土	118.71±12.95	9.39±1.21	116.73±29.50	6
2009-10	TYAFZ01AB0_01	水稻土	131.86±0.00	1.93±0.00	34.13±0.00	1
2009-10	TYAFZ02AB0_01	水稻土	145.38±0.00	5.47±0.00	65.50±0.00	1
2009-10	TYAFZ03AB0_01	水稻土	149.89±0.00	23.33±0.00	95.15±0.00	1
2009-10	TYAZQ01AB0_01	水稻土	161.16±0.00	4.27±0.00	53.05±0.00	1
2009-10	TYAZQ02AB0_01	水稻土	116.64±0.00	6.40±0.00	25.02±0.00	1
2009-10	TYAZQ01AB0_02	红壤	135.24±0.00	10.64±0.00	70.04±0.00	1
2009-10	TYAZQ02AB0_02	红壤	226.53±0.00	5.94±0.00	49.28±0.00	1
2009-11	TYAFZ04ABC_01	红壤	119.65±25.40	1.07±0.17	64.47±28.87	3
2009-11	TYAFZ05ABC_01	红壤	101.43±10.75	0.78±0.32	35.89±2.41	3
2009-11	TYAFZ06ABC_01	红壤	165.48±21.46	3.91±0.13	93.77±9.53	3/2
2009-11	TYAFZ07ABC_01	红壤	150.64±17.90	3.53±1.01	68.12±14.9	3
2010-05	TYAZH02ABC_01	红壤	203.86±24.26	45.10±5.13	115.76±26.45	6
2010-07	TYAZH01ABC_01	水稻土	196.07±5.29	19.91±11.97	94.79±6.36	6
2010-07	TYAFZ01AB0_01	水稻土	177.83±22.99	4.02±0.35	50.71±6.61	3
2010-07	TYAFZ02AB0_01	水稻土	205.57±25.94	17.56±3.22	72.88±7.63	3

（续）

时间（年-月）	样地代码	土壤类型	碱解氮（N）/（mg/kg）	有效磷（P）/（mg/kg）	速效钾（K）/（mg/kg）	重复数
2010-07	TYAFZ03AB0_01	水稻土	211.72±11.14	22.84±3.12	73.61±13.82	3
2010-07	TYAZQ01AB0_01	水稻土	208.23±13.83	7.24±0.36	51.60±10.34	3
2010-10	TYAZQ02AB0_01	水稻土	144.50±0.00	25.25±0.00	53.47±0.00	1
2010-10	TYAZH02ABC_01	红壤	78.35±16.59	33.23±4.35	84.34±18.37	6
2010-10	TYAFZ04ABC_01	红壤	80.81±6.04	3.92±0.44	52.96±14.99	3
2010-10	TYAFZ05ABC_01	红壤	72.54±13.23	2.99±0.71	28.92±3.45	3
2010-10	TYAFZ06ABC_01	红壤	77.26±15.67	2.84±0.14	52.68±5.92	3
2010-10	TYAFZ07ABC_01	红壤	75.05±5.35	5.69±0.86	77.27±10.66	3
2010-10	TYAZQ02AB0_02	红壤	75.25±6.39	11.27±6.62	26.05±5.24	3
2010-11	TYAZH01ABC_01	水稻土	123.16±13.75	9.72±1.28	73.64±13.32	6
2010-11	TYAFZ01AB0_01	水稻土	120.82±16.94	4.02±0.57	28.02±1.00	3
2010-11	TYAFZ02AB0_01	水稻土	180.04±44.81	11.73±3.17	42.86±2.66	3
2010-11	TYAFZ03AB0_01	水稻土	140.33±11.21	17.80±10.33	43.83±5.07	3
2010-11	TYAZQ01AB0_01	水稻土	142.76±10.81	7.96±1.07	81.10±64.81	3
2010-11	TYAZQ01AB0_02	红壤	82.43±24.70	10.63±1.37	49.67±7.01	3
2011-07	TYAZH01ABC_01	水稻土	147.48±11.43	13.05±1.64	97.49±4.71	6
2011-07	TYAFZ01AB0_01	水稻土	122.08±12.43	4.30±0.45	45.67±2.39	3
2011-07	TYAFZ02AB0_01	水稻土	153.05±12.94	20.48±2.30	88.26±26.60	3
2011-07	TYAFZ03AB0_01	水稻土	163.94±11.63	15.00±0.55	59.46±3.35	3
2011-07	TYAZQ01AB0_01	水稻土	172.59±4.21	6.19±0.56	52.97±1.48	3
2011-07	TYAZQ02AB0_01	水稻土	164.30±7.29	41.44±10.78	107.60±16.63	3
2011-07	TYAZQ01AB0_02	红壤	114.03±20.38	16.68±8.89	68.83±5.21	3
2011-10	TYAZH01ABC_01	水稻土	120.71±10.36	11.70±1.83	81.30±5.81	6
2011-10	TYAFZ01AB0_01	水稻土	126.33±11.77	5.96±0.22	35.99±7.48	3
2011-10	TYAFZ02AB0_01	水稻土	143.64±14.93	14.05±1.40	52.24±8.22	3
2011-10	TYAFZ03AB0_01	水稻土	147.75±6.93	26.48±5.92	64.37±10.02	3
2011-10	TYAZQ01AB0_01	水稻土	162.75±1.46	7.40±1.14	46.21±11.97	3
2011-10	TYAZQ02AB0_01	水稻土	144.85±7.27	24.9±10.43	57.28±4.13	3
2011-10	TYAZH02ABC_01	红壤	149.96±37.43	41.93±7.02	97.67±21.39	6
2011-10	TYAFZ04ABC_01	红壤	92.79±4.04	4.41±0.26	43.22±4.44	3

（续）

时间（年-月）	样地代码	土壤类型	碱解氮（N）/（mg/kg）	有效磷（P）/（mg/kg）	速效钾（K）/（mg/kg）	重复数
2011-10	TYAFZ05ABC_01	红壤	112.96±16.00	4.39±0.39	39.72±2.90	3
2011-10	TYAFZ06ABC_01	红壤	102.86±4.61	6.31±4.85	81.91±13.64	3
2011-10	TYAFZ07ABC_01	红壤	126.85±11.31	5.91±0.46	63.28±1.86	3
2011-10	TYAZQ01AB0_02	红壤	90.78±2.96	9.21±1.47	51.49±9.99	3
2011-10	TYAZQ02AB0_02	红壤	87.59±0.68	3.99±0.13	37.59±7.79	3
2012-03	TYAZQ02AB0_01	水稻土	161.27±6.89	25.89±3.00	102.22±10.90	3
2012-06	TYAZH02ABC_01	红壤	136.48±19.28	31.91±5.47	97.15±8.92	6
2012-07	TYAZH01ABC_01	水稻土	156.17±15.89	12.14±1.78	115.39±9.01	6
2012-07	TYAFZ01AB0_01	水稻土	127.48±19.19	3.93±0.60	72.11±7.40	3
2012-07	TYAFZ02AB0_01	水稻土	174.00±7.19	17.42±0.50	70.26±8.68	3
2012-07	TYAFZ03AB0_01	水稻土	150.62±14.46	29.96±3.87	104.05±8.00	3
2012-07	TYAZQ01AB0_01	水稻土	179.69±3.19	7.49±0.06	85.21±3.73	3
2012-10	TYAZH01ABC_01	水稻土	121.65±14.56	10.32±1.11	94.28±5.95	6
2012-10	TYAFZ01AB0_01	水稻土	130.81±10.05	3.65±0.53	52.49±10.05	3
2012-10	TYAFZ02AB0_01	水稻土	160.07±7.76	10.27±0.43	63.15±16.05	3
2012-10	TYAFZ03AB0_01	水稻土	167.04±19.31	21.19±2.14	105.86±7.50	3
2012-10	TYAZQ01AB0_01	水稻土	168.24±9.12	5.57±0.38	55.36±3.79	3
2012-10	TYAZQ02AB0_01	水稻土	157.49±7.20	50.52±14.59	105.44±10.67	3
2012-10	TYAZH02ABC_01	红壤	111.10±15.78	20.72±5.90	74.53±5.55	6
2012-10	TYAFZ04ABC_01	红壤	103.53±10.72	3.46±1.13	52.72±5.60	3
2012-10	TYAFZ05ABC_01	红壤	119.06±11.27	5.82±2.52	44.86±10.17	3
2012-10	TYAFZ06ABC_01	红壤	91.58±7.52	5.15±1.32	81.63±14.87	3
2012-10	TYAFZ07ABC_01	红壤	103.53±19.08	5.26±3.07	73.67±9.62	3
2012-10	TYAZQ01AB0_02	红壤	111.89±6.58	8.77±2.77	52.57±2.44	3
2012-10	TYAZQ02AB0_02	红壤	97.16±9.67	7.08±2.02	31.39±1.17	3
2013-03	TYAZQ02AB0_01	水稻土	193.90±15.51	61.83±16.65	58.85±17.95	3
2013-03	TYAZH02ABC_01	红壤	171.31±2.65	16.28±1.21	81.54±5.97	6
2013-07	TYAZH01ABC_01	水稻土	139.46±11.39	36.48±4.94	78.05±7.82	6
2013-07	TYAFZ01AB0_01	水稻土	142.41±8.56	4.07±0.48	41.70±4.59	3
2013-07	TYAFZ02AB0_01	水稻土	185.11±3.15	19.40±2.25	44.01±1.15	3

（续）

时间（年-月）	样地代码	土壤类型	碱解氮（N）/（mg/kg）	有效磷（P）/（mg/kg）	速效钾（K）/（mg/kg）	重复数
2013-07	TYAFZ03AB0_01	水稻土	168.23±11.08	34.55±2.05	66.00±7.07	3
2013-07	TYAZQ01AB0_01	水稻土	181.61±9.52	8.97±0.53	47.18±5.02	3
2013-07	TYAZH02ABC_01	红壤	255.77±30.77	49.00±9.28	133.71±35.53	6
2013-10	TYAZH01ABC_01	水稻土	144.78±7.14	12.63±1.42	56.16±5.84	6
2013-10	TYAFZ01AB0_01	水稻土	120.87±8.38	4.42±0.10	24.86±0.05	3
2013-10	TYAFZ02AB0_01	水稻土	153.30±7.59	16.02±0.93	33.56±4.12	3
2013-10	TYAFZ03AB0_01	水稻土	143.19±6.43	24.52±1.76	39.73±1.39	3
2013-10	TYAZQ01AB0_01	水稻土	146.92±4.78	9.00±0.96	35.67±3.77	3
2013-10	TYAFZ04ABC_01	红壤	125.84±23.25	4.05±0.58	43.16±0.37	3
2013-10	TYAFZ05ABC_01	红壤	131.13±13.22	3.53±0.75	41.88±6.87	3
2013-10	TYAFZ06ABC_01	红壤	97.22±9.78	5.05±1.49	90.68±28.09	3
2013-10	TYAFZ07ABC_01	红壤	135.33±16.23	24.07±4.05	73.16±5.71	3
2013-10	TYAZQ01AB0_02	红壤	107.10±11.09	10.9±0.70	38.50±7.26	3
2013-11	TYAZQ02AB0_01	水稻土	151.98±7.81	66.42±1.79	60.63±8.14	3
2013-11	TYAZQ02AB0_02	红壤	152.60±15.53	6.00±0.78	22.22±3.95	3
2014-07	TYAZH01ABC_01	水稻土	175.00±8.94	19.65±0.99	80.18±5.88	6
2014-07	TYAFZ01AB0_01	水稻土	135.96±9.78	7.00±1.03	47.17±2.18	3
2014-07	TYAFZ02AB0_01	水稻土	193.63±13.43	19.75±0.28	57.42±5.48	3
2014-07	TYAFZ03AB0_01	水稻土	161.68±15.37	45.95±2.19	63.37±9.77	3
2014-07	TYAZQ01AB0_01	水稻土	181.29±9.35	8.83±1.71	51.05±9.31	3
2014-07	TYAZQ02AB0_01	水稻土	179.64±9.28	89.00±23.96	51.69±22.52	3
2014-07	TYAZH02ABC_01	红壤	142.99±21.16	44.98±9.78	88.89±13.17	6
2014-10	TYAZQ01AB0_01	水稻土	165.83±13.32	8.70±1.22	70.23±4.05	3
2014-10	TYAZQ02AB0_01	水稻土	174.61±9.78	62.01±7.12	84.82±23.12	3
2014-10	TYAZQ01AB0_02	红壤	148.17±18.34	8.17±3.13	97.98±14.03	3
2014-10	TYAZQ02AB0_02	红壤	194.51±35.13	8.32±4.28	75.52±16.11	3
2014-11	TYAZH01ABC_01	水稻土	174.47±10.02	11.56±2.35	86.50±12.42	6
2014-11	TYAFZ01AB0_01	水稻土	142.01±14.13	6.19±0.44	32.95±0.94	3
2014-11	TYAFZ02AB0_01	水稻土	174.37±11.34	13.26±0.47	49.11±2.98	3
2014-11	TYAFZ03AB0_01	水稻土	169.91±4.52	28.55±3.81	56.02±0.71	3

（续）

时间（年-月）	样地代码	土壤类型	碱解氮（N）/（mg/kg）	有效磷（P）/（mg/kg）	速效钾（K）/（mg/kg）	重复数
2014-11	TYAZH02ABC_01	红壤	132.48±12.37	31.49±4.39	81.42±17.36	6
2014-11	TYAFZ04ABC_01	红壤	184.63±27.96	4.27±0.61	67.65±10.83	3
2014-11	TYAFZ05ABC_01	红壤	129.96±25.36	2.32±0.08	57.78±18.93	3
2014-11	TYAFZ06ABC_01	红壤	169.02±23.47	10.20±0.70	119.93±18.68	3
2014-11	TYAFZ07ABC_01	红壤	159.08±8.27	10.58±1.01	120.55±20.27	3
2015-07	TYAZH01ABC_01	水稻土	162.04±28.16	16.72±1.49	82.52±4.58	6
2015-07	TYAFZ01AB0_01	水稻土	162.05±12.82	4.68±0.93	43.63±2.62	3
2015-07	TYAFZ02AB0_01	水稻土	177.38±5.43	21.44±0.96	52.31±3.47	3
2015-07	TYAFZ03AB0_01	水稻土	189.18±10.49	35.79±1.58	75.22±2.79	3
2015-07	TYAZQ01AB0_01	水稻土	185.36±33.98	10.09±0.82	84.95±6.30	3
2015-08	TYAZQ02AB0_01	水稻土	179.95±19.68	81.41±15.24	76.92±14.82	3
2015-10	TYAZH01ABC_01	水稻土	163.56±17.68	18.98±2.86	67.56±7.19	6
2015-10	TYAFZ01AB0_01	水稻土	139.42±18.59	6.57±0.19	37.58±3.05	3
2015-10	TYAFZ02AB0_01	水稻土	168.48±4.44	29.73±1.40	51.78±3.49	3
2015-10	TYAFZ03AB0_01	水稻土	169.92±9.45	52.61±5.39	62.07±1.54	3
2015-10	TYAZH02ABC_01	红壤	164.29±13.03	59.08±8.41	54.60±10.88	6
2015-10	TYAFZ04ABC_01	红壤	167.65±8.39	3.66±0.18	63.88±5.80	3
2015-10	TYAFZ05ABC_01	红壤	117.30±43.80	2.15±0.44	45.32±2.05	3
2015-10	TYAFZ06ABC_01	红壤	156.46±23.86	16.95±8.99	110.98±16.51	3
2015-10	TYAFZ07ABC_01	红壤	138.56±25.73	55.79±17.66	134.17±33.90	3
2015-11	TYAZQ01AB0_01	水稻土	169.18±12.45	12.69±2.41	59.05±9.29	3
2015-11	TYAZQ02AB0_01	水稻土	148.07±12.82	96.15±8.43	92.58±18.91	3
2015-11	TYAZQ01AB0_02	红壤	116.81±18.31	14.72±3.96	61.50±2.32	3
2015-11	TYAZQ02AB0_02	红壤	134.78±13.65	9.12±3.82	51.00±19.04	3

注：2008 年、2009 年水田辅助观测场、站区调查点每个样地取一个混合样品。

3.4.3 土壤有效微量元素数据集

3.4.3.1 概述

本数据集为桃源站 13 个监测样地 2010 年、2015 年表层（0～20 cm）土壤有效微量元素含量的集合，包括有效铜、有效硼、有效锰、有效锌、有效硫 5 个分析指标。观测场/样地信息同 3.4.1.1。

3.4.3.2 数据采集和处理方法

（1）采集方法

按照CERN长期观测规范，表层土壤有效微量元素指标监测频率为5年1次，于晚稻收获期采集土壤样品。每个综合观测场根据分区采集6个样品，其他样地根据分区采集3个样品，每个样品均采用S形多点取样混合，具体方法见2.2.1。

（2）样品处理

样品采回后，挑出根系和石子，在阴凉处风干，用四分法分取适量样品，碾磨后过20目尼龙筛，再四分法分取适量样品，碾磨后过100目筛，磨后样品用封口袋封装备用。2015年样品采集后，挑出根系和石子，混匀样品，立即取约100 g新鲜土样，保存于4 ℃，并于一周内分析有效锰含量。

（3）分析方法

有效铜、有效锌采用盐酸溶液浸提法，2010年用原子吸收仪测定，2015年用ICP测定；有效硼采用硫酸镁浸提-ICP测定；有效硫采用磷酸盐-乙酸浸提-ICP测定；有效锰在2010年采用盐酸溶液浸提-原子吸收仪测定、在2015年采用对苯二酚-乙酸铵浸提-原子吸收仪测定（鲁如坤，1999）。

3.4.3.3 数据质量控制方法

第一，测定时插入国家标准样品进行质控。

第二，分析时进行3次平行样品测定。

第三，利用校验软件检查每个监测数据是否超出该样地相同深度该监测项目历史数据平均值的2倍标准差或者样地空间变异调查的2倍标准差等，对于超出范围的数据进行核实或再次测定。

3.4.3.4 数据价值/数据使用方法和建议

土壤有效微量元素是植物健康生长的必需元素，是植物可直接吸收利用的部分，也是指导施肥的依据。比如，有效硼处于0.5 mg/kg以下时，表示土壤严重缺硼，特别是在油菜季需要增施硼肥，在极严重缺硼的土壤中施硼肥能使油菜产量增加数倍，同时也能明显增加油脂含量（浙江农业大学，1990）。通过长年的定点监测，可以反映施肥、农药等人为因素对土壤有效微量元素的影响。

3.4.3.5 数据表

本节共1个数据表——土壤表层有效微量元素含量（表3-44），数据列包括时间、样地代码、土壤类型、有效铜（Cu）、有效硼（B）、有效锰（Mn）、有效锌（Zn）、有效硫（S）、重复数。数据表内各样地土壤有效铜测定平均值范围为0.65～4.31 mg/kg，有效硼平均值范围为0.11～0.34 mg/kg，有效锰平均值范围为16.35～144.07 mg/kg，有效锌平均值范围为0.92～6.90 mg/kg，有效硫平均值范围为29.31～191.93 mg/kg。

表3-44 土壤表层有效微量元素含量

时间（年-月）	样地代码	土壤类型	有效铜（Cu）/（mg/kg）	有效硼（B）/（mg/kg）	有效锰（Mn）/（mg/kg）	有效锌（Zn）/（mg/kg）	有效硫（S）/（mg/kg）	重复数
2010-11	TYAZH01ABC_01	水稻土	2.66±0.18	0.14±0.02	24.54±6.62	1.94±0.17	76.02±14.65	6
2010-11	TYAFZ01AB0_01	水稻土	2.81±0.24	0.11±0.00	111.07±4.73	5.21±1.47	78.47±2.82	3
2010-11	TYAFZ02AB0_01	水稻土	3.56±0.13	0.16±0.01	64.98±2.02	3.43±0.26	101.20±15.77	3
2010-11	TYAFZ03AB0_01	水稻土	3.47±0.28	0.17±0.04	34.24±6.49	4.71±1.28	185.11±57.12	3
2010-11	TYAZQ01AB0_01	水稻土	4.31±0.51	0.19±0.04	38.66±2.73	3.79±0.37	38.40±1.32	3
2010-10	TYAZQ02AB0_01	水稻土	3.30±0.16	0.13±0.00	36.63±5.76	6.90±2.69	424.97±170.92	3
2010-10	TYAZH02ABC_01	红壤	1.10±0.20	0.27±0.04	21.67±6.93	2.02±0.45	59.53±15.07	6
2010-10	TYAFZ04ABC_01	红壤	1.06±0.07	0.23±0.02	36.75±3.35	2.04±0.74	100.28±31.12	3

（续）

时间（年-月）	样地代码	土壤类型	有效铜（Cu）/（mg/kg）	有效硼（B）/（mg/kg）	有效锰（Mn）/（mg/kg）	有效锌（Zn）/（mg/kg）	有效硫（S）/（mg/kg）	重复数
2010-10	TYAFZ05ABC_01	红壤	0.88±0.12	0.18±0.06	25.06±4.39	1.42±0.36	100.35±7.81	3
2010-10	TYAFZ06ABC_01	红壤	1.16±0.44	0.17±0.00	17.99±5.92	0.92±0.03	148.40±25.62	3
2010-10	TYAFZ07ABC_01	红壤	1.59±0.10	0.24±0.01	16.35±2.08	1.87±0.16	99.50±22.37	3
2010-11	TYAZQ01AB0_02	红壤	0.84±0.04	0.21±0.04	20.36±4.49	2.04±0.49	91.83±20.13	3
2010-10	TYAZQ02AB0_02	红壤	1.09±0.22	0.16±0.03	34.81±0.00	1.96±0.08	76.67±4.28	3
2015-10	TYAZH02ABC_01	红壤	0.65±0.03	0.25±0.05	25.99±26.29	2.23±0.32	99.26±9.62	6
2015-10	TYAZH01ABC_01	水稻土	2.85±0.11	0.16±0.01	7.01±2.29	4.38±0.50	63.09±5.99	6
2015-10	TYAFZ01AB0_01	水稻土	2.68±0.11	0.14±0.01	120.69±26.50	4.30±0.87	51.47±5.04	3
2015-10	TYAFZ02AB0_01	水稻土	2.82±0.03	0.14±0.00	66.80±38.67	4.44±0.23	120.86±6.16	3
2015-10	TYAFZ03AB0_01	水稻土	3.05±0.04	0.14±0.01	76.78±30.24	4.38±0.06	191.93±24.67	3
2015-11	TYAZQ01AB0_01	水稻土	3.25±0.10	0.17±0.01	71.53±29.74	4.93±0.21	49.69±11.09	3
2015-11	TYAZQ02AB0_01	水稻土	2.89±0.19	0.15±0.03	72.12±10.21	5.42±0.49	29.31±4.28	3
2015-10	TYAFZ04ABC_01	红壤	0.69±0.02	0.27±0.04	124.08±49.05	2.14±0.42	51.47±3.55	3
2015-10	TYAFZ05ABC_01	红壤	0.69±0.02	0.20±0.01	214.53±156.73	1.84±0.13	65.20±14.20	3
2015-10	TYAFZ06ABC_01	红壤	1.20±0.23	0.34±0.01	81.44±19.51	3.48±0.85	54.00±17.58	3
2015-10	TYAFZ07ABC_01	红壤	1.58±0.20	0.19±0.01	77.44±65.47	3.25±0.68	68.49±19.79	3
2015-11	TYAZQ01AB0_02	红壤	0.97±0.27	0.22±0.02	144.07±63.54	3.41±1.36	30.17±18.32	3
2015-11	TYAZQ02AB0_02	红壤	0.84±0.25	0.29±0.09	19.22±15.68	2.39±0.18	69.00±13.47	3

3.4.4 剖面土壤机械组成数据集

3.4.4.1 概述

本数据集为桃源站 13 个监测样地 2015 年剖面（0～10 cm、>10～20 cm、>20～40 cm、>40～60 cm、>60～80 cm）土壤机械组成数据集合，包括<2～0.05 mm 沙粒含量、<0.05～0.002 mm 粉粒含量、<0.002 mm 黏粒含量、土壤质地（美国制）4 个分析指标。观测场/样地信息同 3.4.1.1。

3.4.4.2 数据采集和处理方法

（1）采集方法

按照 CERN 长期观测规范，剖面土壤机械组成监测频率为 10 年 1 次，于晚稻收获期采集土壤样品。旱地（坡地）根据坡上、坡中、坡下分 3 个区进行采样，每个区用土钻按照 W 形多点采集混合（站区用挖剖面的方法采集，由于考虑样品分析时间及数据上报时间，综合观测场与辅助观测场提前采集样品，于 5—6 月进行）；水田根据田块形状按左、中、右分 3 个区进行采样，每个区用挖剖面的方法采集样品。

（2）样品处理

样品采回后，挑出根系和石子，在阴凉处风干，用四分法分取适量样品，碾磨后过 10 目尼龙筛磨后样品用封口袋封装备用。

（3）分析方法

土壤机械组成用激光粒度仪（湿法进样）测定，土壤质地采用美国制三角坐标图。

3.4.4.3 数据质量控制方法

第一，实验室分析时进行 2 次平行样品测定。

第二，利用校验软件检查每个监测数据是否超出该样地相同深度该监测项目历史数据平均值的 2 倍标准差或者样地空间变异调查的 2 倍标准差等，对于超出范围的数据进行核实或再次测定。

3.4.4.4 数据价值/数据使用方法和建议

土壤机械组成数据可用来确定土壤质地和土壤的结构性，是各种有关土壤模型及研究中不可或缺的基础数据（刘作新等，2003）。土壤机械组成的变化在一定程度上能改变土壤的结构，使土壤孔隙度和保水保肥性等发生变化，对土壤化学生物学特性也会产生影响，比如影响土壤有机碳及植被根系的分布格局（胡雷等，2015）。详细的土壤机械组成可以为农业生产研究及土壤改良提供依据，也可以为水土保持、环境演变等领域定量化推论提供基础数据。

3.4.4.5 数据表

本节共 1 个数据表——剖面土壤机械组成及土壤质地（表 3－45），数据列包括时间、样地代码、采样分区描述（微地形）、土壤类型、采样深度（cm）、2～0.05 mm 沙粒（%）、0.05～0.002 mm 粉粒（%）、<0.002 mm 黏粒（%）、土壤质地名称以及重复数。数据表显示，本站监测样地大部分土壤质地为粉壤土。

表 3－45 剖面土壤机械组成及土壤质地

时间（年-月）	样地代码	采样分区描述（微地形）	土壤类型	采样深度/cm	2～0.05 mm 沙粒/%	0.05～0.002 mm 粉粒/%	<0.002 mm 黏粒/%	土壤质地名称	重复数
2015－12	TYAZH01ABC_01	平地	水稻土	0～10	20.64±0.59	66.96±0.84	12.40±0.80	粉壤土	3
2015－12	TYAZH01ABC_01	平地	水稻土	>10～20	10.58±1.78	75.74±2.44	13.68±1.20	粉壤土	3
2015－12	TYAZH01ABC_01	平地	水稻土	>20～40	1.74±0.23	74.69±1.29	23.57±1.19	粉壤土	3
2015－12	TYAZH01ABC_01	平地	水稻土	>40～60	3.03±2.34	75.77±1.58	21.20±3.74	粉壤土	3
2015－12	TYAZH01ABC_01	平地	水稻土	>60～80	2.94±1.75	80.06±1.56	17.00±1.49	粉壤土	3
2015－05	TYAZH02ABC_01	坡地	红壤	0～10	9.93±3.86	72.81±2.93	17.27±1.22	粉壤土	3
2015－05	TYAZH02ABC_01	坡地	红壤	>10～20	3.30±0.28	77.25±1.02	19.45±1.11	粉壤土	3
2015－05	TYAZH02ABC_01	坡地	红壤	>20～40	2.37±0.28	76.18±2.25	21.44±2.53	粉壤土	3
2015－05	TYAZH02ABC_01	坡地	红壤	>40～60	1.45±0.41	75.02±2.87	23.53±3.15	粉壤土	3
2015－05	TYAZH02ABC_01	坡地	红壤	>60～80	2.18±0.91	74.47±3.78	23.35±2.88	粉壤土	3
2015－12	TYAFZ01AB0_01	平地	水稻土	0～10	18.72±1.19	68.75±2.16	12.53±0.97	粉壤土	3
2015－12	TYAFZ01AB0_01	平地	水稻土	>10～20	16.35±1.87	70.52±2.84	13.13±1.35	粉壤土	3
2015－12	TYAFZ01AB0_01	平地	水稻土	>20～40	14.93±3.27	71.14±3.65	13.93±0.90	粉壤土	3
2015－12	TYAFZ01AB0_01	平地	水稻土	>40～60	1.16±0.43	80.36±2.90	18.48±3.34	粉壤土	3
2015－12	TYAFZ01AB0_01	平地	水稻土	>60～80	0.81±0.32	80.15±0.87	19.04±1.19	粉壤土	3

（续）

时间（年-月）	样地代码	采样分区描述（微地形）	土壤类型	采样深度/cm	2～0.05 mm沙粒/%	0.05～0.002 mm粉粒/%	<0.002 mm黏粒/%	土壤质地名称	重复数
2015-12	TYAFZ02AB0_01	平地	水稻土	0～10	21.92±3.38	68.70±2.66	9.39±0.95	粉壤土	3
2015-12	TYAFZ02AB0_01	平地	水稻土	>10～20	18.79±1.90	69.40±0.96	11.81±2.31	粉壤土	3
2015-12	TYAFZ02AB0_01	平地	水稻土	>20～40	8.06±4.78	77.93±3.89	14.01±1.14	粉壤土	3
2015-12	TYAFZ02AB0_01	平地	水稻土	>40～60	1.75±1.37	80.52±0.38	17.74±1.43	粉壤土	3
2015-12	TYAFZ02AB0_01	平地	水稻土	>60～80	1.00±0.34	80.52±0.80	18.48±0.78	粉壤土	3
2015-11	TYAFZ03AB0_01	平地	水稻土	0～10	16.44±1.32	69.27±1.34	14.29±0.14	粉壤土	3
2015-11	TYAFZ03AB0_01	平地	水稻土	>10～20	15.14±0.70	69.79±0.90	15.07±0.42	粉壤土	3
2015-11	TYAFZ03AB0_01	平地	水稻土	>20～40	4.61±1.60	79.50±0.56	15.89±1.14	粉壤土	3
2015-11	TYAFZ03AB0_01	平地	水稻土	>40～60	1.49±0.81	80.15±0.72	18.37±1.37	粉壤土	3
2015-11	TYAFZ03AB0_01	平地	水稻土	>60～80	1.23±0.73	80.53±1.27	18.24±1.08	粉壤土	3
2015-06	TYAFZ04ABC_01	坡地	红壤	0～10	12.48±3.78	71.39±2.24	16.12±1.55	粉壤土	3
2015-06	TYAFZ04ABC_01	坡地	红壤	>10～20	6.57±2.96	74.47±2.00	18.96±1.14	粉壤土	3
2015-06	TYAFZ04ABC_01	坡地	红壤	>20～40	2.60±0.91	76.36±1.52	21.04±0.98	粉壤土	3
2015-06	TYAFZ04ABC_01	坡地	红壤	>40～60	1.70±1.50	73.61±1.71	24.69±0.69	粉壤土	3
2015-06	TYAFZ04ABC_01	坡地	红壤	>60～80	1.45±1.52	68.60±4.08	29.95±5.11	粉黏壤土	3
2015-05	TYAFZ05ABC_01	坡地	红壤	0～10	5.43±0.68	77.74±0.26	16.83±0.45	粉壤土	3
2015-05	TYAFZ05ABC_01	坡地	红壤	>10～20	2.54±1.31	77.13±3.45	20.33±2.24	粉壤土	3
2015-05	TYAFZ05ABC_01	坡地	红壤	>20～40	1.28±0.40	77.55±0.31	21.17±0.35	粉壤土	3
2015-05	TYAFZ05ABC_01	坡地	红壤	>40～60	0.66±0.16	77.34±1.07	22.00±1.23	粉壤土	3
2015-05	TYAFZ05ABC_01	坡地	红壤	>60～80	1.35±1.17	76.61±1.19	22.05±0.50	粉壤土	3
2015-05	TYAFZ06ABC_01	坡地	红壤	0～10	7.83±0.45	74.97±1.65	17.20±1.21	粉壤土	3
2015-05	TYAFZ06ABC_01	坡地	红壤	>10～20	3.13±1.58	69.94±12.20	26.92±11.25	粉壤土	3
2015-05	TYAFZ06ABC_01	坡地	红壤	>20～40	1.64±0.96	74.18±2.74	24.18±2.98	粉壤土	3
2015-05	TYAFZ06ABC_01	坡地	红壤	>40～60	1.44±0.82	70.23±1.67	28.33±1.30	粉壤土	3
2015-05	TYAFZ06ABC_01	坡地	红壤	>60～80	1.44±0.18	68.40±1.51	30.16±1.62	粉黏壤土	3
2015-05	TYAFZ07ABC_01	坡地	红壤	0～10	7.47±2.11	72.23±7.06	20.31±5.04	粉壤土	3
2015-05	TYAFZ07ABC_01	坡地	红壤	>10～20	7.06±7.18	73.47±7.01	19.46±0.24	粉壤土	3
2015-05	TYAFZ07ABC_01	坡地	红壤	>20～40	1.63±1.23	75.22±4.96	23.15±4.12	粉壤土	3

（续）

时间（年-月）	样地代码	采样分区描述（微地形）	土壤类型	采样深度/cm	2～0.05 mm 沙粒/%	0.05～0.002 mm 粉粒/%	<0.002 mm 黏粒/%	土壤质地名称	重复数
2015-05	TYAFZ07ABC_01	坡地	红壤	>40～60	0.77±0.51	76.10±3.44	23.13±3.15	粉壤土	3
2015-05	TYAFZ07ABC_01	坡地	红壤	>60～80	0.75±0.31	73.71±3.47	25.54±3.59	粉壤土	3
2015-12	TYAZQ01AB0_01	平地	水稻土	0～10	24.22±0.37	66.52±1.47	9.26±1.79	粉壤土	3
2015-12	TYAZQ01AB0_01	平地	水稻土	>10～20	21.22±2.27	68.40±2.56	10.39±0.29	粉壤土	3
2015-12	TYAZQ01AB0_01	平地	水稻土	>20～40	10.57±4.83	75.41±3.75	14.02±1.08	粉壤土	3
2015-12	TYAZQ01AB0_01	平地	水稻土	>40～60	7.64±3.84	77.44±3.25	14.93±0.69	粉壤土	3
2015-12	TYAZQ01AB0_01	平地	水稻土	>60～80	13.26±4.03	73.48±3.25	13.25±0.79	粉壤土	3
2015-12	TYAZQ01AB0_02	坡地	红壤	0～10	11.61±2.56	74.06±2.40	14.34±0.49	粉壤土	3
2015-12	TYAZQ01AB0_02	坡地	红壤	>10～20	6.77±2.87	78.39±1.85	14.84±1.03	粉壤土	3
2015-12	TYAZQ01AB0_02	坡地	红壤	>20～40	4.21±1.28	78.49±0.94	17.31±0.98	粉壤土	3
2015-12	TYAZQ01AB0_02	坡地	红壤	>40～60	3.59±2.09	78.09±2.48	18.32±1.39	粉壤土	3
2015-12	TYAZQ01AB0_02	坡地	红壤	>60～80	6.02±4.73	75.32±5.64	18.67±2.29	粉壤土	3
2015-12	TYAZQ02AB0_01	平地	水稻土	0～10	18.97±0.70	69.60±0.51	11.43±0.27	粉壤土	3
2015-12	TYAZQ02AB0_01	平地	水稻土	>10～20	15.92±2.86	73.12±3.08	10.97±0.39	粉壤土	3
2015-12	TYAZQ02AB0_01	平地	水稻土	>20～40	12.87±3.97	74.83±3.90	12.30±0.45	粉壤土	3
2015-12	TYAZQ02AB0_01	平地	水稻土	>40～60	10.08±0.69	78.20±0.53	11.72±0.16	粉壤土	3
2015-12	TYAZQ02AB0_01	平地	水稻土	>60～80	6.57±1.79	80.26±1.00	13.17±1.13	粉壤土	3
2015-12	TYAZQ02AB0_02	坡地	红壤	0～10	14.95±5.98	70.89±4.65	14.16±1.74	粉壤土	3
2015-12	TYAZQ02AB0_02	坡地	红壤	>10～20	9.07±1.11	75.20±2.16	15.73±1.08	粉壤土	3
2015-12	TYAZQ02AB0_02	坡地	红壤	>20～40	7.55±1.48	75.92±3.51	16.53±2.62	粉壤土	3
2015-12	TYAZQ02AB0_02	坡地	红壤	>40～60	4.73±2.30	76.04±4.46	19.23±2.18	粉壤土	3
2015-12	TYAZQ02AB0_02	坡地	红壤	>60～80	6.09±6.13	74.13±8.37	19.78±3.14	粉壤土	3

3.4.5 剖面土壤容重

3.4.5.1 概述

本数据集为桃源站 13 个监测样地 2010 年、2015 年剖面（0～10 cm、>10～20 cm、>20～40 cm、>40～60 cm、>60～80 cm）土壤容重数据集合。观测场/样地信息同 3.4.1.1。

3.4.5.2 数据采集和处理方法

（1）采集方法

按照 CERN 长期观测规范，剖面土壤容重监测频率为 5 年 1 次，于晚稻收获期采集土壤样品。

旱地（坡地）综合观测场和旱地辅助观测场因同时监测水土流失过程，以及样地鹅卵石较多，不利于挖剖面及土钻法取分层容重，故用环刀法只取表层土壤容重；2010 年和 2015 年水田及站区旱地均采用挖剖面的方式取分层容重。

（2）分析方法

烘干法测定土壤容重（刘光崧，1996）。

3.4.5.3　数据质量控制方法

第一，每个样地每一层次进行 4～6 次平行样品测定。

第二，利用校验软件检查每个监测数据是否超出该样地相同深度该监测项目历史数据平均值的 2 倍标准差或者样地空间变异调查的 2 倍标准差等，对于超出范围的数据进行核实或再次测定。

3.4.5.4　数据价值/数据使用方法和建议

土壤容重是单位体积自然状态下土壤（包括土壤空隙的体积）的干重，是土壤紧实度的一个指标。土壤容重过大，表明土壤紧实，不利于透水、通气、扎根，并会造成氧化还原电位下降而出现各种有毒物质危害植物根系。土壤容重过小，又会使有机质分解过速，并使植物根系扎不牢而易倾倒（黄昌勇等，2010）。另外，土壤容重还可以与土壤其他性质结合，共同反映土壤理化状况，研究土壤肥力及健康状况等（陈安磊等，2009）。比如，与土壤有机碳、全氮含量等共同反映土壤碳、氮储量情况。

3.4.5.5　数据表

本节共 1 个数据表——剖面土壤容重（表 3 - 46），数据列包括日期、样地代码、土壤类型、采样深度、土壤容重以及样本数。数据表显示，本站水稻土各观测样地分层土壤容重范围为 0.75～1.73 g/cm³，表层土壤容重最低且受取样时田间水分状态影响较大；旱地和坡地分层土壤容重范围为 1.1～1.61 g/cm³。

表 3 - 46　剖面土壤容重

时间（年-月）	样地代码	土壤类型	采样深度/cm	土壤容重/（g/cm³）	样本数
2010 - 11	TYAZH01ABC _ 01	水稻土	0～20	0.98±0.10	6
2010 - 11	TYAZH01ABC _ 01	水稻土	>20～40	1.48±0.04	6
2010 - 11	TYAZH01ABC _ 01	水稻土	>40～60	1.32±0.02	6
2010 - 11	TYAZH01ABC _ 01	水稻土	>60～80	1.45±0.03	6
2010 - 10	TYAZH02ABC _ 01	红壤	0～20	1.11±0.07	6
2010 - 11	TYAFZ01AB0 _ 01	水稻土	0～20		
2010 - 11	TYAFZ01AB0 _ 01	水稻土	>20～40	0.99±0.04	4
2010 - 11	TYAFZ01AB0 _ 01	水稻土	>40～60	1.31±0.08	6
2010 - 11	TYAFZ01AB0 _ 01	水稻土	>60～80	1.35±0.03	6
2010 - 11	TYAFZ02AB0 _ 01	水稻土	0～20		0
2010 - 11	TYAFZ02AB0 _ 01	水稻土	>20～40	1.16±0.06	4
2010 - 11	TYAFZ02AB0 _ 01	水稻土	>40～60	1.31±0.03	6
2010 - 11	TYAFZ02AB0 _ 01	水稻土	>60～80	1.30±0.04	6

（续）

时间（年-月）	样地代码	土壤类型	采样深度/cm	土壤容重/（g/cm³）	样本数
2010-11	TYAFZ03AB0_01	水稻土	0～20		0
2010-11	TYAFZ03AB0_01	水稻土	>20～40	1.00±0.06	5
2010-11	TYAFZ03AB0_01	水稻土	>40～60	1.34±0.06	6
2010-11	TYAFZ03AB0_01	水稻土	>60～80	1.33±0.03	6
2010-10	TYAFZ04ABC_01	红壤	0～20	1.10±0.09	6
2010-10	TYAFZ05ABC_01	红壤	0～20	1.15±0.03	6
2010-10	TYAFZ06ABC_01	红壤	0～20	1.32±0.06	6
2010-10	TYAFZ07ABC_01	红壤	0～20	1.16±0.10	6
2010-11	TYAZQ01AB0_01	水稻土	0～20	0.75±0.06	6
2010-11	TYAZQ01AB0_01	水稻土	>20～40	1.37±0.02	6
2010-11	TYAZQ01AB0_01	水稻土	>40～60	1.61±0.05	6
2010-11	TYAZQ01AB0_01	水稻土	>60～80	1.73±0.03	6
2010-11	TYAZQ01AB0_02	红壤	0～10	1.12±0.11	6
2010-11	TYAZQ01AB0_02	红壤	>10～20	1.21±0.10	6
2010-11	TYAZQ01AB0_02	红壤	>20～40	1.30±0.08	6
2010-11	TYAZQ01AB0_02	红壤	>40～60	1.35±0.06	6
2010-11	TYAZQ01AB0_02	红壤	>60～80	1.42±0.07	5
2010-10	TYAZQ02AB0_01	水稻土	0～20	0.87±0.07	5
2010-10	TYAZQ02AB0_01	水稻土	>20～40	1.39±0.03	6
2010-10	TYAZQ02AB0_01	水稻土	>40～60	1.43±0.02	6
2010-10	TYAZQ02AB0_01	水稻土	>60～80	1.42±0.04	6
2010-10	TYAZQ02AB0_02	红壤	0～10	1.24±0.08	5
2010-10	TYAZQ02AB0_02	红壤	>10～20	1.27±0.09	6
2010-10	TYAZQ02AB0_02	红壤	>20～40	1.34±0.03	6
2010-10	TYAZQ02AB0_02	红壤	>40～60	1.43±0.04	6
2010-10	TYAZQ02AB0_02	红壤	>60～80	1.45±0.07	6
2015-12	TYAZH01ABC_01	水稻土	0～10	0.93±0.06	18
2015-12	TYAZH01ABC_01	水稻土	>10～20	1.25±0.08	18

（续）

时间（年-月）	样地代码	土壤类型	采样深度/cm	土壤容重/（g/cm³）	样本数
2015-12	TYAZH01ABC_01	水稻土	>20～40	1.56±0.03	18
2015-12	TYAZH01ABC_01	水稻土	>40～60	1.47±0.04	12
2015-12	TYAZH01ABC_01	水稻土	>60～80	1.43±0.03	9
2015-12	TYAZH02ABC_01	红壤	0～20	1.13±0.07	18
2015-12	TYAFZ01AB0_01	水稻土	0～10	0.91±0.04	18
2015-12	TYAFZ01AB0_01	水稻土	>10～20	1.24±0.04	17
2015-12	TYAFZ01AB0_01	水稻土	>20～40	1.31±0.05	18
2015-12	TYAFZ01AB0_01	水稻土	>40～60	1.50±0.03	12
2015-12	TYAFZ01AB0_01	水稻土	>60～80	1.47±0.03	9
2015-11	TYAFZ02AB0_01	水稻土	0～10	0.91±0.03	18
2015-11	TYAFZ02AB0_01	水稻土	>10～20	1.12±0.03	18
2015-11	TYAFZ02AB0_01	水稻土	>20～40	1.39±0.03	18
2015-11	TYAFZ02AB0_01	水稻土	>40～60	1.47±0.01	12
2015-11	TYAFZ02AB0_01	水稻土	>60～80	1.46±0.03	9
2015-11	TYAFZ03AB0_01	水稻土	0～10	0.91±0.05	18
2015-11	TYAFZ03AB0_01	水稻土	>10～20	1.09±0.05	18
2015-11	TYAFZ03AB0_01	水稻土	>20～40	1.40±0.03	18
2015-11	TYAFZ03AB0_01	水稻土	>40～60	1.46±0.04	12
2015-11	TYAFZ03AB0_01	水稻土	>60～80	1.44±0.02	9
2015-12	TYAFZ04ABC_01	红壤	0～10	1.23±0.07	18
2015-12	TYAFZ04ABC_01	红壤	>10～20	1.23±0.07	18
2015-12	TYAFZ05ABC_01	红壤	0～10	1.17±0.08	18
2015-12	TYAFZ05ABC_01	红壤	>10～20	1.27±0.08	18
2015-12	TYAFZ06ABC_01	红壤	0～10	1.23±0.05	18
2015-12	TYAFZ06ABC_01	红壤	>10～20	1.31±0.05	18
2015-12	TYAFZ07ABC_01	红壤	0～10	1.27±0.05	18
2015-12	TYAFZ07ABC_01	红壤	>10～20	1.31±0.06	18
2015-12	TYAZQ01AB0_01	水稻土	0～10	0.91±0.04	18

（续）

时间（年-月）	样地代码	土壤类型	采样深度/cm	土壤容重/（g/cm³）	样本数
2015-12	TYAZQ01AB0_01	水稻土	>10～20	1.37±0.05	18
2015-12	TYAZQ01AB0_01	水稻土	>20～40	1.65±0.03	18
2015-12	TYAZQ01AB0_01	水稻土	>40～60	1.67±0.01	12
2015-12	TYAZQ01AB0_01	水稻土	>60～80	1.73±0.02	9
2015-12	TYAZQ01AB0_02	红壤	0～10	1.16±0.04	18
2015-12	TYAZQ01AB0_02	红壤	>10～20	1.36±0.04	18
2015-12	TYAZQ01AB0_02	红壤	>20～40	1.47±0.03	18
2015-12	TYAZQ01AB0_02	红壤	>40～60	1.52±0.04	12
2015-12	TYAZQ01AB0_02	红壤	>60～80	1.61±0.02	9
2015-12	TYAZQ02AB0_01	水稻土	0～10	1.23±0.06	18
2015-12	TYAZQ02AB0_01	水稻土	>10～20	1.30±0.05	18
2015-12	TYAZQ02AB0_01	水稻土	>20～40	1.51±0.05	18
2015-12	TYAZQ02AB0_01	水稻土	>40～60	1.58±0.02	12
2015-12	TYAZQ02AB0_01	水稻土	>60～80	1.53±0.02	9
2015-12	TYAZQ02AB0_02	红壤	0～10	1.32±0.08	17
2015-12	TYAZQ02AB0_02	红壤	>10～20	1.44±0.04	18
2015-12	TYAZQ02AB0_02	红壤	>20～40	1.49±0.03	18
2015-12	TYAZQ02AB0_02	红壤	>40～60	1.55±0.04	12
2015-12	TYAZQ02AB0_02	红壤	>60～80	1.56±0.02	9

注：2010年稻田辅助观测场表层湿度很大，测得容重明显偏低，故舍去；2015年每个样地采3个剖面。

3.4.6 剖面土壤重金属全量

3.4.6.1 概述

本数据集为桃源站13个监测样地2010年、2015年剖面（0～10 cm、>10～20 cm、>20～40 cm、>40～60 cm、>60～80 cm）土壤重金属数据集合，包括铅、铬、镍、镉、硒、砷和汞7个元素。观测场/样地信息同3.4.1.1。

3.4.6.2 数据采集和处理方法

（1）采集方法

按照CERN长期观测规范，剖面土壤重金属监测频率为5年1次，于晚稻收获期采集土壤样品。旱地（坡地）根据坡上、坡中、坡下分3个区进行采样，每个区用不锈钢土钻按照W形多点采集混合，靠土钻壁土壤用竹片挂掉（站区用挖剖面的方法采集，2015年综合观测场与辅助观测场，于5—6月采集样品）；水田根据田块形状按左、中、右分3个区进行采样，每个区用挖剖面的方法采集样品。

（2）样品处理

样品采回后，挑出根系和石子，在阴凉处风干，用四分法分取适量样品，碾磨后过 10 目尼龙筛，然后四分法分取适量样品，研磨后过 20 目筛，再四分法取适量样品，研磨后过 100 目筛，整个过程中用木制、塑料及玛瑙制品，均不用金属制品，以防止带来金属污染（中国生态系统研究网络科学委员会，2007）。

（3）分析方法

2010 年，镉、铬、镍和铅用盐酸-硝酸-氢氟酸-高氯酸消煮，分别用石墨炉原子吸收光度法（GB/T 17141—1997）、火焰原子吸收分光光度法（HJ 491—2009）、火焰原子吸收分光光度法（GB/T 17139—1997）和石墨炉原子吸收光度法测定（GB/T 17141—1997）；硒、砷和汞用王水消煮，采用原子荧光光谱法测定（GB/T 22105.2—2008）。2015 年，镉、铬、镍和铅用磷酸-硝酸-氢氟酸-高氯酸消煮，ICP - MS/OES 测定（鲁如坤，1999）；砷和汞采用王水消煮，原子荧光光谱法测定（GB/T 22105.2—2008）；硒采用硝酸-高氯酸消煮，氢化物发生-原子荧光光谱法测定（NY/T 1104—2006）。

3.4.6.3　数据质量控制方法

第一，测定时插入国家标准样品进行质控。

第二，分析时进行 3 次平行样品测定。

第三，利用校验软件检查每个监测数据是否超出该样地相同深度该监测项目历史数据平均值的 2 倍标准差或者样地空间变异调查的 2 倍标准差等，对于超出范围的数据进行核实或再次测定。

3.4.6.4　数据价值/数据使用方法和建议

土壤中重金属元素主要有自然来源和人为干扰输入两种途径。在自然因素中，成土母质和成土过程对土壤重金属含量的影响很大，农田土壤重金属人为来源主要是施肥管理（张炜华等，2019）。本数据集代表红壤及红壤发育的水稻土的土壤剖面中重金属含量，并包括不同施肥措施样地和不同土地利用方式试验样地，可为研究区域及人为干扰对土壤重金属的影响和迁移提供基础数据。

3.4.6.5　数据表

本节共 1 个数据表——剖面土壤重金属含量表（表 3 - 47），数据列包括日期、样地代码、土壤类型、采样深度（cm）、硒（Se）（mg/kg）、镉（Cd）（mg/kg）、铅（Pb）（mg/kg）、铬（Cr）（mg/kg）、镍（Ni）（mg/kg）、汞（Hg）（g/kg）、砷（As）（mg/kg）以及重复数等 12 个字段。各观测指标的剖面平均值统计见图 3 - 13。

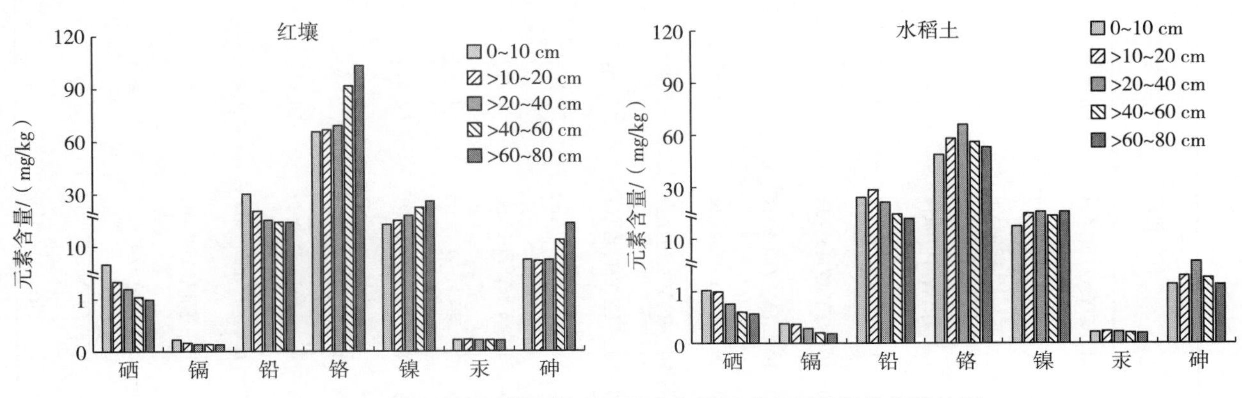

图 3 - 13　桃源站监测样地剖面土壤重金属元素各指标平均值统计图

表 3-47 剖面土壤重金属含量表

时间（年-月）	样地代码	土壤类型	采样深度/cm	硒（Se）/（mg/kg）	镉（Cd）/（mg/kg）	铅（Pb）/（mg/kg）	铬（Cr）/（mg/kg）	镍（Ni）/（mg/kg）	汞（Hg）/（g/kg）	砷（As）/（mg/kg）	重复数
2010-11	TYAZH01ABC_01	水稻土	0～10	0.504±0.016	0.111±0.032	29.0±1.4	80.0±3.0	23.2±1.5	0.108±0.009	14.01±0.95	3
2010-11	TYAZH01ABC_01	水稻土	>10～20	0.464±0.009	0.060±0.021	26.3±2.0	88.9±23.2	26.7±2.3	0.115±0.017	18.99±4.94	3
2010-11	TYAZH01ABC_01	水稻土	>20～40	0.364±0.020	0.044±0.016	23.8±1.3	111.9±3.6	26.1±1.0	0.095±0.001	24.36±0.96	3
2010-11	TYAZH01ABC_01	水稻土	>40～60	0.379±0.021	0.095±0.039	28.3±0.6	80.4±5.2	25.5±2.8	0.123±0.025	14.61±1.72	3
2010-11	TYAZH01ABC_01	水稻土	>60～80	0.385±0.011	0.124±0.017	29.4±1.6	78.9±8.5	23.9±2.3	0.114±0.022	13.45±1.78	3
2010-10	TYAZH02ABC_01	红壤	0～10	0.846±0.056	0.121±0.034	33.9±1.6	80.6±5.0	23.6±1.3	0.084±0.009	15.47±0.46	3
2010-10	TYAZH02ABC_01	红壤	>10～20	0.783±0.029	0.055±0.001	31.0±2.1	80.8±7.9	23.9±2.0	0.079±0.016	16.26±1.74	3
2010-10	TYAZH02ABC_01	红壤	>20～40	0.785±0.092	0.046±0.009	28.8±0.8	82.2±9.0	23.9±2.0	0.087±0.029	16.05±1.67	3
2010-10	TYAZH02ABC_01	红壤	>40～60	0.584±0.078	0.033±0.014	25.6±1.4	87.0±9.6	27.8±5.3	0.083±0.019	16.59±1.81	3
2010-10	TYAZH02ABC_01	红壤	>60～80	0.460±0.147	0.043±0.011	27.2±0.2	104.0±2.9	31.8±4.6	0.091±0.018	18.57±1.49	3
2010-11	TYAFZ01AB0_01	水稻土	0～10	0.525±0.043	0.198±0.012	31.2±0.3	80.6±3.2	26.6±0.4	0.096±0.003	12.58±0.38	3
2010-11	TYAFZ01AB0_01	水稻土	>10～20	0.493±0.026	0.213±0.027	31.6±0.9	84.7±6.0	27.1±0.3	0.101±0.009	12.81±0.47	3
2010-11	TYAFZ01AB0_01	水稻土	>20～40	0.428±0.015	0.187±0.028	31.6±1.7	90.2±2.4	26.9±1.2	0.095±0.010	12.78±0.55	3
2010-11	TYAFZ01AB0_01	水稻土	>40～60	0.339±0.025	0.071±0.009	28.6±0.9	85.1±5.3	26.3±1.3	0.085±0.020	12.33±0.87	3
2010-11	TYAFZ01AB0_01	水稻土	>60～80	0.413±0.062	0.070±0.032	28.0±0.9	85.0±5.7	27.6±1.8	0.080±0.007	11.99±0.74	3
2010-11	TYAFZ02AB0_01	水稻土	0～10	0.527±0.025	0.205±0.014	32.1±1.2	85.1±2.5	26.9±0.7	0.106±0.005	12.63±0.41	3
2010-11	TYAFZ02AB0_01	水稻土	>10～20	0.509±0.018	0.193±0.039	31.1±1.7	89.1±2.7	27.7±0.5	0.111±0.003	12.22±0.68	3
2010-11	TYAFZ02AB0_01	水稻土	>20～40	0.399±0.014	0.122±0.010	30.2±1.9	91.2±6.1	27.4±1.4	0.095±0.010	16.11±2.35	3
2010-11	TYAFZ02AB0_01	水稻土	>40～60	0.357±0.021	0.058±0.005	27.2±0.6	86.1±7.6	25.6±2.2	0.078±0.010	13.10±0.94	3
2010-11	TYAFZ02AB0_01	水稻土	>60～80	0.301±0.036	0.056±0.001	25.0±1.3	89.7±4.9	30.4±3.9	0.082±0.005	11.90±1.20	3
2010-11	TYAFZ03AB0_01	水稻土	0～10	0.526±0.010	0.235±0.027	32.1±0.1	82.4±0.4	27.0±0.6	0.110±0.003	11.09±0.15	3

（续）

时间（年-月）	样地代码	土壤类型	采样深度/cm	硒（Se）/（mg/kg）	镉（Cd）/（mg/kg）	铅（Pb）/（mg/kg）	铬（Cr）/（mg/kg）	镍（Ni）/（mg/kg）	汞（Hg）/（g/kg）	砷（As）/（mg/kg）	重复数
2010-11	TYAFZ03AB0_01	水稻土	>10～20	0.519±0.032	0.210±0.014	32.1±0.2	87.7±4.4	27.2±0.3	0.110±0.001	11.77±0.48	3
2010-11	TYAFZ03AB0_01	水稻土	>20～40	0.452±0.014	0.205±0.038	32.4±1.2	87.5±1.0	27.9±0.3	0.119±0.013	11.94±0.85	3
2010-11	TYAFZ03AB0_01	水稻土	>40～60	0.340±0.025	0.126±0.049	29.2±2.8	83.6±6.2	25.3±1.9	0.075±0.003	13.10±1.53	3
2010-11	TYAFZ03AB0_01	水稻土	>60～80	0.319±0.036	0.065±0.019	25.5±2.6	80.2±0.1	29.4±3.4	0.084±0.002	10.66±0.30	3
2010-10	TYAFZ04ABC_01	红壤	0～10	0.899±0.160	0.068±0.023	31.8±1.3	80.4±3.4	25.0±2.5	0.117±0.010	16.65±0.65	3
2010-10	TYAFZ04ABC_01	红壤	>10～20	0.670±0.174	0.077±0.028	29.3±1.9	82.4±2.8	26.6±1.8	0.095±0.005	15.01±1.20	3
2010-10	TYAFZ04ABC_01	红壤	>20～40	0.653±0.169	0.062±0.007	27.4±0.7	90.2±7.0	27.8±0.7	0.101±0.004	16.80±1.31	3
2010-10	TYAFZ04ABC_01	红壤	>40～60	0.552±0.165	0.080±0.024	27.0±2.5	110.3±20.3	32.1±3.2	0.108±0.009	19.79±4.88	3
2010-10	TYAFZ04ABC_01	红壤	>60～80	0.505±0.291	0.068±0.033	27.8±2.3	120.2±34.1	32.0±1.5	0.092±0.005	22.08±7.76	3
2010-10	TYAFZ05ABC_01	红壤	0～10	0.700±0.200	0.083±0.008	31.2±3.5	80.9±6.0	24.1±3.0	0.097±0.016	13.43±0.58	3
2010-10	TYAFZ05ABC_01	红壤	>10～20	0.601±0.058	0.060±0.015	27.0±1.0	72.9±3.6	24.4±3.1	0.087±0.010	13.14±0.29	3
2010-10	TYAFZ05ABC_01	红壤	>20～40	0.524±0.029	0.056±0.012	26.1±0.7	72.7±3.4	26.8±4.8	0.094±0.013	12.81±0.55	3
2010-10	TYAFZ05ABC_01	红壤	>40～60	0.459±0.072	0.071±0.047	28.6±7.5	77.2±4.4	25.5±1.4	0.103±0.006	14.09±0.82	3
2010-10	TYAFZ05ABC_01	红壤	>60～80	0.382±0.093	0.063±0.034	26.5±1.5	81.6±9.0	31.0±3.8	0.101±0.007	13.84±1.21	3
2010-10	TYAFZ06ABC_01	红壤	0～10	0.870±0.150	0.073±0.019	27.8±1.2	83.3±3.8	23.1±1.6	0.102±0.018	16.18±1.16	3
2010-10	TYAFZ06ABC_01	红壤	>10～20	0.817±0.121	0.058±0.012	26.8±1.0	84.4±3.9	23.0±2.8	0.118±0.019	16.05±0.83	3
2010-10	TYAFZ06ABC_01	红壤	>20～40	0.804±0.135	0.059±0.013	26.6±1.6	80.4±10.3	24.2±2.9	0.109±0.013	15.79±1.02	3
2010-10	TYAFZ06ABC_01	红壤	>40～60	0.788±0.105	0.097±0.061	27.9±1.8	111.1±30.6	27.3±4.2	0.101±0.009	21.89±7.24	3
2010-10	TYAFZ06ABC_01	红壤	>60～80	0.725±0.075	0.043±0.013	26.8±1.9	109.2±35.7	27.3±5.2	0.100±0.004	21.20±8.75	3

（续）

时间（年-月）	样地代码	土壤类型	采样深度/cm	硒（Se）/（mg/kg）	镉（Cd）/（mg/kg）	铅（Pb）/（mg/kg）	铬（Cr）/（mg/kg）	镍（Ni）/（mg/kg）	汞（Hg）/（g/kg）	砷（As）/（mg/kg）	重复数
2010-10	TYAFZ07ABC_01	红壤	0～10	1.018±0.106	0.155±0.097	34.5±2.9	93.2±13.2	23.8±3.1	0.089±0.009	18.25±2.69	3
2010-10	TYAFZ07ABC_01	红壤	>10～20	0.910±0.113	0.073±0.020	29.7±1.3	91.0±10.1	26.0±2.2	0.105±0.003	17.04±1.20	3
2010-10	TYAFZ07ABC_01	红壤	>20～40	0.825±0.055	0.074±0.006	30.1±0.5	103.2±8.0	25.7±2.4	0.106±0.004	17.20±1.98	3
2010-10	TYAFZ07ABC_01	红壤	>40～60	0.726±0.129	0.066±0.013	28.8±1.0	127.4±13.1	29.0±1.3	0.115±0.006	25.63±5.75	3
2010-10	TYAFZ07ABC_01	红壤	>60～80	0.796±0.210	0.069±0.003	28.7±1.2	145.5±21.5	27.2±2.8	0.111±0.011	31.56±4.61	3
2010-11	TYAZQ01ABC_01	水稻土	0～10	0.620±0.059	0.230±0.035	32.0±2.9	69.1±7.7	19.8±2.3	0.121±0.006	8.91±0.46	3
2010-11	TYAZQ01ABC_01	水稻土	>10～20	0.588±0.070	0.226±0.048	31.1±1.2	68.1±1.4	21.2±1.3	0.153±0.047	10.37±0.38	3
2010-11	TYAZQ01ABC_01	水稻土	>20～40	0.391±0.042	0.136±0.051	26.8±1.5	66.4±2.5	20.3±0.8	0.107±0.005	10.79±1.19	3
2010-11	TYAZQ01ABC_01	水稻土	>40～60	0.217±0.030	0.079±0.022	22.0±1.5	61.3±2.8	19.3±0.8	0.127±0.023	5.87±0.60	3
2010-11	TYAZQ01ABC_01	水稻土	>60～80	0.228±0.015	0.079±0.051	23.6±4.6	72.1±17.9	22.0±7.7	0.190±0.021	6.35±1.64	3
2010-11	TYAZQ01ABC_02	红壤	0～10	0.729±0.020	0.121±0.004	32.4±1.2	92.3±2.0	30.1±0.6	0.111±0.008	17.47±0.33	3
2010-11	TYAZQ01ABC_02	红壤	>10～20	0.618±0.031	0.061±0.008	30.1±0.9	92.1±3.7	29.0±2.5	0.112±0.006	16.92±0.77	3
2010-11	TYAZQ01ABC_02	红壤	>20～40	0.481±0.053	0.047±0.008	28.0±1.8	85.6±4.5	29.2±1.4	0.105±0.013	15.02±2.69	3
2010-11	TYAZQ01ABC_02	红壤	>40～60	0.457±0.067	0.044±0.011	25.8±5.0	89.3±29.6	26.9±8.5	0.107±0.005	17.86±1.97	3
2010-11	TYAZQ01ABC_02	红壤	>60～80	0.433±0.029	0.050±0.020	26.6±1.5	99.2±10.1	29.8±2.8	0.107±0.013	19.38±0.42	3
2010-10	TYAZQ02ABC_01	水稻土	0～10	0.613±0.039	0.259±0.009	31.0±0.8	73.1±6.2	23.9±1.9	0.176±0.019	10.85±0.10	3
2010-10	TYAZQ02ABC_01	水稻土	>10～20	0.590±0.080	0.203±0.037	31.4±0.6	76.5±3.2	25.8±2.9	0.157±0.013	10.60±0.47	3
2010-10	TYAZQ02ABC_01	水稻土	>20～40	0.425±0.044	0.175±0.035	28.7±1.0	78.5±8.0	25.7±2.4	0.164±0.013	12.24±1.79	3
2010-10	TYAZQ02ABC_01	水稻土	>40～60	0.356±0.038	0.114±0.024	26.7±0.7	76.7±2.5	25.1±2.4	0.107±0.006	10.77±1.48	3

（续）

时间（年-月）	样地代码	土壤类型	采样深度/cm	硒（Se）/（mg/kg）	镉（Cd）/（mg/kg）	铅（Pb）/（mg/kg）	铬（Cr）/（mg/kg）	镍（Ni）/（mg/kg）	汞（Hg）/（g/kg）	砷（As）/（mg/kg）	重复数
2010-10	TYAZQ02ABC_01	水稻土	>60～80	0.330±0.002	0.084±0.005	27.7±1.5	78.2±6.6	23.3±0.9	0.115±0.006	10.85±0.78	3
2010-10	TYAZQ02ABC_02	红壤	0～10	1.019±0.110	0.089±0.022	28.8±2.8	93.7±19.1	22.5±4.3	0.119±0.002	16.34±4.18	3
2010-10	TYAZQ02ABC_02	红壤	>10～20	0.671±0.126	0.053±0.011	24.7±1.1	96.1±14.0	24.6±4.8	0.114±0.016	16.65±3.57	3
2010-10	TYAZQ02ABC_02	红壤	>20～40	0.574±0.090	0.041±0.013	23.1±1.8	92.1±17.7	23.3±3.4	0.103±0.008	15.68±2.29	3
2010-10	TYAZQ02ABC_02	红壤	>40～60	0.509±0.047	0.033±0.010	21.2±2.0	86.4±11.6	20.1±3.8	0.104±0.005	12.95±1.86	3
2010-10	TYAZQ02ABC_02	红壤	>60～80	0.499±0.087	0.045±0.024	23.1±4.4	90.4±14.6	23.1±5.6	0.102±0.009	13.57±4.75	3
2015-12	TYAZH01ABC_01	水稻土	0～10	0.512±0.072	0.142±0.003	30.0±0.7	76.6±3.5	22.2±1.0	0.101±0.022	12.32±1.48	3
2015-12	TYAZH01ABC_01	水稻土	>10～20	0.539±0.060	0.135±0.008	29.7±1.2	77.8±2.7	22.9±1.0	0.105±0.017	17.75±2.23	3
2015-12	TYAZH01ABC_01	水稻土	>20～40	0.414±0.016	0.084±0.005	21.5±2.9	116.6±14.4	25.9±0.8	0.105±0.017	26.46±2.57	3
2015-12	TYAZH01ABC_01	水稻土	>40～60	0.367±0.070	0.092±0.023	22.3±3.4	107.9±19.4	27.1±0.5	0.102±0.014	23.35±6.37	3
2015-12	TYAZH01ABC_01	水稻土	>60～80	0.416±0.016	0.112±0.027	26.0±1.5	83.0±7.6	23.3±1.0	0.101±0.004	18.38±4.29	3
2015-05	TYAZH02ABC_01	红壤	0～10	0.863±0.039	0.107±0.007	33.5±0.7	75.3±2.7	21.2±2.0	0.083±0.010	18.82±2.45	3
2015-05	TYAZH02ABC_01	红壤	>10～20	0.730±0.042	0.082±0.011	29.5±1.2	79.9±5.0	22.5±2.3	0.095±0.005	19.39±2.14	3
2015-05	TYAZH02ABC_01	红壤	>20～40	0.718±0.050	0.083±0.009	24.9±2.5	94.5±21.8	25.0±3.5	0.104±0.011	22.94±7.32	3
2015-05	TYAZH02ABC_01	红壤	>40～60	0.626±0.126	0.082±0.005	23.0±2.4	113.1±36.6	26.8±3.7	0.115±0.020	28.98±11.66	3
2015-05	TYAZH02ABC_01	红壤	>60～80	0.515±0.102	0.073±0.017	25.0±1.8	113.9±32.5	29.1±3.0	0.094±0.016	29.82±13.23	3
2015-12	TYAFZ01AB0_01	水稻土	0～10	0.460±0.036	0.154±0.011	28.4±1.8	75.5±1.5	26.4±0.3	0.076±0.005	13.22±0.94	3
2015-12	TYAFZ01AB0_01	水稻土	>10～20	0.411±0.022	0.157±0.010	26.3±1.0	77.1±3.3	27.1±0.2	0.073±0.008	14.31±0.32	3
2015-12	TYAFZ01AB0_01	水稻土	>20～40	0.375±0.087	0.132±0.012	26.4±1.9	78.1±3.2	26.6±0.8	0.074±0.004	13.93±0.41	3

（续）

时间（年-月）	样地代码	土壤类型	采样深度/cm	硒（Se）/（mg/kg）	镉（Cd）/（mg/kg）	铅（Pb）/（mg/kg）	铬（Cr）/（mg/kg）	镍（Ni）/（mg/kg）	汞（Hg）/（g/kg）	砷（As）/（mg/kg）	重复数
2015-12	TYAFZ01AB0_01	水稻土	>40～60	0.231±0.078	0.082±0.007	22.8±3.0	70.5±4.2	25.5±0.5	0.050±0.003	12.38±2.43	3
2015-12	TYAFZ01AB0_01	水稻土	>60～80	0.218±0.086	0.075±0.006	19.6±3.1	67.9±1.6	25.2±2.3	0.046±0.003	10.67±1.07	3
2015-12	TYAFZ02AB0_01	水稻土	0～10	0.521±0.028	0.197±0.003	31.9±2.2	81.4±5.3	27.2±3.0	0.098±0.002	12.50±0.43	3
2015-12	TYAFZ02AB0_01	水稻土	>10～20	0.446±0.027	0.190±0.004	31.2±2.3	82.1±4.1	26.7±2.5	0.096±0.003	13.40±0.92	3
2015-12	TYAFZ02AB0_01	水稻土	>20～40	0.336±0.053	0.145±0.011	29.5±0.6	84.7±2.8	27.5±0.6	0.080±0.009	16.45±0.57	3
2015-12	TYAFZ02AB0_01	水稻土	>40～60	0.220±0.022	0.110±0.005	24.9±0.7	80.1±1.2	28.2±0.0	0.059±0.002	13.28±1.12	3
2015-12	TYAFZ02AB0_01	水稻土	>60～80	0.151±0.013	0.097±0.006	21.7±3.1	76.9±2.2	32.3±1.0	0.053±0.001	12.37±0.58	3
2015-11	TYAFZ03AB0_01	水稻土	0～10	0.497±0.016	0.188±0.004	30.6±2.9	83.1±4.3	26.8±0.8	0.108±0.005	11.33±0.54	3
2015-11	TYAFZ03AB0_01	水稻土	>10～20	0.411±0.022	0.178±0.006	29.7±2.7	82.8±6.9	26.4±2.8	0.109±0.008	12.46±0.23	3
2015-11	TYAFZ03AB0_01	水稻土	>20～40	0.283±0.029	0.145±0.007	26.8±3.4	81.1±4.9	25.2±2.3	0.091±0.010	14.08±2.26	3
2015-11	TYAFZ03AB0_01	水稻土	>40～60	0.253±0.002	0.104±0.003	22.8±2.5	77.5±7.0	25.7±1.4	0.060±0.003	11.46±1.32	3
2015-11	TYAFZ03AB0_01	水稻土	>60～80	0.175±0.035	0.097±0.003	21.3±0.7	73.4±1.8	26.4±4.8	0.055±0.003	10.29±2.44	3
2015-06	TYAFZ04ABC_01	红壤	0～10	0.926±0.087	0.114±0.009	26.7±1.6	80.6±4.7	22.6±2.0	0.129±0.011	18.27±1.13	3
2015-06	TYAFZ04ABC_01	红壤	>10～20	0.711±0.099	0.098±0.003	23.6±1.8	82.2±1.4	23.4±1.7	0.111±0.016	18.12±0.78	3
2015-06	TYAFZ04ABC_01	红壤	>20～40	0.628±0.141	0.093±0.014	21.6±1.6	87.8±5.4	25.8±0.3	0.125±0.031	19.67±3.66	3
2015-06	TYAFZ04ABC_01	红壤	>40～60	0.501±0.109	0.100±0.020	23.4±3.7	127.4±15.4	28.8±1.6	0.115±0.008	28.94±1.16	3
2015-06	TYAFZ04ABC_01	红壤	>60～80	0.546±0.239	0.098±0.013	22.2±2.3	151.3±24.2	29.3±1.4	0.108±0.014	38.44±3.37	3
2015-05	TYAFZ05ABC_01	红壤	0～10	0.862±0.030	0.116±0.025	26.7±1.4	74.8±10.4	24.2±3.3	0.107±0.019	14.86±1.21	3
2015-05	TYAFZ05ABC_01	红壤	>10～20	0.591±0.026	0.097±0.024	23.5±1.5	73.0±0.6	23.8±2.9	0.101±0.021	13.80±0.95	3

（续）

时间（年-月）	样地代码	土壤类型	采样深度/cm	硒（Se）/（mg/kg）	镉（Cd）/（mg/kg）	铅（Pb）/（mg/kg）	铬（Cr）/（mg/kg）	镍（Ni）/（mg/kg）	汞（Hg）/（g/kg）	砷（As）/（mg/kg）	重复数
2015-05	TYAFZ05ABC_01	红壤	>20～40	0.482±0.070	0.111±0.048	22.2±0.2	72.5±1.7	24.3±1.5	0.085±0.011	13.72±0.26	3
2015-05	TYAFZ05ABC_01	红壤	>40～60	0.409±0.066	0.079±0.005	22.5±1.5	77.2±4.7	27.4±2.6	0.092±0.010	15.61±0.82	3
2015-05	TYAFZ05ABC_01	红壤	>60～80	0.321±0.117	0.075±0.012	22.4±0.5	80.5±10.5	28.8±2.3	0.089±0.006	17.60±3.21	3
2015-05	TYAFZ06ABC_01	红壤	0～10	0.791±0.124	0.177±0.038	31.4±4.9	81.1±3.5	22.8±3.1	0.128±0.010	20.42±1.31	3
2015-05	TYAFZ06ABC_01	红壤	>10～20	0.553±0.110	0.137±0.018	25.8±3.7	87.5±8.5	24.6±4.2	0.119±0.011	21.08±2.63	3
2015-05	TYAFZ06ABC_01	红壤	>20～40	0.465±0.103	0.098±0.014	23.3±3.3	93.0±9.8	25.9±3.9	0.108±0.005	22.48±3.33	3
2015-05	TYAFZ06ABC_01	红壤	>40～60	0.437±0.085	0.083±0.019	23.3±4.2	128.6±13.6	27.5±3.9	0.095±0.009	30.92±4.01	3
2015-05	TYAFZ06ABC_01	红壤	>60～80	0.451±0.094	0.086±0.036	23.9±2.5	144.0±27.0	28.6±3.4	0.122±0.008	37.69±8.09	3
2015-05	TYAFZ07ABC_01	红壤	0～10	0.750±0.150	0.118±0.005	29.0±1.6	83.5±5.9	24.3±2.5	0.118±0.002	19.94±3.84	3
2015-05	TYAFZ07ABC_01	红壤	>10～20	0.660±0.176	0.100±0.030	26.1±2.3	84.9±6.1	24.4±2.2	0.128±0.007	20.36±4.12	3
2015-05	TYAFZ07ABC_01	红壤	>20～40	0.607±0.162	0.073±0.000	22.4±0.8	86.9±7.1	26.5±4.0	0.116±0.001	20.38±4.91	3
2015-05	TYAFZ07ABC_01	红壤	>40～60	0.446±0.185	0.071±0.016	22.3±2.1	110.9±30.9	28.1±3.0	0.126±0.015	28.86±12.43	3
2015-05	TYAFZ07ABC_01	红壤	>60～80	0.522±0.266	0.072±0.008	23.4±1.9	128.7±20.7	29.0±3.9	0.130±0.018	40.04±14.84	3
2015-12	TYAZQ01AB0_01	水稻土	0～10	0.507±0.047	0.238±0.019	25.9±2.9	58.2±1.8	18.0±0.8	0.104±0.011	8.28±0.56	3
2015-12	TYAZQ01AB0_01	水稻土	>10～20	0.454±0.015	0.216±0.013	24.7±2.5	61.3±2.5	18.9±1.0	0.099±0.012	9.91±0.16	3
2015-12	TYAZQ01AB0_01	水稻土	>20～40	0.309±0.047	0.142±0.031	23.6±1.9	59.8±3.1	20.2±0.9	0.094±0.026	15.43±2.73	3
2015-12	TYAZQ01AB0_01	水稻土	>40～60	0.206±0.052	0.124±0.015	20.8±4.0	58.7±8.4	19.9±1.9	0.100±0.033	6.01±1.31	3
2015-12	TYAZQ01AB0_01	水稻土	>60～80	0.152±0.025	0.103±0.002	18.3±2.6	60.8±11.3	19.8±3.6	0.118±0.007	4.07±0.41	3
2015-12	TYAZQ01AB0_02	红壤	0～10	0.549±0.037	0.136±0.022	27.6±2.3	86.2±15.9	28.1±4.9	0.112±0.007	17.89±1.92	3

（续）

时间（年-月）	样地代码	土壤类型	采样深度/cm	硒（Se）/（mg/kg）	镉（Cd）/（mg/kg）	铅（Pb）/（mg/kg）	铬（Cr）/（mg/kg）	镍（Ni）/（mg/kg）	汞（Hg）/（g/kg）	砷（As）/（mg/kg）	重复数
2015-12	TYAZQ01AB0_02	红壤	>10～20	0.423±0.040	0.096±0.033	24.8±2.3	87.4±15.8	28.6±4.7	0.119±0.015	17.24±1.56	3
2015-12	TYAZQ01AB0_02	红壤	>20～40	0.383±0.017	0.068±0.032	25.5±2.5	88.8±15.7	30.3±4.1	0.111±0.009	17.07±1.80	3
2015-12	TYAZQ01AB0_02	红壤	>40～60	0.360±0.050	0.068±0.027	23.5±3.7	91.3±20.7	30.9±6.8	0.108±0.017	16.63±3.76	3
2015-12	TYAZQ01AB0_02	红壤	>60～80	0.405±0.053	0.074±0.022	21.4±1.9	96.1±15.6	32.2±5.2	0.107±0.004	19.69±6.53	3
2015-12	TYAZQ02AB0_01	水稻土	0～10	0.707±0.095	0.251±0.013	28.2±1.0	72.8±1.1	21.7±2.2	0.184±0.025	11.36±0.39	3
2015-12	TYAZQ02AB0_01	水稻土	>10～20	0.551±0.063	0.226±0.037	29.0±0.1	69.5±10.6	22.1±1.7	0.167±0.007	12.02±0.86	3
2015-12	TYAZQ02AB0_01	水稻土	>20～40	0.377±0.065	0.185±0.008	24.3±0.6	63.4±15.3	23.5±1.1	0.212±0.056	14.36±1.67	3
2015-12	TYAZQ02AB0_01	水稻土	>40～60	0.330±0.076	0.146±0.042	22.5±4.3	61.4±16.5	20.7±1.5	0.260±0.167	15.32±1.36	3
2015-12	TYAZQ02AB0_01	水稻土	>60～80	0.307±0.055	0.124±0.019	21.3±1.1	58.5±6.7	19.9±0.2	0.129±0.049	15.28±3.59	3
2015-12	TYAZQ02AB0_02	红壤	0～10	0.856±0.257	0.099±0.030	25.4±4.0	86.2±16.1	23.2±1.5	0.119±0.001	20.40±3.39	3
2015-12	TYAZQ02AB0_02	红壤	>10～20	0.610±0.130	0.079±0.036	23.0±1.6	88.9±17.6	24.8±1.1	0.142±0.043	20.36±3.24	3
2015-12	TYAZQ02AB0_02	红壤	>20～40	0.457±0.084	0.050±0.004	20.1±1.4	74.8±8.5	24.0±2.6	0.109±0.010	18.05±2.25	3
2015-12	TYAZQ02AB0_02	红壤	>40～60	0.418±0.103	0.056±0.013	22.6±2.7	78.7±17.0	25.9±0.9	0.095±0.025	17.69±5.51	3
2015-12	TYAZQ02AB0_02	红壤	>60～80	0.396±0.050	0.051±0.012	19.9±4.2	59.6±22.3	21.7±5.9	0.099±0.026	18.05±7.11	3

3.4.7 剖面土壤微量元素

3.4.7.1 概述

本节为桃源站 13 个监测样地 2010 年、2015 年剖面（0～10 cm、>10～20 cm、>20～40 cm、>40～60 cm、>60～80 cm）土壤微量元素数据集合，包括钼、锌、锰、铜、铁和硼 6 个元素，涉及的观测场/样地同 3.4.1.1。

3.4.7.2 数据采集和处理方法

（1）采集方法

按照 CERN 长期观测规范，剖面土壤重金属监测频率为 5 年 1 次，于晚稻收获期采集土壤样品。旱地（坡地）根据坡上、坡中、坡下分 3 个区进行采样，每个区用不锈钢土钻按照 W 形多点采集混合，靠土钻壁土壤用竹片挂掉（站区用挖剖面的方法采集，由于考虑样品分析时间及数据上报时间，2015 年综合场与辅助观测场提前采集样品，于 5—6 月进行）；水田根据田块形状按左、中、右分 3 个区进行采样，每个区用挖剖面的方法采集样品。

（2）样品处理

样品采回后，挑出根系和石子，在阴凉处风干，用四分法分取适量样品，碾磨后过 10 目尼龙筛，然后四分法分取适量样品，研磨后过 20 目筛，再四分法取适量样品，研磨后过 100 目筛，整个过程中用木制、塑料及玛瑙制品，均不用金属制品，以防止带来金属污染。

（3）分析方法

2010 年，全硼用磷酸-硝酸-氢氟酸-高氯酸消煮，ICP-AES 测定；锰、锌、铜和铁用硝酸-氢氟酸-高氯酸消解，用火焰原子吸收分光光度法测定；钼用盐酸-硝酸-氢氟酸-高氯酸消煮，ICP-MS 测定。2015 年，全硼用二米光栅法测定；锰、锌、铜和铁用磷酸-硝酸-氢氟酸-高氯酸消煮，ICP-AES 测定；全钼用磷酸-硝酸-氢氟酸-高氯酸消煮，ICP-MS 测定（鲁如坤，1999）。

3.4.7.3 数据质量控制方法

第一，测定时插入国家标准样品进行质控。

第二，分析时进行 3 次平行样品测定。

第三，利用校验软件检查每个监测数据是否超出该样地相同深度该监测项目历史数据平均值的 2 倍标准差或者样地空间变异调查的 2 倍标准差等，对于超出范围的数据进行核实或再次测定。

3.4.7.4 数据价值/数据使用方法和建议

土壤中微量元素全量与成土母质和成土过程有重要关系。微量元素与植物的生长及人体的健康密切相关，是植物正常生长的必备元素。微量元素在土壤环境中分布不均是其在自然界中最典型的特征，也是造成地方病发生的元凶。本站监测样点代表红壤丘陵区旱地红壤及水稻土，可反映不同人为干扰措施下不同土层深度微量元素含量情况，为研究红壤丘陵区土壤微量元素含量变化状况提供基础数据。

为使数据使用者更好地了解和使用本节数据，特按土壤类型和层次列出了各微量元素含量数据分布范围表（表 3-48）。

表 3-48　剖面土壤微量元素含量范围表

单位：mg/kg

微量元素	土壤类型	0～10 cm	>10～20 cm	>20～40 cm	>40～60 cm	>60～80 cm
全锰（Mn）	红壤	149.71～579.94	160.96～587.80	164.03～700.31	178.27～775.90	161.08～607.33
全锰（Mn）	水稻土	167.39～432.29	199.69～521.88	297.58～577.38	312.73～1 180.70	245.43～1 923.70

（续）

微量元素	土壤类型	0～10 cm	>10～20 cm	>20～40 cm	>40～60 cm	>60～80 cm
全钼（Mo）	红壤	1.16～1.95	1.07～2.03	0.77～1.83	1.23～2.30	1.34～2.64
全钼（Mo）	水稻土	0.80～1.49	0.78～1.53	0.76～2.25	0.41～2.02	0.54～1.59
全硼（B）	红壤	54.07～100.00	54.33～95.90	55.93～108.10	50.17～86.23	50.60～91.93
全硼（B）	水稻土	39.93～100.20	48.70～86.67	79.93～47.57	51.57～93.27	52.40～101.40
全铁（Fe）	红壤	32 942～37 886	33 245～48 033	32 060～47 642	36 952～66 494	36 213～96 186
全铁（Fe）	水稻土	18 455～40 579	23 292～48 103	27 964～62 301	18 923～48 495	15 111～40 641
全铜（Cu）	红壤	20.33～31.08	20.07～29.35	20.70～28.16	22.87～29.35	23.42～31.04
全铜（Cu）	水稻土	18.82～24.42	18.54～24.58	17.18～26.27	15.59～26.30	14.01～23.56
全锌（Zn）	红壤	58.31～81.41	60.10～79.82	58.88～77.6	55.58～79.48	51.12～84.72
全锌（Zn）	水稻土	59.04～79.99	56.66～78.81	47.78～76.54	41.59～69.89	43.06～75.17

3.4.7.5 数据表

本节含 1 个数据表——剖面土壤微量元素含量（表 3-49），数据列包括时间、样地代码、采样深度（cm）、全硼（B）、全钼（Mo）、全锰（Mn）、全锌（Zn）、全铜（Cu）、全铁（Fe）以及重复数等 10 个字段，元素含量单位为 mg/kg。

3.4.8 剖面土壤矿质全量

3.4.8.1 概述

本数据集为桃源站 13 个监测样地 2015 年剖面（0～10 cm、>10～20 cm、>20～40 cm、>40～60 cm、>60～80 cm）土壤矿质全量数据集合，本节涉及的观测场/样地同 3.4.1.1。

3.4.8.2 数据采集和处理方法

（1）采集方法

按照 CERN 长期观测规范，剖面土壤矿质全量监测频率为 10 年 1 次，于晚稻收获期采集土壤样品。旱地（坡地）根据坡上、坡中、坡下分 3 个区进行采样，每个区用土钻按照 W 形多点采集混合（站区用挖剖面的方法采集，由于考虑样品分析时间及数据上报时间，综合观测场与辅助观测场提前采集样品，于 5—6 月进行）；水田根据田块形状按左、中、右分 3 个区进行采样，每个区用挖剖面的方法采集样品。

（2）样品处理

样品采回后，挑出根系和石子，在阴凉处风干，用四分法分取适量样品，碾磨后过 10 目尼龙筛，然后四分法分取适量样品，研磨后过 20 目筛，再四分法取适量样品，研磨后过 100 目筛，整个过程中用木制、塑料及玛瑙制品，均不用金属制品，以防止带来金属污染。

表 3-49 剖面土壤微量元素含量

时间（年-月）	样地代码	采样深度/cm	全硼（B）/（mg/kg）	全钼（Mo）/（mg/kg）	全锰（Mn）/（mg/kg）	全锌（Zn）/（mg/kg）	全铜（Cu）/（mg/kg）	全铁（Fe）/（mg/kg）	重复数
2010-11	TYAZH01ABC_01	0～10	81.33±7.96	1.29±0.24	396.73±307.01	60.76±8.20	21.71±2.40	34 702±1 052	3
2010-11	TYAZH01ABC_01	>10～20	86.47±3.95	1.48±0.38	521.88±205.20	62.77±4.57	24.21±0.39	48 103±13 732	3
2010-11	TYAZH01ABC_01	>20～40	77.53±5.55	1.87±0.11	528.52±90.93	59.96±3.48	25.67±0.71	62 301±2 554	3
2010-11	TYAZH01ABC_01	>40～60	83.77±10.91	1.30±0.29	413.01±242.24	64.81±5.02	23.92±1.49	41 560±5 733	3
2010-11	TYAZH01ABC_01	>60～80	87.93±4.69	1.28±0.19	245.43±117.40	62.96±3.85	22.31±1.95	34 300±3 128	3
2010-10	TYAZH02ABC_01	0～10	72.10±12.47	1.48±0.20	350.45±70.35	73.43±2.67	22.75±0.83	37 886±3 736	3
2010-10	TYAZH02ABC_01	>10～20	68.07±4.47	1.74±0.45	362.59±114.85	71.66±9.68	22.85±1.36	39 273±4 793	3
2010-10	TYAZH02ABC_01	>20～40	76.57±8.15	1.61±0.17	344.59±98.12	67.72±3.08	23.03±1.06	40 304±6 923	3
2010-10	TYAZH02ABC_01	>40～60	68.60±5.53	1.55±0.06	417.08±226.93	69.75±10.34	24.22±1.81	44 768±5 116	3
2010-10	TYAZH02ABC_01	>60～80	65.90±2.35	1.82±0.06	401.18±145.83	75.07±8.68	28.41±1.96	52 001±4 458	3
2010-11	TYAFZ01AB0_01	0～10	64.17±3.66	1.25±0.04	387.35±30.96	79.65±3.23	23.37±0.21	32 706±950	3
2010-11	TYAFZ01AB0_01	>10～20	65.63±3.43	1.32±0.05	383.88±53.14	78.81±0.36	23.85±0.25	33 307±1 443	3
2010-11	TYAFZ01AB0_01	>20～40	66.87±2.49	1.33±0.19	453.06±123.25	76.54±7.09	23.95±1.35	33 464±892	3
2010-11	TYAFZ01AB0_01	>40～60	80.13±5.50	1.19±0.03	707.34±678.27	63.34±4.84	21.66±0.38	36 250±1 440	3
2010-11	TYAFZ01AB0_01	>60～80	69.43±3.61	1.29±0.18	1 254.37±415.08	67.75±3.68	21.80±1.55	35 896±1 378	3
2010-11	TYAFZ02AB0_01	0～10	72.23±9.25	1.23±0.10	265.55±55.68	70.47±0.47	23.45±0.73	32 385±1 539	3
2010-11	TYAFZ02AB0_01	>10～20	70.77±5.36	1.18±0.13	264.58±29.20	69.93±2.80	24.00±0.54	33 061±1 731	3
2010-11	TYAFZ02AB0_01	>20～40	75.33±4.76	1.30±0.18	338.59±70.76	66.01±3.79	23.70±0.93	43 152±5 346	3
2010-11	TYAFZ02AB0_01	>40～60	74.60±5.46	1.15±0.08	848.69±507.80	60.24±4.66	20.88±0.90	44 211±265	3
2010-11	TYAFZ02AB0_01	>60～80	80.80±7.09	1.22±0.14	1 923.78±998.04	72.38±11.67	23.56±3.52	40 641±3 292	3
2010-11	TYAFZ03AB0_01	0～10	69.37±5.20	1.25±0.04	294.44±44.89	75.47±2.05	24.13±0.56	33 335±553	3

（续）

时间（年-月）	样地代码	采样深度/cm	全硼（B）/（mg/kg）	全钼（Mo）/（mg/kg）	全锰（Mn）/（mg/kg）	全锌（Zn）/（mg/kg）	全铜（Cu）/（mg/kg）	全铁（Fe）/（mg/kg）	重复数
2010-11	TYAFZ03AB0_01	＞10～20	70.03±6.70	1.19±0.03	288.83±22.41	72.24±0.47	24.00±0.13	34 063±624	3
2010-11	TYAFZ03AB0_01	＞20～40	68.73±3.55	1.31±0.07	319.54±12.50	73.41±1.00	25.04±0.34	35 392±916	3
2010-11	TYAFZ03AB0_01	＞40～60	73.63±2.21	1.32±0.33	312.73±39.44	62.02±5.78	21.32±1.56	38 089±2 897	3
2010-11	TYAFZ03AB0_01	＞60～80	70.43±3.47	1.27±0.15	990.99±507.80	71.94±8.06	22.44±2.45	37 170±1 607	3
2010-10	TYAFZ04ABC_01	0～10	69.50±6.97	1.49±0.08	432.29±118.64	66.70±5.32	23.40±1.85	40 579±2 205	3
2010-10	TYAFZ04ABC_01	＞10～20	65.80±2.65	1.55±0.27	517.37±82.77	67.13±3.07	24.83±2.84	39 993±2 246	3
2010-10	TYAFZ04ABC_01	＞20～40	70.63±7.95	1.51±0.12	499.93±141.12	72.99±1.40	25.79±0.89	44 934±4 291	3
2010-10	TYAFZ04ABC_01	＞40～60	68.67±8.15	1.65±0.74	403.07±177.70	75.75±9.53	29.03±1.79	55 614±11 099	3
2010-10	TYAFZ04ABC_01	＞60～80	73.03±11.03	2.20±0.39	367.84±179.36	72.71±3.71	29.31±1.06	62 412±22 587	3
2010-10	TYAFZ05ABC_01	0～10	70.13±7.72	1.41±0.13	579.94±198.52	71.31±3.76	21.64±2.07	32 942±2 308	3
2010-10	TYAFZ05ABC_01	＞10～20	67.83±2.36	1.35±0.05	587.80±89.51	60.66±4.71	21.48±2.10	33 245±1 071	3
2010-10	TYAFZ05ABC_01	＞20～40	69.67±2.66	1.38±0.06	700.31±84.75	68.98±10.30	22.73±3.89	34 182±2 099	3
2010-10	TYAFZ05ABC_01	＞40～60	68.13±2.97	1.33±0.14	775.90±254.79	78.10±23.86	29.35±12.84	40 503±10 254	3
2010-10	TYAFZ05ABC_01	＞60～80	69.87±12.40	1.62±0.14	607.33±139.73	71.79±5.32	27.21±2.06	40 343±3 957	3
2010-10	TYAFZ06ABC_01	0～10	65.97±4.18	1.58±0.08	291.69±51.26	62.17±2.91	22.02±0.86	39 728±2 589	3
2010-10	TYAFZ06ABC_01	＞10～20	66.37±7.52	1.67±0.07	309.89±57.92	60.49±7.30	21.17±1.65	37 672±4 435	3
2010-10	TYAFZ06ABC_01	＞20～40	70.63±5.42	1.70±0.13	335.23±52.77	61.30±7.45	21.53±1.86	38 691±4 424	3
2010-10	TYAFZ06ABC_01	＞40～60	61.53±7.87	2.20±0.58	286.41±61.70	62.05±3.44	24.83±3.71	56 584±20 303	3
2010-10	TYAFZ06ABC_01	＞60～80	65.40±4.50	2.07±0.66	284.92±51.81	63.05±2.17	24.26±3.43	53 735±23 159	3

（续）

时间（年-月）	样地代码	采样深度/cm	全硼（B）/（mg/kg）	全钼（Mo）/（mg/kg）	全锰（Mn）/（mg/kg）	全锌（Zn）/（mg/kg）	全铜（Cu）/（mg/kg）	全铁（Fe）/（mg/kg）	重复数
2010-10	TYAFZ07ABC_01	0～10	71.27±4.55	1.72±0.23	307.42±48.63	68.45±3.76	25.95±2.04	42 996±6 600	3
2010-10	TYAFZ07ABC_01	>10～20	65.57±5.37	1.96±0.38	348.35±34.65	64.91±8.20	23.24±1.98	42 856±5 701	3
2010-10	TYAFZ07ABC_01	>20～40	71.30±3.83	1.83±0.19	391.97±32.34	66.41±6.49	23.73±1.67	44 527±5 427	3
2010-10	TYAFZ07ABC_01	>40～60	65.33±4.43	2.30±0.21	379.21±41.40	69.74±3.43	26.58±0.87	60 360±7 230	3
2010-10	TYAFZ07ABC_01	>60～80	67.47±6.65	2.64±0.30	314.02±102.48	59.36±2.99	28.60±1.86	76 186±7 799	3
2010-11	TYAZQ01AB0_01	0～10	68.83±8.75	1.30±0.36	229.16±17.20	65.60±14.43	21.06±2.37	22 343±1 583	3
2010-11	TYAZQ01AB0_01	>10～20	77.00±5.71	0.91±0.07	252.73±55.28	57.10±1.75	20.58±0.79	25 458±2 101	3
2010-11	TYAZQ01AB0_01	>20～40	74.73±4.26	0.76±0.06	371.19±50.04	48.11±3.17	18.59±1.07	27 964±3 287	3
2010-11	TYAZQ01AB0_01	>40～60	71.33±3.31	0.41±0.26	583.35±320.64	41.59±3.00	15.84±0.70	18 923±1 292	3
2010-11	TYAZQ01AB0_01	>60～80	70.67±3.27	0.90±0.75	358.91±97.10	59.12±31.48	21.21±10.98	31 941±14 001	3
2010-11	TYAZQ01AB0_02	0～10	82.20±7.97	1.88±0.11	340.33±43.89	77.36±3.20	31.08±1.84	45 240±1 243	3
2010-11	TYAZQ01AB0_02	>10～20	85.07±7.13	1.74±0.14	364.59±60.02	71.32±4.71	29.35±1.86	45 361±2 584	3
2010-11	TYAZQ01AB0_02	>20～40	85.97±11.98	1.70±0.06	355.45±30.55	69.37±5.06	28.16±0.95	42 322±631	3
2010-11	TYAZQ01AB0_02	>40～60	86.23±7.06	1.45±0.85	366.62±99.38	65.76±14.48	26.01±9.11	42 007±17 322	3
2010-11	TYAZQ01AB0_02	>60～80	84.77±9.84	1.99±0.06	220.13±32.90	69.15±4.24	31.04±1.12	52 101±2 341	3
2010-10	TYAZQ02AB0_02	0～10	82.33±13.71	1.62±0.25	194.82±82.51	67.91±23.86	25.22±3.19	42 502±10 774	3
2010-10	TYAZQ02AB0_02	>10～20	85.27±4.41	1.68±0.19	194.44±90.89	65.16±8.19	26.33±3.40	45 379±7 217	3
2010-10	TYAZQ02AB0_02	>20～40	75.70±5.70	1.42±0.58	185.89±40.70	62.62±9.93	25.16±2.52	44 393±7 577	3
2010-10	TYAZQ02AB0_02	>40～60	80.10±5.23	1.37±0.22	192.17±31.70	55.58±14.27	23.76±3.17	39 074±4 817	3

（续）

时间（年-月）	样地代码	采样深度/cm	全硼（B）/（mg/kg）	全钼（Mo）/（mg/kg）	全锰（Mn）/（mg/kg）	全锌（Zn）/（mg/kg）	全铜（Cu）/（mg/kg）	全铁（Fe）/（mg/kg）	重复数
2010-10	TYAZQ02AB0_02	>60～80	78.37±5.36	1.55±0.38	161.08±79.87	54.88±15.26	25.98±2.94	39 857±10 439	3
2010-10	TYAZQ02AB0_01	0～10	71.13±5.30	1.27±0.06	287.91±17.23	66.52±4.35	24.42±0.90	28 194±637	3
2010-10	TYAZQ02AB0_01	>10～20	67.27±5.05	1.28±0.01	315.72±16.69	76.98±19.38	24.58±0.41	29 788±595	3
2010-10	TYAZQ02AB0_01	>20～40	71.97±6.00	1.19±0.08	473.57±29.70	61.60±0.59	24.07±1.47	33 802±1 945	3
2010-10	TYAZQ02AB0_01	>40～60	73.87±4.90	1.12±0.12	393.28±52.48	59.65±3.44	22.42±0.55	30 100±3 262	3
2010-10	TYAZQ02AB0_01	>60～80	74.63±5.42	0.79±0.11	313.25±47.01	57.59±4.06	22.91±0.79	30 521±3 775	3
2015-12	TYAZH01ABC_01	0～10	49.27±3.91	1.44±0.06	167.39±28.60	71.41±1.94	22.33±0.24	24 901±1 381	3
2015-12	TYAZH01ABC_01	>10～20	48.70±2.52	1.53±0.11	199.69±50.82	68.38±2.31	22.75±0.53	33 004±2 462	3
2015-12	TYAZH01ABC_01	>20～40	47.57±3.93	2.25±0.23	447.72±8.56	65.19±2.74	26.27±0.65	55 470±4 590	3
2015-12	TYAZH01ABC_01	>40～60	51.57±1.45	2.02±0.30	371.94±50.59	69.89±6.18	26.30±0.40	48 495±10 062	3
2015-12	TYAZH01ABC_01	>60～80	52.40±2.95	1.59±0.25	358.48±104.89	68.67±4.16	23.45±1.10	35 957±7 336	3
2015-05	TYAZH02ABC_01	0～10	54.07±2.66	1.95±0.78	265.33±99.31	70.70±2.82	21.63±0.49	38 478±4 853	3
2015-05	TYAZH02ABC_01	>10～20	54.33±1.92	1.72±0.41	292.41±102.35	68.34±2.81	22.22±1.29	40 352±5 940	3
2015-05	TYAZH02ABC_01	>20～40	55.93±3.80	1.76±0.37	296.48±133.78	69.75±3.10	22.73±1.50	47 642±14 387	3
2015-05	TYAZH02ABC_01	>40～60	50.17±7.81	2.03±0.74	302.07±211.86	68.21±4.77	24.43±2.14	57 658±20 276	3
2015-05	TYAZH02ABC_01	>60～80	50.60±6.03	2.44±1.00	370.43±311.90	71.84±6.75	25.80±2.01	65 919±25 358	3
2015-12	TYAFZ01AB0_01	0～10	62.27±4.14	1.11±0.05	401.29±37.72	75.14±1.30	21.23±0.53	32 505±848	3
2015-12	TYAFZ01AB0_01	>10～20	63.70±6.16	1.10±0.02	435.45±7.96	74.73±1.59	21.23±0.28	33 180±222	3
2015-12	TYAFZ01AB0_01	>20～40	63.80±0.95	1.06±0.07	577.38±60.14	71.73±3.77	20.92±0.92	32 706±695	3

（续）

时间（年-月）	样地代码	采样深度/cm	全硼（B）/（mg/kg）	全钼（Mo）/（mg/kg）	全锰（Mn）/（mg/kg）	全锌（Zn）/（mg/kg）	全铜（Cu）/（mg/kg）	全铁（Fe）/（mg/kg）	重复数
2015-12	TYAFZ01AB0_01	>40～60	68.20±1.76	1.04±0.08	574.17±337.71	60.95±1.26	18.88±1.63	33 703±3 088	3
2015-12	TYAFZ01AB0_01	>60～80	65.73±1.68	0.98±0.13	853.97±641.93	62.24±6.47	18.78±0.42	31 358±934	3
2015-12	TYAFZ02AB0_01	0～10	71.70±6.12	1.14±0.03	237.73±12.71	79.99±5.86	21.84±0.87	31 903±1 839	3
2015-12	TYAFZ02AB0_01	>10～20	70.77±4.95	1.14±0.01	277.19±20.13	75.29±2.66	21.79±0.57	33 398±1 270	3
2015-12	TYAFZ02AB0_01	>20～40	73.40±5.41	1.18±0.05	386.82±34.82	71.29±3.77	21.32±0.65	40 736±1 690	3
2015-12	TYAFZ02AB0_01	>40～60	74.87±2.05	1.07±0.07	1 180.76±178.10	68.04±0.45	19.57±0.53	43 136±2 059	3
2015-12	TYAFZ02AB0_01	>60～80	70.27±2.12	1.16±0.04	1 440.37±208.32	75.17±9.98	21.94±0.62	38 480±2 913	3
2015-11	TYAFZ03AB0_01	0～10	78.93±2.44	1.06±0.04	261.54±41.71	75.22±5.04	21.47±1.09	31 339±524	3
2015-11	TYAFZ03AB0_01	>10～20	75.80±0.40	1.09±0.03	294.08±43.19	73.67±5.66	21.86±0.98	32 853±661	3
2015-11	TYAFZ03AB0_01	>20～40	79.93±3.47	1.12±0.01	347.15±39.15	64.35±7.12	20.76±1.29	36 864±2 161	3
2015-11	TYAFZ03AB0_01	>40～60	77.50±1.65	1.05±0.05	577.06±240.40	62.73±0.33	19.45±0.39	35 250±3 089	3
2015-11	TYAFZ03AB0_01	>60～80	78.50±3.36	1.09±0.10	904.24±415.34	70.46±11.38	20.10±3.02	33 547±5 307	3
2015-06	TYAFZ04ABC_01	0～10	71.30±1.04	1.39±0.12	381.05±119.16	66.32±3.77	20.33±1.29	40 600±3 133	3
2015-06	TYAFZ04ABC_01	>10～20	69.83±2.66	1.41±0.21	428.45±110.07	67.50±4.50	20.61±1.09	41 002±1 365	3
2015-06	TYAFZ04ABC_01	>20～40	70.53±5.66	1.49±0.24	434.83±94.90	70.61±1.82	22.45±0.30	44 988±4 802	3
2015-06	TYAFZ04ABC_01	>40～60	66.70±7.67	1.81±0.15	358.79±126.34	71.71±5.31	25.38±0.97	60 464±268	3
2015-06	TYAFZ04ABC_01	>60～80	64.33±5.77	2.09±0.11	237.45±52.28	63.86±6.10	25.55±2.03	72 249±2 834	3
2015-05	TYAFZ05ABC_01	0～10	73.37±2.23	1.16±0.21	473.38±171.19	69.01±6.12	20.56±2.90	36 511±5 221	3
2015-05	TYAFZ05ABC_01	>10～20	71.73±2.66	1.07±0.19	492.15±106.87	68.32±7.08	20.07±2.67	34 781±2 392	3

（续）

时间（年-月）	样地代码	采样深度/cm	全硼（B）/（mg/kg）	全钼（Mo）/（mg/kg）	全锰（Mn）/（mg/kg）	全锌（Zn）/（mg/kg）	全铜（Cu）/（mg/kg）	全铁（Fe）/（mg/kg）	重复数
2015-05	TYAFZ05ABC_01	>20～40	76.07±5.05	0.77±0.52	533.26±128.45	66.44±4.72	20.70±1.94	32 060±4 786	3
2015-05	TYAFZ05ABC_01	>40～60	73.17±7.27	1.23±0.07	540.11±55.10	73.13±7.16	22.87±2.58	36 952±6 760	3
2015-05	TYAFZ05ABC_01	>60～80	72.90±6.84	1.34±0.10	459.34±63.74	75.24±6.75	23.44±3.95	36 213±3 090	3
2015-05	TYAFZ06ABC_01	0～10	83.33±9.96	1.58±0.10	180.18±60.15	69.86±8.52	23.32±2.39	36 080±6 241	3
2015-05	TYAFZ06ABC_01	>10～20	95.90±30.68	1.12±0.74	192.43±73.41	71.50±8.86	23.91±2.70	40 919±7 522	3
2015-05	TYAFZ06ABC_01	>20～40	83.27±21.17	1.66±0.11	165.75±111.96	71.42±8.51	25.06±1.98	41 824±2 165	3
2015-05	TYAFZ06ABC_01	>40～60	77.30±18.63	1.87±0.29	239.61±68.27	64.85±5.05	25.89±1.81	66 494±7 933	3
2015-05	TYAFZ06ABC_01	>60～80	91.93±30.70	2.37±0.33	168.40±65.11	61.40±5.09	27.24±2.04	72 690±10 065	3
2015-05	TYAFZ07ABC_01	0～10	94.13±42.44	1.64±0.14	188.96±78.10	70.23±4.65	24.96±1.08	37 353±4 229	3
2015-05	TYAFZ07ABC_01	>10～20	89.60±9.95	1.57±0.13	197.65±77.10	71.00±5.81	24.05±1.31	40 241±5 637	3
2015-05	TYAFZ07ABC_01	>20～40	75.97±23.48	1.58±0.13	214.60±73.43	68.89±2.88	23.35±0.84	41 928±5 014	3
2015-05	TYAFZ07ABC_01	>40～60	78.70±21.06	1.79±0.35	229.67±75.46	69.35±4.39	25.83±2.05	52 808±17 160	3
2015-05	TYAFZ07ABC_01	>60～80	59.43±12.15	2.10±0.61	253.59±121.51	64.38±3.29	26.61±1.71	67 320±12 088	3
2015-12	TYAZQ01AB0_01	0～10	39.93±10.58	0.80±0.05	170.44±18.54	59.04±0.69	18.82±0.44	18 455±516	3
2015-12	TYAZQ01AB0_01	>10～20	73.63±11.36	0.78±0.01	206.50±14.08	56.66±2.16	18.54±0.66	23 292±2 200	3
2015-12	TYAZQ01AB0_01	>20～40	76.50±35.10	0.76±0.02	353.15±41.44	47.78±1.08	17.18±0.52	32 208±4 820	3
2015-12	TYAZQ01AB0_01	>40～60	88.20±21.49	0.65±0.01	570.42±235.83	43.90±6.42	15.59±1.49	20 044±2 530	3
2015-12	TYAZQ01AB0_01	>60～80	80.80±38.40	0.54±0.01	609.97±94.71	43.06±5.68	14.01±0.37	15 111±1 845	3
2015-12	TYAZQ01AB0_02	0～10	78.67±40.88	1.53±0.38	338.35±12.27	81.41±19.36	27.19±2.63	38 517±5 294	3

（续）

时间（年-月）	样地代码	采样深度/cm	全硼（B）/（mg/kg）	全钼（Mo）/（mg/kg）	全锰（Mn）/（mg/kg）	全锌（Zn）/（mg/kg）	全铜（Cu）/（mg/kg）	全铁（Fe）/（mg/kg）	重复数
2015-12	TYAZQ01AB0_02	>10～20	88.23±53.50	1.66±0.05	331.53±92.69	79.82±14.14	26.64±1.72	38 732±195	3
2015-12	TYAZQ01AB0_02	>20～40	108.17±46.85	1.70±0.03	285.23±81.44	77.60±12.88	27.82±2.78	40 881±743	3
2015-12	TYAZQ01AB0_02	>40～60	75.93±33.14	1.83±0.18	267.58±80.65	79.48±19.68	27.77±5.67	42 267±3 552	3
2015-12	TYAZQ01AB0_02	>60～80	72.97±32.02	1.79±0.21	269.80±144.31	84.72±17.14	29.02±4.55	43 563±7 154	3
2015-12	TYAZQ02AB0_01	0～10	100.27±30.16	1.11±0.26	248.02±20.63	69.03±5.74	23.13±1.11	27 196±1 083	3
2015-12	TYAZQ02AB0_01	>10～20	64.03±17.17	1.35±0.28	239.90±13.06	64.90±4.84	23.01±1.19	28 811±565	3
2015-12	TYAZQ02AB0_01	>20～40	77.03±16.81	1.10±0.18	297.58±28.32	62.12±2.53	22.80±0.75	34 926±4 009	3
2015-12	TYAZQ02AB0_01	>40～60	93.27±32.75	1.02±0.30	371.41±50.55	53.84±3.25	20.03±0.96	32 105±2 449	3
2015-12	TYAZQ02AB0_01	>60～80	101.43±5.52	1.20±0.43	285.90±16.62	52.13±2.15	19.48±0.61	33 449±5 594	3
2015-12	TYAZQ02AB0_02	0～10	100.00±27.21	1.95±0.94	149.71±16.54	58.31±2.06	24.17±1.48	46 797±6 993	3
2015-12	TYAZQ02AB0_02	>10～20	77.07±9.97	2.03±1.90	160.96±12.04	60.10±2.81	24.80±1.89	48 033±7 224	3
2015-12	TYAZQ02AB0_02	>20～40	85.17±41.20	1.21±0.07	164.03±34.15	58.88±4.06	24.65±2.55	46 275±6 660	3
2015-12	TYAZQ02AB0_02	>40～60	61.97±53.94	1.48±0.33	178.27±117.68	59.63±5.62	23.90±3.93	46 192±14 436	3
2015-12	TYAZQ02AB0_02	>60～80	79.93±8.01	1.49±0.99	210.13±190.55	51.12±5.81	23.42±4.75	40 582±21 561	3

（3）分析方法

SiO_2、Fe_2O_3、MnO、TiO_2、Al_2O_3、CaO、MgO、K_2O、Na_2O、P_2O_5 均用偏硼酸锂熔融- AES 法测定，LOI 用灼烧减重法测定，S 用燃烧法测定（鲁如坤，1999）。

3.4.8.3 数据质量控制方法

第一，测定时插入国家标准样品进行质控。

第二，分析时进行 3 次平行样品测定。

第三，利用校验软件检查每个监测数据是否超出该样地相同深度该监测项目历史数据平均值的 2 倍标准差或者样地空间变异调查的 2 倍标准差等，对于超出范围的数据进行核实或再次测定。

3.4.8.4 数据价值/数据使用方法和建议

土壤矿物质是土壤的重要组成部分，占土壤固体部分的 95%以上。土壤矿质全量反映的是土壤原生矿物和次生矿物的化学组成，其主要受成土条件及过程影响，分析土壤剖面矿质全量的化学组成，有利于掌握矿质元素在土壤剖面的迁移和变化，阐明土壤化学性质在成土过程中的演变情况，了解土壤的风化发育程度（徐娜等，2017）。

为方便用户更好地了解和使用本节数据，特将所有样地各土壤层次同一矿质元素指标的数据的平均值绘制图表（图 3 - 14）。

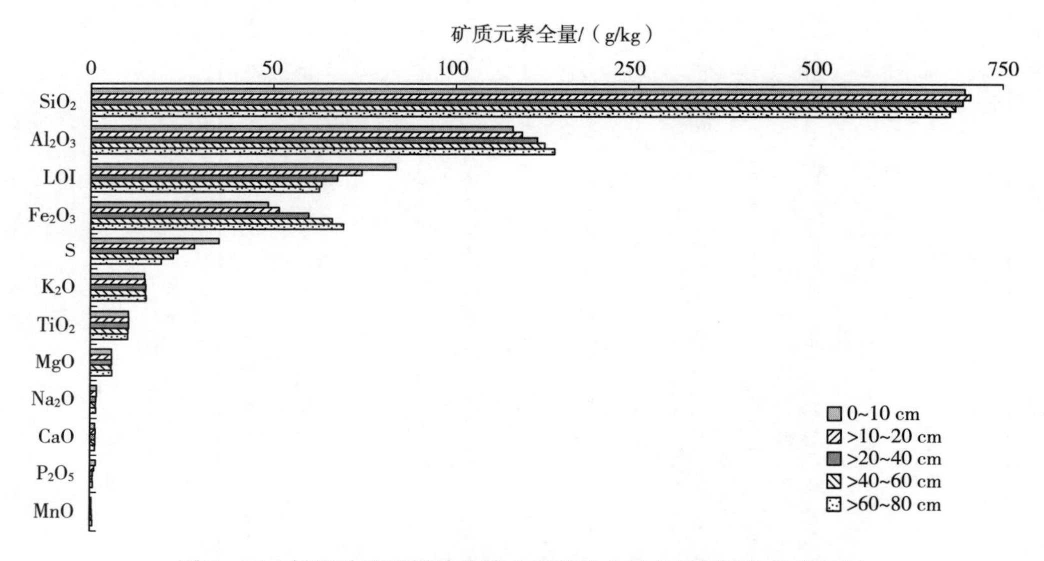

图 3 - 14 桃源站监测样地分层土壤矿质全量各指标平均值统计图

3.4.8.5 数据表

本节共 1 个数据表——剖面土壤矿质全量表（表 3 - 50），数据列包括日期、样地代码、采样深度、SiO_2、Fe_2O_3、MnO、Al_2O_3、CaO、MgO、K_2O、Na_2O、P_2O_5、LOI（烧失量）、S 以及重复数等 16 个字段。

表 3-50　剖面土壤矿质全量表

时间（年-月）	样地代码	采样深度/cm	SiO_2/(g/kg)	Fe_2O_3/(g/kg)	MnO/(g/kg)	TiO_2/(g/kg)	Al_2O_3/(g/kg)	CaO/(g/kg)	MgO/(g/kg)	K_2O/(g/kg)	Na_2O/(g/kg)	P_2O_5/(g/kg)	LOI（烧失量）/(g/kg)	S/(g/kg)	重复数
2015-05	TYAZH02ABC_01	0~10	715.4±10.0	54.6±6.5	0.36±0.13	10.22±0.29	121.52±7.29	1.07±0.12	5.74±0.13	14.73±0.17	1.65±0.11	2.14±0.13	77.0±10.9	0.36±0.04	3
2015-05	TYAZH02ABC_01	>10~20	719.1±9.4	56.8±7.4	0.40±0.13	10.29±0.34	124.19±7.84	0.51±0.02	5.72±0.20	14.66±0.17	1.59±0.21	1.36±0.19	75.3±7.0	0.34±0.06	3
2015-05	TYAZH02ABC_01	>20~40	703.1±19.2	69.6±21.8	0.41±0.18	10.20±0.38	130.65±13.08	0.33±0.07	5.65±0.35	15.01±0.39	1.61±0.40	0.89±0.19	70.8±9.1	0.39±0.09	3
2015-05	TYAZH02ABC_01	>40~60	677.5±37.9	90.0±34.8	0.42±0.28	9.86±0.61	140.45±20.78	0.19±0.18	5.36±0.63	14.87±1.06	1.30±0.46	0.67±0.08	67.8±4.3	0.42±0.03	3
2015-05	TYAZH02ABC_01	>60~80	669.9±49.6	92.5±37.3	0.53±0.47	10.03±0.87	144.19±22.27	0.17±0.09	5.38±0.75	15.08±1.81	1.26±0.42	0.71±0.10	66.0±7.0	0.37±0.03	3
2015-06	TYAFZ04ABC_01	0~10	713.2±4.3	55.2±3.6	0.51±0.17	10.16±0.24	120.16±0.87	0.58±0.02	5.82±0.10	14.64±0.35	1.71±0.09	0.69±0.03	78.6±0.4	0.34±0.03	3
2015-06	TYAFZ04ABC_01	>10~20	715.8±8.9	55.7±1.2	0.57±0.14	10.31±0.09	122.89±1.90	0.51±0.19	5.91±0.04	15.03±0.64	1.80±0.14	0.64±0.05	69.8±6.2	0.28±0.01	3
2015-06	TYAFZ04ABC_01	>20~40	706.9±17.5	62.2±6.7	0.57±0.13	10.34±0.15	131.51±7.85	0.47±0.18	6.21±0.27	15.61±0.15	1.45±0.13	0.66±0.10	64.8±5.8	0.34±0.01	3
2015-06	TYAFZ04ABC_01	>40~60	676.3±12.3	88.1±2.5	0.47±0.16	9.99±0.42	140.85±9.40	0.25±0.17	5.59±0.16	15.16±0.07	0.95±0.13	0.66±0.09	61.5±2.9	0.39±0.04	3
2015-06	TYAFZ04ABC_01	>60~80	660.0±2.1	111.5±7.5	0.32±0.05	9.08±0.87	140.68±10.25	0.37±0.15	4.89±0.16	13.73±0.38	0.85±0.07	0.69±0.11	61.0±2.2	0.30±0.09	3
2015-05	TYAFZ05ABC_01	0~10	713.5±6.9	45.6±1.7	0.69±0.27	10.18±0.14	115.68±4.34	0.64±0.13	6.15±0.22	14.73±1.23	1.78±0.14	0.73±0.17	81.9±5.8	0.22±0.02	3
2015-05	TYAFZ05ABC_01	>10~20	726.7±19.3	46.7±0.7	0.83±0.31	10.38±0.22	118.18±1.70	3.39±5.18	6.24±0.29	15.10±0.73	1.90±0.32	0.59±0.09	68.9±1.8	0.17±0.06	3
2015-05	TYAFZ05ABC_01	>20~40	736.0±9.8	48.8±1.9	0.87±0.22	10.67±0.12	122.75±4.08	0.41±0.06	6.26±0.26	15.44±0.36	1.63±0.05	0.57±0.07	60.5±3.0	0.15±0.02	3
2015-05	TYAFZ05ABC_01	>40~60	713.0±14.8	54.7±5.6	0.87±0.22	10.56±0.21	131.17±3.70	0.47±0.18	6.27±0.09	16.38±0.70	1.42±0.10	0.63±0.07	58.3±2.8	0.15±0.05	3
2015-05	TYAFZ05ABC_01	>60~80	702.3±20.2	61.5±9.4	0.81±0.16	10.57±0.30	138.83±2.84	0.39±0.15	6.24±0.12	16.92±1.07	1.31±0.25	0.65±0.05	58.6±0.9	0.16±0.03	3
2015-05	TYAFZ06ABC_01	0~10	691.3±9.4	56.7±4.2	0.42±0.12	9.81±0.35	124.85±2.38	0.53±0.17	5.79±0.12	14.36±0.47	1.48±0.13	1.40±0.43	89.8±6.8	0.21±0.03	3
2015-05	TYAFZ06ABC_01	>10~20	699.7±7.6	61.1±7.7	0.37±0.13	9.88±0.70	131.37±4.52	0.39±0.10	5.94±0.15	14.71±1.08	1.39±0.13	0.79±0.20	69.7±10.9	0.16±0.04	3
2015-05	TYAFZ06ABC_01	>20~40	695.3±18.4	67.8±8.1	0.36±0.17	10.06±0.61	139.54±2.80	1.12±1.66	5.92±0.16	15.42±0.87	1.17±0.04	0.63±0.11	61.3±6.0	0.22±0.06	3
2015-05	TYAFZ06ABC_01	>40~60	664.8±13.1	105.4±12.3	0.32±0.12	9.21±0.88	141.51±8.45	3.92±6.39	5.12±0.28	13.94±0.36	0.89±0.09	0.65±0.07	59.2±5.8	0.22±0.06	3
2015-05	TYAFZ06ABC_01	>60~80	644.4±15.7	122.1±18.5	0.25±0.08	9.08±0.80	146.90±15.58	0.21±0.12	4.99±0.61	13.48±1.31	0.74±0.05	0.67±0.17	60.3±6.5	0.15±0.02	3
2015-05	TYAFZ07ABC_01	0~10	710.1±10.5	58.7±6.4	0.40±0.14	10.26±0.73	122.14±5.67	0.77±0.16	6.30±0.42	14.47±1.72	1.60±0.28	1.39±0.22	80.2±1.3	0.17±0.02	3

（续）

时间（年-月）	样地代码	采样深度/cm	SiO_2/(g/kg)	Fe_2O_3/(g/kg)	MnO/(g/kg)	TiO_2/(g/kg)	Al_2O_3/(g/kg)	CaO/(g/kg)	MgO/(g/kg)	K_2O/(g/kg)	Na_2O/(g/kg)	P_2O_5/(g/kg)	LOI（烧失量）/(g/kg)	S/(g/kg)	重复数
2015-05	TYAFZ07ABC_01	>10~20	712.0±0.8	59.0±6.8	0.45±0.11	10.39±0.48	123.41±2.83	0.66±0.17	6.19±0.26	14.39±1.37	1.53±0.12	1.17±0.42	67.5±4.9	0.17±0.01	3
2015-05	TYAFZ07ABC_01	>20~40	713.9±13.8	62.1±9.4	0.42±0.13	10.48±0.59	126.11±3.70	1.48±1.75	6.09±0.25	14.70±1.33	1.39±0.13	0.98±0.49	57.7±0.3	0.17±0.01	3
2015-05	TYAFZ07ABC_01	>40~60	685.7±30.9	85.9±31.9	0.40±0.12	10.40±0.45	138.28±3.34	0.37±0.15	5.86±0.53	15.08±1.23	1.00±0.19	0.68±0.10	56.4±1.3	0.18±0.00	3
2015-05	TYAFZ07ABC_01	>60~80	656.9±19.3	105.9±22.3	0.39±0.16	9.87±0.61	135.90±10.89	0.41±0.09	5.17±0.41	13.56±0.10	0.85±0.23	0.72±0.08	56.1±1.8	0.19±0.06	3
2015-12	TYAZQ01AB0_02	0~10	688.1±16.2	57.8±5.8	0.49±0.07	10.97±0.15	126.04±13.77	0.80±0.25	5.31±0.41	15.31±1.43	1.26±0.10	1.38±0.12	83.8±6.6	0.20±0.13	3
2015-12	TYAZQ01AB0_02	>10~20	705.8±13.3	59.1±5.4	0.49±0.11	11.16±0.25	129.32±11.79	0.70±0.18	5.44±0.35	15.56±1.14	1.19±0.20	1.06±0.15	73.4±10.3	0.23±0.03	3
2015-12	TYAZQ01AB0_02	>20~40	683.3±4.2	62.4±3.1	0.48±0.07	10.98±0.27	135.35±5.32	0.74±0.29	5.52±0.14	15.71±0.79	1.18±0.17	0.85±0.12	81.9±4.7	0.27±0.03	3
2015-12	TYAZQ01AB0_02	>40~60	672.0±38.2	63±10.4	0.42±0.09	11.11±0.34	139.22±16.91	1.04±0.84	5.65±0.15	16.25±1.38	1.1±0.16	0.77±0.03	81.7±9.2	0.28±0.04	3
2015-12	TYAZQ01AB0_02	>60~80	653.2±53.3	73.1±19.4	0.40±0.19	11.19±0.35	145.94±15.81	0.62±0.16	5.74±0.35	16.68±0.99	1.09±0.34	0.89±0.15	85.8±10.5	0.30±0.05	3
2015-12	TYAZQ02AB0_02	0~10	676.7±27.1	63.3±7.3	0.19±0.04	10.75±0.32	118.24±9.66	1.26±0.20	4.90±0.16	13.45±0.72	1.17±0.03	0.87±0.21	102.2±7.2	0.32±0.04	3
2015-12	TYAZQ02AB0_02	>10~20	682.4±21.0	66.6±9.5	0.19±0.01	11.11±0.33	123.83±10.57	0.99±0.53	5.08±0.19	13.69±0.67	1.17±0.21	0.69±0.11	88.3±2.9	0.35±0.13	3
2015-12	TYAZQ02AB0_02	>20~40	696.5±17.3	63.3±7.7	0.20±0.05	11.20±0.45	124.43±14.06	1.22±0.07	4.87±0.22	13.66±1.04	0.84±0.20	0.59±0.09	79.4±5.3	0.28±0.05	3
2015-12	TYAZQ02AB0_02	>40~60	698.5±63.7	65.6±21.3	0.22±0.14	10.61±1.33	125.48±34.23	1.18±0.03	4.80±1.08	13.55±2.65	0.99±0.28	0.55±0.08	75.5±16.8	0.30±0.07	3
2015-12	TYAZQ02AB0_02	>60~80	704.9±77.6	65.8±24.1	0.26±0.24	10.47±1.33	123.49±36.05	1.33±0.15	4.66±1.16	13.05±2.98	0.78±0.26	0.62±0.07	74.6±16.7	0.28±0.01	3
2015-12	TYAZH01ABC_01	0~10	730.2±11.7	38.3±3.2	0.21±0.03	10.47±0.12	109.62±1.61	1.46±0.34	5.43±0.11	14.84±0.15	1.71±0.18	1.70±0.19	83.9±6.7	0.43±0.01	3
2015-12	TYAZH01ABC_01	>10~20	734.1±6.9	52.0±4.6	0.23±0.01	10.64±0.14	112.23±2.81	1.35±0.32	5.52±0.02	15.01±0.03	1.68±0.06	1.38±0.06	75.0±5.5	0.35±0.07	3
2015-12	TYAZH01ABC_01	>20~40	681.4±17.5	88.6±11.2	0.65±0.09	10.35±0.18	132.58±5.10	1.59±0.11	4.94±0.29	14.80±0.46	0.98±0.25	0.82±0.07	66.5±8.1	0.23±0.08	3

（续）

时间（年-月）	样地代码	采样深度/cm	SiO_2/(g/kg)	Fe_2O_3/(g/kg)	MnO/(g/kg)	TiO_2/(g/kg)	Al_2O_3/(g/kg)	CaO/(g/kg)	MgO/(g/kg)	K_2O/(g/kg)	Na_2O/(g/kg)	P_2O_5/(g/kg)	LOI（烧失量）/(g/kg)	S/(g/kg)	重复数
2015-12	TYAZH01ABC_01	>40~60	690.9±12.1	74.7±18.4	0.50±0.04	10.51±0.30	126.72±8.82	1.30±0.33	5.17±0.23	14.90±0.37	1.05±0.33	0.84±0.15	65.5±9.4	0.26±0.04	3
2015-12	TYAZH01ABC_01	>60~80	728.3±9.1	55.2±11.6	0.49±0.14	10.66±0.23	112.64±6.04	1.44±0.26	5.48±0.09	14.87±0.23	1.61±0.19	1.16±0.10	66.3±5.5	0.15±0.11	3
2015-12	TYAFZ01AB0_01	0~10	716.9±6.2	43.7±0.6	0.53±0.05	10.51±0.23	111.27±1.91	1.6±0.06	5.73±0.05	14.65±0.14	1.58±0.09	0.93±0.07	86.3±2.0	0.44±0.02	3
2015-12	TYAFZ01AB0_01	>10~20	725.7±6.4	46.2±0.6	0.58±0.00	10.71±0.11	113.47±1.10	1.93±0.23	5.80±0.06	14.87±0.17	1.64±0.15	0.91±0.05	81.5±5.8	0.33±0.04	3
2015-12	TYAFZ01AB0_01	>20~40	726.8±8.6	46.9±2.1	0.77±0.06	10.60±0.29	111.79±3.44	1.84±0.22	5.77±0.06	15.05±1.02	1.56±0.33	0.89±0.01	76.6±7.6	0.15±0.00	3
2015-12	TYAFZ01AB0_01	>40~60	730.1±3.3	46.2±5.0	0.77±0.47	10.70±0.17	111.02±9.77	1.43±0.13	5.68±0.18	15.07±0.77	1.58±0.62	0.82±0.28	72.3±4.1	0.12±0.01	3
2015-12	TYAFZ01AB0_01	>60~80	735.4±8.1	44.4±0.5	1.21±0.95	10.82±0.12	117.23±5.62	1.59±0.34	6.05±0.51	15.79±0.59	1.50±0.51	0.79±0.45	70.4±6.7	0.13±0.03	3
2015-12	TYAFZ02AB0_01	0~10	732.2±6.6	44.0±0.8	0.30±0.01	10.95±0.09	117.79±1.83	1.93±0.22	6.04±0.07	15.42±0.11	1.64±0.06	2.13±0.08	83.4±3.0	0.53±0.02	3
2015-12	TYAFZ02AB0_01	>10~20	731.4±5.7	46.4±0.6	0.35±0.02	10.95±0.19	117.66±1.99	1.94±0.16	6.05±0.09	15.52±0.10	1.62±0.07	1.66±0.20	78.1±3.5	0.36±0.07	3
2015-12	TYAFZ02AB0_01	>20~40	736.8±10.1	55.8±2.7	0.48±0.05	10.96±0.07	113.98±2.36	2.50±1.48	5.94±0.09	15.21±0.08	1.91±0.27	1.08±0.09	66.0±3.9	0.22±0.10	3
2015-12	TYAFZ02AB0_01	>40~60	740.4±20.6	58.4±1.2	1.50±0.21	10.96±0.39	114.41±0.38	1.46±0.03	6.41±0.02	15.91±0.26	1.91±0.05	0.82±0.01	55.2±1.0	0.13±0.01	3
2015-12	TYAFZ02AB0_01	>60~80	718.1±20.0	52.1±1.6	1.86±0.26	10.77±0.30	135.16±0.90	3.45±3.12	9.19±0.58	18.87±0.28	2.28±0.14	0.76±0.04	56.6±1.1	0.12±0.01	3
2015-11	TYAFZ03AB0_01	0~10	734.4±1.8	43.4±0.6	0.34±0.05	10.88±0.12	117.32±1.70	2.37±0.10	6.21±0.28	15.52±0.05	1.81±0.13	2.81±0.17	79.1±1.3	0.68±0.01	3
2015-11	TYAFZ03AB0_01	>10~20	733.6±8.0	44.7±1.2	0.38±0.05	11.05±0.13	118.00±1.47	2.14±0.16	6.33±0.66	15.54±0.32	1.64±0.04	1.73±0.10	73.2±3.0	0.44±0.03	3
2015-11	TYAFZ03AB0_01	>20~40	737.1±6.3	50.7±3.6	0.47±0.05	10.91±0.14	115.21±2.60	1.80±0.20	5.96±0.21	15.32±0.15	1.81±0.05	1.03±0.06	67.8±6.2	0.27±0.04	3
2015-11	TYAFZ03AB0_01	>40~60	743.6±18.2	49.7±4.5	0.78±0.35	11.08±0.24	114.91±5.13	1.46±0.09	6.49±0.65	16.04±0.72	1.96±0.09	0.84±0.04	58.2±7.0	0.21±0.03	3
2015-11	TYAFZ03AB0_01	>60~80	736.7±37.7	46.6±7.5	1.23±0.60	10.94±0.27	125.38±17.44	1.69±0.29	8.40±1.96	18.03±2.11	2.30±0.18	0.94±0.21	56.7±10.3	0.14±0.02	3

（续）

时间（年-月）	样地代码	采样深度/cm	SiO_2/(g/kg)	Fe_2O_3/(g/kg)	MnO/(g/kg)	TiO_2/(g/kg)	Al_2O_3/(g/kg)	CaO/(g/kg)	MgO/(g/kg)	K_2O/(g/kg)	Na_2O/(g/kg)	P_2O_5/(g/kg)	LOI（烧失量）/(g/kg)	S/(g/kg)	重复数
2015-12	TYAZQ01AB0_01	0~10	777.8±7.3	30.5±1.8	0.25±0.02	8.97±0.11	92.82±1.17	1.89±0.06	5.53±0.15	14.28±0.22	2.85±0.16	1.02±0.17	74.5±9.4	0.34±0.01	3
2015-12	TYAZQ01AB0_01	>10~20	769.9±1.1	34.8±0.9	0.32±0.03	8.93±0.05	93.40±0.62	2.22±0.33	5.63±0.07	14.25±0.29	2.88±0.13	0.84±0.08	64.0±1.9	0.21±0.13	3
2015-12	TYAZQ01AB0_01	>20~40	781.8±8.3	50.2±5.5	0.60±0.03	9.24±0.09	96.17±1.80	2.39±0.03	5.69±0.07	14.58±0.12	2.89±0.10	0.51±0.07	48.4±2.8	0.16±0.00	3
2015-12	TYAZQ01AB0_01	>40~60	809.7±3.5	31.5±3.7	0.95±0.30	9.12±0.20	91.47±5.16	2.63±0.17	5.26±0.47	13.69±0.79	3.14±0.19	0.45±0.02	40.6±3.5	0.11±0.02	3
2015-12	TYAZQ01AB0_01	>60~80	823.1±10.6	23.8±2.4	0.80±0.13	9.18±0.12	85.72±3.22	2.55±0.18	4.60±0.14	12.84±0.59	3.18±0.20	0.29±0.03	35.8±0.7	0.09±0.02	3
2015-12	TYAZQ02AB0_01	0~10	738.4±3.7	39.6±0.8	0.38±0.03	10.28±0.96	105.43±2.44	2.13±0.27	6.23±0.15	14.70±0.45	1.76±0.06	2.98±0.50	84.7±0.5	0.33±0.01	3
2015-12	TYAZQ02AB0_01	>10~20	742.6±16.2	40.7±2.0	0.35±0.01	9.74±0.12	107.71±2.83	1.68±0.10	6.32±0.09	15.16±0.32	1.94±0.24	2.08±0.73	80.5±0.7	0.30±0.02	3
2015-12	TYAZQ02AB0_01	>20~40	718.0±10.2	48.0±4.4	0.45±0.06	9.59±0.06	109.82±2.14	1.89±0.12	6.62±0.17	15.42±0.36	1.84±0.07	0.91±0.14	77.2±0.8	0.25±0.03	3
2015-12	TYAZQ02AB0_01	>40~60	736.9±2.5	47.2±2.1	0.53±0.10	9.58±0.15	100.74±0.39	1.92±0.18	5.81±0.17	14.02±0.11	1.75±0.13	0.87±0.12	69.6±2.1	0.18±0.02	3
2015-12	TYAZQ02AB0_01	>60~80	747.3±10.3	45.9±6.5	0.41±0.01	9.27±0.76	98.72±2.45	2.10±0.23	5.52±0.11	13.94±0.31	1.78±0.14	0.77±0.11	66.2±2.5	0.12±0.02	3

3.5 生物监测数据集

3.5.1 农田复种指数数据集

3.5.1.1 概述

本数据集包括桃源站2008—2015年11个长期监测样地的轮作体系和复种指数信息，其中“→”表示年间作物接茬种植，“—”表示年内接茬种植，“‖”表示间作，计量单位为百分比（%）。观测样地包括桃源站稻田综合观测场（TYAZH01ABC _ 01），桃源站稻田辅助观测场（不施肥TYAFZ01AB0 _ 01；稻草还田TYAFZ02AB0 _ 01；平衡施肥TYAFZ03AB0 _ 01），桃源站坡地综合观测场（TYAZH02ABC _ 01），桃源站坡地辅助观测场（茶园系统TYAFZ06ABC _ 01；柑橘园系统TYAFZ07ABC _ 01），官山村站区调查点（稻田土壤、生物长期采样地TYAZQ01AB0 _ 01；坡地土壤、生物长期采样地TYAZQ01AB0 _ 02），跑马岗（组）站区调查点（稻田土壤、生物长期采样地TYAZQ02AB0 _ 01；坡地土壤、生物长期采样地TYAZQ02AB0 _ 02）。

3.5.1.2 数据采集和处理方法

本数据集数据采集方法主要为台站野外监测人员（数据获取人）调查所得，站区调查点辅以农户调查。每年于晚稻收获后，详细记录当年作物、轮作体系、复种指数等信息。复种指数（%）计算公式为（吴冬秀等，2007）：

$$复种指数=全年作物总收获面积/耕地面积\times 100\%$$

3.5.1.3 数据质量控制和评估

（1）数据获取过程的质量控制

对于站区调查点，每月电话咨询农户作物情况及农事操作过程，并于作物收获期田间实地调查，通过两种方法比较、多次核对，以保证获取数据的可靠性。对于场地内监测点，严格翔实地记录作物种类及品种等，以保证复种指数数据的真实性。

（2）规范原始数据记录的质控措施

原始数据记录是CERN长期观测最重要的资料，是保证各种数据的溯源查询依据，因此需做到记录规范、书写清晰、真实、完整，各项辅助信息明确等。根据本站调查任务，野外监测人员在专用记录本上提前制定好近期调查表格，保证记录规范性，并通过与站区农户沟通自测，以及与试验站农事管理人员沟通核对，确保原始记录的真实性。

（3）数据质量的质控措施

原始记录经过检查后，首先由数据获取人进行初级填报，由生物监测负责人初审数据，通过与各辅助信息及历史数据进行比较，如有疑问及异常数据反复与数据获取人核实，以保证数据录入的正确性。然后经主管人员审核认定无误后上报生物分中心，由分中心数据审核负责人再次对数据进行审核，以保证数据的真实性、一致性、可比性和连续性（吴冬秀等，2012）。

3.5.1.4 数据价值/使用方法和建议

复种指数为全年农作物总收获面积占耕地面积的百分比，是反映耕地利用程度的指标，同时也体现了当地水热条件、土壤肥力及水利设施、人员劳动力和科技水平等条件及其变化。

桃源站所处经济生态区域是我国亚热带中部以双季水稻为主体的农业经济区，水、热和生物资源丰富，气候生产潜力高，复合农业经营发达，是我国传统的粮、油生产基地。本数据集反映了桃源站主要作物的播种情况。

3.5.1.5 数据表

本节含2个数据表——桃源站水田监测样地复种指数（3-51）和桃源站旱地监测样地复种指数（3-52），数据列包括年度、样地代码、复种指数、轮作体系和当年作物5个字段。

表 3-51　桃源站水田监测样地复种指数

年度	样地代码	复种指数/%	轮作体系	当年作物
2008—2015	TYAZH01ABC_01	200.0	早稻—晚稻	早稻、晚稻
2008—2015	TYAFZ01AB0_01	200.0	早稻—晚稻	早稻、晚稻
2008—2015	TYAFZ02AB0_01	200.0	早稻—晚稻	早稻、晚稻
2008—2015	TYAFZ03AB0_01	200.0	早稻—晚稻	早稻、晚稻
2008—2015	TYAZQ01AB0_01	200.0	早稻—晚稻	早稻、晚稻
2008	TYAZQ02AB0_01	200.0	早稻—晚稻	早稻、晚稻
2009	TYAZQ02AB0_01	200.0	早稻—玉米	早稻、玉米
2010	TYAZQ02AB0_01	200.0	玉米—西瓜	早稻、西瓜
2011	TYAZQ02AB0_01	200.0	芋头—蔃头	芋头、蔃头
2012	TYAZQ02AB0_01	200.0	芋头—蔬菜	芋头、蔬菜
2013	TYAZQ02AB0_01	200.0	芋头—油菜	芋头、油菜
2014	TYAZQ02AB0_01	200.0	油菜—玉米	油菜、玉米
2015	TYAZQ02AB0_01	100.0	玉米	玉米

注：因部分监测样地每年作物种类相同，故在一条记录的年度字段中，列出时间跨度，不再单独列出每一年度。如样地TYAZH01ABC_01，2008—2015表示从2008年直到2015年每年度，各字段内容相同，下同。样地TYAZQ02AB0_01试验设置初为早稻—晚稻轮作，从2010年改为旱地后没有固定的轮作方式。

表 3-52　桃源站旱地监测样地复种指数

年度	样地代码	复种指数/%	轮作体系	当年作物
2008	TYAZH02ABC_01	200.0	玉米—油菜→甘薯—萝卜→玉米	油菜、甘薯
2009	TYAZH02ABC_01	200.0	玉米—油菜→甘薯—萝卜→玉米	萝卜、玉米
2010	TYAZH02ABC_01	200.0	玉米—油菜→甘薯—萝卜→玉米	油菜、甘薯
2011	TYAZH02ABC_01	200.0	玉米—油菜→甘薯—萝卜→玉米	萝卜、玉米
2012	TYAZH02ABC_01	200.0	玉米—油菜→甘薯—萝卜→玉米	油菜、甘薯
2013	TYAZH02ABC_01	200.0	玉米—油菜→甘薯—萝卜→玉米	萝卜、玉米
2014	TYAZH02ABC_01	200.0	玉米—油菜→甘薯—萝卜→玉米	油菜、甘薯
2015	TYAZH02ABC_01	200.0	玉米—油菜→甘薯—萝卜→玉米	萝卜、玉米
2008—2015	TYAFZ06ABC_01	100.0	茶树	茶树
2008—2015	TYAFZ07ABC_01	100.0	橘树	橘树
2008	TYAZQ01AB0_02	143.0	椪柑/油菜	椪柑、油菜
2009	TYAZQ01AB0_02	142.9	椪柑/油菜	椪柑、油菜
2010	TYAZQ01AB0_02	100.0	椪柑/其他作物	椪柑、棉花、花生、甘薯
2011	TYAZQ01AB0_02	150.0	椪柑/其他作物	椪柑、甘薯、油菜
2012	TYAZQ01AB0_02	100.0	椪柑/其他作物	椪柑
2013	TYAZQ01AB0_02	100.0	椪柑/油菜	椪柑、油菜
2014	TYAZQ01AB0_02	0.0	椪柑	无
2015	TYAZQ01AB0_02	0.0	椪柑	无
2008—2015	TYAZQ02AB0_02	100.0	茶树	茶树

3.5.2 农田灌溉制度数据集

3.5.2.1 概述

本数据集包括桃源站 2008—2015 年 6 个长期监测样地的灌溉记录，涉及的观测场包括稻田综合观测场（TYAZH01）、稻田辅助观测场不施肥（TYAFZ01）、稻田辅助观测场稻草还田（TYAFZ02）、稻田辅助观测场平衡施肥（TYAFZ03）、官山村站区调查点（稻田）（TYAZQ01）、跑马岗（组）站区调查点（稻田）（TYAZQ02）。

3.5.2.2 数据采集和处理方法

本数据集自测数据由野外监测员观测所得，每次灌溉前，监测员安放好自制的水位测量尺，并在监测记录本上记录灌溉前水位，灌溉后再次记录田间水位高度；如有水表的田块，记录灌溉前后水表读数，并与测量尺测得结果进行比对。站区调查点由农户记录灌溉前后水位（监测员事先培训农户记录方法）。

根据灌溉前后水位差计算出水层厚度，或根据灌水量（m^3）及灌溉面积（m^2）换算成以水层厚度表示的灌水量（mm）。

3.5.2.3 数据质量控制和评估

（1）数据获取过程的质量控制

对于场地内监测点，由田间观测员及时记录灌溉前后稻田水位高度，同时严格翔实地记录灌溉日期、作物生育期等，以保证数据的真实性。对于站区调查点，每月电话咨询农户灌溉情况并提醒其在记录纸上做好记录。

（2）规范原始数据记录的质控措施

原始数据记录是 CERN 长期观测最重要的资料，是保证各种数据的溯源查询依据，因此需做到记录规范、书写清晰、真实、完整，各项辅助信息明确等。根据本站调查任务，野外监测人员在专用记录本上提前制定好近期调查表格，保证记录规范性，并通过与站区农户沟通自测，以及与试验站农事管理人员沟通核对，确保原始记录的真实性。

（3）数据质量的质控措施

原始记录经过检查后，首先由数据获取人进行初级填报，由生物监测负责人结合原始记录，初审数据，并通过与各辅助信息及历史数据进行比较，如有疑问及异常数据反复与数据获取人核实，以保证数据录入的正确性。然后经主管人员审核认定无误后上报生物分中心，由分中心数据审核负责人再次对数据进行审核，以保证数据的真实性、一致性、可比性和连续性。

（4）数据情况

本集所列数据为样地的人工灌溉量记录，样地所在地形为梯田，具有天然灌溉优势，同时还存在溢流、沟渠渗漏等情况，故本灌溉量并不能等同于田间需水量或耗水量，提请数据使用者注意。

3.5.2.4 数据表

本节含 1 个数据表——农田灌溉量记录表（表 3-53），数据列包括观测场代码、作物名称、灌溉时间、作物生育期、灌溉水源、灌溉方式和灌溉量 7 个字段，灌溉时间记录方式为“年-月-日”，灌溉量计量单位为毫米（mm）。数据结果显示，2008—2015 年，本站观测样地早稻平均灌溉量为 159 mm，晚稻平均灌溉量为 173 mm，双季稻年均灌溉量 332 mm。

表 3-53 农田灌溉量记录表

样地代码	作物名称	灌溉时间（年-月-日）	作物生育期	灌溉水源	灌溉方式	灌溉量/mm
TYAZH01ABC_01	早稻	2008-04-12	翻耕期	堰塘	沟灌	30
TYAZH01ABC_01	早稻	2008-04-28	翻耕期	堰塘	沟灌	30
TYAZH01ABC_01	早稻	2008-05-10	返青期	堰塘	沟灌	20
TYAZH01ABC_01	早稻	2008-05-16	分蘖期	堰塘	沟灌	30
TYAZH01ABC_01	早稻	2008-05-22	分蘖期	堰塘	沟灌	30
TYAZH01ABC_01	早稻	2008-05-31	分蘖期	堰塘	沟灌	20
TYAZH01ABC_01	早稻	2008-06-04	拔节期	堰塘	沟灌	20
TYAZH01ABC_01	早稻	2008-06-05	拔节期	堰塘	沟灌	30
TYAZH01ABC_01	早稻	2008-06-14	孕穗期	堰塘	沟灌	20
TYAZH01ABC_01	早稻	2008-06-26	乳熟期	堰塘	沟灌	30
TYAZH01ABC_01	早稻	2008-07-05	蜡熟期	堰塘	沟灌	20
TYAZH01ABC_01	晚稻	2008-07-16	翻耕期	堰塘	沟灌	30
TYAZH01ABC_01	晚稻	2008-07-28	分蘖期	堰塘	沟灌	20
TYAZH01ABC_01	晚稻	2008-07-31	分蘖期	堰塘	沟灌	40
TYAZH01ABC_01	晚稻	2008-08-05	拔节期	堰塘	沟灌	30
TYAZH01ABC_01	晚稻	2008-09-04	抽穗开花期	堰塘	沟灌	30
TYAZH01ABC_01	晚稻	2008-09-30	蜡熟期	堰塘	沟灌	20
TYAZH01ABC_01	早稻	2009-04-05	翻耕期	堰塘	沟灌	50
TYAZH01ABC_01	早稻	2009-04-21	翻耕期	堰塘	沟灌	20
TYAZH01ABC_01	早稻	2009-05-05	返青期	堰塘	沟灌	20
TYAZH01ABC_01	早稻	2009-05-21	分蘖期	堰塘	沟灌	25
TYAZH01ABC_01	早稻	2009-06-07	拔节期	堰塘	沟灌	40
TYAZH01ABC_01	早稻	2009-06-20	抽穗期	堰塘	沟灌	40
TYAZH01ABC_01	早稻	2009-06-25	乳熟期	堰塘	沟灌	20
TYAZH01ABC_01	早稻	2009-06-28	蜡熟期	堰塘	沟灌	25
TYAZH01ABC_01	晚稻	2009-07-15	翻耕期	堰塘	沟灌	40
TYAZH01ABC_01	晚稻	2009-07-18	翻耕期	堰塘	沟灌	20
TYAZH01ABC_01	晚稻	2009-08-08	分蘖期	堰塘	沟灌	25
TYAZH01ABC_01	晚稻	2009-08-11	拔节期	堰塘	沟灌	20
TYAZH01ABC_01	晚稻	2009-08-18	拔节期	堰塘	沟灌	30

（续）

样地代码	作物名称	灌溉时间（年-月-日）	作物生育期	灌溉水源	灌溉方式	灌溉量/mm
TYAZH01ABC_01	晚稻	2009-08-22	孕穗期	堰塘	沟灌	20
TYAZH01ABC_01	晚稻	2009-08-26	孕穗期	堰塘	沟灌	30
TYAZH01ABC_01	晚稻	2009-09-06	抽穗开花期	堰塘	沟灌	30
TYAZH01ABC_01	早稻	2010-04-25	翻耕期	堰塘	沟灌	40
TYAZH01ABC_01	早稻	2010-05-02	返青期	堰塘	沟灌	30
TYAZH01ABC_01	早稻	2010-06-03	分蘖期	堰塘	沟灌	40
TYAZH01ABC_01	早稻	2010-06-28	抽穗开花期	堰塘	沟灌	20
TYAZH01ABC_01	早稻	2010-07-02	成熟期	堰塘	沟灌	20
TYAZH01ABC_01	早稻	2010-07-08	成熟期	堰塘	沟灌	15
TYAZH01ABC_01	晚稻	2010-07-19	收获期	堰塘	沟灌	50
TYAZH01ABC_01	晚稻	2010-07-23	插秧期	堰塘	沟灌	20
TYAZH01ABC_01	晚稻	2010-08-03	分蘖期	堰塘	沟灌	58
TYAZH01ABC_01	晚稻	2010-08-11	拔节期	堰塘	沟灌	30
TYAZH01ABC_01	晚稻	2010-08-22	拔节期	堰塘	沟灌	20
TYAZH01ABC_01	晚稻	2010-09-04	抽穗开花期	堰塘	沟灌	25
TYAZH01ABC_01	晚稻	2010-09-07	齐穗期	堰塘	沟灌	20
TYAZH01ABC_01	晚稻	2010-09-11	灌浆期	堰塘	沟灌	60
TYAZH01ABC_01	早稻	2011-04-09	移栽前	堰塘	沟灌	50
TYAZH01ABC_01	早稻	2011-04-10	移栽前	堰塘	沟灌	30
TYAZH01ABC_01	早稻	2011-05-01	返青期	堰塘	沟灌	25
TYAZH01ABC_01	早稻	2011-05-05	返青期	堰塘	沟灌	20
TYAZH01ABC_01	早稻	2011-05-08	返青期	堰塘	沟灌	23
TYAZH01ABC_01	早稻	2011-05-13	分蘖期	堰塘	沟灌	18
TYAZH01ABC_01	早稻	2011-05-18	分蘖期	堰塘	沟灌	14
TYAZH01ABC_01	早稻	2011-05-27	拔节期	堰塘	沟灌	29
TYAZH01ABC_01	早稻	2011-06-01	拔节期	堰塘	沟灌	24
TYAZH01ABC_01	早稻	2011-06-08	拔节期	堰塘	沟灌	27
TYAZH01ABC_01	早稻	2011-07-03	腊熟期	堰塘	沟灌	26

（续）

样地代码	作物名称	灌溉时间（年-月-日）	作物生育期	灌溉水源	灌溉方式	灌溉量/mm
TYAZH01ABC_01	早稻	2011-07-06	腊熟期	堰塘	沟灌	27
TYAZH01ABC_01	早稻	2011-07-12	完熟期	堰塘	沟灌	30
TYAZH01ABC_01	晚稻	2011-07-17	移栽前	堰塘	沟灌	24
TYAZH01ABC_01	晚稻	2011-07-25	返青期	堰塘	沟灌	50
TYAZH01ABC_01	晚稻	2011-07-30	分蘖期	堰塘	沟灌	21
TYAZH01ABC_01	晚稻	2011-08-16	拔节期	堰塘	沟灌	29
TYAZH01ABC_01	晚稻	2011-08-21	孕穗期	堰塘	沟灌	33
TYAZH01ABC_01	晚稻	2011-09-04	抽穗开花期	堰塘	沟灌	22
TYAZH01ABC_01	早稻	2012-04-28	移栽期	堰塘	沟灌	27
TYAZH01ABC_01	早稻	2012-05-06	返青期	堰塘	沟灌	26
TYAZH01ABC_01	早稻	2012-06-02	拔节期	堰塘	沟灌	29
TYAZH01ABC_01	早稻	2012-06-18	抽穗期	堰塘	沟灌	22
TYAZH01ABC_01	早稻	2012-06-23	抽穗期	堰塘	沟灌	27
TYAZH01ABC_01	晚稻	2012-07-29	返青期	堰塘	沟灌	42
TYAZH01ABC_01	晚稻	2012-08-08	分蘖期	堰塘	沟灌	10
TYAZH01ABC_01	晚稻	2012-08-13	分蘖期	堰塘	沟灌	22
TYAZH01ABC_01	晚稻	2012-08-28	孕穗期	堰塘	沟灌	40
TYAZH01ABC_01	晚稻	2012-09-08	孕穗期	堰塘	沟灌	40
TYAZH01ABC_01	早稻	2013-04-10	移栽前	堰塘	沟灌	50
TYAZH01ABC_01	早稻	2013-04-25	移栽前	堰塘	沟灌	34
TYAZH01ABC_01	早稻	2013-04-28	移栽期	堰塘	沟灌	24
TYAZH01ABC_01	早稻	2013-05-04	返青期	堰塘	沟灌	33
TYAZH01ABC_01	早稻	2013-06-04	拔节期	堰塘	沟灌	25
TYAZH01ABC_01	早稻	2013-06-13	抽穗开花期	堰塘	沟灌	24
TYAZH01ABC_01	早稻	2013-06-18	抽穗期	堰塘	沟灌	35
TYAZH01ABC_01	早稻	2013-06-21	乳熟期	堰塘	沟灌	25
TYAZH01ABC_01	晚稻	2013-07-14	移栽前	堰塘	沟灌	50
TYAZH01ABC_01	晚稻	2013-07-17	移栽期	堰塘	沟灌	37

（续）

样地代码	作物名称	灌溉时间（年-月-日）	作物生育期	灌溉水源	灌溉方式	灌溉量/mm
TYAZH01ABC _ 01	晚稻	2013 - 07 - 20	移栽期	堰塘	沟灌	10
TYAZH01ABC _ 01	晚稻	2013 - 07 - 22	返青期	堰塘	沟灌	30
TYAZH01ABC _ 01	晚稻	2013 - 07 - 24	返青期	堰塘	沟灌	42
TYAZH01ABC _ 01	晚稻	2013 - 07 - 29	分蘖期	堰塘	沟灌	25
TYAZH01ABC _ 01	晚稻	2013 - 08 - 02	分蘖期	堰塘	沟灌	30
TYAZH01ABC _ 01	晚稻	2013 - 08 - 11	拔节期	堰塘	沟灌	29
TYAZH01ABC _ 01	晚稻	2013 - 08 - 29	孕穗期	堰塘	沟灌	25
TYAZH01ABC _ 01	晚稻	2013 - 09 - 21	腊熟期	堰塘	沟灌	32
TYAZH01ABC _ 01	早稻	2014 - 04 - 30	移栽期	堰塘	沟灌	24
TYAZH01ABC _ 01	早稻	2014 - 05 - 01	移栽期	堰塘	沟灌	18
TYAZH01ABC _ 01	早稻	2014 - 05 - 02	移栽期	堰塘	沟灌	13
TYAZH01ABC _ 01	早稻	2014 - 05 - 06	返青期	堰塘	沟灌	18
TYAZH01ABC _ 01	早稻	2014 - 05 - 12	返青期	堰塘	沟灌	21
TYAZH01ABC _ 01	早稻	2014 - 05 - 16	分蘖前	堰塘	沟灌	20
TYAZH01ABC _ 01	早稻	2014 - 05 - 28	分蘖期	堰塘	沟灌	17
TYAZH01ABC _ 01	早稻	2014 - 06 - 03	拔节期	堰塘	沟灌	16
TYAZH01ABC _ 01	早稻	2014 - 06 - 13	孕穗期	堰塘	沟灌	17
TYAZH01ABC _ 01	早稻	2014 - 06 - 17	抽穗开花期	堰塘	沟灌	20
TYAZH01ABC _ 01	早稻	2014 - 07 - 09	腊熟期	堰塘	沟灌	27
TYAZH01ABC _ 01	晚稻	2014 - 07 - 20	移栽前	堰塘	沟灌	14
TYAZH01ABC _ 01	晚稻	2014 - 07 - 23	移栽期	堰塘	沟灌	17
TYAZH01ABC _ 01	晚稻	2014 - 07 - 25	返青期	堰塘	沟灌	21
TYAZH01ABC _ 01	晚稻	2014 - 07 - 29	返青期	堰塘	沟灌	24
TYAZH01ABC _ 01	晚稻	2014 - 08 - 02	返青期	堰塘	沟灌	20
TYAZH01ABC _ 01	晚稻	2014 - 08 - 03	返青期	堰塘	沟灌	20
TYAZH01ABC _ 01	晚稻	2014 - 08 - 31	拔节期	堰塘	沟灌	27
TYAZH01ABC _ 01	晚稻	2014 - 09 - 07	孕穗期	堰塘	沟灌	32
TYAZH01ABC _ 01	晚稻	2014 - 09 - 25	抽穗期	堰塘	沟灌	34

（续）

样地代码	作物名称	灌溉时间（年-月-日）	作物生育期	灌溉水源	灌溉方式	灌溉量/mm
TYAZH01ABC_01	晚稻	2014-10-04	腊熟期	堰塘	沟灌	22
TYAZH01ABC_01	晚稻	2014-10-08	腊熟期	堰塘	沟灌	26
TYAZH01ABC_01	早稻	2015-03-28	翻耕期	堰塘	沟灌	80
TYAZH01ABC_01	早稻	2015-04-11	翻耕期	堰塘	沟灌	50
TYAZH01ABC_01	早稻	2015-04-14	翻耕期	堰塘	沟灌	50
TYAZH01ABC_01	早稻	2015-04-22	耘田期	堰塘	沟灌	20
TYAZH01ABC_01	早稻	2015-04-26	抛秧后	堰塘	沟灌	21
TYAZH01ABC_01	早稻	2015-04-28	抛秧后	堰塘	沟灌	22
TYAZH01ABC_01	早稻	2015-05-02	返青期	堰塘	沟灌	22
TYAZH01ABC_01	早稻	2015-05-06	返青期	堰塘	沟灌	23
TYAZH01ABC_01	早稻	2015-05-21	分蘖期	堰塘	沟灌	20
TYAZH01ABC_01	早稻	2015-05-31	拔节期	堰塘	沟灌	17
TYAZH01ABC_01	早稻	2015-07-02	腊熟期	堰塘	沟灌	20
TYAZH01ABC_01	晚稻	2015-07-12	翻耕期	堰塘	沟灌	43
TYAZH01ABC_01	晚稻	2015-07-13	翻耕期	堰塘	沟灌	22
TYAZH01ABC_01	晚稻	2015-07-17	移栽后	堰塘	沟灌	34
TYAZH01ABC_01	晚稻	2015-07-20	返青期	堰塘	沟灌	27
TYAZH01ABC_01	晚稻	2015-07-21	返青期	堰塘	沟灌	24
TYAZH01ABC_01	晚稻	2015-07-22	返青期	堰塘	沟灌	20
TYAZH01ABC_01	晚稻	2015-07-28	分蘖期	堰塘	沟灌	20
TYAZH01ABC_01	晚稻	2015-07-30	分蘖期	堰塘	沟灌	22
TYAZH01ABC_01	晚稻	2015-08-01	分蘖期	堰塘	沟灌	22
TYAZH01ABC_01	晚稻	2015-08-04	分蘖期	堰塘	沟灌	25
TYAZH01ABC_01	晚稻	2015-08-06	拔节前	堰塘	沟灌	20
TYAZH01ABC_01	晚稻	2015-08-08	拔节前	堰塘	沟灌	27
TYAZH01ABC_01	晚稻	2015-08-10	拔节期	堰塘	沟灌	22
TYAZH01ABC_01	晚稻	2015-08-13	拔节期	堰塘	沟灌	20
TYAZH01ABC_01	晚稻	2015-08-17	拔节期	堰塘	沟灌	20

（续）

样地代码	作物名称	灌溉时间（年-月-日）	作物生育期	灌溉水源	灌溉方式	灌溉量/mm
TYAZH01ABC _ 01	晚稻	2015 - 08 - 28	孕穗期	堰塘	沟灌	27
TYAZH01ABC _ 01	晚稻	2015 - 09 - 04	孕穗期	堰塘	沟灌	23
TYAZH01ABC _ 01	晚稻	2015 - 09 - 09	抽穗期	堰塘	沟灌	13
TYAZH01ABC _ 01	晚稻	2015 - 09 - 15	抽穗开花期	堰塘	沟灌	23
TYAFZ01AB0 _ 01	早稻	2008 - 04 - 15	翻耕期	堰塘	沟灌	40
TYAFZ01AB0 _ 01	早稻	2008 - 05 - 01	移栽期	堰塘	沟灌	30
TYAFZ01AB0 _ 01	早稻	2008 - 05 - 09	返青期	堰塘	沟灌	30
TYAFZ01AB0 _ 01	早稻	2008 - 05 - 15	分蘖期	堰塘	沟灌	30
TYAFZ01AB0 _ 01	早稻	2008 - 05 - 20	分蘖期	堰塘	沟灌	30
TYAFZ01AB0 _ 01	早稻	2008 - 05 - 22	分蘖期	堰塘	沟灌	30
TYAFZ01AB0 _ 01	早稻	2008 - 05 - 31	分蘖期	堰塘	沟灌	20
TYAFZ01AB0 _ 01	早稻	2008 - 06 - 03	拔节期	堰塘	沟灌	30
TYAFZ01AB0 _ 01	早稻	2008 - 06 - 05	拔节期	堰塘	沟灌	30
TYAFZ01AB0 _ 01	早稻	2008 - 06 - 14	孕穗期	堰塘	沟灌	20
TYAFZ01AB0 _ 01	早稻	2008 - 06 - 25	乳熟期	堰塘	沟灌	20
TYAFZ01AB0 _ 01	早稻	2008 - 07 - 01	蜡熟期	堰塘	沟灌	20
TYAFZ01AB0 _ 01	晚稻	2008 - 07 - 15	移栽期	堰塘	沟灌	30
TYAFZ01AB0 _ 01	晚稻	2008 - 07 - 22	返青期	堰塘	沟灌	30
TYAFZ01AB0 _ 01	晚稻	2008 - 07 - 27	分蘖期	堰塘	沟灌	20
TYAFZ01AB0 _ 01	晚稻	2008 - 08 - 16	拔节期	堰塘	沟灌	20
TYAFZ01AB0 _ 01	晚稻	2008 - 09 - 04	抽穗开花期	堰塘	沟灌	20
TYAFZ01AB0 _ 01	早稻	2009 - 04 - 08	翻耕期	堰塘	沟灌	30
TYAFZ01AB0 _ 01	早稻	2009 - 04 - 21	翻耕期	堰塘	沟灌	20
TYAFZ01AB0 _ 01	早稻	2009 - 05 - 04	返青期	堰塘	沟灌	20
TYAFZ01AB0 _ 01	早稻	2009 - 06 - 11	拔节期	堰塘	沟灌	20
TYAFZ01AB0 _ 01	早稻	2009 - 06 - 20	抽穗期	堰塘	沟灌	30
TYAFZ01AB0 _ 01	早稻	2009 - 06 - 28	蜡熟期	堰塘	沟灌	30
TYAFZ01AB0 _ 01	晚稻	2009 - 07 - 16	翻耕期	堰塘	沟灌	25

（续）

样地代码	作物名称	灌溉时间（年-月-日）	作物生育期	灌溉水源	灌溉方式	灌溉量/mm
TYAFZ01AB0 _ 01	晚稻	2009 - 08 - 09	分蘖期	堰塘	沟灌	25
TYAFZ01AB0 _ 01	晚稻	2009 - 08 - 18	拔节期	堰塘	沟灌	30
TYAFZ01AB0 _ 01	晚稻	2009 - 08 - 26	孕穗期	堰塘	沟灌	30
TYAFZ01AB0 _ 01	晚稻	2009 - 09 - 05	抽穗开花期	堰塘	沟灌	30
TYAFZ01AB0 _ 01	晚稻	2009 - 09 - 12	抽穗开花期	堰塘	沟灌	20
TYAFZ01AB0 _ 01	早稻	2010 - 05 - 01	返青期	堰塘	沟灌	20
TYAFZ01AB0 _ 01	早稻	2010 - 05 - 30	拔节期	堰塘	沟灌	20
TYAFZ01AB0 _ 01	早稻	2010 - 06 - 16	抽穗开花期	堰塘	沟灌	20
TYAFZ01AB0 _ 01	早稻	2010 - 06 - 26	开花期	堰塘	沟灌	20
TYAFZ01AB0 _ 01	早稻	2010 - 06 - 30	乳熟期	堰塘	沟灌	30
TYAFZ01AB0 _ 01	晚稻	2010 - 07 - 18	翻耕期	堰塘	沟灌	30
TYAFZ01AB0 _ 01	晚稻	2010 - 07 - 24	返青前	堰塘	沟灌	20
TYAFZ01AB0 _ 01	晚稻	2010 - 07 - 28	返青期	堰塘	沟灌	20
TYAFZ01AB0 _ 01	晚稻	2010 - 08 - 02	分蘖前	堰塘	沟灌	20
TYAFZ01AB0 _ 01	晚稻	2010 - 08 - 05	分蘖前	堰塘	沟灌	20
TYAFZ01AB0 _ 01	晚稻	2010 - 08 - 11	分蘖期	堰塘	沟灌	20
TYAFZ01AB0 _ 01	晚稻	2010 - 08 - 22	拔节期	堰塘	沟灌	30
TYAFZ01AB0 _ 01	晚稻	2010 - 09 - 11	抽穗开花期	堰塘	沟灌	30
TYAFZ01AB0 _ 01	晚稻	2010 - 09 - 18	抽穗期	堰塘	沟灌	20
TYAFZ01AB0 _ 01	早稻	2011 - 04 - 08	移栽前	堰塘	沟灌	38
TYAFZ01AB0 _ 01	早稻	2011 - 04 - 30	返青期	堰塘	沟灌	21
TYAFZ01AB0 _ 01	早稻	2011 - 05 - 05	返青期	堰塘	沟灌	20
TYAFZ01AB0 _ 01	早稻	2011 - 05 - 12	分蘖期	堰塘	沟灌	25
TYAFZ01AB0 _ 01	早稻	2011 - 05 - 28	拔节期	堰塘	沟灌	30
TYAFZ01AB0 _ 01	早稻	2011 - 06 - 02	拔节期	堰塘	沟灌	24
TYAFZ01AB0 _ 01	早稻	2011 - 07 - 03	腊熟期	堰塘	沟灌	25
TYAFZ01AB0 _ 01	早稻	2011 - 07 - 06	腊熟期	堰塘	沟灌	22
TYAFZ01AB0 _ 01	早稻	2011 - 07 - 12	完熟期	堰塘	沟灌	30

（续）

样地代码	作物名称	灌溉时间（年-月-日）	作物生育期	灌溉水源	灌溉方式	灌溉量/mm
TYAFZ01AB0_01	晚稻	2011-07-18	移栽前	堰塘	沟灌	20
TYAFZ01AB0_01	晚稻	2011-07-25	返青期	堰塘	沟灌	42
TYAFZ01AB0_01	晚稻	2011-07-30	分蘖期	堰塘	沟灌	25
TYAFZ01AB0_01	晚稻	2011-08-15	拔节期	堰塘	沟灌	29
TYAFZ01AB0_01	晚稻	2011-08-20	拔节期	堰塘	沟灌	25
TYAFZ01AB0_01	晚稻	2011-08-26	孕穗期	堰塘	沟灌	22
TYAFZ01AB0_01	晚稻	2011-09-04	抽穗开花期	堰塘	沟灌	21
TYAFZ01AB0_01	早稻	2012-04-26	移栽期	堰塘	沟灌	20
TYAFZ01AB0_01	早稻	2012-05-06	返青期	堰塘	沟灌	20
TYAFZ01AB0_01	早稻	2012-06-19	抽穗期	堰塘	沟灌	27
TYAFZ01AB0_01	晚稻	2012-07-30	返青期	堰塘	沟灌	38
TYAFZ01AB0_01	早稻	2013-04-12	移栽前	堰塘	沟灌	50
TYAFZ01AB0_01	早稻	2013-04-25	移栽前	堰塘	沟灌	25
TYAFZ01AB0_01	早稻	2013-06-18	抽穗期	堰塘	沟灌	25
TYAFZ01AB0_01	晚稻	2013-07-14	移栽前	堰塘	沟灌	50
TYAFZ01AB0_01	晚稻	2013-07-22	返青期	堰塘	沟灌	22
TYAFZ01AB0_01	晚稻	2013-07-25	返青期	堰塘	沟灌	20
TYAFZ01AB0_01	晚稻	2013-08-02	分蘖期	堰塘	沟灌	30
TYAFZ01AB0_01	晚稻	2013-08-06	分蘖期	堰塘	沟灌	30
TYAFZ01AB0_01	晚稻	2013-08-11	拔节期	堰塘	沟灌	25
TYAFZ01AB0_01	早稻	2014-05-02	移栽期	堰塘	沟灌	15
TYAFZ01AB0_01	早稻	2014-05-08	返青期	堰塘	沟灌	20
TYAFZ01AB0_01	早稻	2014-06-03	拔节期	堰塘	沟灌	20
TYAFZ01AB0_01	早稻	2014-06-14	孕穗期	堰塘	沟灌	23
TYAFZ01AB0_01	晚稻	2014-07-26	返青期	堰塘	沟灌	22
TYAFZ01AB0_01	晚稻	2014-07-29	返青期	堰塘	沟灌	25
TYAFZ01AB0_01	晚稻	2014-08-31	拔节后	堰塘	沟灌	25
TYAFZ01AB0_01	晚稻	2014-09-25	抽穗期	堰塘	沟灌	29

（续）

样地代码	作物名称	灌溉时间（年-月-日）	作物生育期	灌溉水源	灌溉方式	灌溉量/mm
TYAFZ01AB0_01	晚稻	2014-10-09	腊熟期	堰塘	沟灌	27
TYAFZ01AB0_01	早稻	2015-03-21	翻耕期	堰塘	沟灌	45
TYAFZ01AB0_01	早稻	2015-04-21	翻耕期	堰塘	沟灌	20
TYAFZ01AB0_01	晚稻	2015-07-12	翻耕期	堰塘	沟灌	22
TYAFZ01AB0_01	晚稻	2015-07-21	返青期	堰塘	沟灌	25
TYAFZ01AB0_01	晚稻	2015-07-30	分蘖期	堰塘	沟灌	25
TYAFZ01AB0_01	晚稻	2015-08-06	拔节前	堰塘	沟灌	25
TYAFZ01AB0_01	晚稻	2015-08-08	拔节前	堰塘	沟灌	22
TYAFZ01AB0_01	晚稻	2015-08-12	拔节期	堰塘	沟灌	20
TYAFZ01AB0_01	晚稻	2015-08-17	拔节期	堰塘	沟灌	20
TYAFZ01AB0_01	晚稻	2015-08-28	孕穗期	堰塘	沟灌	22
TYAFZ02AB0_01	早稻	2008-04-15	翻耕期	堰塘	沟灌	40
TYAFZ02AB0_01	早稻	2008-05-01	移栽期	堰塘	沟灌	30
TYAFZ02AB0_01	早稻	2008-05-09	返青期	堰塘	沟灌	30
TYAFZ02AB0_01	早稻	2008-05-15	分蘖期	堰塘	沟灌	30
TYAFZ02AB0_01	早稻	2008-05-20	分蘖期	堰塘	沟灌	30
TYAFZ02AB0_01	早稻	2008-05-22	分蘖期	堰塘	沟灌	30
TYAFZ02AB0_01	早稻	2008-05-31	分蘖期	堰塘	沟灌	20
TYAFZ02AB0_01	早稻	2008-06-03	拔节期	堰塘	沟灌	40
TYAFZ02AB0_01	早稻	2008-06-05	拔节期	堰塘	沟灌	30
TYAFZ02AB0_01	早稻	2008-06-14	孕穗期	堰塘	沟灌	20
TYAFZ02AB0_01	早稻	2008-06-25	乳熟期	堰塘	沟灌	30
TYAFZ02AB0_01	早稻	2008-07-01	蜡熟期	堰塘	沟灌	20
TYAFZ02AB0_01	晚稻	2008-07-15	移栽期	堰塘	沟灌	30
TYAFZ02AB0_01	晚稻	2008-07-22	返青期	堰塘	沟灌	30
TYAFZ02AB0_01	晚稻	2008-07-27	分蘖期	堰塘	沟灌	30
TYAFZ02AB0_01	晚稻	2008-08-16	拔节期	堰塘	沟灌	30
TYAFZ02AB0_01	晚稻	2008-09-04	抽穗期	堰塘	沟灌	20

（续）

样地代码	作物名称	灌溉时间（年-月-日）	作物生育期	灌溉水源	灌溉方式	灌溉量/mm
TYAFZ02AB0_01	早稻	2009-04-08	翻耕期	堰塘	沟灌	30
TYAFZ02AB0_01	早稻	2009-04-21	翻耕期	堰塘	沟灌	20
TYAFZ02AB0_01	早稻	2009-05-04	返青期	堰塘	沟灌	20
TYAFZ02AB0_01	早稻	2009-06-11	拔节期	堰塘	沟灌	20
TYAFZ02AB0_01	早稻	2009-06-20	抽穗期	堰塘	沟灌	30
TYAFZ02AB0_01	早稻	2009-06-28	蜡熟期	堰塘	沟灌	30
TYAFZ02AB0_01	晚稻	2009-07-16	翻耕期	堰塘	沟灌	25
TYAFZ02AB0_01	晚稻	2009-08-09	分蘖期	堰塘	沟灌	25
TYAFZ02AB0_01	晚稻	2009-08-18	拔节期	堰塘	沟灌	30
TYAFZ02AB0_01	晚稻	2009-08-26	孕穗期	堰塘	沟灌	30
TYAFZ02AB0_01	晚稻	2009-09-05	抽穗开花期	堰塘	沟灌	30
TYAFZ02AB0_01	晚稻	2009-09-12	抽穗开花期	堰塘	沟灌	20
TYAFZ02AB0_01	早稻	2010-05-01	返青期	堰塘	沟灌	20
TYAFZ02AB0_01	早稻	2010-05-30	拔节期	堰塘	沟灌	20
TYAFZ02AB0_01	早稻	2010-06-16	抽穗开花期	堰塘	沟灌	20
TYAFZ02AB0_01	早稻	2010-06-26	开花期	堰塘	沟灌	20
TYAFZ02AB0_01	早稻	2010-06-30	乳熟期	堰塘	沟灌	30
TYAFZ02AB0_01	晚稻	2010-07-18	翻耕期	堰塘	沟灌	30
TYAFZ02AB0_01	晚稻	2010-07-24	返青期	堰塘	沟灌	20
TYAFZ02AB0_01	晚稻	2010-07-28	返青期	堰塘	沟灌	20
TYAFZ02AB0_01	晚稻	2010-08-02	分蘖前	堰塘	沟灌	20
TYAFZ02AB0_01	晚稻	2010-08-05	分蘖前	堰塘	沟灌	20
TYAFZ02AB0_01	晚稻	2010-08-11	分蘖期	堰塘	沟灌	20
TYAFZ02AB0_01	晚稻	2010-08-22	拔节期	堰塘	沟灌	30
TYAFZ02AB0_01	晚稻	2010-09-11	抽穗开花期	堰塘	沟灌	30
TYAFZ02AB0_01	晚稻	2010-09-18	抽穗期	堰塘	沟灌	20
TYAFZ02AB0_01	早稻	2011-04-08	移栽前	堰塘	沟灌	38
TYAFZ02AB0_01	早稻	2011-04-30	返青期	堰塘	沟灌	21

（续）

样地代码	作物名称	灌溉时间（年-月-日）	作物生育期	灌溉水源	灌溉方式	灌溉量/mm
TYAFZ02AB0 _ 01	早稻	2011-05-05	返青期	堰塘	沟灌	20
TYAFZ02AB0 _ 01	早稻	2011-05-12	分蘖期	堰塘	沟灌	25
TYAFZ02AB0 _ 01	早稻	2011-05-28	拔节期	堰塘	沟灌	30
TYAFZ02AB0 _ 01	早稻	2011-06-02	拔节期	堰塘	沟灌	24
TYAFZ02AB0 _ 01	早稻	2011-07-03	腊熟期	堰塘	沟灌	25
TYAFZ02AB0 _ 01	早稻	2011-07-06	腊熟期	堰塘	沟灌	22
TYAFZ02AB0 _ 01	早稻	2011-07-12	完熟期	堰塘	沟灌	30
TYAFZ02AB0 _ 01	晚稻	2011-07-18	移栽前	堰塘	沟灌	20
TYAFZ02AB0 _ 01	晚稻	2011-07-25	返青期	堰塘	沟灌	42
TYAFZ02AB0 _ 01	晚稻	2011-07-30	分蘖期	堰塘	沟灌	25
TYAFZ02AB0 _ 01	晚稻	2011-08-15	拔节期	堰塘	沟灌	29
TYAFZ02AB0 _ 01	晚稻	2011-08-20	拔节期	堰塘	沟灌	25
TYAFZ02AB0 _ 01	晚稻	2011-08-26	孕穗期	堰塘	沟灌	22
TYAFZ02AB0 _ 01	晚稻	2011-09-04	抽穗开花期	堰塘	沟灌	21
TYAFZ02AB0 _ 01	早稻	2012-04-26	移栽期	堰塘	沟灌	20
TYAFZ02AB0 _ 01	早稻	2012-05-06	返青期	堰塘	沟灌	27
TYAFZ02AB0 _ 01	早稻	2012-06-19	抽穗期	堰塘	沟灌	27
TYAFZ02AB0 _ 01	晚稻	2012-07-30	返青期	堰塘	沟灌	38
TYAFZ02AB0 _ 01	早稻	2013-04-12	移栽前	堰塘	沟灌	50
TYAFZ02AB0 _ 01	早稻	2013-04-25	移栽前	堰塘	沟灌	25
TYAFZ02AB0 _ 01	早稻	2013-06-18	抽穗期	堰塘	沟灌	25
TYAFZ02AB0 _ 01	晚稻	2013-07-14	移栽前	堰塘	沟灌	50
TYAFZ02AB0 _ 01	晚稻	2013-07-22	返青期	堰塘	沟灌	22
TYAFZ02AB0 _ 01	晚稻	2013-07-25	返青期	堰塘	沟灌	20
TYAFZ02AB0 _ 01	晚稻	2013-08-02	分蘖期	堰塘	沟灌	30
TYAFZ02AB0 _ 01	晚稻	2013-08-06	分蘖期	堰塘	沟灌	30
TYAFZ02AB0 _ 01	晚稻	2013-08-11	拔节期	堰塘	沟灌	25
TYAFZ02AB0 _ 01	早稻	2014-05-02	移栽期	堰塘	沟灌	22

（续）

样地代码	作物名称	灌溉时间（年-月-日）	作物生育期	灌溉水源	灌溉方式	灌溉量/mm
TYAFZ02AB0_01	早稻	2014-05-08	返青期	堰塘	沟灌	20
TYAFZ02AB0_01	早稻	2014-06-14	孕穗期	堰塘	沟灌	24
TYAFZ02AB0_01	晚稻	2014-07-26	返青期	堰塘	沟灌	22
TYAFZ02AB0_01	晚稻	2014-07-29	返青期	堰塘	沟灌	25
TYAFZ02AB0_01	晚稻	2014-08-31	拔节期	堰塘	沟灌	25
TYAFZ02AB0_01	晚稻	2014-09-25	抽穗期	堰塘	沟灌	29
TYAFZ02AB0_01	晚稻	2014-10-09	腊熟期	堰塘	沟灌	27
TYAFZ02AB0_01	早稻	2015-03-21	翻耕期	堰塘	沟灌	50
TYAFZ02AB0_01	早稻	2015-04-21	翻耕期	堰塘	沟灌	20
TYAFZ02AB0_01	晚稻	2015-07-12	翻耕期	堰塘	沟灌	25
TYAFZ02AB0_01	晚稻	2015-07-21	返青期	堰塘	沟灌	25
TYAFZ02AB0_01	晚稻	2015-07-30	分蘖期	堰塘	沟灌	27
TYAFZ02AB0_01	晚稻	2015-08-06	拔节前	堰塘	沟灌	25
TYAFZ02AB0_01	晚稻	2015-08-08	拔节前	堰塘	沟灌	25
TYAFZ02AB0_01	晚稻	2015-08-12	拔节期	堰塘	沟灌	20
TYAFZ02AB0_01	晚稻	2015-08-17	拔节期	堰塘	沟灌	20
TYAFZ02AB0_01	晚稻	2015-08-28	孕穗期	堰塘	沟灌	27
TYAFZ03AB0_01	早稻	2008-04-15	翻耕期	堰塘	沟灌	40
TYAFZ03AB0_01	早稻	2008-05-01	移栽期	堰塘	沟灌	30
TYAFZ03AB0_01	早稻	2008-05-09	返青期	堰塘	沟灌	30
TYAFZ03AB0_01	早稻	2008-05-15	分蘖期	堰塘	沟灌	10
TYAFZ03AB0_01	早稻	2008-05-20	分蘖期	堰塘	沟灌	30
TYAFZ03AB0_01	早稻	2008-05-22	分蘖期	堰塘	沟灌	30
TYAFZ03AB0_01	早稻	2008-05-31	分蘖期	堰塘	沟灌	20
TYAFZ03AB0_01	早稻	2008-06-05	拔节期	堰塘	沟灌	30
TYAFZ03AB0_01	早稻	2008-06-14	孕穗期	堰塘	沟灌	20
TYAFZ03AB0_01	早稻	2008-06-25	乳熟期	堰塘	沟灌	30
TYAFZ03AB0_01	早稻	2008-07-01	蜡熟期	堰塘	沟灌	20

（续）

样地代码	作物名称	灌溉时间（年-月-日）	作物生育期	灌溉水源	灌溉方式	灌溉量/mm
TYAFZ03AB0 _ 01	晚稻	2008 - 07 - 15	移栽期	堰塘	沟灌	30
TYAFZ03AB0 _ 01	晚稻	2008 - 07 - 22	返青期	堰塘	沟灌	40
TYAFZ03AB0 _ 01	晚稻	2008 - 07 - 27	分蘖期	堰塘	沟灌	20
TYAFZ03AB0 _ 01	晚稻	2008 - 08 - 16	拔节期	堰塘	沟灌	30
TYAFZ03AB0 _ 01	晚稻	2008 - 09 - 04	抽穗开花期	堰塘	沟灌	30
TYAFZ03AB0 _ 01	早稻	2009 - 04 - 08	翻耕期	堰塘	沟灌	30
TYAFZ03AB0 _ 01	早稻	2009 - 04 - 21	翻耕期	堰塘	沟灌	20
TYAFZ03AB0 _ 01	早稻	2009 - 05 - 04	返青期	堰塘	沟灌	20
TYAFZ03AB0 _ 01	早稻	2009 - 06 - 11	拔节期	堰塘	沟灌	20
TYAFZ03AB0 _ 01	早稻	2009 - 06 - 20	抽穗期	堰塘	沟灌	30
TYAFZ03AB0 _ 01	早稻	2009 - 06 - 28	蜡熟期	堰塘	沟灌	30
TYAFZ03AB0 _ 01	晚稻	2009 - 07 - 16	翻耕期	堰塘	沟灌	25
TYAFZ03AB0 _ 01	晚稻	2009 - 08 - 09	分蘖期	堰塘	沟灌	25
TYAFZ03AB0 _ 01	晚稻	2009 - 08 - 18	拔节期	堰塘	沟灌	30
TYAFZ03AB0 _ 01	晚稻	2009 - 08 - 26	孕穗期	堰塘	沟灌	30
TYAFZ03AB0 _ 01	晚稻	2009 - 09 - 05	抽穗开花期	堰塘	沟灌	30
TYAFZ03AB0 _ 01	晚稻	2009 - 09 - 12	抽穗开花期	堰塘	沟灌	20
TYAFZ03AB0 _ 01	早稻	2010 - 05 - 01	返青期	堰塘	沟灌	20
TYAFZ03AB0 _ 01	早稻	2010 - 05 - 30	拔节期	堰塘	沟灌	20
TYAFZ03AB0 _ 01	早稻	2010 - 06 - 16	抽穗开花期	堰塘	沟灌	20
TYAFZ03AB0 _ 01	早稻	2010 - 06 - 26	开花期	堰塘	沟灌	20
TYAFZ03AB0 _ 01	早稻	2010 - 06 - 30	乳熟期	堰塘	沟灌	30
TYAFZ03AB0 _ 01	晚稻	2010 - 07 - 18	翻耕期	堰塘	沟灌	30
TYAFZ03AB0 _ 01	晚稻	2010 - 07 - 24	返青期	堰塘	沟灌	20
TYAFZ03AB0 _ 01	晚稻	2010 - 07 - 28	返青期	堰塘	沟灌	20
TYAFZ03AB0 _ 01	晚稻	2010 - 08 - 02	分蘖期	堰塘	沟灌	20
TYAFZ03AB0 _ 01	晚稻	2010 - 08 - 05	分蘖期	堰塘	沟灌	20
TYAFZ03AB0 _ 01	晚稻	2010 - 08 - 11	分蘖期	堰塘	沟灌	20

（续）

样地代码	作物名称	灌溉时间（年-月-日）	作物生育期	灌溉水源	灌溉方式	灌溉量/mm
TYAFZ03AB0_01	晚稻	2010-08-22	拔节期	堰塘	沟灌	30
TYAFZ03AB0_01	晚稻	2010-09-11	抽穗开花期	堰塘	沟灌	30
TYAFZ03AB0_01	晚稻	2010-09-18	抽穗期	堰塘	沟灌	20
TYAFZ03AB0_01	早稻	2011-04-08	移栽前	堰塘	沟灌	38
TYAFZ03AB0_01	早稻	2011-04-30	返青期	堰塘	沟灌	21
TYAFZ03AB0_01	早稻	2011-05-05	返青期	堰塘	沟灌	20
TYAFZ03AB0_01	早稻	2011-05-12	分蘖期	堰塘	沟灌	25
TYAFZ03AB0_01	早稻	2011-05-28	拔节期	堰塘	沟灌	30
TYAFZ03AB0_01	早稻	2011-06-02	拔节期	堰塘	沟灌	24
TYAFZ03AB0_01	早稻	2011-07-03	腊熟期	堰塘	沟灌	25
TYAFZ03AB0_01	早稻	2011-07-06	腊熟期	堰塘	沟灌	22
TYAFZ03AB0_01	早稻	2011-07-12	完熟期	堰塘	沟灌	30
TYAFZ03AB0_01	晚稻	2011-07-18	移栽前	堰塘	沟灌	20
TYAFZ03AB0_01	晚稻	2011-07-25	返青期	堰塘	沟灌	42
TYAFZ03AB0_01	晚稻	2011-07-30	分蘖期	堰塘	沟灌	25
TYAFZ03AB0_01	晚稻	2011-08-15	拔节期	堰塘	沟灌	29
TYAFZ03AB0_01	晚稻	2011-08-20	拔节期	堰塘	沟灌	25
TYAFZ03AB0_01	晚稻	2011-08-26	孕穗期	堰塘	沟灌	22
TYAFZ03AB0_01	晚稻	2011-09-04	抽穗开花期	堰塘	沟灌	21
TYAFZ03AB0_01	早稻	2012-04-26	移栽期	堰塘	沟灌	20
TYAFZ03AB0_01	早稻	2012-05-06	返青期	堰塘	沟灌	20
TYAFZ03AB0_01	早稻	2012-06-19	抽穗期	堰塘	沟灌	27
TYAFZ03AB0_01	晚稻	2012-07-30	返青期	堰塘	沟灌	38
TYAFZ03AB0_01	早稻	2013-04-12	移栽前	堰塘	沟灌	50
TYAFZ03AB0_01	早稻	2013-04-25	移栽前	堰塘	沟灌	25
TYAFZ03AB0_01	早稻	2013-06-18	抽穗期	堰塘	沟灌	25
TYAFZ03AB0_01	晚稻	2013-07-14	移栽前	堰塘	沟灌	50
TYAFZ03AB0_01	晚稻	2013-07-22	返青期	堰塘	沟灌	22

（续）

样地代码	作物名称	灌溉时间（年-月-日）	作物生育期	灌溉水源	灌溉方式	灌溉量/mm
TYAFZ03AB0 _ 01	晚稻	2013 - 07 - 25	返青期	堰塘	沟灌	20
TYAFZ03AB0 _ 01	晚稻	2013 - 08 - 02	分蘖期	堰塘	沟灌	30
TYAFZ03AB0 _ 01	晚稻	2013 - 08 - 06	分蘖期	堰塘	沟灌	30
TYAFZ03AB0 _ 01	晚稻	2013 - 08 - 11	拔节期	堰塘	沟灌	25
TYAFZ03AB0 _ 01	早稻	2014 - 05 - 02	移栽期	堰塘	沟灌	18
TYAFZ03AB0 _ 01	早稻	2014 - 05 - 08	返青期	堰塘	沟灌	20
TYAFZ03AB0 _ 01	早稻	2014 - 06 - 14	孕穗期	堰塘	沟灌	21
TYAFZ03AB0 _ 01	晚稻	2014 - 07 - 26	返青期	堰塘	沟灌	22
TYAFZ03AB0 _ 01	晚稻	2014 - 07 - 29	返青期	堰塘	沟灌	25
TYAFZ03AB0 _ 01	晚稻	2014 - 08 - 31	拔节后	堰塘	沟灌	25
TYAFZ03AB0 _ 01	晚稻	2014 - 09 - 25	抽穗期	堰塘	沟灌	29
TYAFZ03AB0 _ 01	晚稻	2014 - 10 - 09	腊熟期	堰塘	沟灌	27
TYAFZ03AB0 _ 01	早稻	2015 - 03 - 21	翻耕期	堰塘	沟灌	50
TYAFZ03AB0 _ 01	早稻	2015 - 04 - 21	翻耕期	堰塘	沟灌	20
TYAFZ03AB0 _ 01	晚稻	2015 - 07 - 12	翻耕期	堰塘	沟灌	25
TYAFZ03AB0 _ 01	晚稻	2015 - 07 - 21	返青期	堰塘	沟灌	25
TYAFZ03AB0 _ 01	晚稻	2015 - 07 - 30	分蘖期	堰塘	沟灌	27
TYAFZ03AB0 _ 01	晚稻	2015 - 08 - 06	拔节前	堰塘	沟灌	25
TYAFZ03AB0 _ 01	晚稻	2015 - 08 - 08	拔节前	堰塘	沟灌	25
TYAFZ03AB0 _ 01	晚稻	2015 - 08 - 12	拔节期	堰塘	沟灌	20
TYAFZ03AB0 _ 01	晚稻	2015 - 08 - 17	拔节期	堰塘	沟灌	20
TYAFZ03AB0 _ 01	晚稻	2015 - 08 - 28	孕穗期	堰塘	沟灌	27
TYAZQ01AB0 _ 01	早稻	2008 - 03 - 16	翻耕期	水库	沟灌	40
TYAZQ01AB0 _ 01	早稻	2008 - 04 - 07	返青期	水库	沟灌	30
TYAZQ01AB0 _ 01	早稻	2008 - 05 - 12	分蘖期	水库	沟灌	30
TYAZQ01AB0 _ 01	早稻	2008 - 06 - 01	拔节期	水库	沟灌	30
TYAZQ01AB0 _ 01	早稻	2008 - 06 - 14	抽穗期	水库	沟灌	30
TYAZQ01AB0 _ 01	早稻	2008 - 07 - 07	翻耕期	水库	沟灌	40

（续）

样地代码	作物名称	灌溉时间（年-月-日）	作物生育期	灌溉水源	灌溉方式	灌溉量/mm
TYAZQ01AB0_01	晚稻	2008-07-18	返青期	水库	沟灌	20
TYAZQ01AB0_01	晚稻	2008-07-27	分蘖期	水库	沟灌	30
TYAZQ01AB0_01	晚稻	2008-08-09	拔节期	水库	沟灌	30
TYAZQ01AB0_01	晚稻	2008-08-19	孕穗期	水库	沟灌	30
TYAZQ01AB0_01	晚稻	2008-09-02	蜡熟期	水库	沟灌	30
TYAZQ01AB0_01	早稻	2009-03-16	翻耕期	水库	沟灌	40
TYAZQ01AB0_01	早稻	2009-04-07	返青期	水库	沟灌	30
TYAZQ01AB0_01	早稻	2009-05-15	分蘖期	水库	沟灌	30
TYAZQ01AB0_01	早稻	2009-05-29	拔节期	水库	沟灌	30
TYAZQ01AB0_01	早稻	2009-06-17	抽穗开花期	水库	沟灌	30
TYAZQ01AB0_01	晚稻	2009-07-14	翻耕期	水库	沟灌	40
TYAZQ01AB0_01	晚稻	2009-07-17	移栽期	水库	沟灌	20
TYAZQ01AB0_01	晚稻	2009-07-27	分蘖期	水库	沟灌	30
TYAZQ01AB0_01	晚稻	2009-08-12	拔节期	水库	沟灌	30
TYAZQ01AB0_01	晚稻	2009-08-23	孕穗期	水库	沟灌	10
TYAZQ01AB0_01	晚稻	2009-09-21	蜡熟期	水库	沟灌	10
TYAZQ01AB0_01	早稻	2010-03-18	翻耕期	水库	沟灌	40
TYAZQ01AB0_01	早稻	2010-04-09	返青期	水库	沟灌	20
TYAZQ01AB0_01	早稻	2010-05-01	分蘖期	水库	沟灌	30
TYAZQ01AB0_01	早稻	2010-06-17	抽穗开花期	水库	沟灌	30
TYAZQ01AB0_01	早稻	2010-06-28	乳熟期	水库	沟灌	30
TYAZQ01AB0_01	晚稻	2010-07-19	翻耕期	水库	沟灌	30
TYAZQ01AB0_01	晚稻	2010-07-27	返青期	水库	沟灌	30
TYAZQ01AB0_01	晚稻	2010-08-03	分蘖期	水库	沟灌	30
TYAZQ01AB0_01	晚稻	2010-09-14	抽穗期	水库	沟灌	30
TYAZQ01AB0_01	早稻	2011-03-20	翻耕期	水库	沟灌	50
TYAZQ01AB0_01	早稻	2011-03-30	耘田期	水库	沟灌	40
TYAZQ01AB0_01	早稻	2011-05-01	秧苗期	水库	沟灌	30

（续）

样地代码	作物名称	灌溉时间（年-月-日）	作物生育期	灌溉水源	灌溉方式	灌溉量/mm
TYAZQ01AB0 _ 01	早稻	2011 - 05 - 15	分蘖期	水库	沟灌	30
TYAZQ01AB0 _ 01	早稻	2011 - 05 - 29	拔节期	水库	沟灌	35
TYAZQ01AB0 _ 01	晚稻	2011 - 07 - 15	翻耕期	水库	沟灌	50
TYAZQ01AB0 _ 01	晚稻	2011 - 07 - 25	返青期	水库	沟灌	25
TYAZQ01AB0 _ 01	晚稻	2011 - 08 - 13	分蘖期	水库	沟灌	35
TYAZQ01AB0 _ 01	晚稻	2011 - 08 - 29	拔节期	水库	沟灌	35
TYAZQ01AB0 _ 01	早稻	2012 - 04 - 26	移栽期	水库	沟灌	40
TYAZQ01AB0 _ 01	早稻	2012 - 06 - 16	抽穗期	水库	沟灌	40
TYAZQ01AB0 _ 01	早稻	2012 - 06 - 23	灌浆期	水库	沟灌	40
TYAZQ01AB0 _ 01	晚稻	2012 - 07 - 08	收割后	水库	沟灌	38
TYAZQ01AB0 _ 01	晚稻	2012 - 08 - 12	拔节期	水库	沟灌	40
TYAZQ01AB0 _ 01	晚稻	2012 - 08 - 28	孕穗期	水库	沟灌	40
TYAZQ01AB0 _ 01	早稻	2013 - 04 - 12	移栽期	水库	沟灌	50
TYAZQ01AB0 _ 01	晚稻	2013 - 07 - 05	移栽期	水库	沟灌	40
TYAZQ01AB0 _ 01	晚稻	2013 - 07 - 11	返青期	水库	沟灌	38
TYAZQ01AB0 _ 01	晚稻	2013 - 07 - 18	返青期	水库	沟灌	40
TYAZQ01AB0 _ 01	晚稻	2013 - 07 - 26	分蘖期	水库	沟灌	45
TYAZQ01AB0 _ 01	晚稻	2013 - 08 - 01	分蘖期	水库	沟灌	50
TYAZQ01AB0 _ 01	晚稻	2013 - 08 - 08	拔节期	水库	沟灌	50
TYAZQ01AB0 _ 01	晚稻	2013 - 08 - 13	拔节期	水库	沟灌	50
TYAZQ01AB0 _ 01	早稻	2014 - 04 - 25	返青期	水库	沟灌	40
TYAZQ01AB0 _ 01	早稻	2014 - 05 - 31	拔节期	堰塘	沟灌	40
TYAZQ01AB0 _ 01	晚稻	2014 - 07 - 29	分蘖期	水库	沟灌	30
TYAZQ01AB0 _ 01	晚稻	2014 - 08 - 03	分蘖期	水库	沟灌	40
TYAZQ01AB0 _ 01	晚稻	2014 - 08 - 31	孕穗期	水库	沟灌	30
TYAZQ01AB0 _ 01	早稻	2015 - 04 - 17	翻耕期	水库	沟灌	56
TYAZQ01AB0 _ 01	早稻	2015 - 04 - 23	返青期	水库	沟灌	25
TYAZQ01AB0 _ 01	晚稻	2015 - 07 - 10	翻耕期	水库	沟灌	50

（续）

样地代码	作物名称	灌溉时间（年-月-日）	作物生育期	灌溉水源	灌溉方式	灌溉量/mm
TYAZQ01AB0_01	晚稻	2015-07-15	返青期	水库	沟灌	25
TYAZQ01AB0_01	晚稻	2015-08-09	拔节期	水库	沟灌	35
TYAZQ01AB0_01	晚稻	2015-08-28	孕穗期	水库	沟灌	40

3.5.3 作物生育期动态观测数据集

3.5.3.1 概述

本数据集为桃源站 2008—2015 年 5 个长期监测样地 4 种作物的生育期观测数据。监测样地包括稻田综合观测场（TYAZH01）、稻田辅助观测场不施肥（TYAFZ01）、稻田辅助观测场稻草还田（TYAFZ02）、稻田辅助观测场平衡施肥（TYAFZ03）、坡地综合观测场（TYAZH02）。

3.5.3.2 数据采集和处理方法

参照《陆地生态系统生物观测规范》对各物种各生育期的定义，观测员现场观察，并记录样地中约 50%作物满足生育期定义的日期，作为该样地该作物此阶段的生育期日期。

3.5.3.3 数据质量控制和评估

（1）数据获取过程的质量控制

因为此观测指标可能会因观测人员习惯及视觉评估的差异导致数据差异，所以首先保证野外监测人员的固定性，再是野外监测人员每天均对各样地作物生长状况进行观察，以保证数据的可靠性。

（2）规范原始数据记录的质控措施

原始数据记录是 CERN 长期观测最重要的资料，是保证各种数据的溯源查询依据，因此需做到记录规范、书写清晰、真实、完整，各项辅助信息明确等。根据本站调查任务，野外监测人员在专用记录本上提前制定好近期调查表格，保证记录规范性，在观察中及时记录好日期数据。

（3）数据质量的质控措施

原始记录经过检查后，首先由数据获取人进行初级填报，由生物监测负责人初审数据，通过与各辅助信息及历史数据进行比较，如有疑问及异常数据反复与数据获取人核实，以保证数据录入的正确性。然后经主管人员审核认定无误后上报生物分中心，由分中心数据审核负责人再次对数据进行审核，以保证数据的真实性、一致性、可比性和连续性。

3.5.3.4 数据表

本节数据共包括 4 个数据表：①水稻生育期动态记录（表 3-54），数据列包括年度、观测场代码、作物品种、育种方式、播种期、出苗期、三叶期、移栽期、返青期、分蘖期、拔节期、抽穗期、蜡熟期、收获期 14 个字段；日期记录格式为月-日。②玉米生育期动态记录（表 3-55），数据列包括年度、观测场代码、作物品种、播种期、出苗期、五叶期、拔节期、抽雄期、吐丝期、成熟期、收获期 11 个字段；日期记录格式为月-日。③油菜生育期动态记录（表 3-56），数据列包括年度、观测场代码、作物品种、播种期、出苗期、蕾薹期、花期、成熟期 8 个字段；日期记录格式为年-月-日。④甘薯生育期动态记录（表 3-57），数据列包括年度、观测场代码、作物品种、播种期、出苗期、移栽期、发根还苗期、分枝结薯期、茎叶生长块根膨大期、茎叶渐衰块根盛长期 、成熟期、收获期 12 个字段；日期记录格式为月-日。

表 3-54 水稻生育期动态记录

年度	观测场代码	作物品种	育秧方式	播种期（月-日）	出苗期（月-日）	三叶期（月-日）	移栽期（月-日）	返青期（月-日）	分蘖期（月-日）	拔节期（月-日）	抽穗期（月-日）	蜡熟期（月-日）	收获期（月-日）
2008	TYAZH01	湘早籼 24	薄膜水育	03-27	04-08	04-17	05-01	05-09	05-16	06-01	06-15	06-30	07-12
2008	TYAZH01	金优 207	水育	06-17	06-20	06-26	07-18	07-23	07-27	08-10	09-04	09-19	10-14
2009	TYAZH01	湘早籼 45	薄膜水育	03-24	03-31	04-17	04-27	05-04	05-15	05-29	06-17	07-01	07-15
2009	TYAZH01	T 优 207	水育	06-17	06-21	06-27	07-20	07-25	08-03	08-14	09-06	09-21	10-10
2010	TYAZH01	湘早籼 45	薄膜水育	03-20	03-27	04-18	04-26	05-04	05-18	06-02	06-22	07-06	07-16
2010	TYAZH01	丰源优 299	水育	06-20	06-23	07-01	07-22	07-27	08-07	08-20	09-14	09-27	10-27
2011	TYAZH01	湘早籼 45	薄膜水育	03-23	03-31	04-15	04-26	05-03	05-18	06-01	06-17	06-29	07-15
2011	TYAZH01	丰源优 299	水育	06-18	06-23	06-30	07-18	07-25	08-05	08-18	09-09	09-24	10-15
2012	TYAZH01	湘早籼 45	薄膜水育	03-24	03-31	04-18	04-27	05-04	05-21	06-02	06-18	07-01	07-15
2012	TYAZH01	深优 9586	水育	06-19	06-24	06-30	07-21	07-26	08-07	08-19	09-08	09-24	10-18
2013	TYAZH01	中早 39	薄膜水育	03-22	03-30	04-18	04-26	05-03	05-22	05-31	06-17	06-29	07-13
2013	TYAZH01	丰源优 227	水育	06-15	06-20	06-29	07-16	07-22	08-03	08-16	09-10	09-22	10-23
2014	TYAZH01	中早 39	薄膜水育	03-24	03-31	04-20	04-28	05-07	05-24	06-05	06-20	07-03	07-19
2014	TYAZH01	丰源优 277	水育	06-18	06-24	07-02	07-22	07-29	08-08	08-25	09-22	10-10	11-04
2015	TYAZH01	中早 39	薄膜水育	03-22	04-01	04-16	04-22	05-01	05-15	05-30	06-16	06-27	07-11
2015	TYAZH01	丰源优 227	水育	06-16	06-24	06-30	07-15	07-21	08-03	08-15	09-10	09-27	10-17
2008	TYAFZ01	湘早籼 24	薄膜水育	03-27	04-08	04-17	05-01	05-09	05-16	06-01	06-15	06-30	07-12

（续）

年度	观测场代码	作物品种	育秧方式	播种期（月-日）	出苗期（月-日）	三叶期（月-日）	移栽期（月-日）	返青期（月-日）	分蘖期（月-日）	拔节期（月-日）	抽穗期（月-日）	蜡熟期（月-日）	收获期（月-日）
2008	TYAFZ01	金优 207	水育	06-17	06-20	06-26	07-18	07-23	07-27	08-10	09-04	09-19	10-14
2009	TYAFZ01	湘早籼 45	薄膜水育	03-24	03-31	04-17	04-27	05-04	05-15	05-29	06-17	07-01	07-15
2009	TYAFZ01	T 优 207	水育	06-17	06-21	06-27	07-20	07-25	08-03	08-14	09-06	09-21	10-10
2010	TYAFZ01	湘早籼 45	薄膜水育	03-20	03-27	04-18	04-26	05-04	05-18	06-02	06-22	07-06	07-16
2010	TYAFZ01	丰源优 299	水育	06-20	06-23	07-01	07-22	07-27	08-07	08-20	09-14	09-27	10-27
2011	TYAFZ01	湘早籼 45	薄膜水育	03-23	03-31	04-15	04-26	05-03	05-18	06-01	06-17	06-29	07-15
2011	TYAFZ01	丰源优 299	水育	06-18	06-23	06-30	07-18	07-25	08-05	08-18	09-09	09-24	10-15
2012	TYAFZ01	湘早籼 45	薄膜水育	03-24	03-31	04-18	04-27	05-04	05-21	06-02	06-18	07-01	07-15
2012	TYAFZ01	深优 9586	水育	06-19	06-24	06-30	07-21	07-26	08-07	08-19	09-08	09-24	10-18
2013	TYAFZ01	中早 39	薄膜水育	03-22	03-30	04-18	04-26	05-03	05-22	05-31	06-17	06-29	07-13
2013	TYAFZ01	丰源优 227	水育	06-15	06-20	06-29	07-16	07-22	08-03	08-16	09-10	09-22	10-23
2014	TYAFZ01	中早 39	薄膜水育	03-24	03-31	04-20	04-28	05-07	05-24	06-05	06-20	07-03	07-19
2014	TYAFZ01	丰源优 277	水育	06-18	06-24	07-02	07-22	07-29	08-08	08-25	09-22	10-10	11-04
2015	TYAFZ01	中早 39	薄膜水育	03-22	04-01	04-16	04-22	05-01	05-15	05-30	06-16	06-27	07-11
2015	TYAFZ01	丰源优 227	水育	06-16	06-24	06-30	07-15	07-21	08-03	08-15	09-10	09-27	10-17
2008	TYAFZ02	湘早籼 24	薄膜水育	03-27	04-08	04-17	05-01	05-09	05-16	06-01	06-15	06-30	07-12
2008	TYAFZ02	金优 207	水育	06-17	06-20	06-26	07-18	07-23	07-27	08-10	09-04	09-19	10-14

（续）

年度	观测场代码	作物品种	育秧方式	播种期（月-日）	出苗期（月-日）	三叶期（月-日）	移栽期（月-日）	返青期（月-日）	分蘖期（月-日）	拔节期（月-日）	抽穗期（月-日）	蜡熟期（月-日）	收获期（月-日）
2009	TYAFZ02	湘早籼 45	薄膜水育	03-24	03-31	04-17	04-27	05-04	05-15	05-29	06-17	07-01	07-15
2009	TYAFZ02	T 优 207	水育	06-17	06-21	06-27	07-20	07-25	08-03	08-14	09-06	09-21	10-10
2010	TYAFZ02	湘早籼 45	薄膜水育	03-20	03-27	04-18	04-26	05-04	05-18	06-02	06-22	07-06	07-16
2010	TYAFZ02	丰源优 299	水育	06-20	06-23	07-01	07-22	07-27	08-07	08-20	09-14	09-27	10-27
2011	TYAFZ02	湘早籼 45	薄膜水育	03-23	03-31	04-15	04-26	05-03	05-18	06-01	06-17	06-29	07-15
2011	TYAFZ02	丰源优 299	水育	06-18	06-23	06-30	07-18	07-25	08-05	08-18	09-09	09-24	10-15
2012	TYAFZ02	湘早籼 45	薄膜水育	03-24	03-31	04-18	04-27	05-04	05-21	06-02	06-18	07-01	07-15
2012	TYAFZ02	深优 9586	水育	06-19	06-24	06-30	07-21	07-26	08-07	08-19	09-08	09-24	10-18
2013	TYAFZ02	中早 39	薄膜水育	03-22	03-30	04-18	04-26	05-03	05-22	05-31	06-17	06-29	07-13
2013	TYAFZ02	丰源优 227	水育	06-15	06-20	06-29	07-16	07-22	08-03	08-16	09-10	09-22	10-23
2014	TYAFZ02	中早 39	薄膜水育	03-24	03-31	04-20	04-28	05-07	05-24	06-05	06-20	07-03	07-19
2014	TYAFZ02	丰源优 277	水育	06-18	06-24	07-02	07-22	07-29	08-08	08-25	09-22	10-10	11-04
2015	TYAFZ02	中早 39	薄膜水育	03-22	04-01	04-16	04-22	05-01	05-15	05-30	06-16	06-27	07-11
2015	TYAFZ02	丰源优 227	水育	06-16	06-24	06-30	07-15	07-21	08-03	08-15	09-10	09-27	10-17
2008	TYAFZ03	湘早籼 24	薄膜水育	03-27	04-08	04-17	05-01	05-09	05-16	06-01	06-15	06-30	07-12
2008	TYAFZ03	金优 207	水育	06-17	06-20	06-26	07-18	07-23	07-27	08-10	09-04	09-19	10-14
2009	TYAFZ03	湘早籼 45	薄膜水育	03-24	03-31	04-17	04-27	05-04	05-15	05-29	06-17	07-01	07-15

（续）

年度	观测场代码	作物品种	育秧方式	播种期（月-日）	出苗期（月-日）	三叶期（月-日）	移栽期（月-日）	返青期（月-日）	分蘖期（月-日）	拔节期（月-日）	抽穗期（月-日）	蜡熟期（月-日）	收获期（月-日）
2009	TYAFZ03	T优207	水育	06-17	06-21	06-27	07-20	07-25	08-03	08-14	09-06	09-21	10-10
2010	TYAFZ03	湘早籼45	薄膜水育	03-20	03-27	04-18	04-26	05-04	05-18	06-02	06-22	07-06	07-16
2010	TYAFZ03	丰源优299	水育	06-20	06-23	07-01	07-22	07-27	08-07	08-20	09-14	09-27	10-27
2011	TYAFZ03	湘早籼45	薄膜水育	03-23	03-31	04-15	04-26	05-03	05-18	06-01	06-17	06-29	07-15
2011	TYAFZ03	丰源优299	水育	06-18	06-23	06-30	07-18	07-25	08-05	08-18	09-09	09-24	10-15
2012	TYAFZ03	湘早籼45	薄膜水育	03-24	03-31	04-18	04-27	05-04	05-21	06-02	06-18	07-01	07-15
2012	TYAFZ03	深优9586	水育	06-19	06-24	06-30	07-21	07-26	08-07	08-19	09-08	09-24	10-18
2013	TYAFZ03	中早39	薄膜水育	03-22	03-30	04-18	04-26	05-03	05-22	05-31	06-17	06-29	07-13
2013	TYAFZ03	丰源优227	水育	06-15	06-20	06-29	07-16	07-22	08-03	08-16	09-10	09-22	10-23
2014	TYAFZ03	中早39	薄膜水育	03-24	03-31	04-20	04-28	05-07	05-24	06-05	06-20	07-03	07-19
2014	TYAFZ03	丰源优277	水育	06-18	06-24	07-02	07-22	07-29	08-08	08-25	09-22	10-10	11-04
2015	TYAFZ03	中早39	薄膜水育	03-22	04-01	04-16	04-22	05-01	05-15	05-30	06-16	06-27	07-11
2015	TYAFZ03	丰源优227	水育	06-16	06-24	06-30	07-15	07-21	08-03	08-15	09-10	09-27	10-17

表 3-55 坡地综合场玉米生育期动态记录

年度	观测场代码	作物品种	播种期（月-日）	出苗期（月-日）	五叶期（月-日）	拔节期（月-日）	抽雄期（月-日）	吐丝期（月-日）	成熟期（月-日）	收获期（月-日）
2009	TYAZH02	晋单 42	04-06	04-17	05-08	06-07	06-24	06-28	07-25	07-27
2011	TYAZH02	祥玉 808	04-19	04-28	05-28	06-17	07-02	—	—	—
2013	TYAZH02	浚单 20	03-28	04-13	05-11	06-05	06-19	06-22	—	—
2015	TYAZH02	东单 80	03-28	04-11	05-06	05-20	06-10	06-13	07-18	07-20

注：2011 年，因长期干旱、无灌溉条件，玉米叶片萎蔫雄穗干枯，有部分抽雄，后期植株枯死。2013 年，吐丝后鸟开始啄食，后期无完整的玉米穗，加上 7 月长期干旱茎叶萎蔫干枯，所以无成熟期记录，且未收获玉米。

表 3-56 坡地综合场油菜生育期动态记录

年度	观测场代码	作物品种	播种期（年-月-日）	出苗期（年-月-日）	蕾薹期（年-月-日）	花期（年-月-日）	成熟期（年-月-日）	收获期（年-月-日）
2008	TYAZH02	湘杂油 753	2007-09-09	2007-09-14	2008-02-28	2008-03-13	2008-05-14	2008-05-15
2010	TYAZH02	湘杂油 753	2009-10-09	2009-10-17	2010-02-24	2010-03-16	2010-05-12	2010-05-14
2012	TYAZH02	富油杂 108	2011-09-18	2011-10-03	2012-03-01	2012-04-01	2012-05-06	2012-05-18
2014	TYAZH02	德油 5 号	2013-09-23	2013-10-06	2014-02-02	2014-03-15	2014-05-06	2014-05-08

表 3-57 坡地综合场甘薯生育期动态记录

年度	观测场代码	作物品种	播种期（月-日）	出苗期（月-日）	移栽期（月-日）	发根还苗期（月-日）	分枝结薯期（月-日）	茎叶生长块根膨大期（月-日）	茎叶渐衰块根盛长期（月-日）	成熟期（月-日）	收获期（月-日）
2008	TYAZH02	本地烤红薯	03-26	04-27	07-02	07-13	08-04	08-15	10-12	11-20	11-20
2010	TYAZH02	水果王薯	03-03	04-18	06-13	06-26	07-16	08-08	10-07	11-02	11-07
2012	TYAZH02	徐薯 22	03-28	04-24	06-01	06-11	07-11	08-04	10-09	11-03	11-05
2014	TYAZH02	湘薯 7～2	03-22	04-18	06-05	06-17	07-23	09-06	10-27	11-19	11-20

3.5.4 耕作层作物根生物量数据集

3.5.4.1 概述

本数据集为桃源站 2008—2015 年 7 个长期监测样地的作物生育期观测数据，监测样场包括稻田综合观测场（TYAZH01）、稻田辅助观测场不施肥（TYAFZ01）、稻田辅助观测场稻草还田（TYAFZ02）、稻田辅助观测场平衡施肥（TYAFZ03）、官山村站区调查点（TYAZQ01）、跑马岗（组）站区调查点（TYAZQ02）。

3.5.4.2 数据采集和处理方法

每季作物生长盛期和收获期或者台站另作要求生育期，在规定的生物采样点选择长势一致、株距均匀、具有代表性植株各 3 穴，采用挖掘法获取表层作物根生物量。取样样方大小根据作物的实际株行距确定，对于行距较大的可以方形或长方形取样，要求至少包含 1 株作物。计算根重量时，未区分活根与死根。综合观测场和辅助观测场取 3～6 个重复样，站区调查点取 1～3 个重复样。

3.5.4.3 数据质量控制和评估

（1）数据获取过程的质量控制

作物根系的区分与调查人员的经验有一定关系，所以要保证调查人员的固定性。采样时首先要选好有代表性的样株，然后以植株穴为中心，进行掘沟挖掘。为了避免根系丢失，挖取一定体积的土块（带根），并将含有根系的土壤全部收集到一定容器内；然后通过清洗分离土壤与根系，从而获得一定土体内的根系生物量。

（2）规范原始数据记录的质控措施

原始数据记录是 CERN 长期观测最重要的资料，是保证各种数据的溯源查询依据，因此需做到记录规范、书写清晰、真实、完整，各项辅助信息明确等。根据本站调查任务，野外监测人员在专用记录本上提前制定好近期调查表格，保证记录规范性。并写好样品袋编号和拴好标签，取样时，一个样品一个样品地取，装好样品后，再次核对样品与标签相符后，才进行下一个样品的采取；样品清洗、烘干及称重等后续过程同样采用类似方法确保样品与标签的一致，以保证所获得数据可靠性。

（3）数据质量的质控措施

原始记录经过检查后，首先由数据获取人进行初级填报，由生物监测负责人初审数据，通过与各辅助信息及历史数据进行比较，如有疑问及异常数据反复与数据获取人核实，以保证数据录入的正确性。然后经主管人员审核认定无误后上报生物分中心，由分中心数据审核负责人再次对数据进行审核，以保证数据的真实性、一致性、可比性和连续性。

3.5.4.4　数据表

本节共 1 个数据表——耕作层根生物量（3－58），数据列包括时间、观测场/样地代码、作物名称、作物品种、作物生育期、样方面积、耕作层深度、根干重以及重复数 9 个字段，其中样方面积计量单位为 cm×cm，耕作层深度单位为 cm，根干重为 g/m^2。

表 3－58　耕作层根生物量

时间（年-月）	观测场代码	作物名称	作物品种	作物生育期	样方面积/（cm×cm）	耕作层深度/cm	根干重/（g/m^2）	重复数
2008－03	TYAZH02	油菜	湘杂油 753	开花期	30×90	20	24.54±13.58	6
2008－05	TYAZH02	油菜	湘杂油 753	收获期	30×90	20	97.04±15.62	6
2008－06	TYAZH01	早稻	湘早籼 24	抽穗开花期	60×20	20	116.00±12.99	6
2008－07	TYAZH01	早稻	湘早籼 24	收获期	60×20	20	102.21±7.83	6
2008－07	TYAFZ01	早稻	湘早籼 24	收获期	60×20	20	55.67±9.90	3
2008－07	TYAFZ02	早稻	湘早籼 24	收获期	60×20	20	70.17±1.65	3
2008－07	TYAFZ03	早稻	湘早籼 24	收获期	60×20	20	98.96±5.36	3
2008－07	TYAZQ01	早稻	浙福 802	收获期	50×50	20	42.24±0.00	1
2008－07	TYAZQ02	早稻	浙福 7 号	收获期	60×25	20	42.20±0.00	1
2008－09	TYAZH01	晚稻	金优 207	抽穗开花期	60×25	20	94.50±15.16	6
2008－10	TYAZH01	晚稻	金优 207	收获期	60×25	20	77.04±7.75	6
2008－10	TYAFZ01	晚稻	金优 207	收获期	60×25	20	61.00±8.01	3
2008－10	TYAFZ02	晚稻	金优 207	收获期	60×25	20	95.23±0.99	3
2008－10	TYAFZ03	晚稻	金优 207	收获期	60×25	20	80.73±5.28	3
2008－10	TYAZQ01	晚稻	金优桂 99	收获期	30×30	20	129.11±0.00	1

（续）

时间（年-月）	观测场代码	作物名称	作物品种	作物生育期	样方面积/（cm×cm）	耕作层深度/cm	根干重/（g/m²）	重复数
2008-10	TYAZQ02	晚稻	籼优桂 99	收获期	60×25	20	105.00±0.00	1
2008-11	TYAZH02	甘薯	本地烤红薯	收获期	100×100	20	26.12±11.81	6
2009-06	TYAZH01	早稻	湘早籼 45	抽穗开花期	60×20	20	97.75±15.39	6
2009-06	TYAZH02	玉米	晋单 42	抽雄期	30×90	20	19.29±3.94	6
2009-07	TYAZH01	早稻	湘早籼 45	收获期	60×20	20	102.88±20.64	6
2009-07	TYAFZ01	早稻	湘早籼 45	收获期	60×20	20	68.63±6.54	3
2009-07	TYAFZ02	早稻	湘早籼 45	收获期	60×20	20	86.63±19.98	3
2009-07	TYAFZ03	早稻	湘早籼 45	收获期	60×20	20	100.63±8.31	3
2009-07	TYAZH02	玉米	晋单 42	收获期	30×90	20	25.37±4.71	6
2009-07	TYAZQ01	早稻	浙福 802	收获期	50×50	20	77.16±0.00	1
2009-07	TYAZQ01	晚稻	浙福 207	收获期	50×50	20	62.08±0.00	1
2009-09	TYAZH01	晚稻	T 优 207	抽穗开花期	60×25	20	155.14±13.29	6
2009-10	TYAZH01	晚稻	T 优 207	收获期	60×25	20	89.40±16.52	6
2009-10	TYAFZ01	晚稻	T 优 207	收获期	60×25	20	55.90±16.83	3
2009-10	TYAFZ02	晚稻	T 优 207	收获期	60×25	20	115.20±9.05	3
2009-10	TYAFZ03	晚稻	T 优 207	收获期	60×25	20	137.00±5.37	3
2009-10	TYAZQ01	晚稻	湘晚籼 13	收获期	20×25	20	97.08±0.00	1
2009-10	TYAZQ01	玉米	万粘一号	收获期	30×90	20	97.74±0.00	1
2010-02	TYAZH02	油菜	湘杂油 753	蕾苔期	35×120	20	17.37±4.43	6
2010-03	TYAZH02	油菜	湘杂油 753	花期	35×120	20	21.39±6.52	6
2010-05	TYAZH02	油菜	湘杂油 753	收获期	35×120	20	29.59±4.91	6
2010-06	TYAZH01	早稻	湘早籼 45	抽穗开花期	60×20	20	88.17±6.47	6
2010-06	TYAFZ01	早稻	湘早籼 45	抽穗开花期	60×20	20	31.22±6.99	3
2010-06	TYAFZ02	早稻	湘早籼 45	抽穗开花期	60×20	20	97.47±4.33	3
2010-06	TYAFZ03	早稻	湘早籼 45	抽穗开花期	60×20	20	83.00±12.36	3
2010-06	TYAZH02	甘薯	水果王薯	发根还苗期	100×20	30	3.58±0.30	6
2010-06	TYAZQ01	早稻	浙福 802	抽穗开花期	40×20	20	67.17±9.91	3
2010-07	TYAZH01	早稻	湘早籼 45	蜡熟期	60×20	20	70.82±7.42	6
2010-07	TYAZH01	早稻	湘早籼 45	收获期	60×20	20	86.14±8.75	6
2010-07	TYAFZ01	早稻	湘早籼 45	蜡熟期	60×20	20	24.22±3.39	3

（续）

时间（年-月）	观测场代码	作物名称	作物品种	作物生育期	样方面积/（cm×cm）	耕作层深度/cm	根干重/（g/m²）	重复数
2010-07	TYAFZ01	早稻	湘早籼 45	收获期	60×20	20	38.22±3.43	3
2010-07	TYAFZ02	早稻	湘早籼 45	蜡熟期	60×20	20	70.22±2.25	3
2010-07	TYAFZ02	早稻	湘早籼 45	收获期	60×20	20	94.28±8.64	3
2010-07	TYAFZ03	早稻	湘早籼 45	蜡熟期	60×20	20	78.94±13.38	3
2010-07	TYAFZ03	早稻	湘早籼 45	收获期	60×20	20	80.81±13.02	3
2010-07	TYAZH02	甘薯	水果王薯	分枝结薯期	100×20	30	6.42±1.70	6
2010-07	TYAZQ01	早稻	浙福 802	蜡熟期	40×20	20	94.08±3.62	3
2010-07	TYAZQ01	早稻	浙福 802	收获期	40×40	20	41.31±6.12	3
2010-08	TYAZH02	甘薯	水果王薯	茎叶盛长块根膨大期	100×20	30	19.48±4.24	6
2010-09	TYAZH01	晚稻	丰源优 299	抽穗开花期	60×25	20	155.21±41.08	6
2010-09	TYAZH01	晚稻	丰源优 299	蜡熟期	60×25	20	121.18±26.98	6
2010-09	TYAFZ01	晚稻	丰源优 299	抽穗开花期	60×25	20	82.64±9.69	3
2010-09	TYAFZ01	晚稻	丰源优 299	蜡熟期	60×25	20	84.96±14.83	3
2010-09	TYAFZ02	晚稻	丰源优 299	抽穗开花期	60×25	20	145.89±21.72	3
2010-09	TYAFZ02	晚稻	丰源优 299	蜡熟期	60×25	20	121.80±21.59	3
2010-09	TYAFZ03	晚稻	丰源优 299	抽穗开花期	60×25	20	160.51±17.31	3
2010-09	TYAFZ03	晚稻	丰源优 299	蜡熟期	60×25	20	132.16±8.71	3
2010-09	TYAZQ01	晚稻	金优 163	抽穗开花期	60×25	20	180.60±10.65	3
2010-09	TYAZQ01	晚稻	金优 163	蜡熟期	60×25	20	157.69±12.18	3
2010-10	TYAZH01	晚稻	丰源优 299	收获期	60×25	20	115.84±9.65	6
2010-10	TYAFZ01	晚稻	丰源优 299	收获期	60×25	20	83.64±18.93	3
2010-10	TYAFZ02	晚稻	丰源优 299	收获期	60×25	20	153.36±23.44	3
2010-10	TYAFZ03	晚稻	丰源优 299	收获期	60×25	20	110.84±8.00	3
2010-10	TYAZH02	甘薯	水果王薯	茎叶渐衰块根盛长期	100×20	30	307.67±205.57	6
2010-10	TYAZQ01	晚稻	金优 163	收获期	60×25	20	117.60±5.73	3
2010-11	TYAZH02	甘薯	水果王薯	收获期	100×20	30	409.10±233.47	6
2011-06	TYAZH01	早稻	湘早籼 45	抽穗开花期	60×20	20	127.32±6.87	6
2011-07	TYAZH01	早稻	湘早籼 45	收获期	60×20	20	132.69±13.65	6
2011-07	TYAFZ01	早稻	湘早籼 45	收获期	60×20	20	39.79±7.01	3
2011-07	TYAFZ02	早稻	湘早籼 45	收获期	60×20	20	98.13±11.61	3

（续）

时间（年-月）	观测场代码	作物名称	作物品种	作物生育期	样方面积/（cm×cm）	耕作层深度/cm	根干重/（g/m²）	重复数
2011-07	TYAFZ03	早稻	湘早籼45	收获期	60×20	20	96.08±3.77	3
2011-07	TYAZH02	玉米	祥玉808	抽雄期	30×90	20	23.73±12.26	6
2011-07	TYAZQ01	早稻	浙福802	收获期	50×50	20	94.84±0.00	1
2011-09	TYAZH01	晚稻	丰源优299	抽穗开花期	60×25	20	155.52±41.79	6
2011-10	TYAZH01	晚稻	丰源优299	收获期	60×25	20	81.67±12.72	6
2011-10	TYAFZ01	晚稻	丰源优299	收获期	60×25	20	60.50±3.63	3
2011-10	TYAFZ02	晚稻	丰源优299	收获期	60×25	20	81.60±4.24	3
2011-10	TYAFZ03	晚稻	丰源优299	收获期	60×25	20	87.87±19.70	3
2011-10	TYAZQ01	晚稻	潭两优83	收获期	50×50	20	59.40±0.00	1
2012-04	TYAZH02	油菜	富油杂108	花期	105×35	25	159.71±88.26	6
2012-05	TYAZH02	油菜	富油杂108	收获期	105×35	25	107.02±40.64	6
2012-06	TYAZH01	早稻	湘早籼45	抽穗开花期	60×20	20	95.42±12.51	6
2012-07	TYAZH01	早稻	湘早籼45	收获期	60×20	20	85.46±8.94	6
2012-07	TYAFZ01	早稻	湘早籼45	收获期	60×20	20	57.56±17.45	3
2012-07	TYAFZ02	早稻	湘早籼45	收获期	60×20	20	81.81±7.21	3
2012-07	TYAFZ03	早稻	湘早籼45	收获期	60×20	20	86.78±6.53	3
2012-07	TYAZQ01	早稻	浙福802	收获期	50×50	20	67.32±8.94	3
2012-09	TYAZH01	晚稻	深优9586	抽穗开花期	60×25	20	138.61±6.49	6
2012-10	TYAZH01	晚稻	深优9586	收获期	60×25	20	87.99±11.78	6
2012-10	TYAFZ01	晚稻	深优9586	收获期	60×25	20	81.96±7.60	3
2012-10	TYAFZ02	晚稻	深优9586	收获期	60×25	20	95.73±1.91	3
2012-10	TYAFZ03	晚稻	深优9586	收获期	60×25	20	102.87±8.64	3
2012-10	TYAZQ01	晚稻	铁菲	收获期	50×50	20	126.72±18.19	3
2013-06	TYAZH01	早稻	中早39	抽穗开花期	20×60	20	97.93±11.02	6
2013-06	TYAZH02	玉米	浚单20	抽雄期	40×150	25	38.08±20.44	6
2013-07	TYAZH01	早稻	中早39	收获期	20×60	20	99.40±8.80	6
2013-07	TYAFZ01	早稻	中早39	收获期	20×60	20	61.08±7.01	3
2013-07	TYAFZ02	早稻	中早39	收获期	20×60	20	93.64±9.38	3
2013-07	TYAFZ03	早稻	中早39	收获期	20×60	20	90.69±7.26	3
2013-07	TYAZQ01	早稻	浙福802	收获期	35×35	20	89.00±17.93	3

（续）

时间（年-月）	观测场代码	作物名称	作物品种	作物生育期	样方面积/（cm×cm）	耕作层深度/cm	根干重/（g/m²）	重复数
2013-09	TYAZH01	晚稻	丰源优 227	抽穗开花期	25×60	20	142.98±15.73	6
2013-10	TYAZH01	晚稻	丰源优 227	收获期	25×60	20	139.49±32.79	6
2013-10	TYAFZ01	晚稻	丰源优 227	收获期	25×60	20	102.49±6.78	3
2013-10	TYAFZ02	晚稻	丰源优 227	收获期	25×60	20	161.64±38.59	3
2013-10	TYAFZ03	晚稻	丰源优 227	收获期	25×60	20	199.80±45.46	3
2013-10	TYAZQ01	晚稻	丰源优 227	收获期	25×60	20	129.31±2.81	3
2014-03	TYAZH02	油菜	德油 5 号	花期	90×40	25	22.85±4.94	6
2014-05	TYAZH02	油菜	德油 5 号	收获期	90×40	25	26.76±2.88	6
2014-05	TYAZQ01	油菜	德油 10 号	收获期	120×35	20	82.44±6.29	3
2014-06	TYAZH01	早稻	中早 39	抽穗开花期	60×20	20	104.33±5.68	6
2014-07	TYAZH01	早稻	中早 39	收获期	60×20	20	99.97±7.85	6
2014-07	TYAFZ01	早稻	中早 39	收获期	100×20	20	62.18±4.14	3
2014-07	TYAFZ02	早稻	中早 39	收获期	60×20	20	77.22±10.38	3
2014-07	TYAFZ03	早稻	中早 39	收获期	60×20	20	86.31±1.03	3
2014-07	TYAZQ01	早稻	浙福 802	收获期	100×20	20	54.78±4.25	3
2014-08	TYAZQ01	玉米	浚单 20	收获期	120×35	25	46.01±6.42	3
2014-09	TYAZH01	晚稻	丰源优 277	抽穗开花期	60×25	20	144.83±11.70	6
2014-10	TYAZQ01	晚稻	丝毫	收获期	60×25	20	62.44±17.23	3
2014-11	TYAZH01	晚稻	丰源优 277	收获期	60×25	20	126.70±11.68	6
2014-11	TYAFZ01	晚稻	丰源优 277	收获期	60×25	20	85.00±5.94	3
2014-11	TYAFZ02	晚稻	丰源优 277	收获期	60×25	20	88.60±17.20	3
2014-11	TYAFZ03	晚稻	丰源优 277	收获期	60×25	20	108.00±24.57	3
2015-06	TYAZH01	早稻	中早 39	抽穗开花期	20×60	20	115.86±12.43	6
2015-06	TYAZH02	玉米	东单 80	花期	40×240	20	48.79±5.60	6
2015-07	TYAZH01	早稻	中早 39	收获期	20×60	20	88.65±11.71	6
2015-07	TYAFZ01	早稻	中早 39	收获期	20×60	20	51.33±7.36	3
2015-07	TYAFZ02	早稻	中早 39	收获期	20×60	20	67.50±5.82	3
2015-07	TYAFZ03	早稻	中早 39	收获期	20×60	20	92.17±14.84	3
2015-07	TYAZQ01	早稻	中早 17	收获期	20×60	20	64.17±5.95	3
2015-08	TYAZQ01	玉米	临奥 1 号	收获期	35×180	25	41.06±4.25	3
2015-09	TYAZH01	晚稻	丰源优 227	抽穗开花期	20×75	20	187.64±43.35	6
2015-10	TYAZH01	晚稻	丰源优 227	收获期	20×75	20	126.88±23.00	6

（续）

时间（年-月）	观测场代码	作物名称	作物品种	作物生育期	样方面积/（cm×cm）	耕作层深度/cm	根干重/（g/m²）	重复数
2015-10	TYAFZ01	晚稻	丰源优 227	收获期	20×75	20	81.69±2.39	3
2015-10	TYAFZ02	晚稻	丰源优 227	收获期	20×75	20	108.84±12.12	3
2015-10	TYAFZ03	晚稻	丰源优 227	收获期	20×75	20	111.87±18.25	3
2015-10	TYAZQ01	晚稻	黄花占	收获期	20×75	20	92.24±20.99	3

注：甘薯根干重含地下部须根、移栽短茎、块根；本表中 TYAZQ01 观测样地为 TYAZQ01AB0 _ 01，TYAZQ02 观测样地为 TYAZQ02AB0 _ 01；站区调查点 2（稻田，TYAZQ02AB0 _ 01）2010 年种植西瓜，2011—2013 年种植藠头、芋头及大白菜等蔬菜，未做根系调查。

3.5.5 主要作物收获期植株性状数据集

3.5.5.1 概述

本数据集包括桃源站 2008—2015 年 9 个长期监测样地 4 种作物（水稻、玉米、油菜、甘薯）收获期植株性状调查数据，监测样地包括稻田综合观测场（TYAZH01），坡地综合观测场（TYAZH02），稻田辅助观测场不施肥（TYAFZ01），稻田辅助观测场稻草还田（TYAFZ02），稻田辅助观测场平衡施肥（TYAFZ03），官山村站区调查点（TYAZQ01）包括两个采样地，其中官山村站区调查点稻田（TYAZQ01AB0 _ 01）、官山村站区调查点坡地（TYAZQ01AB0 _ 02），跑马岗（组）站区调查点（TYAZQ02），其中跑马岗（组）站区调查点稻田（TYAZQ02AB0 _ 01）、跑马岗（组）站区调查点坡地（TYAZQ02AB0 _ 02）。

3.5.5.2 数据采集和处理方法

每季作物收获期，在规定的生物采样点选择长势一致、株距均匀、具有代表性的植株各 3 穴，进行采样。样品采回后及时记录总茎数、总穗数、株高等指标，并进行人工脱粒，茎叶、籽粒分别称鲜重用纸袋装好，然后在 105 ℃杀青 15 min，再在 85 ℃烘至恒重后称取干重。为了保证数据的可比性，此调查植株与收获期耕作层根系调查植株相对应。综合观测场和辅助观测场取 2～6 个重复样品，站区调查点取 1～3 个重复样品。

3.5.5.3 数据质量控制和评估

（1）数据获取过程的质量控制

首先保证野外调查人员的固定性。采样时选取有代表性的样株，进行采样。籽粒采取人工脱粒方式，以保证每个样品籽粒全悉收获。

（2）规范原始数据记录的质控措施

原始数据记录是 CERN 长期观测最重要的资料，是保证各种数据的溯源查询依据，因此需做到记录规范、书写清晰、真实、完整，各项辅助信息明确等。根据本站调查任务，野外监测人员在专用记录本上提前制定好近期调查表格，保证记录规范性。并写好样品袋编号和拴好标签，取样时，一个样品一个样品地取，装好样品后，再次核对样品与标签相符，才进行下一个样品的采取；样品清洗、烘干及称重等后续过程同样采用类似方法确保样品与标签的一致，以保证所获得数据可靠性。

（3）数据质量的质控措施

原始记录经过检查后，首先由数据获取人进行初级填报，由生物监测负责人初审数据，通过与各辅助信息及历史数据进行比较，如有疑问及异常数据反复与数据获取人核实，以保证数据录入的正确性。然后经主管人员审核认定无误后上报生物分中心，由分中心数据审核负责人再次对数据进行审核，以保证数据的真实性、一致性、可比性和连续性。

表 3-59 水稻收获期植株性状记录

时间（年-月）	观测场代码	作物类别	作物品种	调查穴数	株高/cm	单穴总茎数	单穴总穗数	每穗粒数	每穗实粒数	千粒重/g	地上部总干重/（g/穴）	籽粒干重/（g/穴）	重复数
2008-07	TYAZH01	早稻	湘早籼 24	3	77.4±4.0	14.5±1.4	14.2±1.4	103.8±8.0	76.3±6.3	22.26±0.56	47.45±3.66	23.81±2.04	6
2008-10	TYAZH01	晚稻	金优 207	3	99.6±1.9	12.2±0.7	12.1±0.7	133.4±10.5	94.8±8.5	24.83±0.42	54.14±3.28	28.27±2.05	6
2009-07	TYAZH01	早稻	湘早籼 45	3	73.5±0.6	13.8±1.0	13.5±1.0	98.1±9.2	65.2±10.3	22.06±0.83	36.02±3.64	21.46±2.70	6
2009-10	TYAZH01	晚稻	T 优 207	3	85.6±2.6	10.0±1.1	9.3±0.7	178.8±20.1	125.2±22.9	21.37±2.06	53.03±6.43	26.51±2.15	6
2010-07	TYAZH01	早稻	湘早籼 45	3	74.1±1.9	12.4±1.6	12.2±1.4	101.0±7.7	73.4±7.2	22.92±0.93	35.70±3.52	20.31±2.20	6
2010-10	TYAZH01	晚稻	丰源优 299	3	91.2±1.5	10.8±0.8	10.2±0.9	159.7±22.5	96.1±10.8	25.57±0.49	53.88±4.94	24.80±2.16	6
2011-07	TYAZH01	早稻	湘早籼 45	3	75.5±1.5	16.8±1.3	16.7±1.3	88.2±6.9	62.5±5.4	22.15±0.52	45.15±3.81	25.14±2.94	6
2011-10	TYAZH01	晚稻	丰源优 299	3	91.9±0.8	11.1±0.6	10.7±0.8	142.9±14.0	68.8±3.7	27.63±0.55	46.78±2.98	24.93±1.55	6
2012-07	TYAZH01	早稻	湘早籼 45	3	69.0±1.4	13.1±0.4	12.4±0.3	87.7±9.4	64.5±9.9	25.17±0.52	36.29±3.26	22.18±2.47	6
2012-10	TYAZH01	晚稻	深优 9586	3	90.9±2.3	10.3±0.4	10.1±0.3	154.5±9.2	99.0±9.0	24.69±0.38	45.34±1.91	27.66±1.44	6
2013-07	TYAZH01	早稻	中早 39	3	72.7±1.9	9.3±0.7	9.1±0.6	138.7±10.6	117.3±10.3	24.48±0.28	40.99±2.25	26.96±1.40	6
2013-10	TYAZH01	晚稻	丰源优 227	3	92.9±0.7	12.3±0.6	12.0±0.6	112.4±3.7	89.4±3.5	26.19±0.35	54.89±4.65	29.34±2.49	6
2014-07	TYAZH01	早稻	中早 39	3	66.9±1.3	10.8±0.5	10.3±0.4	112.7±9.4	73.6±6.7	27.27±0.44	35.58±3.79	22.67±2.57	6
2014-11	TYAZH01	晚稻	丰源优 277	3	76.7±1.3	15.2±1.4	14.9±1.3	110.4±10.5	77.8±11.0	26.26±0.58	52.47±1.97	30.15±1.78	6
2015-07	TYAZH01	早稻	中早 39	3	75.5±1.5	9.5±0.5	9.3±0.5	106.3±9.6	79.1±7.9	25.85±0.46	32.34±1.61	10.78±0.54	6
2015-10	TYAZH01	晚稻	丰源优 227	3	92.2±0.5	12.8±1.3	12.7±1.2	110.1±7.5	82.2±7.5	27.23±0.15	50.84±6.47	16.95±2.16	6
2008-07	TYAFZ01	早稻	湘早籼 24	3	58.4±3.0	7.5±1.0	7.5±1.0	72.3±3.8	61.6±3.7	24.07±0.13	24.34±3.42	11.16±2.21	2
2008-10	TYAFZ01	晚稻	金优 207	3	90.5±1.8	8.4±1.4	8.4±1.5	113.3±1.7	82.7±1.7	25.99±0.06	33.41±5.70	17.87±2.81	2
2009-07	TYAFZ01	早稻	湘早籼 45	3	62.3±2.8	7.0±0.1	6.8±0.3	52.5±2.2	45.7±0.1	25.61±0.12	13.57±0.77	8.18±0.30	2
2009-10	TYAFZ01	晚稻	T 优 207	3	86.7±4.4	6.7±0.0	6.5±0.3	163.3±4.3	115.3±0.6	24.53±0.23	30.57±1.14	19.74±0.66	2

（续）

时间（年-月）	观测场代码	作物类别	作物品种	调查穴数	株高/cm	单穴总茎数	单穴总穗数	每穗粒数	每穗实粒数	千粒重/g	地上部总干重/（g/穴）	籽粒干重/（g/穴）	重复数
2010-07	TYAFZ01	早稻	湘早籼 45	3	54.5±0.5	6.3±0.0	6.0±0.0	47.4±1.9	39.9±0.4	25.69±0.23	10.31±0.09	6.14±0.06	3
2010-10	TYAFZ01	晚稻	丰源优 299	3	82.6±0.6	5.9±1.0	5.4±0.5	167.2±5.9	107.8±1.8	25.77±0.29	29.58±3.57	14.98±1.67	3
2011-07	TYAFZ01	早稻	湘早籼 45	3	62.2±0.1	7.0±0.5	6.7±0.5	59.1±14.4	34.2±10.1	25.19±0.10	13.37±1.61	7.10±1.37	3
2011-10	TYAFZ01	晚稻	丰源优 299	3	81.6±2.6	6.0±0.0	5.7±0.0	149.4±6.6	84.0±19.3	27.11±0.64	25.67±3.93	15.40±3.00	3
2012-07	TYAFZ01	早稻	湘早籼 45	3	65.7±4.5	6.3±1.2	6.3±1.2	56.2±8.1	49.5±8.5	26.59±0.50	14.34±1.40	8.41±0.63	3
2012-10	TYAFZ01	晚稻	深优 9586	3	84.3±0.5	6.9±0.2	6.9±0.2	150.5±6.6	120.2±13.4	23.22±0.59	32.78±2.88	21.05±2.21	3
2013-07	TYAFZ01	早稻	中早 39	3	57.5±2.4	6.6±0.2	5.9±0.2	63.9±8.4	55.7±9.3	26.62±0.31	14.54±2.31	8.95±1.45	3
2013-10	TYAFZ01	晚稻	丰源优 227	3	91.2±1.6	8.0±0.3	7.8±0.2	125.9±1.4	104.5±3.1	26.74±0.37	39.35±1.48	22.64±0.63	3
2014-07	TYAFZ01	早稻	中早 39	3	50.1±0.8	9.3±0.3	6.7±1.2	64.8±3.2	50.0±4.9	28.56±0.55	16.51±1.89	9.98±1.68	3
2014-11	TYAFZ01	晚稻	丰源优 277	3	76.9±0.8	8.7±0.6	8.6±0.8	102.0±3.8	85.0±6.1	30.02±0.27	33.36±3.27	19.97±1.46	3
2015-07	TYAFZ01	早稻	中早 39	3	62.6±2.7	6.6±0.7	6.4±0.8	65.9±12.2	49.7±15.5	27.14±0.25	15.88±5.41	5.29±1.80	3
2015-10	TYAFZ01	晚稻	丰源优 227	3	62.6±2.7	7.1±0.4	7.1±0.4	113.6±7.7	83.1±6.4	28.12±0.02	28.22±2.05	9.41±0.68	3
2008-07	TYAFZ02	早稻	湘早籼 24	3	69.6±2.8	13.1±0.7	12.8±0.7	88.8±8.9	73.8±8.3	22.80±0.23	41.04±2.84	21.39±1.04	2
2008-10	TYAFZ02	晚稻	金优 207	3	99.9±0.1	13.0±1.8	12.8±1.7	120.8±11.9	79.2±15.2	26.06±0.11	53.53±0.09	26.01±1.31	2
2009-07	TYAFZ02	早稻	湘早籼 45	3	73.7±0.6	13.5±0.2	13.3±0.0	92.3±4.7	73.7±3.5	22.59±0.19	39.06±3.11	23.69±1.06	2
2009-10	TYAFZ02	晚稻	T 优 207	3	90.7±2.7	9.7±1.4	9.4±1.9	174.9±2.8	137.6±15.3	23.89±0.71	53.77±11.39	32.41±7.53	2
2010-07	TYAFZ02	早稻	湘早籼 45	3	74.7±0.8	11.9±0.5	11.6±0.5	102.4±6.7	69.6±1.6	24.28±0.75	35.58±2.40	19.47±1.21	3
2010-10	TYAFZ02	晚稻	丰源优 299	3	88.9±1.6	10.4±1.2	9.8±1.2	156.6±32.3	108.2±14.7	25.43±0.18	50.00±1.44	26.13±1.15	3
2011-07	TYAFZ02	早稻	湘早籼 45	3	70.4±2.2	14.7±0.5	14.3±0.5	75.6±0.4	52.7±5.4	22.31±0.23	33.89±0.83	18.92±0.73	3

（续）

时间（年-月）	观测场代码	作物类别	作物品种	调查穴数	株高/cm	单穴总茎数	单穴总穗数	每穗粒数	每穗实粒数	千粒重/g	地上部总干重/（g/穴）	籽粒干重/（g/穴）	重复数
2011-10	TYAFZ02	晚稻	丰源优 299	3	91.4±0.1	8.5±0.2	8.5±0.2	159.4±0.8	81.7±3.9	28.51±0.19	41.32±0.17	24.50±0.15	3
2012-07	TYAFZ02	早稻	湘早籼 45	3	69.8±1.8	13.1±0.5	12.7±0.6	87.3±7.4	65.6±5.4	24.09±0.85	37.05±2.43	22.09±2.13	3
2012-10	TYAFZ02	晚稻	深优 9586	3	88.0±0.8	9.6±0.4	9.6±0.4	161.1±7.4	116.0±7.8	24.51±0.32	45.64±4.84	29.35±3.04	3
2013-07	TYAFZ02	早稻	中早 39	3	70.5±1.0	8.6±0.2	8.4±0.4	139.6±11.1	120.9±12.3	24.12±0.40	37.81±4.01	25.27±2.84	3
2013-10	TYAFZ02	晚稻	丰源优 227	3	93.7±0.5	11.7±0.9	11.2±0.8	125.1±1.9	93.7±3.3	25.53±0.30	54.41±3.21	27.99±1.48	3
2014-07	TYAFZ02	早稻	中早 39	3	60.7±2.0	8.2±1.1	7.7±0.6	111.1±6.5	74.7±1.5	28.86±0.87	27.10±1.61	16.96±0.21	3
2014-11	TYAFZ02	晚稻	丰源优 277	3	83.9±2.3	14.0±0.6	13.8±0.5	124.5±11.5	98.8±10.0	28.41±0.46	60.66±5.88	34.89±3.27	3
2015-07	TYAFZ02	早稻	中早 39	3	77.3±2.4	7.4±0.2	7.4±0.2	115.9±2.8	92.1±4.9	26.43±0.29	30.68±0.57	10.23±0.19	3
2015-10	TYAFZ02	晚稻	丰源优 227	3	77.3±2.4	11.8±0.5	11.4±0.5	124.0±5.7	91.5±3.3	26.80±0.05	47.94±3.15	15.98±1.05	3
2008-07	TYAFZ03	早稻	湘早籼 24	3	82.5±0.1	18.1±1.8	15.6±2.5	103.4±6.4	78.0±5.0	22.80±0.76	50.66±3.11	26.49±2.35	2
2008-10	TYAFZ03	晚稻	金优 207	3	100.2±3.7	11.6±0.8	11.4±0.8	134.7±11.5	88.5±12.8	26.20±0.39	52.48±7.83	29.72±0.07	2
2009-07	TYAFZ03	早稻	湘早籼 45	3	75.3±4.0	13.9±0.1	13.6±0.2	102.2±24.7	76.7±15.0	22.60±0.69	41.66±8.28	25.42±5.15	2
2009-10	TYAFZ03	晚稻	T 优 207	3	91.0±0.4	11.5±0.3	10.5±0.7	208.9±23.6	166.1±22.4	22.35±0.01	72.44±3.84	40.79±1.13	2
2010-07	TYAFZ03	早稻	湘早籼 45	3	76.1±1.7	12.2±0.7	11.7±0.3	99.4±7.9	77.1±9.2	24.17±0.26	37.81±1.77	21.59±1.83	3
2010-10	TYAFZ03	晚稻	丰源优 299	3	89.9±1.1	10.4±1.0	10.3±0.9	186.1±7.2	118.6±16.7	25.50±0.51	62.82±4.36	30.93±2.76	3
2011-07	TYAFZ03	早稻	湘早籼 45	3	69.3±0.9	13.5±1.6	12.7±2.4	81.6±6.2	54.3±0.9	21.79±0.36	31.48±2.56	16.79±2.55	3
2011-10	TYAFZ03	晚稻	丰源优 299	3	92.0±1.1	8.5±0.2	8.3±0.0	154.3±0.2	90.6±13.5	28.80±0.99	43.37±4.75	26.00±3.30	3
2012-07	TYAFZ03	早稻	湘早籼 45	3	70.4±1.7	12.2±1.0	11.9±0.8	92.8±9.6	67.8±8.1	24.15±0.14	39.73±4.06	21.46±0.63	3
2012-10	TYAFZ03	晚稻	深优 9586	3	92.7±1.4	9.0±0.7	9.7±0.7	176.5±13.2	131.4±8.3	24.29±0.49	51.63±7.11	33.03±4.57	3

（续）

时间（年-月）	观测场代码	作物类别	作物品种	调查穴数	株高/cm	单穴总茎数	单穴总穗数	每穗粒数	每穗实粒数	千粒重/g	地上部总干重/（g/穴）	籽粒干重/（g/穴）	重复数
2013-07	TYAFZ03	早稻	中早 39	3	71.3±2.5	8.7±0.3	8.4±0.5	137.0±5.0	115.8±4.1	25.43±0.34	39.16±2.08	25.85±1.37	3
2013-10	TYAFZ03	晚稻	丰源优 227	3	92.1±0.9	11.6±0.8	11.3±0.6	131.4±4.0	92.4±8.5	25.76±1.23	53.89±6.04	28.64±4.59	3
2014-07	TYAFZ03	早稻	中早 39	3	63.8±0.9	10.0±0.9	10.0±0.9	107.3±11.6	65.8±3.3	27.57±0.52	32.67±3.23	20.95±1.98	3
2014-11	TYAFZ03	晚稻	丰源优 277	3	81.0±0.2	13.1±0.2	12.7±0.3	114.0±17.5	81.1±16.1	28.77±1.31	51.16±4.62	27.63±3.04	3
2015-07	TYAFZ03	早稻	中早 39	3	75.4±2.1	10.0±0.6	9.7±0.6	96.9±5.3	79.1±4.4	25.68±0.09	33.09±3.61	11.03±1.20	3
2015-10	TYAFZ03	晚稻	丰源优 227	3	75.4±2.1	12.2±1.3	12.0±1.5	125.8±10.8	90.2±7.6	27.06±0.04	48.96±6.88	16.32±2.29	3
2008-07	TYAZQ01	早稻	浙福 802	1*	88.3±0.0	292.0±0.0	276.0±0.00	89.4±0.00	76.1±0.0	23.82±0.00	891.20±0.00	473.56±0.00	1
2008-10	TYAZQ01	晚稻	金优桂九九	1*	84.5±0.0	511.1±0.0	422.2±0.0	109.3±0.0	72.5±0.0	23.76±0.00	1 649.33±0.00	726.00±0.00	1
2009-07	TYAZQ01	早稻	浙福 802	1*	79.7±0.0	348.0±0.0	336.0±0.0	87.9±0.0	65.1±0.0	22.62±0.00	916.96±0.00	537.64±0.00	1
2009-10	TYAZQ01	晚稻	湘晚籼 13	5	98.8±0.0	8.6±0.0	8.0±0.0	141.0±0.0	99.3±0.0	24.44±0.00	48.50±0.00	22.66±0.00	1
2010-07	TYAZQ01	早稻	浙福 802	3	81.2±1.3	20.2±1.6	19.0±0.3	80.0±6.0	53.6±3.8	22.04±0.77	43.90±1.63	22.37±1.37	3
2010-10	TYAZQ01	晚稻	金优 163	3	91.8±1.0	18.2±1.4	17.2±1.3	115.5±9.2	58.5±3.4	24.06±0.39	28.49±1.44	24.04±1.13	3
2011-07	TYAZQ01	早稻	浙福 802	1*	78.8±0.0	376.0±0.0	364.0±0.0	75.1±0.0	52.6±0.0	21.65±0.00	834.72±0.00	443.24±0.00	1
2011-10	TYAZQ01	晚稻	潭两优 83	1*	90.3±0.0	284.0±0.0	264.0±0.0	90.5±0.0	46.4±0.0	24.18±0.00	839.80±0.00	363.32±0.00	1
2012-07	TYAZQ01	早稻	浙福 802	10	69.7±0.1	9.6±0.8	9.0±0.8	85.4±12.5	62.9±9.6	22.69±0.20	23.45±2.99	12.58±1.74	3
2012-10	TYAZQ01	晚稻	铁菲	9	90.7±0.4	11.1±2.0	10.4±2.2	133.1±5.4	79.6±7.5	20.21±0.75	35.98±3.53	18.25±1.68	3
2013-07	TYAZQ01	早稻	浙福 802	5	70.1±0.5	11.1±1.2	10.6±1.2	89.5±3.1	70.2±2.5	22.52±0.21	26.96±2.76	17.88±1.94	3
2013-10	TYAZQ01	晚稻	丰源优 227	3	100.2±0.6	17.3±2.2	16.2±2.1	99.2±2.0	73.4±3.0	26.14±0.08	71.17±7.31	32.78±4.28	3
2014-07	TYAZQ01	早稻	浙福 802	5	67.9±0.8	11.2±1.8	10.8±1.6	86.2±4.1	68.7±4.2	23.66±0.40	27.59±4.98	17.48±3.30	3

（续）

时间（年-月）	观测场代码	作物类别	作物品种	调查穴数	株高/cm	单穴总茎数	单穴总穗数	每穗粒数	每穗实粒数	千粒重/g	地上部总干重/（g/穴）	籽粒干重/（g/穴）	重复数
2014-10	TYAZQ01	晚稻	丝毫	3	93.1±0.5	12.9±1.7	12.3±1.7	111.7±15.9	74.9±14.4	20.97±0.42	37.72±3.66	18.52±2.26	3
2015-07	TYAZQ01	早稻	中早17	3	75.3±0.7	9.8±0.5	9.7±0.6	116.8±10.7	92.7±11.0	25.41±0.42	36.55±1.59	12.18±0.53	3
2015-10	TYAZQ01	晚稻	黄花占	3	82.8±2.2	8.4±0.7	8.4±0.7	144.0±18.4	77.5±20.8	22.13±0.08	31.72±2.51	10.57±0.84	3
2008-07	TYAZQ02	早稻	浙福7号	5	73.3±0.0	11.8±0.0	11.0±0.0	119.9±0.0	107.5±0.0	22.03±0.00	42.15±0.00	24.67±0.00	1
2008-10	TYAZQ02	晚稻	籼优桂九九	5	106.2±0.0	12.6±0.0	12.0±0.0	161.7±0.0	100.3±0.0	22.89±0.00	50.84±0.00	27.53±0.00	1

* 因其播种方式为直播，不利于穴的分辨与数据的统计，故以 m^2 为调查单位，所以单穴总茎数、单穴总穗数、地上部总干重和籽粒干重均为 m^2 的数据。本表中 TYAZQ01 观测样地为 TYAZQ01AB0_01，TYAZQ02 观测样地为 TYAZQ02AB0_01。

表 3-60　玉米收获期植株性状记录

时间（年-月）	观测场代码	作物品种	调查株数	株高/cm	结穗高度/cm	茎粗/cm	果穗长度/cm	穗粗/cm	果穗结实长度/cm	穗行数	行粒数	百粒重/g	地上部总干重/（g/株）	籽粒干重/（g/株）	重复数
2009-07	TYAZH02	晋单42	3	133.7±19.0	40.6±3.5	1.6±0.2	16.6±0.6	4.4±0.1	13.3±1.7	13.3±1.0	12.2±3.9	19.83±2.25	185.01±80.26	67.54±32.20	6
2009-01	TYAZQ02	万粘1号	3	191.2±0.0	64.7±0.0	1.7±0.0	19.0±0.0	4.1±0.0	14.7±0.0	12.6±0.0	35.9±0.0	21.40±0.00	270.87±0.00	84.44±0.00	1
2014-08	TYAZQ02	浚单20	3	205.9±5.7	100.1±5.1	1.5±0.2	19.2±3.0	5.0±0.1	16.8±1.8	41.7±4.7	33.4±3.0	27.09±1.38	748.97±37.79	326.70±29.52	3
2015-07	TYAZH02	东单80	3	194.1±10.5	54.5±7.3	1.7±0.1	18.3±1.2	5.8±0.2	14.4±1.3	17.5±0.3	28.1±3.4	19.94±1.44	189.60±30.96	93.74±17.05	6
2015-08	TYAZQ02	临奥1号	3	220.0±6.0	93.5±0.7	1.6±0.1	20.1±0.5	5.3±0.2	17.5±0.5	14.0±0.0	36.2±0.5	33.94±0.20	239.84±23.30	152.94±15.75	3

注：坡地综合观测场（TYAZH02）2011 年和 2013 年由于玉米抽雄期以后鸟破坏及干旱，导致收获期无采样记录，故无数据。本表中 TYAZQ02 观测样地为 TYAZQ02AB0_01。

3.5.5.4 数据表

本节数据共包括4个数据表：①水稻收获期植株性状记录（表3-59），数据列包括时间、样地代码、作物类别、作物品种、调查穴数、株高（cm）、单穴总茎数、单穴总穗数、每穗粒数、每穗实粒数、千粒重（g）、地上部总干重（g/穴）、籽粒干重（g/穴）和重复数等14个字段。②玉米收获期植株性状记录（表3-60），数据列包括时间、样地代码、作物品种、调查株数、株高（cm）、结穗高度（cm）、茎粗（cm）、果穗长度（cm）、穗粗（cm）、果穗结实长度（cm）、穗行数、行粒数、百粒重（g）、地上部总干重（g/株）、籽粒干重（g/株）和重复数等16个字段。③油菜收获期植株性状记录（表3-61），数据列包括时间、样地代码、作物品种、调查株数、株高（cm）、角果平均长度（cm）、千粒重（g）、地上部总干重（g/株）、籽粒干重（g/株）和重复数等10个字段。④甘薯收获期植株性状记录（表3-62），数据列包括：时间、样地场代码、作物品种、调查株数、地上部总鲜重（g/株）、甘薯鲜重（g/株）和重复数等7个字段。数据统计结果显示，本站样地早稻平均株高70.56 cm±7.67 cm，每穗粒数92.25±22.00，每穗实粒数70.37±19.40，千粒重24.34 g±1.95g。玉米、油菜、甘薯收获期性状由于数据量较少，未做统计。

表3-61 油菜收获期植株性状调查记录

时间（年-月）	样地代码	作物品种	调查株数	株高/cm	角果平均长株/cm	千粒重/g	地上部总干重/（g/株）	籽粒干重/（g/株）	重复数
2008-05	TYAZH02ABC_01	湘杂油753	3	106.0±11.4	8.3±0.8	5.32±0.44	65.62±15.06	49.83±10.20	3
2009-05	TYAZQ01AB0_02	湘杂油753	3	108.7±16.7	8.3±0.9	4.15±0.23	36.11±20.32	8.68±4.99	3
2010-05	TYAZH02ABC_01	湘杂油753	3	92.3±7.8	6.5±0.6	4.99±0.71	25.39±4.18	8.09±2.31	3
2011-05	TYAZQ01AB0_02	湘杂油753	3	123.8±13.6	8.6±0.3	3.44±0.11	74.32±30.23	21.90±7.26	3
2012-05	TYAZQ01AB0_02	富油杂108	3	121.3±11.2	6.6±0.3	3.21±0.13	62.16±15.64	14.22±4.93	3
2012-05	TYAZH02ABC_01	富油杂108	3	107.1±12.5	5.7±0.5	5.77±0.42	38.92±20.85	7.20±5.82	3
2013-05	TYAZQ01AB0_02	德油杂108	3	109.6±3.9	6.3±0.4	4.59±0.18	32.03±6.72	9.33±3.01	3
2014-05	TYAZH02ABC_01	德油5号	3	82.9±6.4	5.8±0.3	4.20±0.33	33.08±5.14	8.88±2.58	3
2014-05	TYAZQ02AB0_01	德油10号	3	142.0±9.4	7.1±0.3	4.64±0.08	86.37±23.88	24.66±2.28	3

表3-62 甘薯收获期植株性状调查

时间（年-月）	样地代码	作物品种	调查株数	地上部总鲜重/（g/株）	甘薯鲜重/（g/株）	重复数
2008-11	TYAZH02ABC_01	本地烤红薯	7±2	173.47±52.87	248.95±96.33	6
2010-11	TYAZH02ABC_01	水果王薯	3±0	359.29±87.40	165.77±117.89	6
2012-11	TYAZH02ABC_01	徐薯22	3±0	172.65±46.84	174.87±62.39	6
2014-11	TYAZH02ABC_01	湘薯7-2	3±0	425.93±120.97	213.91±53.08	6

3.5.6 主要作物收获期测产数据集

3.5.6.1 概述

本数据集为桃源站 2008—2015 年 6 个长期监测样地的 4 种作物（水稻、油菜、甘薯、玉米）收获期测产数据，监测样地包括稻田综合观测场（TYAZH01）、坡地综合观测场（TYAZH02）、稻田辅助观测场不施肥（TYAFZ01）、稻田辅助观测场稻草还田（TYAFZ02）、稻田辅助观测场平衡施肥（TYAFZ03）、官山村站区调查点（稻田土壤、生物长期采样地，TYAZQ01AB0_01）。

3.5.6.2 数据采集和处理方法

每季作物收获期，在规定的生物采样点选择长势一致、株距均匀、具有代表性的植株，样方规格 1 m×1 m，进行采样。样品采回后及时记录总茎数、总穗数、株高（其中甘薯测量藤蔓长度）等指标，并进行人工脱粒，茎叶、籽粒分别称鲜重用纸袋装好（甘薯将块根放入牛皮纸袋装好），然后在 105 ℃杀青 15 min，再在 85 ℃烘至恒重后称取干重。综合观测场和辅助观测场取 2～6 个重复样品，站区调查点取 2～3 个重复样品。

3.5.6.3 数据质量控制和评估

（1）数据获取过程的质量控制

首先尽量固定调查采样人员；采样时在固定采样分区中选取有代表性的样方，进行采样；籽粒采取人工脱粒方式，以保证每个样品籽粒全悉收获。

（2）规范原始数据记录的质控措施

原始数据记录是 CERN 长期观测最重要的资料，是保证各种数据的溯源查询依据，因此需做到记录规范、书写清晰、真实、完整，各项辅助信息明确等。根据本站调查任务，野外监测人员在专用记录本上提前制定好近期调查表格，保证记录规范性；并写好样品袋编号和拴好标签，取样时，一个样品一个样品地取，装好样品后，再次核对样品与标签相符，才进行下一个样品的采取；样品清洗、烘干及称重等后续过程同样采用类似方法确保样品与标签的一致，以保证所获得数据可靠性。

（3）数据质量的质控措施

原始记录经过检查后，首先由数据获取人进行初级填报，由生物监测负责人初审数据，通过与各辅助信息及历史数据进行比较，如有疑问及异常数据反复与数据获取人核实，以保证数据录入的正确性。然后，经主管人员审核认定无误后上报生物分中心，由分中心数据审核负责人再次对数据进行审核，以保证数据的真实性、一致性、可比性和连续性。

3.5.6.4 数据表

本节共 2 个数据表：①水稻收获期测产数据（表 3-63），数据列包括时间、观测场代码、作物名称、作物品种、样方面积（m×m）、群体株高（cm）、密度（株或穴/m^2）、穗数（穗/m^2）、地上部总干重（g/m^2）、产量（g/m^2）以及重复数。涉及 5 个长期监测样地。②桃源站坡地综合观测场作物收获期测产数据（表 3-64），数据列包括时间、观测场代码、作物名称、作物品种、样方面积（m×m）、群体株高（cm）、密度（株或穴/m^2）、地上部总干重（g/m^2）、产量（g/m^2）以及重复数。数据统计结果显示，本站样地早稻平均株高 69.34 cm±7.43 cm，平均穗数 258.22 穗/m^2±75.68 穗/m^2，地上部总干重平均值 696.69 g/m^2±240.60 g/m^2，平均产量 388.65 g/m^2±134.62 g/m^2；晚稻平均株高 88.37 cm±6.37 cm，平均穗数 206.48 穗/m^2±71.39 穗/m^2，地上部总干重平均值 861.49 g/m^2±233.15 g/m^2，平均产量 412.22 g/m^2±92.44 g/m^2。玉米、油菜、甘薯收获期性状由于数据量较少，未做统计。

表 3-63 水稻收获期测产数据

时间（年-月）	观测场代码	作物名称	作物品种	样方规格/（m×m）	群体株高/cm	密度/（株/m² 或穴/m²）	穗数/（穗/m²）	地上部总干重/（g/m²）	产量/（g/m²）	重复数
2008-07	TYAZH01	早稻	湘早籼 24	1×1	77.4±4.0	25±0	353.8±34.3	1 186.15±91.39	564.30±41.56	6
2008-10	TYAZH01	晚稻	金优 207	1×1	99.6±1.9	20±0	242.3±14.5	1 082.79±65.67	441.96±24.29	6
2009-07	TYAZH01	早稻	湘早籼 45	1×1	73.5±0.6	25±0	336.7±26.1	855.35±35.25	497.68±37.66	6
2009-10	TYAZH01	晚稻	T 优 207	1×1	85.6±2.6	20±0	186.3±14.6	777.45±157.64	258.88±79.82	6
2010-07	TYAZH01	早稻	湘早籼 45	1×1	73.9±1.8	25±0	236.0±16.0	659.97±51.59	344.72±21.39	6
2010-10	TYAZH01	晚稻	丰源优 299	1×1	86.5±1.1	20±0	179.8±14.5	906.42±64.50	434.69±46.84	6
2011-07	TYAZH01	早稻	湘早籼 45	1×1	72.0±1.3	25±0	349.3±16.2	856.53±65.64	440.43±42.79	6
2011-10	TYAZH01	晚稻	丰源优 299	1×1	90.1±1.6	20±0	159.7±6.3	851.31±78.65	390.68±40.90	6
2012-07	TYAZH01	早稻	湘早籼 45	1×1	67.5±2.0	25±0	331.7±22.7	726.78±59.38	448.21±47.13	6
2012-10	TYAZH01	晚稻	深优 9586	1×1	91.4±1.0	20±0	193.8±8.2	737.12±43.83	437.13±33.73	6
2013-07	TYAZH01	早稻	中早 39	1×1	70.9±1.4	25±0	228.8±34.3	820.89±103.81	511.42±68.31	6
2013-10	TYAZH01	晚稻	丰源优 227	1×1	92.5±0.7	20±0	235.5±6.2	1 106.36±37.74	542.20±42.48	6
2014-07	TYAZH01	早稻	中早 39	1×1	67.2±2.0	25±0	236.8±20.3	638.62±26.99	370.58±11.98	6
2014-11	TYAZH01	晚稻	丰源优 277	1×1	75.0±1.1	20±0	270.2±15.4	890.92±57.21	484.52±42.49	6
2015-07	TYAZH01	早稻	中早 39	1×1	74.1±1.1	20±0	222.7±13.8	735.32±39.72	435.80±30.32	6
2015-10	TYAZH01	晚稻	丰源优 227	1×1	91.2±0.8	25±0	243.0±11.9	1 008.37±56.48	505.30±40.90	6
2008-07	TYAFZ01	早稻	湘早籼 24	1×1	58.4±3.0	25±0	187.5±24.7	608.38±85.38	241.20±26.73	3
2008-10	TYAFZ01	晚稻	金优 207	1×1	90.5±1.8	20±0	167.0±29.7	664.57±108.84	314.93±63.53	3
2009-07	TYAFZ01	早稻	湘早籼 45	1×1	62.3±2.8	25±0	170.0±7.1	344.73±41.71	193.39±17.00	3
2009-10	TYAFZ01	晚稻	T 优 207	1×1	86.7±4.4	20±0	130.0±5.7	509.88±27.65	293.25±37.13	3
2010-07	TYAFZ01	早稻	湘早籼 45	1×1	54.1±0.2	25±0	133.7±11.5	236.52±29.19	133.98±14.92	3

（续）

时间（年-月）	观测场代码	作物名称	作物品种	样方规格/（m×m）	群体株高/cm	密度/（株/m^2 或穴/m^2）	穗数/（穗/m^2）	地上部总干重/（g/m^2）	产量/（g/m^2）	重复数
2010-10	TYAFZ01	晚稻	丰源优 299	1×1	80.8±1.2	20±0	113.3±7.1	551.58±44.40	296.58±18.19	3
2011-07	TYAFZ01	早稻	湘早籼 45	1×1	60.2±3.6	25±0	133.0±11.3	256.86±48.22	123.16±12.72	2
2011-10	TYAFZ01	晚稻	丰源优 299	1×1	80.6±0.4	20±0	77.5±2.1	445.30±2.12	207.90±1.84	2
2012-07	TYAFZ01	早稻	湘早籼 45	1×1	60.2±2.3	25±0	160.3±11.2	268.64±29.31	162.77±16.99	3
2012-10	TYAFZ01	晚稻	深优 9586	1×1	80.8±0.6	20±0	132.0±5.6	405.40±31.99	239.03±14.20	3
2013-07	TYAFZ01	早稻	中早 39	1×1	55.8±1.3	25±0	153.7±10.7	297.10±26.34	181.17±12.53	3
2013-10	TYAFZ01	晚稻	丰源优 227	1×1	91.3±0.5	20±0	158.7±5.5	775.82±12.76	393.34±12.40	3
2014-07	TYAFZ01	早稻	中早 39	1×1	52.3±3.9	25±0	155.3±10.7	268.54±13.71	142.69±7.03	3
2014-11	TYAFZ01	晚稻	丰源优 277	1×1	74.4±1.1	20±0	145.7±19.7	514.02±91.69	307.57±46.43	3
2015-07	TYAFZ01	早稻	中早 39	1×1	61.7±1.3	20±0	112.3±11.9	239.63±43.63	126.73±34.37	3
2015-10	TYAFZ01	晚稻	丰源优 227	1×1	83.4±0.8	25±0	146.3±5.9	641.17±43.41	355.17±23.86	3
2008-07	TYAFZ02	早稻	湘早籼 24	1×1	69.6±2.8	25±0	320.0±17.7	1 025.92±70.95	531.55±22.27	3
2008-10	TYAFZ02	晚稻	金优 207	1×1	99.9±0.1	20±0	256.0±33.9	1 070.50±1.74	486.15±8.65	3
2009-07	TYAFZ02	早稻	湘早籼 45	1×1	73.7±0.6	25±0	332.5±0.0	929.06±49.59	531.82±36.89	3
2009-10	TYAFZ02	晚稻	T 优 207	1×1	90.7±2.7	20±0	187.0±38.2	813.39±59.46	387.39±19.55	3
2010-07	TYAFZ02	早稻	湘早籼 45	1×1	74.5±0.6	25±0	261.7±3.5	749.62±47.65	420.21±31.05	3
2010-10	TYAFZ02	晚稻	丰源优 299	1×1	86.5±0.8	20±0	180.3±2.1	841.29±37.47	449.22±37.61	3
2011-07	TYAFZ02	早稻	湘早籼 45	1×1	68.4±0.4	20±0	298.5±9.2	648.15±46.20	307.44±75.46	2
2011-10	TYAFZ02	晚稻	丰源优 299	1×1	87.3±1.7	25±0	125.0±0.0	695.48±70.78	307.70±13.44	2
2012-07	TYAFZ02	早稻	湘早籼 45	1×1	70.7±2.1	25±0	340.3±9.3	781.06±18.06	485.37±13.88	3

（续）

时间（年-月）	观测场代码	作物名称	作物品种	样方规格/（m×m）	群体株高/cm	密度/（株/m² 或穴/m²）	穗数/（穗/m²）	地上部总干重/（g/m²）	产量/（g/m²）	重复数
2012-10	TYAFZ02	晚稻	深优 9586	1×1	89.4±0.7	20±0	197.0±10.8	727.61±28.21	422.52±12.52	3
2013-07	TYAFZ02	早稻	中早 39	1×1	69.8±0.5	25±0	192.0±3.6	834.56±48.12	549.47±42.72	3
2013-10	TYAFZ02	晚稻	丰源优 227	1×1	93.5±0.4	20±0	213.0±17.1	1 059.61±60.49	496.32±31.59	3
2014-07	TYAFZ02	早稻	中早 39	1×1	61.0±1.7	25±0	179.7±14.0	547.43±47.77	331.72±44.68	3
2014-11	TYAFZ02	晚稻	丰源优 277	1×1	77.9±0.6	20±0	224.7±24.2	910.60±157.95	512.57±80.09	3
2015-07	TYAFZ02	早稻	中早 39	1×1	73.3±0.9	20±0	196.3±11.4	629.37±29.55	375.10±16.54	3
2015-10	TYAFZ02	晚稻	丰源优 227	1×1	90.7±0.5	25±0	222.3±15.0	915.10±44.51	486.97±19.97	3
2008-07	TYAFZ03	早稻	湘早籼 24	1×1	70.4±3.7	25±0	375.0±24.7	1 266.54±77.84	643.00±170.84	3
2008-10	TYAFZ03	晚稻	金优 207	1×1	100.2±3.7	20±0	227.0±15.6	1 049.57±156.65	444.49±6.62	3
2009-07	TYAFZ03	早稻	湘早籼 45	1×1	75.3±4.0	25±0	338.8±5.3	868.90±76.01	461.96±14.72	3
2009-10	TYAFZ03	晚稻	T 优 207	1×1	91.0±0.4	20±0	210.0±14.1	1 077.12±63.55	444.05±9.25	3
2010-07	TYAFZ03	早稻	湘早籼 45	1×1	76.1±1.5	25±0	244.0±12.8	653.10±41.96	359.83±29.50	3
2010-10	TYAFZ03	晚稻	丰源优 299	1×1	85.7±0.6	20±0	187.0±7.8	937.14±42.78	469.21±17.04	3
2011-07	TYAFZ03	早稻	湘早籼 45	1×1	67.8±0.2	25±0	292.0±4.2	665.05±57.73	309.50±39.13	2
2011-10	TYAFZ03	晚稻	丰源优 299	1×1	88.4±0.1	20±0	126.0±5.7	729.44±6.74	378.35±10.82	2
2012-07	TYAFZ03	早稻	湘早籼 45	1×1	70.2±1.1	25±0	322.0±35.8	805.92±72.72	488.88±51.13	3
2012-10	TYAFZ03	晚稻	深优 9586	1×1	91.6±0.8	20±0	194.3±6.7	783.30±13.79	412.44±14.64	3
2013-07	TYAFZ03	早稻	中早 39	1×1	69.5±1.3	25±0	205.3±11.6	813.42±19.47	507.00±23.25	3
2013-10	TYAFZ03	晚稻	丰源优 227	1×1	90.6±2.0	20±0	210.7±13.7	961.69±25.38	452.77±27.23	3
2014-07	TYAFZ03	早稻	中早 39	1×1	63.4±0.5	25±0	239.3±33.6	652.50±42.13	372.78±27.99	3

（续）

时间（年-月）	观测场代码	作物名称	作物品种	样方规格/（m×m）	群体株高/cm	密度/（株/m^2 或穴/m^2）	穗数/（穗/m^2）	地上部总干重/（g/m^2）	产量/（g/m^2）	重复数
2014-11	TYAFZ03	晚稻	丰源优 277	1×1	76.1±1.7	20±0	210.0±16.7	817.91±31.67	427.37±11.40	3
2015-07	TYAFZ03	早稻	中早 39	1×1	74.4±0.9	20±0	221.0±8.2	758.53±23.78	448.57±17.26	3
2015-10	TYAFZ03	晚稻	丰源优 227	1×1	92.1±1.3	25±0	230.0±11.8	938.33±27.13	501.23±37.31	3
2008-07	TYAZQ01	早稻	浙福 802	1×1	88.3±0.0	292±0	276.0±0.0	891.20±0.00	470.72±0.00	1
2008-10	TYAZQ01	晚稻	金优桂九九	1×1	84.5±0.0	511±0	422.2±0.0	1 649.33±0.00	613.88±0.00	1
2009-07	TYAZQ01	早稻	浙福 802	1×1	79.7±0.0	348±0	336.0±0.0	741.98±0.00	399.74±0.00	1
2009-10	TYAZQ01	晚稻	湘晚籼 13	1×1	98.8±0.0	20±0	160.0±0.0	894.72±0.00	377.96±0.00	1
2010-07	TYAZQ01	早稻	浙福 802	1×1	81.8±1.2	125±0	349.3±45.0	743.90±126.01	409.93±30.74	3
2010-10	TYAZQ01	晚稻	金优 163	1×1	89.1±0.5	20±0	279.3±27.0	965.00±69.46	414.94±44.12	3
2011-07	TYAZQ01	早稻	浙福 802	1×1	76.4±0.0	347±0	340.0±0.0	736.95±0.00	375.65±0.00	1
2011-10	TYAZQ01	晚稻	潭两优 83	1×1	86.1±0.0	173±0	172.0±0.0	675.26±0.00	288.42±0.00	1
2012-07	TYAZQ01	早稻	浙福 802	1×1	68.6±0.4		308.0±6.0	866.25±13.05	474.37±15.47	3
2012-10	TYAZQ01	晚稻	铁菲	1×1	90.7±0.9		444.3±30.4	1 174.37±96.27	553.87±35.89	3
2013-07	TYAZQ01	早稻	浙福 802	1×1	70.2±0.3	39±2	371.3±29.1	913.13±55.65	561.37±33.94	3
2013-10	TYAZQ01	晚稻	丰源优 227	1×1	97.9±0.2	22±2	311.7±10.7	1 267.71±111.23	544.30±63.47	3
2014-07	TYAZQ01	早稻	浙福 802	1×1	66.9±0.3	27±2	271.3±25.6	695.78±68.92	422.84±42.96	3
2014-10	TYAZQ01	晚稻	丝毫	1×1	90.7±0.9	20±0	258.7±11.6	856.53±31.83	398.07±26.85	3
2015-07	TYAZQ01	早稻	中早 17	1×1	72.0±3.1	22±6	217.0±64.5	649.23±140.68	389.03±84.10	3
2015-10	TYAZQ01	晚稻	黄花占	1×1	85.0±0.4	27±3	229.7±8.4	780.50±20.25	315.43±57.24	3

注：2008 年、2009 年、2011 年站区调查点（TYAZQ01）水稻为直播，密度为每平米茎数；2010 年早稻直播，密度数据为每平米株数；2012 年早晚稻抛秧，未记录密度。

表 3-64　桃源站坡地综合观测场作物收获期测产数据

时间（年-月）	观测场代码	作物名称	作物品种	样方规格/（m×m）	群体株高/cm	密度（株/m² 或穴/m²）	地上部总干重（g/m²）	产量（g/m²）	重复数
2008-05	TYAZH02	油菜	湘杂油 753	4×9	106.0±11.4	4±0	266.81±79.56	23.40±7.50	6
2008-11	TYAZH02	甘薯	本地烤红薯	1×1	161.1±29.2	7±0	1 530.42±774.88	2 203.11±428.47	6
2009-07*	TYAZH02	玉米	晋单 42						
2010-05	TYAZH02	油菜	湘杂油 753	1×1	90.2±6.3	7±0	96.35±32.71	27.49±12.19	6
2010-11	TYAZH02	甘薯	水果王薯	1×1	121.7±20.4	5±0	240.20±48.83	197.08±108.57	6
2011-07*	TYAZH02	玉米	祥玉 808						
2012-05	TYAZH02	油菜	富油杂 108	1×1	99.8±11.9	8±0	116.77±62.54	30.25±16.37	6
2012-11	TYAZH02	甘薯	徐署 22	1×1	116.3±16.2	8±0	86.53±24.88	1 185.17±486.89	6
2013-07*	TYAZH02	玉米	浚单 20						
2014-05	TYAZH02	油菜	德油 5 号	1×1	85.0±6.0	4±0	269.11±45.79	54.42±26.48	6
2015-07	TYAZH02	玉米	东单 80	1×1	194.5±12.4	3±0	679.45±99.38	321.57±59.15	6

* 2009 年、2011 年、2013 年因天气或鸟食等原因，未到收获期玉米植株已干枯，无玉米穗，故无调查数据。

3.5.7　元素含量与能值数据集

3.5.7.1　概述

本数据集为桃源站2010—2015年7个长期监测样地的4种作物（水稻、油菜、甘薯、玉米）收获期各部位（根、茎叶、籽实）元素含量及能值数据。监测样地包括：稻田综合观测场（TYAZH01），坡地综合观测场（TYAZH02），稻田辅助观测场不施肥（TYAFZ01），稻田辅助观测场稻草还田（TYAFZ02），稻田辅助观测场平衡施肥（TYAFZ03），官山村站区调查点［TYAZQ01，观测样地为官山村稻田土壤、生物长期采样地（TYAZQ01AB0_01）］，跑马岗村站区调查点［TYAZQ02，观测样地为跑马岗（组）稻田土壤、生物长期采样地（TYAZQ02AB0_01）］。

3.5.7.2　数据采集和处理方法

根据生物监测规划，每2～3年，在收获期植株形状调查基础上，分别将洗净、烘干后的植物根、茎叶、籽实进行粉碎，封口袋分装以备室内分析（若分析时间较长，将样品放入干燥器中，以保持干燥）。

样品分析均采用经典及国标方法，如：全碳采用重铬酸钾-硫酸氧化法（李酉开，1983）；全氮、全磷、全钾采用硫酸-双氧水消解，流动注色仪测定（鲁如坤，1999）；全硫、全钙、全镁、全铁、全锰、全铜、全锌采用硝酸-高氯酸消煮，ICP－AES测定（董鸣，1996）；全钼硝酸-高氯酸消煮，ICP－MS测定（董鸣，1996）；全硼采用干灰化，ICP－AES测定（鲁如坤，1999）；全硅采用质量法（董鸣，1996）；干重热值采用氧弹法（董鸣，1996）；灰分采用干灰化法（董鸣，1996）等。

3.5.7.3　数据质量控制和评估

（1）数据获取过程的质量控制

首先保证野外调查人员及室内分析人员的固定性。样品制备过程保证样品代表性，如茎叶样品的制备，根据调查样品茎与叶的重量比例来分配茎叶量以便混合粉碎。然后保证室内分析的准确性，通过实验重复及带标准样品来确定测试分析的可靠性。

（2）规范原始数据记录的质控措施

原始数据记录是CERN长期观测最重要的资料，是保证各种数据的溯源查询依据，因此室内分析人员在分析样品过程中，翔实记录实验过程所产生的数据及注意事项。并及时将数据交与生物监测负责人，以核实数据的可靠性。

（3）数据质量的质控措施

数据经实验分析人员及生物监测负责人反复检查核实后，再进行初步填报，然后经主管人员审核认定无误后上报生物分中心。由分中心数据审核负责人再次对数据进行审核，以保证数据的真实性、一致性、可比性和连续性。

3.5.7.4　数据表

本节含2个数据表，作物收获期各部位元素含量及能值表由于篇幅限制，分3个表列出，另外列出了基于本节各观测场水稻收获期各部位元素含量及能值数据的简单统计结果，数据表内容具体如下：①作物收获期各部位元素含量及能值1（表3－65），数据列包括时间、观测场代码、作物名称、作物品种、采样部位、全碳（g/kg）、全氮（g/kg）、全磷（g/kg）、全钾（g/kg）以及重复数。②作物收获期各部位元素含量及能值2（表3－66），数据列包括时间、观测场代码、作物名称、作物品种、采样部位、全硫（g/kg）、全钙（g/kg）、全镁（g/kg）、全铁（g/kg）、全锰（mg/kg）、全铜（mg/kg）以及重复数。③作物收获期各部位元素含量及能值3（表3－67），数据列包括时间、观测场代码、作物名称、作物品种、采样部位、全锌（mg/kg）、全钼（mg/kg）、全锰（mg/kg）、全硅（g/kg）、干重热值（MJ/kg）、灰分（%）以及重复数。④为更好地方便数据的使用，本节计算了水稻收获期各部位元素含量及能值统计数据（表3－68），数据为水稻根、水稻茎叶以及水稻籽实的各元素含量的最大值、最小值和平均值。

表 3-65 作物收获期各部位元素含量及能值 1

时间（年-月）	观测场/样地代码	作物名称	作物品种	采样部位	全碳/(g/kg)	全氮/(g/kg)	全磷/(g/kg)	全钾/(g/kg)	重复数
2010-10	TYAZH01	晚稻	丰源优 299	根	371.77±24.26	4.71±0.33	0.92±0.10	14.05±0.22	6
2010-10	TYAZH01	晚稻	丰源优 299	茎叶	427.39±9.34	6.36±0.73	1.15±0.17	20.79±2.53	6
2010-10	TYAZH01	晚稻	丰源优 299	籽实	449.98±6.84	10.31±0.65	2.84±0.09	3.05±0.12	6
2011-07	TYAZH01	早稻	湘早籼 45	根	396.23±16.59	8.03±0.43	1.02±0.14	9.51±1.11	6
2011-07	TYAZH01	早稻	湘早籼 45	茎叶	428.10±7.40	7.30±0.43	1.47±0.17	29.39±1.49	6
2011-07	TYAZH01	早稻	湘早籼 45	籽实	472.01±26.41	12.16±0.38	3.03±0.50	2.61±0.36	6
2013-10	TYAZH01	晚稻	丰源优 227	根	356.68±37.39	4.79±0.57	0.75±0.11	9.70±0.90	6
2013-10	TYAZH01	晚稻	丰源优 227	茎叶	410.27±3.02	4.82±0.78	0.87±0.20	18.48±0.70	6
2013-10	TYAZH01	晚稻	丰源优 227	籽实	432.22±11.13	10.40±1.02	3.85±0.37	2.81±0.47	6
2015-07	TYAZH01	早稻	中早 39	根	392.51±7.83	8.80±0.88	1.38±0.15	11.84±1.31	6
2015-07	TYAZH01	早稻	中早 39	茎叶	405.21±4.47	8.41±1.04	1.33±0.23	43.78±1.96	6
2015-07	TYAZH01	早稻	中早 39	籽实	458.97±10.46	12.71±0.46	4.41±0.77	4.46±0.91	6
2015-10	TYAZH01	晚稻	丰源优 227	根	341.76±34.21	4.38±0.27	0.89±0.03	12.01±1.04	6
2015-10	TYAZH01	晚稻	丰源优 227	茎叶	428.84±6.37	4.69±0.68	1.30±0.10	25.58±0.91	6
2015-10	TYAZH01	晚稻	丰源优 227	籽实	458.33±9.78	9.39±0.36	2.95±0.34	3.78±0.45	6
2010-10	TYAFZ01	晚稻	丰源优 299	根	382.39±23.46	4.24±0.27	0.57±0.04	6.97±1.13	3
2010-10	TYAFZ01	晚稻	丰源优 299	茎叶	411.50±1.39	6.10±0.88	0.54±0.04	20.27±1.05	3
2010-10	TYAFZ01	晚稻	丰源优 299	籽实	439.73±4.85	11.50±0.35	2.10±0.05	2.63±0.11	3
2011-07	TYAFZ01	早稻	湘早籼 45	根	417.78±16.71	5.27±0.26	0.54±0.13	5.79±2.23	2
2011-07	TYAFZ01	早稻	湘早籼 45	茎叶	421.05±3.64	7.36±0.11	0.60±0.04	20.45±0.03	2
2011-07	TYAFZ01	早稻	湘早籼 45	籽实	443.39±9.43	11.57±0.87	1.78±0.09	2.12±0.26	2
2013-10	TYAFZ01	晚稻	丰源优 227	根	369.36±6.89	4.46±0.21	0.63±0.11	5.92±0.97	3
2013-10	TYAFZ01	晚稻	丰源优 227	茎叶	394.58±4.40	4.85±0.48	0.51±0.02	19.44±0.09	3
2013-10	TYAFZ01	晚稻	丰源优 227	籽实	427.41±5.64	11.12±0.78	2.35±0.31	1.94±0.11	3
2015-07	TYAFZ01	早稻	中早 39	根	409.65±8.42	6.28±0.55	0.86±0.12	6.03±0.83	3
2015-07	TYAFZ01	早稻	中早 39	茎叶	406.94±5.87	7.18±1.19	0.53±0.07	28.68±3.84	3
2015-07	TYAFZ01	早稻	中早 39	籽实	449.30±7.45	12.54±0.19	2.36±0.07	2.86±0.01	3
2015-10	TYAFZ01	晚稻	丰源优 227	根	351.68±20.01	3.75±0.68	0.48±0.04	4.77±0.80	3
2015-10	TYAFZ01	晚稻	丰源优 227	茎叶	415.14±6.99	4.32±1.37	0.41±0.05	24.13±0.18	3
2015-10	TYAFZ01	晚稻	丰源优 227	籽实	447.08±4.77	9.19±1.00	1.94±0.11	2.82±0.33	3

（续）

时间（年-月）	观测场/样地代码	作物名称	作物品种	采样部位	全碳/(g/kg)	全氮/(g/kg)	全磷/(g/kg)	全钾/(g/kg)	重复数
2010-10	TYAFZ02	晚稻	丰源优299	根	404.18±15.02	5.20±0.38	1.82±0.21	11.39±1.27	3
2010-10	TYAFZ02	晚稻	丰源优299	茎叶	419.37±7.75	7.82±1.82	1.80±0.27	22.37±1.81	3
2010-10	TYAFZ02	晚稻	丰源优299	籽实	447.44±7.46	10.63±0.41	3.00±0.10	3.02±0.14	3
2011-07	TYAFZ02	早稻	湘早籼45	根	405.53±13.48	5.34±0.89	1.42±0.18	8.21±0.30	2
2011-07	TYAFZ02	早稻	湘早籼45	茎叶	426.27±13.08	8.29±1.00	2.10±0.13	25.32±0.30	2
2011-07	TYAFZ02	早稻	湘早籼45	籽实	448.09±8.69	11.90±1.03	3.14±0.37	2.80±0.13	2
2013-10	TYAFZ02	晚稻	丰源优227	根	368.25±3.89	3.76±0.27	1.14±0.07	4.82±0.16	3
2013-10	TYAFZ02	晚稻	丰源优227	茎叶	401.02±2.68	5.57±0.20	1.36±0.17	17.53±1.42	3
2013-10	TYAFZ02	晚稻	丰源优227	籽实	442.52±9.80	11.94±0.75	4.18±0.41	2.57±0.22	3
2015-07	TYAFZ02	早稻	中早39	根	382.27±12.64	7.51±0.31	1.83±0.08	7.83±0.67	3
2015-07	TYAFZ02	早稻	中早39	茎叶	406.08±3.74	7.19±0.09	1.55±0.01	37.25±2.04	3
2015-07	TYAFZ02	早稻	中早39	籽实	454.18±3.76	11.82±0.15	4.25±0.49	4.40±0.55	3
2015-10	TYAFZ02	晚稻	丰源优227	根	363.24±28.55	5.22±0.65	1.36±0.16	7.74±0.82	3
2015-10	TYAFZ02	晚稻	丰源优227	茎叶	417.37±4.63	5.78±0.49	1.79±0.08	25.20±1.54	3
2015-10	TYAFZ02	晚稻	丰源优227	籽实	457.30±8.24	9.87±0.19	3.00±0.14	3.82±0.22	3
2010-10	TYAFZ03	晚稻	丰源优299	根	405.48±8.09	5.06±0.57	1.28±0.21	8.53±0.95	3
2010-10	TYAFZ03	晚稻	丰源优299	茎叶	418.10±25.01	8.02±0.95	2.03±0.17	23.24±1.43	3
2010-10	TYAFZ03	晚稻	丰源优299	籽实	465.82±11.25	11.43±0.44	3.03±0.02	3.24±0.03	3
2011-07	TYAFZ03	早稻	湘早籼45	根	410.41±5.33	5.91±0.45	1.53±0.09	11.31±0.81	2
2011-07	TYAFZ03	早稻	湘早籼45	茎叶	476.87±7.79	9.08±1.08	2.64±0.21	27.22±0.68	2
2011-07	TYAFZ03	早稻	湘早籼45	籽实	454.48±0.63	11.40±0.08	3.24±0.05	2.85±0.25	2
2013-10	TYAFZ03	晚稻	丰源优227	根	360.30±26.19	7.09±1.32	1.80±0.05	7.53±1.09	3
2013-10	TYAFZ03	晚稻	丰源优227	茎叶	399.66±12.71	7.60±0.83	1.94±0.22	20.97±1.19	3
2013-10	TYAFZ03	晚稻	丰源优227	籽实	444.41±8.36	12.58±0.85	4.74±0.61	3.15±0.08	3
2015-07	TYAFZ03	早稻	中早39	根	387.32±22.77	7.80±0.97	3.42±0.23	12.24±0.19	3
2015-07	TYAFZ03	早稻	中早39	茎叶	418.63±2.65	8.14±0.80	1.76±0.20	38.17±1.45	3
2015-07	TYAFZ03	早稻	中早39	籽实	455.09±6.76	12.66±0.48	3.79±0.38	4.09±0.49	3
2015-10	TYAFZ03	晚稻	丰源优227	根	363.00±11.36	5.13±0.17	1.48±0.06	9.36±0.54	3
2015-10	TYAFZ03	晚稻	丰源优227	茎叶	416.17±8.91	5.33±0.19	1.63±0.19	26.36±2.67	3
2015-10	TYAFZ03	晚稻	丰源优227	籽实	460.44±4.51	10.31±0.05	3.08±0.43	4.11±0.30	3

（续）

时间（年-月）	观测场/样地代码	作物名称	作物品种	采样部位	全碳/（g/kg）	全氮/（g/kg）	全磷/（g/kg）	全钾/（g/kg）	重复数
2010-10	TYAZQ01AB0_01	晚稻	金优163	根	417.89±11.78	5.85±0.34	0.71±0.05	6.65±0.69	3
2010-10	TYAZQ01AB0_01	晚稻	金优163	茎叶	439.85±24.22	7.96±0.50	0.90±0.06	18.59±0.47	3
2010-10	TYAZQ01AB0_01	晚稻	金优163	籽实	456.73±7.85	12.80±0.30	2.71±0.23	2.25±0.11	3
2011-07	TYAZQ01AB0_01	早稻	浙福802	根	420.00±0.00	6.49±0.00	0.69±0.00	7.24±0.00	1
2011-07	TYAZQ01AB0_01	早稻	浙福802	茎叶	416.73±0.00	8.83±0.00	0.97±0.00	24.12±0.00	1
2011-07	TYAZQ01AB0_01	早稻	浙福802	籽实	450.84±0.00	11.49±0.00	2.55±0.00	2.68±0.00	1
2013-10	TYAZQ01AB0_01	晚稻	丰源优227	根	399.36±12.11	5.26±0.51	0.76±0.11	4.54±1.14	3
2013-10	TYAZQ01AB0_01	晚稻	丰源优227	茎叶	392.86±6.27	5.01±0.32	0.98±0.13	15.77±1.27	3
2013-10	TYAZQ01AB0_01	晚稻	丰源优227	籽实	440.84±9.00	11.11±0.78	4.55±0.20	3.14±0.19	3
2015-07	TYAZQ01AB0_01	早稻	中早17	根	369.67±17.24	5.95±0.29	1.13±0.32	9.95±2.27	3
2015-07	TYAZQ01AB0_01	早稻	中早17	茎叶	415.92±0.93	5.77±0.73	0.98±0.11	34.38±1.65	3
2015-07	TYAZQ01AB0_01	早稻	中早17	籽实	458.33±4.80	10.44±0.46	4.98±0.54	5.02±0.40	3
2015-08	TYAZQ02AB0_01	玉米	临奥1号	根	412.75±3.06	7.11±0.16	0.98±0.05	11.46±0.97	3
2015-08	TYAZQ02AB0_01	玉米	临奥1号	茎叶	439.42±8.07	7.10±0.08	0.70±0.09	15.18±0.14	3
2015-08	TYAZQ02AB0_01	玉米	临奥1号	籽实	441.37±9.35	11.72±0.26	2.47±0.12	3.72±0.35	3
2015-10	TYAZQ01AB0_01	晚稻	黄花占	根	324.21±10.19	4.46±0.53	0.97±0.07	7.61±0.06	3
2015-10	TYAZQ01AB0_01	晚稻	黄花占	茎叶	411.35±8.21	5.40±0.25	1.74±0.01	15.89±0.08	3
2015-10	TYAZQ01AB0_01	晚稻	黄花占	籽实	482.33±20.27	10.04±0.19	2.73±0.17	3.82±0.31	3
2010-05	TYAZH02	油菜	湘杂油753	根	396.42±11.85	7.27±1.47	0.96±0.11	9.61±0.69	6
2010-05	TYAZH02	油菜	湘杂油753	茎叶	424.51±4.85	9.14±1.92	0.89±0.18	13.16±3.64	6
2010-05	TYAZH02	油菜	湘杂油753	荚	416.98±3.61	12.36±0.45	1.80±0.23	21.25±3.19	6
2010-05	TYAZH02	油菜	湘杂油753	籽实	606.66±68.79	40.70±3.29	7.19±0.43	11.09±0.99	6
2010-11	TYAZH02	甘薯	水果王薯	根	459.38±11.01	12.19±0.89	1.35±0.22	7.06±0.56	6
2010-11	TYAZH02	甘薯	水果王薯	块根	439.95±26.10	11.63±1.08	1.38±0.16	10.77±0.97	6
2010-11	TYAZH02	甘薯	水果王薯	茎叶	456.74±9.12	23.15±2.31	1.95±0.19	19.8±1.12	6
2013-08	TYAZH02	玉米	浚单20	根	415.62±23.66	18.20±1.80	1.66±0.15	6.06±0.83	6
2013-08	TYAZH02	玉米	浚单20	茎叶	450.36±16.36	28.43±0.21	1.73±0.21	4.67±0.64	6
2013-08	TYAZH02	玉米	浚单20	籽实	426.01±5.60	15.32±1.22	1.97±0.12	9.30±0.71	6
2015-07	TYAZH02	玉米	东单80	根	422.46±9.91	7.17±1.12	0.97±0.14	11.72±1.52	6
2015-07	TYAZH02	玉米	东单80	茎叶	433.56±5.66	10.47±2.00	1.89±0.38	14.33±1.59	6
2015-07	TYAZH02	玉米	东单80	籽实	439.90±4.89	13.70±0.80	2.97±0.20	5.18±0.25	6

表 3-66　作物收获期各部位元素含量及能值 2

时间（年-月）	观测场代码	作物名称	作物品种	采样部位	全硫/(g/kg)	全钙/(g/kg)	全镁/(g/kg)	全铁/(g/kg)	全锰/(mg/kg)	全铜/(mg/kg)	重复数
2010-10	TYAZH01	晚稻	丰源优 299	根	2.97±0.26	1.70±0.09	0.65±0.04	35.12±2.19	228.92±16.42	15.44±2.14	6
2010-10	TYAZH01	晚稻	丰源优 299	茎叶	2.31±0.07	4.22±0.37	1.20±0.14	0.41±0.05	972.91±187.11	3.26±0.66	6
2010-10	TYAZH01	晚稻	丰源优 299	籽实	1.16±0.05	0.33±0.01	1.26±0.05	0.20±0.03	112.12±12.23	3.62±0.50	6
2015-10	TYAZH01	晚稻	丰源优 227	根	3.12±0.16	1.72±0.15	1.00±0.08	27.55±4.71	253.00±17.11	9.79±0.97	6
2015-10	TYAZH01	晚稻	丰源优 227	茎叶	2.84±0.10	3.68±0.29	1.24±0.08	0.37±0.06	512.56±60.78	1.99±0.29	6
2015-10	TYAZH01	晚稻	丰源优 227	籽实	1.11±0.04	0.46±0.03	1.21±0.18	0.22±0.03	90.21±15.41	2.23±0.16	6
2010-10	TYAFZ01	晚稻	丰源优 299	根	1.96±0.08	2.29±0.31	0.80±0.06	33.96±5.15	926.02±182.27	7.06±1.48	3
2010-10	TYAFZ01	晚稻	丰源优 299	茎叶	1.42±0.05	4.18±0.07	1.31±0.18	0.38±0.07	570.84±21.46	3.03±0.67	3
2010-10	TYAFZ01	晚稻	丰源优 299	籽实	1.08±0.03	0.30±0.01	0.98±0.01	0.28±0.03	59.25±3.90	2.83±0.73	3
2015-10	TYAFZ01	晚稻	丰源优 227	根	2.38±0.08	2.30±0.14	0.73±0.08	36.33±4.94	894.75±57.56	5.02±0.29	3
2015-10	TYAFZ01	晚稻	丰源优 227	茎叶	1.19±0.07	4.26±0.09	1.11±0.15	0.31±0.09	976.49±83.82	1.22±0.20	3
2015-10	TYAFZ01	晚稻	丰源优 227	籽实	0.93±0.04	0.39±0.03	0.83±0.11	0.29±0.05	91.93±14.02	1.02±0.17	3
2010-10	TYAFZ02	晚稻	丰源优 299	根	1.96±0.08	1.97±0.08	0.57±0.03	35.37±0.90	570.98±105.22	4.89±0.81	3
2010-10	TYAFZ02	晚稻	丰源优 299	茎叶	1.42±0.05	4.83±0.36	1.42±0.17	0.43±0.05	801.93±182.16	3.86±0.41	3
2010-10	TYAFZ02	晚稻	丰源优 299	籽实	1.08±0.03	0.34±0.01	1.34±0.05	0.20±0.00	82.41±7.06	2.95±0.39	3
2015-10	TYAFZ02	晚稻	丰源优 227	根	2.38±0.08	1.74±0.06	0.66±0.01	37.82±3.71	472.83±46.71	5.78±0.54	3
2015-10	TYAFZ02	晚稻	丰源优 227	茎叶	1.19±0.07	4.15±0.14	1.39±0.15	0.51±0.04	806.99±59.04	1.51±0.10	3
2015-10	TYAFZ02	晚稻	丰源优 227	籽实	0.93±0.04	0.47±0.01	1.22±0.08	0.28±0.02	120.27±8.86	1.55±0.13	3
2010-10	TYAFZ03	晚稻	丰源优 299	根	2.28±0.15	1.86±0.23	0.64±0.03	32.42±2.77	511.26±193.74	7.62±0.41	3
2010-10	TYAFZ03	晚稻	丰源优 299	茎叶	1.92±0.08	4.69±0.47	1.28±0.07	0.44±0.01	593.37±26.22	3.66±0.30	3
2010-10	TYAFZ03	晚稻	丰源优 299	籽实	1.17±0.04	0.32±0.01	1.34±0.01	0.19±0.00	64.30±0.93	1.65±0.24	3
2015-10	TYAFZ03	晚稻	丰源优 227	根	4.12±0.26	2.04±0.33	0.72±0.07	32.46±5.72	508.40±235.48	5.36±1.31	3
2015-10	TYAFZ03	晚稻	丰源优 227	茎叶	1.94±0.43	3.85±0.59	1.29±0.05	0.40±0.07	592.27±51.08	0.98±0.12	3
2015-10	TYAFZ03	晚稻	丰源优 227	籽实	1.16±0.02	0.49±0.05	1.23±0.22	0.23±0.06	82.65±14.62	1.14±0.17	3
2010-10	TYAZQ01	晚稻	金优 163	根	2.42±0.05	1.63±0.12	0.53±0.05	27.23±2.13	281.26±30.74	13.57±1.91	3
2010-10	TYAZQ01	晚稻	金优 163	茎叶	2.38±0.09	4.20±0.57	2.33±0.02	0.43±0.02	1 452.66±100.47	4.30±0.37	3
2010-10	TYAZQ01	晚稻	金优 163	籽实	1.28±0.01	0.27±0.00	1.42±0.04	0.17±0.03	125.05±13.82	3.13±0.21	3
2015-08	TYAZQ02	玉米	临奥 1 号	根	1.89±0.12	1.91±0.21	1.24±0.08	2.51±0.61	77.64±13.13	50.28±7.22	3
2015-08	TYAZQ02	玉米	临奥 1 号	茎叶	2.42±0.07	6.68±0.77	1.71±0.33	0.25±0.07	266.26±24.04	10.92±2.53	3
2015-08	TYAZQ02	玉米	临奥 1 号	籽实	1.14±0.01	0.11±0.01	0.74±0.02	0.04±0.01	7.58±0.21	3.82±0.52	3
2015-10	TYAZQ01	晚稻	黄花占	根	2.32±0.14	1.59±0.11	1.18±0.19	38.16±3.36	629.43±72.15	8.90±0.79	3

（续）

时间（年-月）	观测场代码	作物名称	作物品种	采样部位	全硫/(g/kg)	全钙/(g/kg)	全镁/(g/kg)	全铁/(g/kg)	全锰/(mg/kg)	全铜/(mg/kg)	重复数
2015-10	TYAZQ01	晚稻	黄花占	茎叶	1.52±0.11	4.05±0.14	1.71±0.04	0.44±0.07	1 736.30±148.95	2.53±0.65	3
2015-10	TYAZQ01	晚稻	黄花占	籽实	1.00±0.03	0.39±0.05	1.05±0.08	0.25±0.05	220.60±24.47	3.53±0.46	3
2010-05	TYAZH02	油菜	湘杂油 753	根	1.49±0.20	4.69±0.50	0.92±0.14	1.93±0.49	390.82±101.93	5.90±0.51	6
2010-05	TYAZH02	油菜	湘杂油 753	茎叶	2.15±0.25	5.91±0.56	0.97±0.09	0.14±0.02	471.61±73.35	5.54±0.71	6
2010-05	TYAZH02	油菜	湘杂油 753	荚	4.65±1.07	7.55±1.27	1.29±0.18	0.24±0.02	832.16±117.41	8.36±2.62	6
2010-05	TYAZH02	油菜	湘杂油 753	籽实	8.01±0.81	3.32±0.50	3.02±0.27	0.09±0.01	424.14±65.55	2.74±0.27	6
2010-11	TYAZH02	甘薯	水果王薯	根	1.21±0.07	4.06±0.51	1.05±0.11	0.42±0.04	493.44±99.71	8.52±0.88	6
2010-11	TYAZH02	甘薯	水果王薯	块根	0.84±0.06	0.78±0.17	0.67±0.04	0.07±0.02	127.34±48.15	7.25±0.99	6
2010-11	TYAZH02	甘薯	水果王薯	茎叶	3.02±0.48	5.80±0.71	1.33±0.21	0.34±0.08	1 059.52±377.93	9.47±0.90	6
2015-07	TYAZH02	玉米	东单 80	根	2.65±0.28	2.36±0.44	0.75±0.16	3.59±0.86	85.97±21.39	18.99±3.59	6
2015-07	TYAZH02	玉米	东单 80	茎叶	1.46±0.39	3.01±0.63	0.67±0.08	0.16±0.02	141.00±40.99	8.53±1.94	6
2015-07	TYAZH02	玉米	东单 80	籽实	1.23±0.04	0.12±0.01	0.89±0.05	0.02±0.00	6.77±0.51	1.99±0.29	6

表 3-67 作物收获期各部位元素含量及能值 3

时间（年-月）	观测场代码	作物名称	作物品种	采样部位	全锌/(mg/kg)	全钼/(mg/kg)	全硼/(mg/kg)	全硅/(g/kg)	干重热值/(MJ/kg)	灰分/%	重复数
2010-10	TYAZH01	晚稻	丰源优 299	根	2.97±0.26	1.70±0.09	0.65±0.04	35.12±2.19	228.92±16.42	15.44±2.14	6
2010-10	TYAZH01	晚稻	丰源优 299	茎叶	2.31±0.07	4.22±0.37	1.20±0.14	0.41±0.05	972.91±187.11	3.26±0.66	6
2010-10	TYAZH01	晚稻	丰源优 299	籽实	1.16±0.05	0.33±0.01	1.26±0.05	0.20±0.03	112.12±12.23	3.62±0.50	6
2015-10	TYAZH01	晚稻	丰源优 227	根	3.12±0.16	1.72±0.15	1.00±0.08	27.55±4.71	253.00±17.11	9.79±0.97	6
2015-10	TYAZH01	晚稻	丰源优 227	茎叶	2.84±0.10	3.68±0.29	1.24±0.08	0.37±0.06	512.56±60.78	1.99±0.29	6
2015-10	TYAZH01	晚稻	丰源优 227	籽实	1.11±0.04	0.46±0.03	1.21±0.18	0.22±0.03	90.21±15.41	2.23±0.16	6
2010-10	TYAFZ01	晚稻	丰源优 299	根	81.11±9.41	0.68±0.04	6.61±1.06	40.79±6.31	14.71±0.04	16.90±0.97	3
2010-10	TYAFZ01	晚稻	丰源优 299	茎叶	33.13±6.33	0.53±0.09	8.87±1.72	39.43±0.63	15.67±0.18	13.62±0.58	3
2010-10	TYAFZ01	晚稻	丰源优 299	籽实	54.75±5.73	0.35±0.03	4.08±1.37	15.34±0.96	17.03±0.08	4.32±0.11	3
2015-10	TYAFZ01	晚稻	丰源优 227	根	60.84±5.40		2.55±0.37	40.86±6.34	14.67±0.26	17.56±1.73	3
2015-10	TYAFZ01	晚稻	丰源优 227	茎叶	47.70±0.76		2.85±0.05	31.80±2.03	15.45±0.11	11.80±0.39	3
2015-10	TYAFZ01	晚稻	丰源优 227	籽实	22.16±0.99	0.35±0.08	0.64±0.10	16.10±3.09	16.61±0.05	4.63±0.85	3
2010-10	TYAFZ02	晚稻	丰源优 299	根	82.91±3.51	0.38±0.09	5.07±0.66	18.12±2.06	15.71±0.27	13.82±0.57	3
2010-10	TYAFZ02	晚稻	丰源优 299	茎叶	33.14±2.21	0.61±0.17	5.33±0.54	30.00±2.27	16.36±0.03	11.97±0.40	3
2010-10	TYAFZ02	晚稻	丰源优 299	籽实	29.87±1.02	0.31±0.02	3.81±0.21	12.37±0.70	17.15±0.04	3.83±0.17	3

（续）

时间（年-月）	观测场代码	作物名称	作物品种	采样部位	全锌/(mg/kg)	全钼/(mg/kg)	全硼/(mg/kg)	全硅/(g/kg)	干重热值/(MJ/kg)	灰分/%	重复数
2015-10	TYAFZ02	晚稻	丰源优 227	根	61.77±1.44		2.78±0.03	30.34±4.04	15.13±0.25	15.40±1.26	3
2015-10	TYAFZ02	晚稻	丰源优 227	茎叶	46.57±3.09		2.68±0.43	25.47±0.73	15.92±0.10	11.08±0.13	3
2015-10	TYAFZ02	晚稻	丰源优 227	籽实	22.43±0.79	0.23±0.05	0.92±0.04	14.95±1.09	16.85±0.09	4.70±0.16	3
2010-10	TYAFZ03	晚稻	丰源优 299	根	103.71±9.05	0.50±0.11	5.67±0.61	29.10±8.14	15.58±0.36	14.83±2.36	3
2010-10	TYAFZ03	晚稻	丰源优 299	茎叶	29.87±4.08	0.32±0.03	6.57±1.25	28.64±3.88	16.42±0.13	12.03±0.72	3
2010-10	TYAFZ03	晚稻	丰源优 299	籽实	32.29±3.62	0.27±0.04	3.75±0.94	11.24±0.54	17.37±0.06	3.62±0.17	3
2015-10	TYAFZ03	晚稻	丰源优 227	根	49.46±2.88		2.36±0.23	46.10±6.88	14.71±0.36	18.75±1.62	3
2015-10	TYAFZ03	晚稻	丰源优 227	茎叶	29.77±2.72		4.37±0.71	21.78±2.62	15.94±0.13	10.63±0.77	3
2015-10	TYAFZ03	晚稻	丰源优 227	籽实	22.35±1.06	0.19±0.06	0.83±0.04	12.26±2.30	16.87±0.17	4.39±0.75	3
2010-10	TYAZQ01	晚稻	金优 163	根	139.16±8.64	0.90±0.21	4.63±0.52	17.31±2.29	16.34±0.25	10.91±0.63	3
2010-10	TYAZQ01	晚稻	金优 163	茎叶	104.99±34.65	1.38±0.26	5.75±0.95	28.17±0.77	16.63±0.10	11.17±0.15	3
2010-10	TYAZQ01	晚稻	金优 163	籽实	27.03±0.72	0.28±0.02	3.38±1.19	9.64±0.43	17.49±0.05	3.11±0.12	3
2015-08	TYAZQ02	玉米	临奥 1 号	根	28.56±0.96	0.06±0.03	2.46±0.50	25.16±9.92	16.96±0.40	8.71±2.17	3
2015-08	TYAZQ02	玉米	临奥 1 号	茎叶	25.50±2.81	0.14±0.07	5.19±0.76	15.99±1.21	16.74±0.25	7.24±0.70	3
2015-08	TYAZQ02	玉米	临奥 1 号	籽实	24.26±1.08	0.31±0.07	1.04±0.17	0.05±0.01	16.89±0.12	1.26±0.07	3
2015-10	TYAZQ01	晚稻	黄花占	根	84.69±7.66	0.08±0.01	3.43±1.18	76.82±22.33	13.23±0.89	26.49±3.92	3
2015-10	TYAZQ01	晚稻	黄花占	茎叶	58.05±9.59	0.44±0.04	2.36±0.44	31.14±5.30	15.76±0.25	10.96±1.33	3
2015-10	TYAZQ01	晚稻	黄花占	籽实	20.80±1.98	0.46±0.06	0.77±0.10	11.74±2.41	16.80±0.06	3.98±0.59	3
2010-05	TYAZH02	油菜	湘杂油 753	根	151.08±26.11	0.25±0.08	14.04±1.60	9.34±3.71	16.78±0.38	6.65±1.90	6
2010-05	TYAZH02	油菜	湘杂油 753	茎叶	135.71±70.36	0.21±0.05	12.03±1.21	1.93±0.36	17.65±0.26	4.26±0.94	6
2010-05	TYAZH02	油菜	湘杂油 753	荚	86.12±49.32	0.28±0.08	12.30±1.00	2.14±0.54	17.23±0.26	6.49±0.98	6
2010-05	TYAZH02	油菜	湘杂油 753	籽实	52.88±11.74	0.37±0.12	10.42±1.15	2.00±2.42	26.31±0.47	4.57±0.32	6
2010-11	TYAZH02	甘薯	水果王薯	根	39.57±4.78	0.08±0.02	10.77±1.91	4.49±2.77	17.39±0.22	3.44±0.53	6
2010-11	TYAZH02	甘薯	水果王薯	块根	16.26±2.19	0.06±0.02	6.38±1.25	1.40±0.21	16.61±0.10	2.96±0.22	6
2010-11	TYAZH02	甘薯	水果王薯	茎叶	48.91±4.55	0.06±0.00	20.32±2.46	2.69±0.63	17.74±0.24	6.11±0.69	6
2015-07	TYAZH02	玉米	东单 80	根	20.94±2.09	0.31±0.16	2.13±0.46	21.52±10.81	17.01±0.43	8.91±2.73	6
2015-07	TYAZH02	玉米	东单 80	茎叶	17.86±4.92	0.06±0.04	4.86±0.99	6.51±1.81	17.14±0.19	4.88±0.62	6
2015-07	TYAZH02	玉米	东单 80	籽实	17.07±1.92	0.39±0.09	0.87±0.18	0.07±0.02	16.92±0.07	1.59±0.05	6

表 3-68　水稻收获期各部位元素含量及能值统计

数据类型	水稻根			水稻茎叶			水稻籽实		
	最大值	最小值	平均值	最大值	最小值	平均值	最大值	最小值	平均值
全碳/（g/kg）	420.00	324.21	382.04	476.87	392.86	417.01	482.33	427.41	451.89
全氮/（g/kg）	8.80	3.75	5.68	9.08	4.32	6.69	12.80	9.19	11.25
全磷/（g/kg）	3.42	0.48	1.23	2.64	0.41	1.32	4.98	1.78	3.22
全钾/（g/kg）	14.05	4.54	8.52	43.78	15.77	24.93	5.02	1.94	3.20
全硫/（g/kg）	4.12	1.96	2.67	2.84	1.19	1.81	1.28	0.93	1.09
全钙/（g/kg）	2.30	1.59	1.89	4.83	3.68	4.21	0.49	0.27	0.38
全镁/（g/kg）	1.18	0.53	0.77	2.33	1.11	1.43	1.42	0.83	1.19
全铁/（g/kg）	38.16	27.23	33.48	0.51	0.31	0.41	0.29	0.17	0.23
全锰/（mg/kg）	926.02	228.92	535.98	1 736.30	512.56	901.63	220.60	59.25	104.88
全铜/（mg/kg）	15.44	4.89	8.65	4.30	0.98	2.63	3.62	1.02	2.37
全锌/（mg/kg）	139.16	2.97	67.66	104.99	2.31	38.84	54.75	1.11	23.40
全钼/（mg/kg）	1.72	0.08	0.86	4.22	0.32	1.60	0.46	0.19	0.32
全硼/（mg/kg）	6.61	0.65	3.50	8.87	1.20	4.12	4.08	0.64	2.07
全硅/（g/kg）	76.82	17.31	38.02	39.43	0.37	23.72	16.10	0.20	10.41
干重热值/（MJ/kg）	253.00	13.23	72.35	972.91	15.45	161.36	112.12	16.61	33.85
灰分/%	26.49	9.79	16.35	13.62	1.99	9.85	4.70	2.23	3.84

第4章

湖南土种数据集

4.1 概述

2006年，在中国科学院信息化专项“土壤学科领域基础科学数据整合与集成应用”（XXH12504-1-02）支持下，按照科学数据库实施的标准规范和土壤学科领域数据标准规范，桃源站完成了“中南地区土壤数据资源的整合建设”任务，任务是对中南五省——湖南、湖北、江西、广东、广西全国第二次土壤普查基础上编撰的土种志进行扫描，数字化后整编加工形成了“中南地区土种数据集”。整个数据集由9部分数据组成，主要包括各土种的分布面积、景观部位、剖面构型、土壤特征特性、生产性能、改良利用等内容。本章的湖南省土种基本信息数据是中南地区土种数据集中湖南省土种志数据集的一部分，整编自湖南省农业厅1987年版《湖南土种志》，记录了湖南省区域内的405个土种，归属于6个土纲、12个土类、25个亚类的124个土属。

4.2 数据采集和处理方法

本数据集是珍贵资料的电子化和加工整编，是中国科学院信息化专项“土壤学科领域基础科学数据整合与集成应用”（XXH12504-1-02）的主要内容之一，在数据库设计过程中参照国内外有关土壤资源数据库的关系结构，建成一个具有空间分布关系和分类层次关系的关系型数据库，可以根据地点和土壤分类进行查询检索。按照“地点-土种”关系对用户进行导航，即通过“省份→县市名→土种名→土种详细信息”的逻辑层层深入，最终找到用户目标土种的详细信息，包括剖面层次、剖面环境、理化属性等。

数据集由9张表组成：

（1）土类表

土类表收录了土壤中的土类名、土纲名、土类描述等信息，数据集录入过程中参照《中国土壤分类与代码》（GB/T 17296—2009）对土类名称规范化，并保留原始土类名称。

（2）亚类表

亚类表收录了土壤中的亚类名，数据集在录入过程中增加了相应的全国第二次土壤普查《中国土壤发生分类系统（1980）》规范化的亚类名，以及对应的GB/T 17296—2009亚类名。

上述两张表描述土壤发生分类与土壤类型关系的分类信息。一个土类有多个亚类，土类与亚类是一对多的关系。一个亚类有多个土种，亚类与土种也是一对多的关系。查询时可按照规范化的土类名称、亚类名称和土种名称依次查询。

（3）土种基本信息表

土种基本信息表包括土壤类型名称、一般性描述、分布和地形、面积、成土母质、主要特征、有效土体深度、剖面构型、土壤障碍、生产性能、土地利用等，本数据表内容以文字型为主。

（4）典型剖面景观信息表

一个土种有一个典型剖面，该表收录了典型剖面的采集地点、母质、年均温、年降水量、积温、无霜期、植被、土地利用和主要特征等其他信息。

（5）典型剖面发生层表

典型剖面发生层表描述发生层及其特征，一个土种的垂直剖面有多个不同深度的发生层，土种与发生层是一对多的垂直分布关系，本表收录了发生层的土层名称、厚度、开始和结束深度、颜色、质地、结构、紧实度及根系情况等，在数据集录入过程中增加了土层厚度字段，对发生层的厚度做了更详尽的描述。

（6）典型剖面理化性质表

典型剖面理化性质表收录了典型剖面土壤有机质、全氮、全磷、全钾、速效养分（氮、磷、钾）、颗粒组成、质地、pH 等。一个土种有多个发生层，每个发生层有不同的理化性质。在数据集录入过程中增加了对原始数据单位的转换，并保留了原数据单位及其值，以溯源。

（7）统计剖面理化性质表

统计剖面理化性质表收录了统计剖面土壤有机质、全氮、全磷、全钾、速效养分（氮、磷、钾）、颗粒组成、质地、pH 等。一个土种有多个发生层，每个发生层有不同的理化性质。在数据集录入过程中，本表也同样增加了对原始数据单位的转换，并保留了原数据单位及其值，以溯源。

（8）县（市）名与土种关系表

一个土种可能分布于不同的县（市），一个县（市）可能存在多个土种。这些构成了土壤类型的水平分布关系。为了描述地点与土种之间多对多的关系，构建了地点与土种关系表。该表包括土种ID、土种名称、县市代码、县市名等字段。

（9）县市名表

为了方便从县（市）查询，设计了县市名表，收录了土种分布地点的县（市），并在数据集录入过程中增加了县（市）的行政代码和近似经纬度数据。

4.3 数据质量控制

4.3.1 数据采录质量保证

本数据集的建设是在中国科学院信息化专项“土壤学科领域基础科学数据整合与集成应用”项目的支持下完成的，其中数据库设计、标准规范由项目主持单位中国科学院南京土壤研究所统一制定，数据集的录入校正由桃源站于 2014—2015 年完成。根据原书数据特征，在数据录入过程中相较于统一设计的数据库模板增减了部分字段，数据完整性和一致性经人工抽查基本无误。在完成过程中，依据原始资料对各数据字段、单位和数值进行了复核并依据法定计量单位进行了校正；建立了数据库设计文档，具备数据字典和关系结构图等完整的文档资料。

本数据集编辑整理过程中，再次对所出版的数据表进行了校对。

4.3.2 数据采录质量控制具体措施

（1）法定计量单位转换

如本节表 4-1 中的公尺统一更新为 m，亩统一换算为 hm^2。另外，数据库在录入过程中典型剖面理化性质表和统计剖面理化性质表中的有机质、全氮、全磷、全钾原始数据，单位为%，录入数据并检查无误后，保留原始数据字段，同时按照法定计量单位增添新的数据字段，将单位更新为法定计量单位 g/kg，并录入经过重新计算的数据。

（2）采样的深度表示

原始数据发生层深度用每个发生层最上深度和最下深度（如 0～20 cm）表示。在录入本数据集的过程中，将数据分解为两列，字段名分别为发生层开始深度和结束深度；同时为了更好地表示发生层的相对厚度和绝对厚度，在数据录入检查无误后，增添土层厚度字段，如发生层开始深度为 10 cm，结束深度为 34 cm，则土层厚度为 24 cm。

（3）土壤分类的规范化

为了与现存的中国土壤分类系统统一，在数据集的土类表、亚类表中均增加了原书土类、亚类表与国标（GB/T 17296—2009）的对照。

（4）行政地点的规范化和更新

全国第二次土壤普查所形成的土种志的出版距今有 30 年左右的时间了，其间我国的行政地点名称和归属有较大变化。为了方便查询并与现在的县市名对应，数据集中增加了老县市名字段，用以表示原书中所述现在已变更的县市名。此外，为了查询方便，增添与土种分布相关的省、市、县行政区划代码（参照 GB/T 2260—2007）和市、县近似经纬度。

（5）数据类型约定

数据的基本类型为文本、数字、备注等。依据原始数据，对数据精度进行了设置。对于数据缺失的字段，用"—"表示。

4.4　数据价值/使用方法和建议

土种是土壤发生分类系统中的基层分类单元，是在类似的水热条件下，来自相同或相似景观部位，具有相对一致的土壤剖面形态、发育层段、理化及生物特性、生产性能的一组土壤实体（中国土壤学会，1989）。1979 年开始进行的全国第二次土壤普查，吸收当时国内外土壤分类的优点，结合我国具体情况，既保留土壤发生学观点，又应用诊断层的诊断特征来划分土壤，制定了基本稳定和统一的土壤分类方案，是我国土壤分类由定性走向指标化、定量化、数据化的里程碑（全国土壤普查办公室，1998）。

详细信息

省份代码	430000
省份	湖南
省名拼音简写	HN

县市

县市	经度	纬度	详细
长沙	112.93	28.23	查看
宁乡	112.55	28.25	查看
浏阳	113.63	28.15	查看
株洲	113.13	27.72	查看
攸县	113.33	27	查看
茶陵	113.53	26.8	查看
湘潭	112.95	27.78	查看
衡阳	112.57	26.9	查看
衡山	112.87	27.23	查看
邵阳	111.47	27.25	查看

图 4－1　湖南各县市及地理位置信息

本书由于篇幅所限，仅将其中部分数据整合作为湖南土种基本信息表列出，更多数据的查询和使用，可登录中国土壤数据库-中南地区土种数据库页面 http：//vdb3. soil. csdb. cn/front/list -中南红壤区土壤综合数据库＄zn _ location _ name。

目前该数据库只做到了按地点（县市名）查询，为了说明数据集的具体特征，以地点查询为例，列出湖南省按县市查询土种信息的典型样本截图，以便使用者溯源定位、理解数据集内涵。例如：①查询到湖南的县市及地理分布信息（图 4-1）。②选择长沙市，得到长沙市分布有的土种基本信息（图 4-2）。③选择长沙市分布有的厚土层红土红壤，得到长沙市厚土层红土红壤土种的分布、主要性状、典型剖面景观、发生层以及理化性质（图 4-3）。

详细信息

县市	长沙
省份	湖南
经度	112.93
纬度	28.23

分布土种信息

土种名称	土类名称	亚类名称	母质	详细
厚土层红土红壤	红壤	红壤	第四纪红土	查看
中土层红土红壤	红壤	红壤	第四纪红土	查看
熟红土	红壤	红壤	第四纪红土	查看
煤灰菜园土	红壤	红壤	第四纪红土	查看
红泥土	红壤	红壤	第四纪红土	查看
红菜园土	红壤	红壤	第四纪红土	查看
薄腐厚土花岗岩红壤	红壤	红壤	花岗岩风化物	查看
薄腐中土花岗岩红壤	红壤	红壤	花岗岩风化物	查看
麻沙土	红壤	红壤	花岗岩红壤	查看
麻泥土	红壤	红壤	花岗岩红壤	查看

图 4-2 湖南长沙市分布有的土种信息

详细信息

土种名称	厚土层红土红壤
县市	长沙
土类名称	红壤
亚类名称	红壤
描述	1.面积与分布：全省共有厚土层红土红壤面积 4 298 756 亩，占土属面积的62.22%。2.景观部位及形成条件：主要分布地貌为第四纪更新统中（Q2）、晚（Q3）期冰水审计无抬升地段—平缓丘陵岗地或河岸二、三级阶地，一般海拔40~300 m, 相对高度10~30 m, 坡度5~15 m。土体由具有红土层、网纹层和卵石层为特征的第四纪红土母质发育而成。自然植被以油茶、马尾松为主，伴生杜鹃、白栎、铁芒萁、胡枝子、乌饭、芒草、野麦等灌木和草本植物。
分布和地形地貌	主要分布地貌为第四纪更新统中（Q2）、晚（Q3）期冰水审计无抬升地段—平缓丘陵岗地或河岸二、三级阶地，一般海拔40~300 m，相对高度10~30 m，坡度5~15°。
面积（公顷）	286 585.166 25
面积（万亩）	429.875 6
母质	第四纪红土
剖面构型	A_1-B-C
有效土体深度	140
主要性状	1.形态特征：本土种具有深厚的红色风化层，土层深度大于80 cm，层段发育较明显。腐殖质层浅薄，一般3 cm左右，或不明显出现；淋溶层9~30 cm，红棕或灰棕色粘至粘壤，粒状或小块状结构；红土层较厚，深70 cm以上，淀积左右欠明显，呈棕红色，质地粘重，块状或核状结构，脱硅富铝化左右强，其下有红、白相间的网纹层，网纹层下具卵石层，卵石大小不一，一般直径3~10 cm，并具成层性。2.物理性状：本土壤机械组成以粘粒为主。3.化学性状：本土壤的化学组成，以硅、铝、铁氧化物为主。
土壤障碍因子	土壤养分缺乏，酸性强，肥力较低
生产性能	厚土层红土红壤具有土层深厚，地势平缓等优异条件，虽然土壤养分缺乏，酸性强，肥力较低，但只要合理开发利用，不论林业上及农业上都大有可为。
土地利用	林地
典型剖面景观	

典型剖面采集地点	典型剖面母质	典型剖面地点年均温	典型剖面年降水	详细
湘潭县白托乡杨梓村...	第四纪红土			查看

图 4-3　湖南长沙市厚土层红土土壤土种的详细信息

4.5　数据表

本节共 1 个数据表——湖南省土种基本信息表（表 4-1），数据列包括土种编码、土种名称、所属亚类、分布情况、面积、母质、剖面构型和有效层次厚度。

表 4-1 湖南省土种基本信息表

土种编码	土种名称	所属亚类	分布情况	面积/hm^2	母质	土壤剖面构型	有效层次厚度/cm
hn001	厚土层红土红壤	红壤	主要分布地貌为平缓丘陵岗地或河岸二、三级阶地，一般海拔 40～300 m，相对高度 10～30 m，坡度 5°～15°	286 585.17	第四纪红土	A_1—B—C	140
hn002	中土层红土红壤	红壤	分布部位常处于岗地上部或中部或与厚土层红土红壤呈复区分布，海拔高度 60～400 m，相对高度 20～80 m，坡度 10°～25°	173 914.34	第四纪红土	A_1—B—C	100
hn003	熟红土	红壤	分布位置一般比第四纪红土红壤低，以低岗地为主，有的属中、低丘和高岗丘坡，海拔 40～300 m，地势较平缓，坡度在 15°以下，大部分为自然坡地，很少为梯土	34 707.11	第四纪红土	A_1—B—C	100
hn004	煤灰菜园土	红壤	主要分布在长沙、株洲、湘潭、衡阳、邵阳及岳阳市郊区，多为零散分布	187.80	第四纪红土	A_1—B—C	100
hn005	红泥土	红壤	主要分布于丘陵岗地及沿河两岸，一般为岗地、低丘地貌，坡度较小，5°～15°，周围多为荒山或残林，或无植被的光山	70 002.62	第四纪红土	A_1—B—C	50
hn006	红菜园土	红壤	位于第四纪红土区的长沙、湘潭、衡阳、怀化等城郊附近有较多分布，分布于城郊附近丘陵阶地、平地及冲垅中	2 976.21	第四纪红土	A_1—B—C	65
hn007	红黄沙土	红壤	分布于湖南省四水上、中游水土流失较严重的丘陵岗地	6 314.36	第四纪红土	A_1—B—C	100
hn008	厚腐厚土花岗岩红壤	红壤	分布于花岗岩群山起伏的山沟谷地，以及 500 m 以下的丘坡下部与低山山脚等地，坡度较小	7 952.51	花岗岩风化物	A_0—A_1—A—B—C	150
hn009	厚腐中土花岗岩红壤	红壤	多位于海拔 400～500 m 及以下的花岗岩低山、丘陵的缓坡中部或中下部，相对高度 20～10 m，坡度一般 15°～30°	1 637.07	花岗岩、云母片岩坡积物	A_1—A—BC—C、A_1—AB—B—C	100

（续）

土种编码	土种名称	所属亚类	分布情况	面积/hm²	母质	土壤剖面构型	有效层次厚度/cm
hn010	中腐厚土花岗岩红壤	红壤	分布于花岗岩中低山山槽、坡中红壤带地段（群山地区海拔400 m以下，孤山地区海拔600 m以下），坡度较小，一般15°～25°，相对高度50～300 m	8 140.71	花岗岩、云母片岩坡积物	A—AB—B—C	150
hn011	中腐中土花岗岩红壤	红壤	多分布于海拔500 m以下的的花岗岩山坡中部或其周围丘坡地带海拔200～300 m的地方	4 304.75	花岗岩、云母片岩坡积物	A_1—A—B—C	88
hn012	薄腐厚土花岗岩红壤	红壤	分布于海拔500 m以下的花岗岩红壤带区的低山山坡中下部、丘坡等地	232 188.03	花岗岩风化物	A_1—AB—B—C	150
hn013	薄腐中土花岗岩红壤	红壤	多位于海拔500 m以下的花岗岩中低部、丘陵坡地中上部	122 799.81	花岗岩风化物	A—B—C	200
hn014	麻沙土	红壤	分布于花岗岩丘陵及低山中坡和坡脚，一般坡度较大，以挂排土为主，部分为梯土	21 195.77	花岗岩红壤	A—B—C	100
hn015	麻泥土	红壤	分布于花岗岩丘陵及低山坡脚	2 351.01	花岗岩红壤	A—B—C	100
hn016	黄麻沙土	红壤	分布于花岗岩与板岩、页岩，第四纪红土母岩母质交错的丘陵与低山坡地	1 344.87	花岗岩风化物与第四纪红土	A—B—C	100
hn017	麻粉土	红壤	分布于坡度较缓的丘岗地貌	197.00	云母片岩风化物	A—B	100
hn018	麻沙菜园土	红壤	分布于花岗岩山丘坡脚的村庄前后	409.07	花岗岩风化的残积物、坡积物	A—B	100
hn019	厚腐厚土板、页岩红壤	红壤	分布于海拔500 m以下的中低山缓坡或山窝山槽地带	15 331.88	板、页岩风化物	A_0—A_1—A—B—C、A_{00}—A_0—A_1—A—B—C	150
hn020	厚腐中土板、页岩红壤	红壤	分布部位比厚腐厚土板、页岩红壤土坡度稍大	15 329.68	板、页岩坡积物	A_0—A_1—A—B—C	150
hn021	中腐厚土板、页岩红壤	红壤	分布部位一般在前两种土壤之上，坡度较大，多为25°～30°	56 524.75	板、页岩坡积物	A_0—A_1—A—B—C	150
hn022	中腐中土板、页岩红壤	红壤	与中腐厚土板、页岩红壤等土种交错分布，形成条件与中腐厚土板页岩红壤类同	85 971.70	板、页岩坡积物	A_1—A—B—C	100

（续）

土种编码	土种名称	所属亚类	分布情况	面积/hm²	母质	土壤剖面构型	有效层次厚度/cm
hn023	薄腐厚土板、页岩红壤	红壤	分布于板、页岩中山、中低山山脚以及低山、丘陵坡地	865 350.33	板、页岩坡积物，板、页岩残积物	A_1—A—B—C	150
hn024	薄腐中土板、页岩红壤	红壤	广布于全省中低山海拔 500 m 以下的山坡地带	1 005 544.43	板、页岩坡积物与残积物	A_1—A—B—C、A_0—A_1—AB—C	100
hn025	黄泥土	红壤	分布于板、页岩低山或丘陵平缓坡地海拔 500 m 以下的地方	86 814.70	板、页岩红壤	A—B—BC	100
hn026	黄泥沙土	红壤	分布于沙质板、页岩中低山麓或丘陵海拔 500 m 以下的地方	9 971.65	沙质板、页岩风化物	A—B—B	100
hn027	扁沙土	红壤	分布于低山丘陵坡麓，多为坡耕地	17 666.96	板、页岩红壤	A—B—C	75
hn028	黑扁沙土	红壤	分布于煤矿附近碳质页岩低山坡地及丘坡地区	484.87	碳质页岩	A—C	100
hn029	黑夹土	红壤	一般分布于黑扁沙土下面的坡度小的缓坡土或坪土	49.60			
hn030	岩渣子土	红壤	分布于中低山海拔 500 m 以下的坡地及丘陵坡地，一般坡度较大（10°～20°），与红壤交错分布，为农用固定旱土	16 456.82	板岩、硬性页岩及其他硅质岩类的残积物与坡积物	A—AB—B—C	100
hn031	黄菜园土	红壤	分布于城镇郊区，土壤前身及分布位置不一	1 714.21	板、页岩红壤	A—B—C	100
hn032	厚腐厚土砂岩红壤	红壤	分布于海拔 500 m 以下、针阔叶混交林繁茂生长的缓坡地方	13 105.40	砂岩残积物、坡积物	A_0—A_1—A—B—C	150
hn033	厚腐中土砂岩红壤	红壤	分布于砂岩红壤之上或两侧坡度稍大的地方	6 822.10	砂岩残积物、坡积物	A_0—A_1—A—B—C	80
hn034	中腐厚土砂岩红壤	红壤	位于厚腐厚壤砂壤红土上与本土属的其他土种交错分布	30 103.02	砂岩残积物、坡积物	A_1—A—B—BC、A_0—A_1—A—B—C	150
hn035	中腐中土砂岩红壤	红壤	分布于砂岩山区的中坡部位	20 475.90	砂岩残积物、坡积物	A_1—A—B—C	80
hn036	薄腐厚土砂岩红壤	红壤	分布于砂岩红壤带区的丘陵及低山坡地	488 043.44	残积物、坡积物	A_1—A—B—BC、A—B—CD	150

（续）

土种编码	土种名称	所属亚类	分布情况	面积/hm^2	母质	土壤剖面构型	有效层次厚度/cm
hn037	薄腐中土砂岩红壤	红壤	分布于海拔 500～600 m 及以下的砂岩山丘坡地中上部或山脊山顶坡度稍缓的地方	46 555.37	砂岩残积物、坡积物	A—B—C	100
hn038	黄沙土	红壤	分布于砂岩山丘坡地红壤带区，周围山地植被一般破坏，属砂岩红壤经人工开垦种	70 495.22	砂岩、粉砂岩等风化的残积物、坡积物	A—B—C	125
hn039	红沙土	红壤	分布于红色砂岩、砂砾岩丘陵坡地，一般为挂牌土或带状梯土	20 126.37	砂岩、砂砾岩风化物	A—B—C、A—BC	100
hn040	石灰性黄沙土	红壤	分布石灰岩与砂岩接壤的丘坡岗地或低山坡地	749.34	砂岩、石灰岩风化物	A—B—C、A—BC	100
hn041	黄沙菜园土	红壤	分布于城郊砂岩丘陵坡脚或沟谷平原	492.27	砂岩红壤	A—B—C	80
hn042	厚腐厚土灰岩红壤	红壤	分布在怀化、常德、株洲、郴州四个地区海拔 500 m 以下的石灰岩缓坡地带	1 535.14	碳酸盐岩风化物	A_1—A—B—C、A_0—A_1—A—B—C	80
hn043	厚腐中土灰岩红壤	红壤	集中分布在慈利、石门等县的低山槽地本土壤发育于泥质灰岩的古风化壳上	1 028.01	泥质灰岩的古风化壳	A_1—A—BC—C、A_0—A_1—A—BC	80
hn044	中腐厚土灰岩红壤	红壤	分布在常德、郴州、怀化、株洲四个地区的石灰岩山坡的中下部	5 770.56	碳酸盐岩风化物	A_1—A—B—C	80
hn045	中腐中土灰岩红壤	红壤	分布于慈利、石门、澧县、黔阳等县的山丘红壤带区	2 364.21		A_1—A—B—C	80
hn046	薄腐厚土灰岩红壤	红壤	全省各地低山丘陵石灰岩坡地均有分布，以零陵、郴州、邵阳等地面积比较集中	497 200.62		A_1—A—B—C、A—B—C	80
hn047	薄腐中土灰岩红壤	红壤	分布于石灰岩低山丘陵坡地，其山丘坡度小，较平缓圆滑，有岩石裸露	284 619.02	石灰岩残积物、坡积物	A—B—C、A_1—A—BC—C	150
hn048	灰红土	红壤	景观部位为石灰岩低山丘陵的平缓山坡，与红壤成插花分布，为固定的农用旱土，部分有基岩裸露	87 018.24	石灰岩残积物、坡积物	A—AB—B	100

（续）

土种编码	土种名称	所属亚类	分布情况	面积/hm^2	母质	土壤剖面构型	有效层次厚度/cm
hn049	灰红夹土	红壤	分布于石灰岩低山丘陵的缓坡地带	16 862.68	泥质灰岩、白云质灰岩残积物与坡积物	A—B—C、A—BC	100
hn050	灰红沙土	红壤	分布于沙质灰岩地区内的山坡中下部，属农用旱土，与灰岩红壤呈斑状分布	9 918.12	沙质灰岩残积物、坡积物	A—B—C、A—BC	100
hn051	灰红菜园土	红壤	主要分布在郴州、衡阳等地	2 275.01	灰红土	A—B—C	100
hn052	厚腐厚土花岗岩黄红壤	黄红壤	分布于花岗岩丘陵及低山地区，海拔高度为 300～750 m，坡度比较平缓，一般为 20°～30°，风化土层较厚	10 606.72	酸性岩浆岩的残积风化物	A_{00}—A_0—A_1—A—B—C、A_1—A—B—C	150
hn053	厚腐中土花岗岩黄红壤	黄红壤	该土种分布于花岗岩丘陵的丘顶及低山的中坡地带，分布海拔高度为 300～750 m，坡度一般为 25°～35°	1 697.14	花岗岩的残积风化物	A_0—A_1—B—C、A_1—A—BC	80
hn054	中腐厚土花岗岩黄红壤	黄红壤	主要分布在郴州、岳阳、长洲三地	13 759.07	花岗岩的残积风化物	A_0—A_1—A—B—C、A_1—B—BC	150
hn055	中腐中土花岗岩黄红壤	黄红壤	分布在花岗岩丘陵及低山地区，湘北幕阜山、大云山、玉池山海拔 300～500 m 地势较陡的山坡中部，湘南的南岭山脉海拔 500～750 m 的山坡中下部	6 927.03	花岗岩的残积风化物	Ao—A_1—AB—B—CA、A_1—A—BC	80
hn056	薄腐厚土花岗岩黄红壤	黄红壤	分布于花岗岩丘陵及低山中坡上部、湘北分布海拔高度 300～500 m，湘南 500～750 m，坡度比较平缓，一般 25°～35°	95 460.34	花岗岩的残积风化物	A_1—A —B—C、A—AB—B—BC	160
hn057	薄腐中土花岗岩黄红壤	黄红壤	分布于花岗岩丘陵的低山高坡及中上坡	75 349.38	花岗岩的残积风化物	A_1—A—B—C、A—BC—C	54
hn058	黄红麻沙土	黄红壤	分布于花岗岩丘陵及低山中坡和坡脚，分布海拔 300～750 m，丘陵地区部分已开垦成梯土，山区多“挂牌”旱土	6 023.10	花岗岩的残积风化物	A—B—BC	116
hn059	厚腐厚土板、页岩黄红壤	黄红壤	主要分布于板岩、页岩低山、中低山地区，丘陵地区面积很少，分布海拔高度在 300～750 m，坡度 25°～35°	24 361.79	泥质板岩、页岩、粉沙质板岩、千枚岩等泥质岩类的坡积物	A_{00}—A_0—A_1—A—B—BC、A_0—A_1—B—C	150

（续）

土种编码	土种名称	所属亚类	分布情况	面积/hm^2	母质	土壤剖面构型	有效层次厚度/cm
hn060	厚腐中土板、页岩黄红壤	黄红壤	主要分布于板岩、页岩低山、中低山地区，丘陵地区面积很少。分布在海拔 300～750 m，坡度 25°～40°	10 313.58	泥质板岩、粉沙质板岩、千枚岩及页岩的坡积物	A_{00}—A_0—A—AB—BC、A_1—A—B—C	80
hn061	中腐厚土板、页岩黄红壤	黄红壤	分布于板岩、页岩低山、中低山及丘陵地区，湘北分布海拔高度 300～500 m，湘西、湘南 500～750 m，坡度 20°～35°	56 559.35	泥质和粉沙质板岩、页岩及千枚岩的坡积风化物	Aa—A_1—A—B—BC、A_1—B—BC	80
hn062	中腐中土板、页岩黄红壤	黄红壤	分布于板、页岩低山、中低山及丘陵地区，湘北分布海拔高度 300～500 m，湘西、湘南 500～750 m，坡度 30°～45°	104 142.45	泥质和粉沙质板岩、页岩及千枚岩的坡积风化物	A_0—A_1—AB—BC、A_1—A—B C	80
hn063	薄腐厚土板、页岩黄红壤	黄红壤	分布于板、页岩低山、中低山及丘陵地区，湘北分布海拔高度 300～500 m，湘西和湘南 500～750 m，坡度 25°～35°	539 063.10	泥质板岩、粉沙质板岩、千枚岩、页岩的坡积分化物	A_1—A—B—BC、A—B—BC	80
hn064	薄腐中土板、页岩黄红壤	黄红壤	分布于板、页岩低山、中低山沟壑地带及丘陵区，湘北分布海拔高度 300～500 m，湘西和湘南 500～750 m，坡度 30°～45°	506 700.80	板岩、千枚岩、页岩的坡积风化物	A_1—AB—BC、A—BC	80
hn065	昔红土	黄红壤	分布于板、页岩中低山和丘陵地区，湘北分布海拔高度 300～500 m，湘南 500～750 m；丘块甚小，分布不集中	11 427.79	板岩、页岩、千枚岩坡积物	A—AB—B—BC	50
hn066	黄红岩渣子土	黄红壤	分布于板、页岩山区丘陵地区，较少. 湘北分布海拔高度 300～500 m，湘南 500～750 m；所处坡度较陡，一般 20°～40°	14 967.21	板岩、页岩、千枚岩的坡积风化物和半风化物	A—BC	100
hn067	厚腐厚土砂岩黄红壤	黄红壤	主要分布在中低山晦谷地和坡积裙带，分布海拔高度 500～700 m，坡度平缓	1 431.27	沙质岩、砂砾岩的残积与坡积风化物	A_{00}—A_0—A_1—A—B—BC、A_1—A—B	50
hn068	厚腐中土砂岩黄红壤	黄红壤	分布于中低山谷地的中坡，海拔高度 500～700 m	769.07	砂岩、砂砾岩的坡积风化物	A_0—A_1—AB—BC、A_1—AB	80

（续）

土种编码	土种名称	所属亚类	分布情况	面积/hm^2	母质	土壤剖面构型	有效层次厚度/cm
hn069	中腐厚土砂岩黄红壤	黄红壤	分布范围较广，主要分布地域是由丘陵向山区过渡的中低山地带和中山区低海拔沟壑的中下坡，坡度25°～35°	52 907.66	砂岩、砂砾岩的残积与坡积风化物	A_0—A_1—A—B—BC、A—AB—B	95
hn070	中腐中土砂岩黄红壤	黄红壤	分布于中低山谷地中坡地段，坡度30°～40°	35 103.18	沙质岩、砂砾岩的坡积与残积风化物	A_0—A_1—A—B—BC、A_1—AB	80
hn071	薄腐厚土砂岩黄红壤	黄红壤	分布于山前中低山地区和中山区低海拔沟壑的中、下坡，坡度25°～35°	210 983.99	沙质岩、砂砾岩的残积与坡积风化物	A_1—A—B—BC、AB—B	150
hn072	薄腐中土砂岩黄红壤	黄红壤	多分布于中低山的坡脊，坡度35°	181 789.58	沙质岩、砂砾岩的坡积与残积风化物	A_1—A—B—BC、A—BC	80
hn073	黄红沙土	黄红壤	分布于砂岩中低山地区，分布海拔高度500～700 m，多坡土	8 239.11	砂岩、砂砾岩的坡积与残积物	A—B—C	50
hn074	厚腐厚土灰岩黄红壤	黄红壤	多分布于泥灰岩地区中低山的中下坡，坡土比较平缓，一般为20°～35°	1 777.54	泥灰岩的残积与坡积风化物	A_0—A_1—A—B—BC、A—AB—B	80
hn075	厚腐中土灰岩黄红壤	黄红壤	地处山前中低山中坡地带，坡度25°～35°，海拔高度500～700 m	741.40	泥灰岩母质	A_0—A_1—A—B—C、A_1—AB—BC	80
hn076	中腐厚土灰岩黄红壤	黄红壤	地处石灰岩中低山之中下坡，多为泥盆系灰岩，在地质构造运动中于山前被抬升的部位，分布海拔高度400～700 m，湘北分布的上限和下限较低，湘西南略高	5 347.36	泥灰岩的残积、坡积风化物	A_0—A—A—B—BC、A_1—AB—B	80
hn077	中腐中土灰岩黄红壤	黄红壤	地处石灰岩中低山之中坡坡脊或岩隙，分布海拔高度400～700 m，湘南比湘北垂直带高100～200 m	11 818.53	石灰岩以及部分钙质页岩的残积与坡积风化物。	A_0—A_1—AB—BC、A_1—B—BC	80
hn078	薄腐厚土灰岩黄红壤	黄红壤	广泛分布于石灰岩中低山地区，坡度20°～35°，海拔400～750 m	121 102.01	石灰岩、白云岩、泥灰岩的残积与坡积风化物	A_1—A—B—BC、A—B—C	100

（续）

土种编码	土种名称	所属亚类	分布情况	面积/hm^2	母质	土壤剖面构型	有效层次厚度/cm
hn079	薄腐中土石灰岩黄红壤	黄红壤	分布于石灰岩中低山的中、上坡，坡度30°～40°，海拔高度400～700 m	131 843.73	石灰岩、白云岩的残积与坡积风化物	A_1—AB—BC、A—B—C	80
hn080	灰黄红土	黄红壤	地处石灰岩中低山地区，分布海拔高度500～750 m	14 969.41	石灰岩、白云岩、泥灰岩的残、坡积风化物	A—AB—B—C	100
hn081	灰黄红沙土	黄红壤	地处石灰岩中低山之中下坡，分布海拔高度为500～750 m，多坡土	1 123.01	石灰岩或白云岩风化物	A—B—C	40
hn082	薄腐厚土红土黄红壤	黄红壤	分布于龙山县西水一、二级阶地及丘岗坡地，海拔400～500 m	1 475.41	第四纪红土母质	A_1—A—B—C、A_1—A—B—BC	148
hn083	红土黄红沙土	黄红壤	分布在阶地及丘陵岗地缓坡地带	191.13	第四纪红土黄红壤	A—B	100
hn084	薄腐厚土棕红壤	棕红壤	分布于海拔170 m以下的湖丘岗地	18 705.16	第四纪红土	A—AB—B—BC—C、A—AB—BC	110
hn085	薄腐中土棕红壤	棕红壤	多分布于湘北海拔170 m以下的洞庭湖区东西两侧的丘陵、岗地	43 645.42	第四纪红土	A—B—C、A—B C—C	120
hn086	棕红土	棕红壤	分布于湘北洞庭湖东西两侧的环湖丘陵、岗地，海拔高度在130 m以下	41 567.01	第四纪红土棕红壤	A—BC—C	110
hn087	薄腐厚土花岗岩棕红壤	棕红壤	分布于湘北花岗岩丘陵地区，海拔高度在300 m以下	22 269.51	花岗岩	A—B—C、A—AB—C	150
hn088	薄腐中土板、页岩棕红壤	棕红壤	分布于湘北板岩、页岩丘陵地区，海拔高度在300 m以下	14 846.34	泥质岩	A—B—C、A—AB—C	130
hn089	薄腐中土砂岩棕红壤	棕红壤	分布于湘北砂岩丘陵地区、发育于砂岩母质，海拔高度多在300 m以下	7 429.84	各种沙质岩及砂砾岩	A—B—C、A—AB—BC—C	90
hn090	中腐花岗岩红壤性土	红壤性土	分布在株洲澧凌等地，花岗岩中低山600 m以下坡度大、植被破坏严重的地段	178.53	花岗岩风化物	A—BC—C	40

（续）

土种编码	土种名称	所属亚类	分布情况	面积/hm^2	母质	土壤剖面构型	有效层次厚度/cm
hn091	薄腐花岗岩红壤性土	红壤性土	景观部位为地势陡峻的花岗岩中低山红壤带区，或植被彻底破坏、地表有片蚀及沟蚀的花岗岩丘陵坡地，海拔 700 m 以下，比中腐花岗岩红壤性土地势高，或呈复区分布	81 654.27	花岗岩风化物	A—BC、A—CD	100
hn092	粗麻沙土	红壤性土	分布于花岗岩中低山、丘陵海拔 600～700 m 及以下坡度略小的地段，为花岗岩红壤性土被开垦的农用旱土，分布位置在麻沙土上面，坡度一般 15°～25°	2 329.94	花岗岩红壤	A—BC	100
hn093	中腐板、页岩红壤性土	红壤性土	分布于板、页岩山坡中上部	33 554.17	板、页岩残积物与坡积物	A_1—BC—C	40
hn094	薄腐板、页岩红壤性土	红壤性土	多分布于花岗岩红壤带区山丘上部地势陡峻地段，疏林荒山为主	471 206.82	板、页岩残积物与坡积物	A_1—A—BC、A—CD	35
hn095	岩渣子土	红壤性土	一般位于板、页岩中低山海拔 600～700 m 及以下坡度较大的红壤带区，与板、页岩红壤性土呈复区分布	10 364.12	板、页岩风化物	A—BC—C	100
hn096	中腐砂岩红壤性土	红壤性土	以桃源、慈利、常德等地分布较多	7 048.84		A_1—AC—C	40
hn097	薄腐砂岩红壤性土	红壤性土	分布于海拔 700 m 以下的各种砂岩山、丘陵坡地带，坡度一般大于 30°，以荒山残林为主，部分心土碎石裸露	219 048.36	砂岩残积物、坡积物	A—BC—C、A—C	42
hn098	盐沙土	红壤性土	为砂岩红壤性土开垦而成的农用旱土，一般为零散分布的坡土，呈插花分布	31.00	砂岩红壤性土	A—C	150
hn099	薄腐薄土层红壤性土	红壤性土	在大片鼓丘状线形丘陵岗地有较多分布，海拔 50～200 m	57 404.15	第四纪红土母质	AB—C、A—B—C	150
hn100	无名子土	红壤性土	主要分布于丘陵岗地及沿河两岸，一般为高岗低丘地貌，海拔 50～300 m 左右	919.07	第四纪红色黏土	A—C	100
hn101	砾石土	红壤性土	地处丘陵坡麓，大部分覆盖在白垩纪或第三纪紫色砂、页岩	110.07	第四纪红土砂砾层	A—BC、A—C	

（续）

土种编码	土种名称	所属亚类	分布情况	面积/hm^2	母质	土壤剖面构型	有效层次厚度/cm
hn102	厚腐厚土花岗岩黄壤	黄壤	位于花岗岩中山的中坡及山槽谷地，地势相对平缓，坡度 30°～40°，湘东北分布海拔高度 500～1 000 m，湘南 600～1 400 m	18 264.56	花岗岩等酸性岩浆岩类的残积物	A_{00}—A_0—A_1—B—BC—C、A_1—B—C	155
hn103	厚腐中土花岗岩黄壤	黄壤	地处花岗岩中山地区，坡度在 35°以上，分布海拔高度为 500～1 400 m，坡面多母岩巨砾	4 480.42	花岗岩类的残积风化物	A_0—A_1—B—C、A_1—A—B	80
hn104	中腐厚土花岗岩黄壤	黄壤	地处花岗岩中山的中坡，坡度 30°～45°，湘东北分布海拔高度 500～1 000 m，湘南600～1 400 m	70 397.82	花岗岩类的残积风化物	A_0—A_1—A—B—C、A_1—B—BC	80
hn105	中腐中土花岗岩黄壤	黄壤	地处花岗岩中山的中上部，坡度 35°以上，湘东北分布海拔高度 500～1 000 m，湘南 600～1 400 m	43 242.02	花岗岩残积物	A_0—A_1—B—C、A_1—A—BC	80
hn106	薄腐厚土花岗岩黄壤	黄壤	地处花岗岩中山的中下坡，坡度 30°～45°；湘东北分布海拔高度为 500～1 000 m，湘西南 600～1 400 m	97 358.49	花岗岩类残积风化物	A_1—A—B—BC、A—B—C	150
hn107	薄腐中土花岗岩黄壤	黄壤	分布于花岗岩中山陡坡地段，坡度 35°～45°；湘北分布海拔高度 500～100 m，湘南 600～1 400 m	43 272.35	花岗岩类的残积风化物	A_1—A—B—C、A—BC—C	80
hn108	黄壤麻沙土	黄壤	地处花岗岩中山的缓坡地段；湘东北分布海拔 500～1 000 m，湘南 600～1 400 m	4 351.02	花岗岩残积风化物	A—B	100
hn109	厚腐厚土板、页岩黄壤	黄壤	分布于板、页岩中山地区，坡度 25°～35°。海拔高度 600～1 400 m，在同一垂直带内，常与砂岩黄壤、花岗岩黄壤并列或交错分布	36 754.78	板岩、页岩、片岩、千枚岩的坡积风化物	A_{00}—A_0—A_1—B—BC、A_1—AB—B—C	80
hn110	厚腐中土板、页岩黄壤	黄壤	分布于板、页岩中山地区，坡度 30°～40°，垂直带为海拔 600～1 400 m	13 962.14	板岩、页岩、片岩、千枚岩的坡积物	A_0—A_1—B—C、A_1—AB—BC	80

（续）

土种编码	土种名称	所属亚类	分布情况	面积/hm^2	母质	土壤剖面构型	有效层次厚度/cm
hn111	中腐厚土板、页岩黄壤	黄壤	地处板、页岩中山地区，坡度 25°～35°；垂直分布高度为 500～1 400 m，湘南比湘东北垂直带宽 300～400 m，分布下限高 200 m 左右；常与砂岩黄壤或花岗岩黄壤并列和交错分布	61 983.64	板岩、页岩、片岩、千枚岩风化物	A_0—A_1—B—C、A_1—AB—BC	80
hn112	中腐中土板、页岩黄壤	黄壤	分布于板、页岩中山地区，坡度 40°以上，垂直分布高度海拔 600～1 400 m	80 768.27	板岩、页岩、片岩、千枚岩的风化物	A_0—A_1—BC、A_1—AB—BC	80
hn113	薄腐厚土板、页岩黄壤	黄壤	分布于板、页岩中山地区，坡度 30°～40°，垂直分布高度为海拔 500～1 400 m；多分布于山区公路沿线或人为活动频繁樵采和砍伐过度的地方	408 551.11	板岩、页岩、片岩，千枚岩等泥质岩类风化物	A_1—AB—B—BC、A—B—C	150
hn114	薄腐中土板、页岩黄壤	黄壤	分布于板、页岩中山地区，坡度 40°以上；垂直带为海拔 600～1 400 m，湘西南比湘东北下限高 100～200 m，上限高 300～400 m，带谱要宽 300～400 m	336 600.15	板岩、页岩、片岩、千枚岩的风化物	A_1—B—BC、AB—BC	80
hn115	黄土夹沙	黄壤	零星分布于板、页岩中山地区，海拔高度 600～1 300 m，坡度范围较宽，为 20°～45°	11 157.99	板岩、片岩、千枚岩的风化物	A—B	100
hn116	黄壤土	黄壤	零星分布于板、页岩中低山地区，坡度较平缓，15°～35°，分布海拔高度为 500～1 000 m	4 274.15	板岩、页岩的坡、残积风化物	A—AB—B	100
hn117	厚腐厚土砂岩黄壤	黄壤	分布于砂岩中山地区，坡度较为平缓，一般 25°～36°，垂直分布高度为海拔 600～1 400 m，在同一垂直带内常与花岗岩黄壤及板、页岩黄壤交错分布	22 495.18	沙质岩、砂砾岩的残积物与坡积物	A_{00}—A_0—A_1—B—C、A_1—A—B—BC	100
hn118	厚腐中土砂岩黄壤	黄壤	分布于砂岩中山地区，坡度 30°～40°	11 611.86	沙质岩、砂砾岩的残积物与坡积物	A_0—A_1—B—C、A_1—AB—D	80
hn119	中腐厚土砂岩黄壤	黄壤	分布于砂岩中山地区，坡度 25°～40°，垂直分布高度为海拔 600～1 400 m	57 934.29	沙质岩、砂砾岩的坡积物与残积物	A_0—A_1—B—BC、A_1—A—B—C	80

（续）

土种编码	土种名称	所属亚类	分布情况	面积/hm^2	母质	土壤剖面构型	有效层次厚度/cm
hn120	中腐中土砂岩黄壤	黄壤	砂岩中山地区，坡度 35°～45°，垂直分布海拔高度为 600～1 400 m	50 863.19	沙质岩、砂砾岩的坡积物与残积物	A_0—A_1—B—BC、A_1—BC	56
hn121	薄腐厚土砂岩黄壤	黄壤亚类	分布于砂岩中山地区，坡度 30°～45°，垂直分布海拔高度 600～1 400 m	227 181.80	沙质岩、砂砾岩残积物与坡积物	A_1—A—B—C、A—BC	80
hn122	薄腐中土砂岩黄壤	黄壤亚类	分布于砂岩中山地区，所处地形部位坡度较陡，多在 30°～40°及以上，垂直分布海拔高度为 600～1 400 m	144 846.19	沙质岩、砂砾岩残积物与坡积物	A_1—A—B—C、A—BC	40～80
hn123	黄壤沙土	黄壤亚类	零星分布于砂岩中山地区，海拔高度 600～1 400 m，坡度有大有小，坡土多、梯土少	5 713.10	沙质岩、砂砾岩残积物与坡积物	A—B—C、A—BC	50
hn124	中腐厚土灰岩黄壤	黄壤亚类	分布于石灰岩中低山地区，垂直分布高度为海拔 600～1 200 m，坡度 30°～40°	3 679.82	石灰岩、白云岩、灰板岩的残积物与坡积物	A_0—A_1—A—B—BC、A_1—AB—B	＞80
hn125	中腐中土灰岩黄壤	黄壤亚类	分布于石灰岩中低山的上部，垂直分布高度为 600～1 200 m，坡度 35°～45°	2 444.68	石灰岩、白云岩、灰板岩的残积物与坡积物	A_0—A_1—B—BC、A_1—A—B	40～80
hn126	薄腐厚土灰岩黄壤	黄壤亚类	分布于石灰岩中低山地区，垂直分布高度海拔 600～1 200 m，坡度 30°～40°	92 412.13	石灰岩、白云岩、灰板岩的残积物与坡积物	A_1—AB—B—BC、A—BC	＞80
hn127	薄腐中土灰岩黄壤	黄壤亚类	分布于石灰岩中低山的上部，垂直分布高度为 600～1 200 m，坡度 35°～45°	51 275.99	石灰岩、白云岩、灰板岩的残积物与坡积物	A_1—B—BC、A—BC	
hn128	灰黄土	黄壤亚类	分布于石灰岩中山地区以及中低山的上部，垂直分布海拔高度 700～1 300 m，与石灰岩黄壤相间交错分布。坡土多，梯土少	6 598.37	石灰岩、白云岩、灰板岩的残积物与坡积物		50
hn129	生草中层花岗岩黄壤	黄壤亚类	分布于花岗岩中山地区，多数面积处于海拔 1 000～1 200 m 的山地缓坡或中山山原丘岗地带，垂直分布于生草暗黄棕壤之下	1 603.67	花岗岩风化物	A_0—A_1—B—C	150
hn130	中腐花岗岩黄壤性土	黄壤性土	分布于花岗岩中低山及中山地区，海拔高度 600～1 200 m，坡度陡峻，大多在 40°以上	1 197.67	花岗岩的坡积物、残积物	A_1—AB—C、A_1—BC	35

（续）

土种编码	土种名称	所属亚类	分布情况	面积/hm^2	母质	土壤剖面构型	有效层次厚度/cm
hn131	薄腐花岗岩黄壤性土	黄壤性土	分布于花岗岩中低山、中山地区，湘北分布海拔高度为 500～1 000 m，湘南700～1 200 m	12 033.59	花岗岩坡积物、残积物	A_1—AB—C、A—BC	
hn132	中腐板、页岩黄壤性土	黄壤性土	分布于板、页岩中低山及中山地区，湘北垂直分布海拔高度 500～1 000 m，湘南700～1 300 m，山势陡峻，坡度多在 40°以上	7 600.64	板岩、片岩、千枚岩等泥质岩的坡积物	A_0—A_1—BC、A_1—AB—C	
hn133	薄腐板、页岩黄壤性土	黄壤性土	分布于板、页岩中低山及中山地区，垂直分布海拔高度湘北为 500～1 000 m，湘南700～1 300 m	101 195.11	板岩、片岩、千枚岩等泥质岩类坡积物	A_1—BC、AB—C	32
hn134	石渣黄土	黄壤性土	分布于湘西自治州花垣、永顺两县的板、页岩中、低山区，海拔高度一般为 500～1 000 m	386.14	板、页岩黄壤性土		
hn135	中腐砂岩黄壤性土	黄壤性土	分布于砂岩中低山、中山地区，尤以断层地带分布较集中，面积较大，山势陡峭，坡度在 40°以上，垂直分布高度为海拔600～1 300 m	5 780.83	沙质岩类坡积风化物	A_0—A_1—BC、A_1—AB—C	
hn136	薄腐砂岩黄壤性土	黄壤性土	分布于砂岩中山及中低山地区，以断层地带面积大，山峻坡陡，坡度多在 40°以上，垂直分布高度 600～1 300 m	35 348.04	各种砂岩坡积物	A_1—BC、A—AB—C 型	
hn137	薄腐灰岩黄壤性土	黄壤性土	位于石灰岩中低山海拔 700～1 000 m 的黄壤带区，坡度大于 20°	4 011.69			
hn138	厚腐厚土花岗岩暗黄棕壤	暗黄棕壤	分布于花岗岩中山的中上部，海拔 1 000～1 800 m，坡度 30°左右	19 465.76	花岗岩的坡积物、残积物	A_0—A_1—B—BC、A_1—AB—BC—C	150
hn139	厚腐中土花岗岩暗黄棕壤	暗黄棕壤	分布于花岗岩中山的中上部，海拔 1 000～1 800 m，坡度 30°～35°	19 370.50	各种花岗岩的坡积物、残积物	A_0—A_1—B—C、A_1—AB—BC	
hn140	中腐厚土花岗岩暗黄棕壤	暗黄棕壤	分布于花岗岩中山的中上部，海拔 1 000～1 800 m，坡度 35°左右	45 662.56	花岗岩的坡积物、残积物	A_0—A_1—B—C、A_1—AB—BC	

（续）

土种编码	土种名称	所属亚类	分布情况	面积/hm²	母质	土壤剖面构型	有效层次厚度/cm
hn141	中腐中土花岗岩暗黄棕壤	暗黄棕壤	分布于花岗岩中山的中上部或中山原丘谷，海拔1 000～1 800 m，坡度35°左右	25 928.93	各种花岗岩的残积物、坡积物	A_1—B—C、A_1—BC	
hn142	薄腐厚土花岗岩暗黄棕壤	暗黄棕壤	分布于花岗岩中山地区，多数面积处在海拔1 200～1 600 m，坡度35°左右	66 105.46	花岗岩残积物、坡积物	A_1—B—C、AB—B—C	
hn143	薄腐中土花岗岩暗黄棕壤	暗黄棕壤	分布于花岗岩中山地区，处于海拔1 000～1 800 m，坡度40°左右	24 697.12	各种花岗岩的残积物、坡积物	A_1—B—C、AB—C	
hn144	厚腐厚土板、页岩暗黄棕壤	暗黄棕壤	分布于板、页岩中山中上部的沟壑地带，海拔1 000～1 800 m，坡度30°左右	5 960.03	各种板岩、千枚岩、片岩坡积物	A_0—A_1—AB—B—BC、A_1—AB—BC	150
hn145	厚腐中土板、页岩暗黄棕壤	暗黄棕壤	分布于板、页岩中山的中上部，海拔1 000～1 800 m，坡度30°左右	6 506.97	板岩、千枚岩、片岩的坡积物	A_0—A_1—B—BC—C、A_1—AB—BC	80
hn146	中腐厚土板、页岩暗黄棕壤	暗黄棕壤	分布于板、页岩中山的中上部，海拔1 000～1 800 m，坡度38°左右	13 496.47	板岩、千枚岩、片岩的坡积物	A_0—A_1—B—BC—C、A_1—AB—BC	
hn147	中腐中土板、页岩暗黄棕壤	暗黄棕壤	分布于板、页岩中山的中上部，海拔1 000～1 800 m，坡度30°左右	34 918.64	各种板岩、千枚岩、片岩的坡积物	A_0—A_1—B—C、A_1—AB—BC	
hn148	薄腐厚土板、页岩暗黄棕壤	暗黄棕壤	分布于板、页岩中山中上部，海拔1 000～1 800 m，坡度35°左右	47 309.44	各种板岩、千枚岩、片岩的坡积物	A_1—B—C、A—BC	
hn149	薄腐中土板、页岩暗黄棕壤	暗黄棕壤	分布于板、页岩中山的中上部，海拔1 000～1 800 m，坡度40°左右	45 871.03	各种板岩、千枚岩、片岩的坡积物	A_1—B—C、A—BC	
hn150	黄棕土	暗黄棕壤	分布于海拔1 000 m以上的板、页岩山间凹地及缓坡地带	508.54	板、页岩风化物		100
hn151	厚腐厚土砂岩暗黄棕壤	暗黄棕壤	分布于砂岩中山的中上部，海拔1 000～1 800 m，坡度25°～30°	6 585.17	沙质岩类坡积物	A_0—A_1—B—C、A_0—A_1—AB—B—BC	

（续）

土种编码	土种名称	所属亚类	分布情况	面积/hm^2	母质	土壤剖面构型	有效层次厚度/cm
hn152	厚腐中土砂岩暗黄棕壤	暗黄棕壤	分布于砂岩中山的中上部，海拔 1 000～1 800 m，坡度 30°左右	3 806.09	沙质岩类坡积物	A_0—A_1—B—BC、A_0—A_1—AB	
hn153	中腐厚土砂岩暗黄棕壤	暗黄棕壤	分布于砂岩中山的中上部，海拔 1 000～1 800 m，坡度 30°左右	12 760.93	沙质岩类坡积物	A_0—A_1—B—BC、A_1—AB—BC	
hn154	中腐中土砂岩暗黄棕壤	暗黄棕壤	分布于砂岩中山的中上部，海拔 1 000～1 800 m，坡度 35°左右	13 415.73	沙质岩类坡积物	A_0—A_1—B—C、A_1—AB—BC	
hn155	薄腐厚土砂岩暗黄棕壤	暗黄棕壤	分布于砂岩中山的中上部，海拔 1 000～1 800 m，坡度 35°左右	38 505.86	沙质岩类坡积物	A_1—B—C、AB—BC	
hn156	薄腐中土砂岩暗黄棕壤	暗黄棕壤	分布于砂岩中山的中上部，海拔 1 000～1 800 m，坡度 40°左右	32 171.96	沙质岩类坡积物	A_1—B—C、A—BC	
hn157	黄棕沙土	暗黄棕壤	分布于砂岩暗黄棕壤带区的缓坡洼地、山槽地段	147.73	砂岩暗黄棕壤		
hn158	薄腐厚土灰岩暗黄棕壤	暗黄棕壤	分布于湘西石灰岩中山地区，多数面积处在海拔 1 100 m 以上的石灰岩山地缓坡或中山山原丘岗地带	27 506.60	石灰岩残积物、坡积物	A_1—A—BC、A_1—A—B—C	146
hn159	灰黄棕土	暗黄棕壤	分布于湘西海拔 1 000 m 以上的石灰岩中山、山原地区	1 854.41	各种石灰岩风化物		100
hn160	生草厚土花岗岩暗黄棕壤	暗黄棕壤	分布于花岗岩中山原丘陵的坡下部，海拔高度 1 000～1 800 m，坡度 25°左右	28 991.41	酸性岩浆岩的残积物、坡积物	A_0—A_1—B—C、A_1—AB—B—BC—C	
hn161	生草中土花岗岩暗黄棕壤	暗黄棕壤	分布于花岗岩中山原丘陵的中上部及中山的上部，海拔高度 1 000～1 800 m，坡度 30°左右	13 136.40	酸性岩浆岩的残积物、坡积物	A_0—A_1—B—C、A_1—AB—BC	
hn162	生草厚土板、页岩暗黄棕壤	暗黄棕壤	分布于板、页岩中山的缓坡地带，海拔高度1 000～1 800 m	8 800.58	板岩、片岩、千枚岩等泥质岩的坡积物	A_0—A_1—B—C、A_1—AB—BC	

（续）

土种编码	土种名称	所属亚类	分布情况	面积/hm²	母质	土壤剖面构型	有效层次厚度/cm
hn163	生草中土板、页岩暗黄棕壤	暗黄棕壤	分布于板、页岩中山的中上坡，坡度30°～40°，海拔1 000～1 800 m	6 665.63	板岩、片岩、千枚岩等泥质岩的坡积物	A_0—A_1—B—C、A_1—AB—BC	
hn164	生草厚土砂岩暗黄棕壤	暗黄棕壤	分布于砂岩中山的中上部，坡度30°左右，海拔高度1 000～1 800 m	4 584.69	砂质岩类风化物	A_0—A—B—C、A_1—AB—B—C	
hn165	生草中土砂岩暗黄棕壤	暗黄棕壤	分布于砂岩中山的上部，坡度30°～40°，海拔1 000～1 800 m	10 759.45	砂质岩类坡积物	A_0—A_1—B—C、A_1—AB—BC	
hn166	中腐花岗岩暗黄棕壤性土	暗黄棕壤性土	分布于花岗岩中山的上部，海拔1 200～1 800 m，坡度陡峻，在40°左右	3 490.08	酸性岩浆岩的残积物、坡积物	A_1—BC、A_1—C	
hn167	薄腐花岗岩暗黄棕壤性土	暗黄棕壤性土	分布于花岗岩中山的上部，海拔1 200～1 800 m，坡度在40°以上	7 913.11	各种酸性岩浆岩残积物、坡积物	A_1—（B）—C、A—C	
hn168	中腐板、页岩暗黄棕壤性土	暗黄棕壤性土	分布于板、页岩中山的上部，海拔1 200～1 800 m。坡度40°左右	3 480.28	板岩、片岩、千枚岩等泥质岩坡积物	A_1—（B）—C、A_1—A—C	
hn169	薄腐板、页岩暗黄棕壤性土	暗黄棕壤性土	分布于板、页岩中山的上部，海拔1 200～1 800 m，坡度在40°以上	8 753.44	各种板岩、片岩、千枚岩坡积物	A_1—（B）—C、A_1—C	
hn170	中腐砂岩暗黄棕壤性土	暗黄棕壤性土	分布于砂岩中山的上部，海拔1 200～1 800 m，坡度40°左右	3 332.08	各种沙质岩类坡积物	A_1—（B）—C、A—C	
hn171	薄腐砂岩暗黄棕壤性土	暗黄棕壤性土	分布于砂岩中山的上部，海拔1 200～1 800 m，坡度40°以上	8 167.37	沙质岩类坡积物	A_1—（B）—C、A—C	
hn172	薄腐厚土红色石灰土	红色石灰土	零星分布于石灰岩山丘的石山山麓坡地，谷地或剥蚀阶地	155 062.58	石灰岩或白云质岩灰岩风化物	A—B—C、A—B—BC—C	
hn173	薄腐中土红色石灰土	红色石灰土	零星分布于石灰岩山丘区的石山山麓坡地，谷地或剥蚀阶地	172 570.60	石灰岩或白云质岩风化物	A—B—C、A_1—A—B—C、A_1—A—B—D	100
hn174	薄腐薄土红色石灰土	红色石灰土	零星分布于石灰岩山丘区，与厚土、中土层红色石灰土交错分布，所处部位较高	82 039.68	石灰岩或白云质灰岩风化物	A—B—D、A_1—A—B—D、A—C—D	>32

（续）

土种编码	土种名称	所属亚类	分布情况	面积/hm^2	母质	土壤剖面构型	有效层次厚度/cm
hn175	红灰土	红色石灰土	零星分布在红色石灰土区的地势缓平、离村庄较近的地方	56 803.95	红色石灰土		100
hn176	薄腐厚土淋溶石灰土	淋溶红色石灰土	分布于石灰岩山丘区的缓坡地带，与红色石灰土呈复域分布	20 902.77	石灰岩风化物	A—B—C、A—AB—B、A_1—A—B—C	100
hn177	薄腐中土淋溶石灰土	淋溶红色石灰土	零星分布在石灰岩山丘区的缓坡地带，与红色石灰土呈复域分布	40 291.40	石灰岩风化物	A—B—C、A_1—A—B—C	62
hn178	薄腐薄土淋溶石灰土	淋溶红色石灰土	零星分布于石灰岩山丘区的陡坡地带，与红色石灰土呈复域分布	12 440.53	石灰岩风化物	A_1—A—B—D、A—BC—D	>39
hn179	灰泥土	淋溶红色石灰土	零星分布在淋溶红色石灰土区，所处地形坡度一般在20°以下	4 120.15	石灰岩风化物		100
hn180	马肝土	淋溶红色石灰土	零星分布于淋溶红色石灰土区，所处位置一般较低，多有缓坡及大块坪土	2 915.41	白云质岩风化物		100
hn181	中腐中土酸性紫色土	酸性紫色土	一般分布在海拔400 m以下的低山丘丘陵坡中	7 950.37	酸性紫色页岩风化物	A_1—A—BC、A—B—C	78
hn182	薄腐厚土酸性紫色土	酸性紫色土	分布在紫色砂、页岩区丘岗的坡脚及沟谷低平处	79 008.66	紫色砂岩与页岩风化的坡积物、残积物	A—AB—B、A—B—C	>81
hn183	薄腐中土酸性紫色土	酸性紫色土	在紫色砂、页岩区的丘岗上部	139 011.83	紫色砂岩与页岩风化坡积物	A—AB—B、A—B C—D	60
hn184	薄腐薄土酸性紫色土	酸性紫色土	所处部位在紫色砂、页岩区丘岗顶部及陡坡地	30 903.75	紫色砂岩与页岩风化的坡积物、残积物	A—C、A—B—C	>35
hn185	紫红土	酸性紫色土	在酸性紫色砂、页岩丘岗上坡	8 999.91	酸性紫色土		>43
hn186	中腐厚土酸性紫沙土	酸性紫色土	在紫色土区丘陵岗地中下部缓坡地	19 719.37	紫色砂砾岩、紫色砂岩与页岩风化的坡积物与残积物	A_1—AB—B—C、A_1—A—B—C	150
hn187	中腐中土酸性紫沙土	酸性紫色土	在紫色砂砾岩区的丘坡中上部	7 696.57	紫色砂、砾岩风化的残积物与坡积物	A_1—A—BC—C、A_1—A—B—C	64

（续）

土种编码	土种名称	所属亚类	分布情况	面积/hm^2	母质	土壤剖面构型	有效层次厚度/cm
hn188	薄腐厚土酸性紫沙土	酸性紫色土	在紫色砂、页岩区的丘岗中下部缓坡低平处	91 026.92	紫色砂、页岩风化的残积物与坡积物	A_1—A—B—C、A—B—C	150
hn189	薄腐中土酸性紫沙土	酸性紫色土	在紫色砂、页岩区的丘岗中上部坡地	313 675.50	紫色砂、页岩风化的残积物与坡积物	A_1—A—B—C、AB—B—C	80
hn190	薄腐薄土酸性紫沙土	酸性紫色土	在紫色砂、页岩丘坡中上部，坡度较陡，一般在 25°以上	162 701.28	紫色砂、页岩风化的残积物与坡积物	A—C—D、A—D	<38
hn191	酸紫沙土	酸性紫色土	在酸性紫色砂、页岩区的丘岗中下部，在村寨周围附近	19 691.43	酸性紫砂土		100
hn192	厚土层中性紫色土	中性紫色土	在紫色砂、页岩的山丘中下部缓坡及低平处	9 554.65	紫色砂、页岩风化物	A—B—C、A—B—BC	81
hn193	中土层中性紫色土	中性紫色土	在紫色砂、页岩区的丘陵山坡中下部，坡度在 20°以下	35 826.18	紫色砂、页岩残积物与坡积物	A—B—C	90
hn194	薄土层中性紫色土	中性紫色土	在紫色砂、页岩山丘区的山丘中上部山顶、山脊及部分较陡的坡上	44 573.42	紫色砂、页岩风化物	A—B—D、A—D	
hn195	中性紫泥土	中性紫色土	在中性紫色土区山丘的中、下部低平缓处	6 136.90	中性紫色土		>45
hn196	厚土层中性紫沙土	中性紫色土	在紫色砂、页岩区的丘岗中下部平缓地带	13 475.27	紫色砂岩风化物的坡积物、残积物	A—B—C	100
hn197	中土层中性紫沙土	中性紫色土	在紫色砂、页岩区的山丘中部	35 826.18	紫色砂岩风化物	A—B—C、A—B—D	100
hn198	薄土层中性紫沙土	中性紫色土	在紫色砂、页岩山丘区的山丘上部或顶部陡坡地带，地形坡度大于 45°	80 747.54	紫色砂岩风化物	A—C、A—BC—D	100
hn199	中性紫沙土	中性紫色土	在紫色砂、页岩区的低山中下部低平缓处，与中性紫色土呈复域分布	9 998.38	中性紫沙土		100
hn200	厚土层石灰性紫色土	石灰性紫色土	在紫色砂、页岩山丘区的缓坡地带	3 337.68	紫色砂、页岩坡积物	A—B—C、A—B—D	131
hn201	中土层石灰性紫色土	石灰性紫色土	在紫色砂、页岩区丘岗地中部，一般坡度在 20°左右	18 936.36	紫色砂、页岩风化物	A—B—C、A—B—BC—D	>68

（续）

土种编码	土种名称	所属亚类	分布情况	面积/hm^2	母质	土壤剖面构型	有效层次厚度/cm
hn202	薄土层石灰性紫色土	石灰性紫色土	在紫色砂、页岩区丘岗的中上部及陡坡地带	91 416.92	紫色砂砾岩风化物	A—B—D、A—D	>25
hn203	紫泥土	石灰性紫色土	在石灰性紫色土区的低平缓处	13 875.80	石灰性紫色土		>45
hn204	厚土层石灰性紫沙土	石灰性紫色土	在紫色砂、页岩丘陵缓坡地带	2 355.75	紫色砂岩、砾岩坡积物与残积物	A—B—C	100
hn205	中土层石灰性紫沙土	石灰性紫色土	在紫色砂、页岩石灰性紫沙土丘岗的中下部山坡	8 974.71	紫色砂砾岩风化物	A—B—C	>70
hn206	薄土层石灰性紫沙土	石灰性紫色土	在紫色砂、页岩区石灰性紫砂土丘岗的坡地中上部，坡度大于20°	32 632.56	石灰性紫色砂、页岩风化物	A—BC—D、AB—B—CD	55
hn207	紫沙土	石灰性紫色土	在紫色砂、页岩区石灰性紫色土丘岗的中下部平缓地带	86 529.30	紫色砂、页岩风化物		100
hn208	黑色石灰土	黑色石灰土	零星分布于石灰岩山顶岩隙岩窝处，由石灰岩（或白云质灰岩）风化物发育的幼年性土	196 063.31	石灰岩（或白云质灰岩）风化物发育的幼年性土	A—D、A—AB—D	>55
hn209	岩壳土	黑色石灰土	零星分布在黑色石灰土区	4 891.96	黑色石灰土耕作发育而成的农用旱土	A—CD、A—B—D、A—B—CD、	100
hn210	饭石土	黑色石灰土	零星分布在石灰岩地区的粗骨土地带，是由粗骨土经开垦耕种发育而成的农用旱土	9 005.05	粗骨土经开垦耕种发育而成的农用旱土。	A—CD、A—B—D、A—B—CD	>26
hn211	石灰性土	黑色石灰土	零星分布在灰岩、钙质页岩地区，是由石灰性土经开垦耕作发育而成的农用旱土	13 022.73	石灰性土经开垦耕作发育而成的农用旱土	A—CD、A—B—D、A—B—CD	66
hn212	薄腐厚土黄色石灰土	黄色石灰土	分布在海拔500～1 000 m的石灰岩中、低山坡脚或山沟与石灰岩黄壤呈复区分布	155 252.71	石灰岩的坡积物	A_1—A—B、A_1—AB—B—BC	>87
hn213	薄腐中土黄色石灰土	黄色石灰土	分布在海拔500～1 000 m的石灰岩中、低山坡中，一般在薄腐厚土黄色石灰土之上	157 183.12	黄壤气候带石灰岩风化物形成的幼年岩性土	A_1—A—B—BC、A—B—C	70

（续）

土种编码	土种名称	所属亚类	分布情况	面积/hm^2	母质	土壤剖面构型	有效层次厚度/cm
hn214	薄腐薄土黄色石灰土	黄色石灰土	分布在海拔 500～1 000 m 的石灰岩中低山坡顶或坡度较陡的地带，一般在薄腐中土黄色石灰土之上	46 120.16	石灰岩风化物形成的幼年岩性土	A_1—A—C、A—C—D	>14
hn215	黄色石灰土	黄色石灰土	分布在离村寨较近、坡度小于 25°以下的黄色石灰土区，由黄色石灰土经人工开垦耕作熟化而成的农用旱土	19 860.17	黄色石灰土经人工开垦耕作熟化而成的农用旱土	A—AB—C、A—AB—B—C	>65
hn216	中腐厚土棕色石灰土	棕色石灰土	多见海拔 1 000 m 以上的石灰岩峰丛、峰林区的常绿落叶阔叶林及灌草丛下，山地坡面石骨嶙峋	185.20	石灰岩白云岩风化物	A_0—A_1—A—B—D、A_0—A_1—A—D	90
hn217	灰棕土	棕色石灰土	分布地势高，多见于海拔 1 000 m 以上的石灰岩中山及山原的山间凹地或缓坡地	746.54	石灰岩、白云质岩风化物	A—B—D、A—B—C	100
hn218	网纹红黏土	酸性红黏土	主要分布于湖缘丘陵植被被破坏、水土流失严重的岗地及阶地，一般在裸露的网纹红色风化壳	14 735.47	第四纪红色黏土	B—C、（A）—B—C	100
hn219	灰岩石质土	钙质石质土	分布在石灰岩地区的山顶及岩壳低平山地	105 348.39	各种石灰岩碎屑风化物形成的岩性土	A—D	>10
hn220	黄板沙粗骨土	铁铝粗骨土	主要分布于板岩与页岩山区的地形破碎、坡度较陡、水土流失严重的山脊、山顶地带	57 928.09	板、页岩风化物，也有发育于砂岩、片麻岩、花岗岩等岩层之上的	A—C	31
hn221	荒洲湖潮土	潮土	分布于洞庭湖区东、南部垸外湖州草地，处于离主河道较远的湖心州地带，地形较平坦微倾斜	7 523.17	湖泊沉积物	A—C、A—B—C	100
hn222	荒洲湖潮沙土	潮土	分布于洞庭湖区东、南部垸外荒洲，处于离河道较近的堤岸边缘地带或河心洲，地形较平坦，向湖心或河道倾斜	2 333.41	河湖沉积物	A—B—C、A—C	150

（续）

土种编码	土种名称	所属亚类	分布情况	面积/hm^2	母质	土壤剖面构型	有效层次厚度/cm
hn223	潮泥土	潮土	分布于洞庭湖区东、南部垸区内，处于离河道较远的垸区中部地带	4 668.82	湖相沉积物，以静水沉积为主	A—B—C、A—C	100
hn224	潮沙泥土	潮土	分布于洞庭湖东、南部垸区，处于离垸堤较近的地带	1 880.61	河湖沉积母质	A—B—C、A—C	100
hn225	潮沙土	潮土	分布于洞庭湖南部垸区，处于河道汇合及入湖口处或垸堤倒口附近	1 315.27	河流沉积母质	A—B—C、A—C	100
hn226	荒洲紫潮土	潮土	分布于洞庭湖区西、北部垸外湖洲，处于离河湖主航道较远的回流地带，地形洼平	53 148.67	湖积物	A—B—C、A—C	100
hn227	荒洲紫潮沙泥土	潮土	主要分布于洞庭湖区西、北部垸外荒洲，处于主河道至堤岸的中部地带	16 468.95	长江沉积物	A—B—C、A—C	100
hn228	荒洲紫潮沙土	潮土	分布于洞庭湖区西、北部垸外湖洲，处于古河道或河道入湖口处，部分分布于湖区江心洲或河心洲	22 721.11	长江沉积物	A—C	100
hn229	紫潮泥土	潮土	分布于洞庭湖区西、北部垸区内，处于离河道较远、靠近内湖或垸内中部低平地带	37 600.12	湖相积物	A—C、A—B—C	100
hn230	紫潮沙泥土	潮土	分布于洞庭湖区西、北部垸田区，离垸堤或河道距离较近或处于两条河道的中部地带	41 056.01	长江沉积物	A—C、A—B—C	100
hn231	黄紫沙潮泥土	潮土	分布于洞庭湖区西、北部边缘的第四纪红土残岗地带，处于湖积平原与第四纪红土岗地间的交界地区	6 944.17	底层母质为第四纪红土，表层为湖积物	A—C、A—B—C	100
hn232	紫潮沙土	潮土	分布于洞庭湖区西、北部垸区，处于新老河道附近，河流入湖口处及江心洲一带	13 178.80	长江沉积物	A—C、A—B—C	100
hn233	间沙紫潮土	潮土	分布于洞庭湖区西、北部垸区，处于紫潮泥土与紫潮沙土的过渡地带	5 367.69	长江沉积物	A—C、A—B—C	100
hn234	紫潮菜园土	潮土	分布于洞庭湖区西、北部垸区，紧靠湖区城镇、村庄或排灌渠道两旁	2 804.41	长江沉积物	A—C、A—B—C	100

（续）

土种编码	土种名称	所属亚类	分布情况	面积/hm^2	母质	土壤剖面构型	有效层次厚度/cm
hn235	河潮土	潮土	分布于沿河两岸、离河床较远的外洲	2 447.28	河流冲积母质	A—C、A—B—C	100
hn236	沙洲土	潮土	分布于沿河两岸靠近河床的低河漫滩及江心洲，往往处于弯曲河道的凸岸，为以前的急流滩、地形向河床微微倾斜	4 609.29	流冲积物	A—C、A—B—C	100
hn237	河沙土	潮土	分布于河流两岸河漫滩及低阶地，以及面积较大的江心州	23 436.58	河流冲积物	A—C、A—B—C	100
hn238	河沙泥土	潮土	分布于河流冲积平原与溪谷平原一、二级防地或高河漫滩地带	17 187.22	河流冲积物	A—C、A—B—C	100
hn239	河菜园土	潮土	分布于江河平原或溪谷平原，位于城镇或村庄周围，地势稍高，灌溉条件较好	3 631.62	河流冲击物	A—C、A—B—C	100
hn240	石灰性河沙泥土	潮土	分布于澧水流域冲积平原与溪谷平原，处于石灰岩附近及其紧靠的下游河漫滩	2 903.55	河流冲击物	A—B—C	100
hn241	麻沙草甸土	灌丛草甸土	分布于花岗岩中山的顶部，地处海拔1 800 m以上	75.47	花岗岩的残积风化物	A_s—BC、A_s—C	30
hn242	黄草甸土	板、页岩山地灌丛草甸土	主要分布在怀化地区，处于板岩、页岩中山的顶部	4 539.22	泥质岩类坡积、残积风化物	A_s—Bc、A_s—C	30
hn243	黄沙草甸土	砂岩山地灌丛草甸土	分布于砂岩中山的顶部，海拔 1 800 m以上	321.87	砂质岩类坡积物、残积物	A_s—BC、A_s—C	30
hn244	沼泽性草甸土	山地灌丛草甸土	主要分布在邵阳城步南山牧场，零星处于海拔 1 600 m 的山涧盆地和溪谷地段的低洼处	166.67	多元母质或花岗岩风化物	A_s—A、A_s—A—C	100
hn245	浅麻沙泥	淹育性水稻土	多分布于山丘坡地位置较高、地下水位低、水源不足的高岸田、丘岗田或尾垅田	9 553.38	花岗岩及片麻岩风化物	A—A_p—C	50
hn246	浅白沙泥	淹育性水稻土	主要分布于花岗岩的花岗斑岩的山、丘坡脚的排水良好、串灌严重的地方	1 866.81	花岗岩、花岗斑岩风化物	A—A_p—C	100

（续）

土种编码	土种名称	所属亚类	分布情况	面积/hm^2	母质	土壤剖面构型	有效层次厚度/cm
hn247	浅麻泥	潴育性水稻土	一般分布于山丘花岗岩边缘地带或片麻岩残积物区的岸田、尾垅田	579.47	花岗岩、片麻岩坡积物与残积物	$A—A_p—C$	150
hn248	浅麻粉泥	潴育性水稻土	以花岗岩与云母片岩复区的山麓、山槽或丘陵岗地排水良好的排田为主	362.47	花岗岩、云母岩片风化物	$A—A_p—C$	100
hn249	浅黄泥	潴育性水稻土	分布于板、页岩山丘坡脚及沟谷的尾部，水源不足，其中一部分为新辟稻田	40 491.07	板、页岩坡积物	$A—A_p—C$	100
hn250	生黄泥	潴育性水稻土	分布部位在山丘坡地位置较高、水源不足的高岸田，多数为“望天田”，往往与浅黄泥田毗连而位居其上部	1 091.74	板、页岩风化物	$A—A_p—C$	100
hn251	石灰性浅黄泥	潴育性水稻土	各地呈零星分布，主要分布于板岩、页岩与石灰岩交界的山丘坡地	1 090.67	板、页岩风化物	$A—A_p—C$	95
hn252	沙质浅黄泥	潴育性水稻土	分布于粉沙质页岩、砂岩与泥质页岩互层地带的榜田、冲尾田	5 705.90	沙质板页岩、粉沙质岩与泥质页岩互层风化物	$A—A_p—C$	100
hn253	浅黄沙泥	潴育性水稻土	分布于山地丘陵地区的的头排田、坳田及丘岗田，海拔一般 70～500 m	20 203.77	黄色砂岩、石英砂岩等各种砂岩风化物	$A—A_p—C$	50
hn254	浅盐沙泥	潴育性水稻土	零星分布在长沙、益阳等地，其景观部位为山丘坡地的高岸田、梯田与低丘岗地榜田，水源一般较困难	258.73	硅质砂岩残积物、坡积物	$A—A_p—C$	100
hn255	浅红沙泥	潴育性水稻土	分布于丘陵低山坡地，排水良好，一般水源较缺，多为高岸田、台田、坳田，海拔 50～400 m	3 872.42	第三纪非石灰性红砂岩及震旦、寒武纪紫红色砂岩坡积物与残积物	$A—A_p—C$	100
hn256	石子红沙泥	潴育性水稻土	分布于低丘坡地的排水良好、水源较缺的榜田、台田	380.60	第三纪、白垩纪酸性砂砾岩	$A—A_p—C$	100
hn257	石灰性浅黄沙泥	潴育性水稻土	分布于山地丘陵砂岩与石灰岩互层地带的岸田与冲、垅尾部	1 320.94	酸性砂岩坡积物	$A—A_p—C$	100

（续）

土种编码	土种名称	所属亚类	分布情况	面积/hm²	母质	土壤剖面构型	有效层次厚度/cm
hn258	铁子红沙泥	潴育性水稻土	分布于紫红色石英砂岩丘坡中上部的地下水位低、排水良好的地方	137.87	紫红色石英砂岩、砂砾岩坡积物	A—A_p—C	81
hn259	浅灰黄泥	潴育性水稻土	分布于山地丘陵灰岩红壤坡地，一般系高岸田、望天田，上与山地灰岩红壤或旱地灰红土接壤，下与灰黄泥田相依。海拔一般150～500 m	2 820.28	灰岩风化物	A—A_p—C	100
hn260	浅灰黄沙泥	潴育性水稻土	分布于低山丘陵坡地中上部的水源困难、排水良好的岸、坳及台田	5 069.03	沙质灰岩风化物	A—A_p—C	100
hn261	浅灰泥	潴育性水稻土	分布于石灰岩低山、丘陵岩溶地貌区，垂直分布于石灰岩红壤之下，多系高岸田、排田，水源条件差，以天水田为主，海拔一般150～500 m	12 077.26	石灰性岩类风化物	A—A_p—C	60
hn262	浅灰沙泥	潴育性水稻土	分布于石灰岩山区山坡中、上部	1 297.81	沙质灰岩风化物	A—A_p—C	100
hn263	浅灰板田	潴育性水稻土	分布于石灰岩裸露的低山高丘缓坡地带	1 730.68	灰岩风化物	A—A_p—C	100
hn264	浅灰马肝泥	潴育性水稻土	主要分布于海拔180～500 m的低山丘陵中下部排水良好、水源困难的岸田	4 804.76	白云质岩或白云岩风化物		75
hn265	浅酸紫泥	潴育性水稻土	多分布于海拔70～400 m的丘陵及低山坡脚的排田及冲垅尾部	6 170.56	紫红色页岩风化物	A—A_p—C	31
hn266	浅酸紫沙泥	潴育性水稻土	多分布于海拔70～ 300 m的丘坡中下部	10 961.65	紫色砂岩、页岩或紫色砂岩与紫色页岩互层地段的残积物和坡积物	A—A_p—C	25
hn267	浅酸紫沙田	潴育性水稻土	景观部位为丘陵坡地排田、台田，一般海拔100～400 m	2 260.14	紫色砂砾岩风化物	A—A_p—C	100
hn268	浅酸黄紫泥	潴育性水稻土	零散分布于衡阳、长沙、株洲等地，海拔70～300 m的丘陵岗地与坡地	486.47	红土和紫色砂、页岩（砂砾岩）交界处的混合物	A—A_p—C	100
hn269	中性浅紫泥	潴育性水稻土	以怀化、衡阳、郴州等地区分布面积稍多，景观部位为丘岗及低山坡脚，海拔70～400 m地方	3 767.89	紫红色砂、页岩风化物	A—A_p—C	39

（续）

土种编码	土种名称	所属亚类	分布情况	面积/hm^2	母质	土壤剖面构型	有效层次厚度/cm
hn270	中性浅紫沙泥	淹育性水稻土	分布面积较多的是衡阳、怀化、湘西等地区。本土种多分布于海拔70～400 m的山丘坡地	4 443.89	紫色砂、页岩风化物	A—A_p—C	100
hn271	中性浅紫沙田	淹育性水稻土	零散分布在衡阳、怀化等地区紫色岩，景观部位为丘岗及低山坡脚岸田、高岸田	336.27	紫红色砂砾岩风化物	A—A_p—C	85
hn272	中性浅黄紫泥	淹育性水稻土	分布于石灰岩或第四纪红土同第三纪紫色页岩复区，以丘坡田尾垅田为主	77.27	石灰岩红壤或红土红壤同紫色页岩风化物的混合物	A—A_p—P—C	100
hn273	浅碱紫泥	淹育性水稻土	以衡阳、怀化、常德等地区分布面积较多，本土种多分布于海拔70～300 m的丘坡中上部或冲、垅尾部	10 402.32	紫色页岩风化物	A—A_p—C—CD	63
hn274	浅碱紫沙泥	淹育性水稻土	在湘西、怀化、常德等地面积略多，分布于海拔70～300 m的丘陵榜田及尾部垅田	1 614.21	紫色砂、页岩互层风化物	A—A_p—C	100
hn275	浅碱紫沙田	淹育性水稻土	零散分布于湘西、常德、怀化、郴州四地区。分布于紫色砂岩、砂砾岩丘陵缓坡地榜田，海拔70～300 m	123.13	紫色砂岩、砂砾岩风化物	A—A_p—C	100
hn276	泥岩渣田	淹育性水稻土	分布于低山沟谷两岸中下部或丘陵坡地，水源缺乏	7 158.90	砂砾岩、板岩与页岩残积物或硅质岩的坡积物	A—A_p—C	19
hn277	火炼岩田	淹育性水稻土	主要分布于中低山麓上旱土毗连地带	415.94	燧石团块灰岩或白云质燧石灰岩的坡积物	A—A_p—C	28
hn278	岩板底田	淹育性水稻土	主要分布于山丘坡脚及山坳山槽地带，排水良好	1 020.21	各种母岩母质	A—A_p—C	20
hn279	炭质岩渣田	淹育性水稻土	分布于低山丘陵坡地岸田及沟谷两侧榜田	81.80	炭质页岩风化物	A—A_p—CD	20
hn280	浅红黄泥	淹育性水稻土	分布在丘陵岗地的排田及湖缘地带地形较高的缓坡梯田	20 809.70	第四纪红土母质	A—A_p—C	20
hn281	石子红黄泥	淹育性水稻土	分布于第四纪红土丘陵水土流失严重的地段	551.47	第四纪红土白沙井砾石层	A—A_p—CD	20

（续）

土种编码	土种名称	所属亚类	分布情况	面积/hm^2	母质	土壤剖面构型	有效层次厚度/cm
hn282	五花红黄泥	淹育性水稻土	分布于第四纪红土低岗缓坡地段的水土流失严重的地方	2 596.75	第四纪红土网纹层	A—A_p—C	20
hn283	铁子红黄泥	淹育性水稻土	分布于第四纪红土侵蚀严重的低岗缓坡地段	2 870.55	第四纪红土的铁锰结核层	A—A_p—B—C	100
hn284	浅红黄沙泥	淹育性水稻土	分布于湘西、娄底等地的河流两岸的阶地	5.07		A—A_p—P—C	100
hn285	浅金属矿毒田	淹育性水稻土	分布于山丘金属矿区（蕴藏区）地势较高、水源较困难的排田、尾冲垅田	191.00	砂岩、板岩、页岩风化物为主	A—A_p—C	26
hn286	浅非金属矿毒田	淹育性水稻土	分布在煤矿、硫磺矿、砒霜矿等非金属工矿区地势较高、排水良好的榜田及尾冲垅田	24.00	石灰岩、板岩、页岩或砂岩石灰岩互层区风化物	A—A_p—P—C	100
hn287	浅废水污染田	淹育性水稻土	分布于工厂附近地势较高、受水气污染的岸田	74.73	多种母质	A—A_p—C	17
hn288	麻沙泥	潴育性水稻土	一般分布于海拔 500 m 以下的山丘坡地，以低岸田或排水良好的冲、垅田为主	77 879.79	花岗岩、花岗斑岩及变质的片麻岩风化形成的红壤母土	A—A_p—W—C	100
hn289	麻泥田	潴育性水稻土	在株洲、郴州、岳阳等地市有较多分布，分布于花岗岩边缘地区的山丘坡地	5 142.56	粗粒花岗斑岩、伟晶花岗岩或含长石多的二长花岗岩等岩浆岩风化物	A—A_p—W—C	100
hn290	黄麻沙泥	潴育性水稻土	分布于海拔 600 m 以上的花岗岩山地黄壤区	8 732.24	花岗岩黄壤、暗黄棕壤母土	A—A_p—W—C	100
hn291	白沙泥	潴育性水稻土	多分布在水分活动强烈的山坡下部和串灌严重的地方	3 581.08	花岗岩风化物	A—A_p—W—C	100
hn292	麻粉泥	潴育性水稻土	分布于云母片岩区的山地丘陵坡脚，为排水条件好的冲、垅田或榜田	1 546.01	云片岩风化物	A—A_p—W	100
hn293	青隔麻沙泥	潴育性水稻土	分布于花岗岩山地丘陵区，一般为地势平缓、排水条件较差的冲、垅田或低岸田	22 655.58	花岗岩及变质的片麻岩风化物	A—A_{pg}—W—C	100

（续）

土种编码	土种名称	所属亚类	分布情况	面积/hm^2	母质	土壤剖面构型	有效层次厚度/cm
hn294	石灰性麻沙泥	潴育性水稻土	分布于中低山及丘陵坡脚的低岸二垄田及排水条件良好的冲垅田	278.13	花岗岩风化物	$A—A_p—W—C$	100
hn295	黄泥田	潴育性水稻土	分布于板、页岩山地丘陵坡脚，属低岸田及冲垅排水良好的稻田	18 025.49	板、页岩坡积物	$A—A_p—W$	100
hn296	黑黄泥田	潴育性水稻土	多分布于村前屋后，为耕作年代久、排灌条件好、精耕细作的稻田	17 542.35	板、页岩风化物	$A—A_p—W—C$	100
hn297	黄夹泥	潴育性水稻土	分布于板、页岩区的低山丘陵坡脚，为排水良好的冲垅田，一般离村庄较远	4 542.89	泥质页岩、炭质岩等板岩与页岩风化物	$A—A_p—W_a—W_b$	100
hn298	显煤泥	潴育性水稻土	分布于低山丘陵坡脚，一般是靠近煤矿的低岸、冲垅田	612.74	炭质页岩、砂岩风化物	$A—A_p—W—C$	100
hn299	青隔黄泥田	潴育性水稻土	分布在板、页岩山丘区的冲垅、谷地中下部或靠近水圳下部	42 366.95	板、页岩坡积物	$A—A_p—W_a—W_b$	100
hn300	石灰性黄泥田	潴育性水稻土	分布于板岩、页岩与石灰岩复区，位于低山丘陵坡脚或冲垅的中上部	11 985.19	板、页岩坡积物	$A—A_p—W—C$	100
hn301	沙质黄泥田	潴育性水稻土	主要分布在郴州、怀化、益阳、衡阳等地，分布部位为山地丘陵坡脚排水良好的二排田和冲垅田	15 919.81	粉沙质及沙质板、页岩坡积物，或砂岩与板岩、页岩分界地混合物	$A—A_p—W$	100
hn302	黄扁沙泥	潴育性水稻土	分布于中、低山板岩与页岩地区的窝槽、狭谷及山边容易受山洪袭击的稻田	18 793.03	黄色板、页岩残积物与坡积物	$A—A_p—W$	100
hn303	青扁沙泥	潴育性水稻土	分布于山地丘陵坡脚，一般为低排田、冲垅中上部田	6 721.83	青灰色板、页岩风化物	$A—A_p—W—C$	100
hn304	黑扁沙泥	潴育性水稻土	分布面窄，主要分布于低山丘陵坡脚易受山洪侵害的地方，地势较缓，地下水位低，排水良好	523.14	炭质页岩现代残积物与坡积风化物	$A—A_p—W—C$	100

（续）

土种编码	土种名称	所属亚类	分布情况	面积/hm^2	母质	土壤剖面构型	有效层次厚度/cm
hn305	青隔黄扁沙泥	潴育性水稻土	分布于板岩与页岩山地、丘陵的山谷、窝槽排水条件较差的地方	2 328.14	板、页岩残积与坡积风化物	$A—A_{pg}—W—C$	95
hn306	石灰性黄扁泥沙	潴育性水稻土	多分布于板、页岩与石灰岩风化物，位于山坡脚低排田及窝槽处	238.73	板、页岩残积物、坡积物		
hn307	岩渣田	潴育性水稻土	零散分布于陡坡山麓及冲垅依坡两岸	9 437.58	硅质砂岩或硅质页岩的残积物或坡积物	$A—A_p—W—C$	100
hn308	青隔岩渣田	潴育性水稻土	分布于山丘坡脚或冲垅两旁排水条件较差的沟渠附近	803.20	硅质岩类的残积物或坡积物	$A—A_p—W$	100
hn309	石灰性岩渣田	潴育性水稻土	分布于山丘坡脚、窝槽等地，地下水位较低，排水条件好	114.40	硅质砂岩或硅质页岩残积物或坡积物	$A—A_p—W$	100
hn310	黄沙泥	潴育性水稻土	分布部位为山地丘陵的二排田和排水良好的冲、垅田	114 872.24	黄砂岩的坡积物或洪积物	$A—A_p—W—C$	100
hn311	黑黄沙泥	潴育性水稻土	一般分布于村前屋后施肥水平较高、排水良好的冲垅处	1 702.41	砂岩母质风化物	$A—A_p—W$	100
hn312	盐沙泥	潴育性水稻土	分布于砂岩地区的山丘坡脚，一般为排田及排水良好的冲垅田	741.80	硅质砂岩风化物	$A—A_p—W$	100
hn313	红沙泥	潴育性水稻土	分布在红砂岩丘陵地带，为低岸、冲垅田	24 535.32	第三纪红砂岩风化物	$A—A_p—W—C$	100
hn314	青隔黄沙泥	潴育性水稻土	分布于山丘坡脚排水欠佳的冲垅田，或靠近沟渠塘库的低岸田	18 059.29	砂岩风化物	$A—A_{pg}—W$	100
hn315	石灰性黄沙泥	潴育性水稻土	分布于砂岩与石灰岩复区，为低岸或排水良好的冲垅田	15 290.41	砂岩坡积物	$A—A_p—W$	100
hn316	灰黄泥	潴育水稻土	分布于山丘地表起伏较大的石灰岩地区，为低排田及排水条件较好的冲垅田	107 594.00	普通灰岩风化物	$A—A_p—W—C$（G）、$A—A_{pg}—W—C$（G）	100
hn317	黑灰黄泥	潴育水稻土	分布于石灰岩区村庄附近施肥水平较高、排水条件较好的二排、冲垅中	2 555.88	石灰岩风化物	$A—A_p—W—C$（G）、$A—A_{pg}—W—C$（G）	100

（续）

土种编码	土种名称	所属亚类	分布情况	面积/hm^2	母质	土壤剖面构型	有效层次厚度/cm
hn318	灰黄沙泥	潴育水稻土	多分布于山丘地表起伏度大的石灰岩地区，以低岸田及排水良好的冲垅田为主	19 652.76	沙质灰岩风化物	$A—A_p—W—C$（G）、$A—A_{pg}—W—C$（G）	100
hn319	灰黄马肝泥	潴育水稻土	分布于白云质灰岩地区的低岸、冲垅地方	853.54	白云质灰岩坡积物	$A—A_p—W—C$（G）、$A—A_{pg}—W—C$（G）	100
hn320	灰红黄泥	潴育水稻土	分布于板岩、页岩与石灰岩复区山丘坡脚的低岸及排水良好的冲、垅中	3 147.08	板、页岩风化物及石灰岩风化物二元母质上	$A—A_p—W—C$（G）、$A—A_{pg}—W—C$（G）	46
hn321	青隔灰黄泥	潴育水稻土	分布于石灰岩山丘起伏度大的低岸、冲垅中	11 949.53	石灰岩风化物	$A—A_p—W—C$（G）、$A—A_{pg}—W—C$（G）	
hn322	灰泥田	潴育水稻土	分布于石灰岩区起伏较大的山丘坡脚及排水良好的冲垅中	83 159.15	泥质灰岩、钙质页岩风化物	$A—A_p—W—C$、$A—A_{pg}—W—C$	100
hn323	黑灰泥田	潴育水稻土	分布于村庄附近，便于精耕细作，排水条件好，施肥水平较高，一般为冲垅田或低岸田	4 005.09	泥质灰岩、钙质页岩或普通灰岩风化物	$A—A_p—W—C$、$A—A_{pg}—W—C$	100
hn324	灰沙泥田	潴育水稻土	分布部位为起伏度较大的低山、丘陵坡脚，一般为低排田及排水较好的冲、垅田	10 738.72	沙质灰岩风化物	$A—A_p—W—C$、$A—A_{pg}—W—C$	100
hn325	灰马肝泥	潴育水稻土	分布于丘陵及低山坡脚，为排田、低排田及排水良好的垅、冲田	9 355.45	白云岩、白云质灰岩风化物，或二元母质	$A—A_p—W—C$、$A—A_{pg}—W—C$	100
hn326	青隔灰泥田	潴育水稻土	分布于石灰岩山丘区，为排水条件较差的冲、溶田	20 704.84	厚层状灰岩、砂质灰岩等各种灰岩风化物	$A—A_p—W—C$、$A—A_{pg}—W—C$	90
hn327	鸭屎泥田	潴育水稻土	主要分布于岩溶地貌区，排田、低排田及排水较好的冲、垅田都有	50 482.79	泥质灰岩、钙质页岩及各种石灰岩风化物	$A—A_p—W—C$、$A—A_{pg}—W—C$	100
hn328	酸紫泥	潴育水稻土	分布于紫色页岩丘陵区，一般属低榜田及冲、溶田，排水条件良好	28 558.34	第三纪或白垩纪红紫色页岩风化物	$A—A_p—W—C$（G）、$A—A_{pg}—W—C$（G）	100
hn329	酸紫沙泥	潴育水稻土	主要分布在紫色砂岩丘陵区，排水条件较好，一般为低排田或冲垅田	43 437.62	第三纪或白垩纪紫色砂岩、岩风化物	$A—A_p—W—C$（G）、$A—A_{pg}—W—C$（G）	100

（续）

土种编码	土种名称	所属亚类	分布情况	面积/hm^2	母质	土壤剖面构型	有效层次厚度/cm
hn330	红紫泥	潴育水稻土	分布于第四纪红土与紫色砂岩、页岩丘陵复区	19 862.83	第四纪红土与紫色土二元母质	A—A_p—W—C（G）、A—A_{pg}—W—C（G）	100
hn331	青隔酸紫泥	潴育水稻土	分布在紫色砂、页岩丘陵区的冲垅之中，所处地势较低，排水条件较差	14 975.61	紫色砂岩、页岩风化物	A—A_p—W—C（G）、A—A_{pg}—W—C（G）	100
hn332	中性紫泥	潴育水稻土	多分布于紫色页岩区中低丘陵坡地中下部，以排田、冲垅田为主，排灌条件较好	25 984.73	紫色页岩风化物	A—A_p—W—C（G）、A—A_{pg}—W—C（G）	100
hn333	中性紫沙泥	潴育水稻土	多分布于紫色砂、页岩丘岗缓坡地带，排水较好的冲、溶低榜田，水源充足	19 847.63	紫色砂岩、页岩风化物	A—A_p—W—C（G）、A—A_{pg}—W—C（G）	100
hn334	中性紫沙田	潴育水稻土	分布于砂砾岩区的中低丘陵坡脚，以冲、垅田为主，排水条件好	1 909.81	紫色砂岩、砂砾岩残积物与坡积物	A—A_p—W—C（G）、A—A_{pg}—W—C（G）	
hn335	青隔中性紫泥	潴育水稻土	分布于紫色砂、页岩区丘陵坡地中下部，多以低排田、冲垅田为主	6 509.77	紫色砂岩、页岩残积物与坡积物	A—A_p—W—C（G）、A—A_{pg}—W—C（G）	100
hn336	碱紫泥	潴育水稻土	分布于紫色页岩区中低丘陵坡地中下部，灌排条件较好，一般为排田或冲垅田	38 994.86	紫色页岩风化物	A—A_p—W—C（G）、A—A_{pg}—W—C（G）	100
hn337	暗碱紫泥	潴育水稻土	分布于紫色砂、页岩丘陵坡地中下部，一般靠近村庄或屋前屋后	3 688.02	紫色砂岩、页岩风化物	A—A_p—W—C（G）、A—A_{pg}—W—C（G）	100
hn338	碱紫沙泥	潴育水稻土	分布在紫色砂岩山丘区，排水良好，地下水位 60 cm 以下，一般以冲田、溶田为主	11 380.79	紫色砂岩、砂砾岩坡积物	A—A_p—W—C（G）、A—A_{pg}—W—C（G）	100
hn339	青隔碱紫泥	潴育水稻土	分布于紫色砂、页岩山丘坡脚排水条件较差的冲、垅田	14 004.14	紫色砂岩、页岩风化物	A—A_p—W—C（G）、A—A_{pg}—W—C（G）	100
hn340	红黄泥	潴育水稻土	广泛分布于低山丘岗地、湖阶地，为排水良好的开阔垅田、排田及部分冲田，水源充足	215 897.75	第四纪红土母质	A—A_p—W—C（G）、A—A_{pg}—W—C（G）	100
hn341	熟红黄泥	潴育水稻土	分布于丘陵地区缓坡地带，一般为坡地中下部，紧依村庄集镇，为低排田或排水良好的冲垅田	10 773.79	第四纪红土母质	A—A_p—W—C（G）、A—A_{pg}—W—C（G）	100

（续）

土种编码	土种名称	所属亚类	分布情况	面积/hm^2	母质	土壤剖面构型	有效层次厚度/cm
hn342	红黄沙泥	潴育水稻土	主要分布在湖南省湘、资、沅、澧四水上、中游及其支流所形成的阶地上	15 552.28	第四纪红土	A—A_p—W—C（G）、A—A_{pg}—W—C（G）	100
hn343	青隔红黄泥	潴育水稻土	分布于地势较平缓、排水条件较差的冲、垅地段	63 128.72	第四纪红土	A—A_{pg}—W—C（G）	100
hn344	石灰性红黄泥	潴育水稻土	主要分布在第四纪红土与石灰岩或紫色砂岩、页岩复区的丘陵缓坡一带，一般为低榜田，排水条件良好	5 450.76	第四纪红土	A—A_p—W—C（G）、A—A_{pg}—W—C（G）	100
hn345	黄腊泥	潴育水稻土	分布于洞庭湖缘微有起伏的较高部位	9 892.72	第四纪红土	A—A_p—W—C（G）、A—A_{pg}—W—C（G）	100
hn346	河沙泥	潴育水稻土	分布于河流两岸一、二级阶地或河滩边沿地带，地形平坦，灌排条件较好	169 566.38	河流沉积物	A—A_p—W—C、A—A_{pg}—W—C（G）	100
hn347	紫河潮泥	潴育水稻土	分布于紫色砂、页岩地区河流两岸及其下游的河漫滩或低阶地	5 532.36	河流冲积物	A—A_p—W—C、A—A_{pg}—W—C（G）	100
hn348	青隔河沙泥	潴育水稻土	分布于河流冲积平原地势低平地带，地表水常不易排出而造成耕层渣水	23 221.25	河流冲积物	A—A_p—W—C、A—A_{pg}—W—C（G）	100
hn349	河潮泥	潴育水稻土	分布于河流冲积平原及离河床较远的高河漫滩地带，地形平坦，排灌条件较好，但可能遭受特大洪水的淹没	37 928.19	河流冲积物	A—A_p—W—C、A—A_{pg}—W—C（G）	100
hn350	河沙田	潴育性水稻土	分布于河流两岸河漫滩及接近河床边缘的低阶地，地形低平，常遭洪水淹没	25 628.73	河流冲积物	A—A_p—W—C	55
hn351	石灰性河沙泥	潴育性水稻土	景观部位及形成条件分布于石灰岩地区沿河两岸的河谷地带，以大冲垅田和畈田为主，地形相对平坦	19 207.50	河流冲积物	A—A_p—W—C	>69
hn352	红底河沙泥	潴育性水稻土	分布于第四纪红土地区河流两岸的阶地，以畈田为主	5 548.76	河流冲积物与第四纪红土	A—A_p—W—C	100

（续）

土种编码	土种名称	所属亚类	分布情况	面积/hm^2	母质	土壤剖面构型	有效层次厚度/cm
hn353	石底河沙泥	潴育性水稻土	分布于各大小河溪谷地，靠近河床，常受洪水淹没，地形随河床变化而异	9 207.38	河流冲积物	$A—A_p—S$	>27
hn354	潮沙泥	潴育性水稻土	分布于洞庭南部河流入湖口地带，经人工筑堤围垸，开垦种稻而成，地形平坦，人工沟渠纵横交错	9 304.31	河湖沉积物	$A—A_p—W—C$	>70
hn355	暗潮沙泥	潴育性水稻土	分布于洞庭湖区南部垸田区，靠近大小村庄附近，常称为自肥田	595.67	河湖沉积物	$A—A_p—W—C$	100
hn356	潮泥田	潴育性水稻土	分布于洞庭湖区南部垸区离河口较远的地带，往往靠近内湖	24 339.92	原湖泊静水沉积物为主	$A—A_p—W—C$、$A—A_{pg}—W—C$	100
hn357	潮沙田	潴育性水稻土	一般分布于洞庭湖区南部离河床较近的原急流处与堤垸缺口处，并常在河流的凸岸部分	695.94	湘江、资水尾闾河湖沉积物	$A—A_p—W—C$	>87
hn358	间沙潮沙泥	潴育性水稻土	一般分布于洞庭湖区南部垸区原古河道或河心洲等沉积迅速的地区。往往是由于原沉积环境的改变，在土体剖面范围内夹有沙层	755.60	湘江、资水尾闾地带的河湖沉积物	$A—A_p—W1—S—W2—C$、$A—A_p—S—W—C$	87
hn359	青隔潮沙泥	潴育性水稻土	一般分布于洞庭湖南部垸区地势较低平、排水较差的地带，部分为内湖疏干后开垦成的稻田，一部分紧靠内湖边沿	9 490.18	河湖沉积物，并以静水沉积为主	$A—A_{pg}—W—C$（G）	100
hn360	红底潮沙泥	潴育性水稻土	一般分布于湖区与第四纪红土接壤地带，地势较一般垸田稍高，常常不规则，分布于湖区第四纪红土周围或某一边	7 254.44	河湖沉积物	$A—A_p—W—C$	100
hn361	石灰性潮沙泥	潴育性水稻土	分布于洞庭湖南部，湘江、资水汇合处的部分垸区，往往处于靠近河流一侧	526.67	河湖沉积物	$A—A_p—W—C$	>78
hn362	紫潮泥	潴育性水稻土	分布于洞庭湖区西、北部垸田，离河岸较远	78 120.92	石灰性河湖沉积物	$A—A_p—W—C$	100

（续）

土种编码	土种名称	所属亚类	分布情况	面积/hm^2	母质	土壤剖面构型	有效层次厚度/cm
hn363	暗紫潮泥	潴育性水稻土	分布于洞庭湖区西、北部垸田区，靠近大小村庄	982.54	石灰性河湖沉积物	$A—A_p—W—C$	>78
hn364	紫潮沙泥	潴育性水稻土	分布于洞庭湖区西、北部垸田区，大部分处于垸田的中部地带	35 934.05	石灰性河湖沉积物	$A—A_p—W—C$	100
hn365	紫潮沙田	潴育性水稻土	分布于洞庭湖区西、北部的垸田区，常处于河道、河心州及堤垸倒口附近，在垸田中近河堤地带	5 234.96	石灰性河湖沉积物	$A—A_p—W—G$	100
hn366	间沙紫潮泥	潴育性水稻土	分布于洞庭湖区西、北部垸田区，处于紫潮泥与紫潮沙田的过渡地带或河流附近	8 390.31	河湖沉积物	$A—A_p—S—W—C$（G）、$A—A_p—W1—S—W2—C$	100
hn367	青隔紫潮泥	潴育性水稻土	分布洞庭湖西、北部垸田区，处于地势较低、排水较差的地带	25 262.59	石灰性河湖沉积物	$A—A_{pg}—W—C$（G）、$A—A_p—$（g）$—W—C$（G）	100
hn368	沙底紫潮泥	潴育性水稻土	分布于洞庭湖区西、北垸区，与间沙紫潮泥所处地形部位类形，常为古河道经过的地段	10 014.85	石灰性河湖沉积物	$A—A_p—W—S$、$A—A_p—W_s$	100
hn369	金属矿毒田	潴育性水稻土	分布于山地丘陵各种金属矿区（蕴藏区），排水较好的排田、冲垅地带	1 165.61	以砂岩、板岩、页岩风化物为主，少数为石灰岩、紫色砂岩与页岩风化物	$A—A_p—W—C$	100
hn370	非金属矿毒田	潴育性水稻土	一般分布于山丘地区的煤炭、硫黄、砷矿等非金属矿区附近	8 718.98	以砂岩、页岩互层或砂岩复盖石灰岩二元母质风化物	$A—A_p—W—C$	100
hn371	废水污染田	潴育性水稻土	分布于工厂附近，受各种废水、废气污染危害而成，一般为低排田、冲垅田	202.07	各种成土母质	$A—A_p—W—C$	100
hn372	白鳝泥	潴育性水稻土	分布于粉沙质页岩、页岩夹沙岩的低山、丘陵谷坡地带	2 447.61	粉沙质页岩或页岩、夹沙岩残积物与坡积物	$A—A_{pe}—E—W—C$ 或 $A—A_p—W_e—E—C$	100
hn373	白磁沙泥	潴育性水稻土	多分布于红色砂、页岩或细粒红沙岩地带的低山、丘陵坡脚较平缓的垅田	339.07	红色砂、页岩或细粒红砂岩风化物	$A—A_p—W—C$	72

（续）

土种编码	土种名称	所属亚类	分布情况	面积/hm^2	母质	土壤剖面构型	有效层次厚度/cm
hn374	白夹泥	潴育性水稻土	分布于地势倾斜的山丘坡脚，以排田为主	1 501.54	板、页岩风化物	$A—A_p—E—W—C$	>95
hn375	青隔白鳝泥	潴育性水稻土	分布于粉沙质页岩或页岩夹沙岩的低山、丘陵坡脚缓坡地	736.20	粉沙质页岩或砂岩、页岩互层区残积物与坡积物	$A—A_{pg}—W_e—E—C$ 或 $A—A_{pg}—E—W—C$	100
hn376	石灰性白鳝泥	潴育性水稻土	分布于粉沙质页岩与石灰岩复区地带的低山、丘陵坡脚排田、垅田	500.67	粉沙质岩风化物	$A—A_{pg}—W_e—E—C$ 或 $A—A_{pg}—E—W—C$	100
hn377	白散泥	漂白性水稻土	多分布于古河道两岸的一级阶地，以及平原	23 160.85	粉沙质页宕、第四纪红土等母质	$A—A_p—E—W$	>70
hn378	铁子白散泥	漂白性水稻土	分布在剥蚀较严重的低丘、平湖区的“残岗”地带及古河道两岸的一级阶地上面	1 686.68	表土几乎被剥蚀的第四纪红土等母质	$A—A_p—E—C$	100
hn379	青隔白散泥	漂白性水稻土	分布于地势较低的丘岗坡脚或沿河谷坡地带	5 308.56	第四纪红土、粉沙页岩、板岩及页岩等风化物	$A—A_{pg}—E_e$	100
hn380	流沙底田	漂白性水稻土	多分布在河流两岸地形倾斜明显的一级阶地及花岗岩区垅田与河谷平原接界地	1 340.74	河流冲积物、第四纪红土、古河积物	$A—A_p—E—S—C$	45
hn381	青泥田	潜育性水稻土	分布在平原洼地、河谷及山丘下部低洼积水处，以及常年积水的冲垅田	119 103.13	板岩与页岩风化物、第四纪红土等	$A—A_{pg}—G$	100
hn382	青夹泥	潜育性水稻土	分布于山地、丘陵冲垅及排水不良的洼地	38 832.73	石灰岩、板岩、页岩风化物及第四纪红土等	$A—A_{pg}—G$	100
hn383	青麻沙泥	潜育性水稻土	分布在山弛丘陵区排水不良的冲、垅田地带	38 926.59	各种花岗岩风化物	$A—A_{pg}—G$	
hn384	青沙泥	潜育性水稻土	分布于丘陵山区及近河床排水不良的低洼田	60 827.84	河流冲积物及粗粒砂岩风化物	$A—A_{pg}—G$	100
hn385	青鸭屎泥	潜育性水稻土	分布于石灰岩山地、丘陵地势低洼、排水不良的冲垅之中	55 747.08	石灰岩风化物或泥质灰岩、钙质页岩风化物	$Ag—A_{pg}—G$	100
hn386	青紫泥	潜育性水稻土	分布于紫色砂岩、页岩山丘区冲、垅下部的低洼地段，地下水位高，潜育现象严重	35 081.44	紫色砂岩、页岩风化物	$A—A_{pg}—G$	100

（续）

土种编码	土种名称	所属亚类	分布情况	面积/hm^2	母质	土壤剖面构型	有效层次厚度/cm
hn387	青紫沙泥	潜育性水稻土	青紫沙泥分布于紫色砂岩山丘区排水不良的冲、垅地带	12 853.13	紫色砂岩风化物	A—A_{pg}—G	100
hn388	青紫潮泥	潜育性水稻土	分布于洞庭湖区西、北部垸田区，离河道较远或靠近内湖周围的低洼地带	29 388.88	石灰性湖积物	A—A_{pg}—G	100
hn389	青紫潮沙泥	潜育性水稻土	分布于洞庭湖区西、北部垸田内，靠近内湖旧河道或堤坝附近的低洼地带	11 024.92	石灰性河湖沉积物，以长江沉积物为主	A—A_{pg}—G	100
hn390	石灰性青泥田	潜育性水稻土	一般零星分布于排水不良的山丘平地的低洼地段	24 515.99	以板页岩、砂岩风化物为主，在第四纪红土及河流冲积物上也有分布	A—A_{pg}—G	＞70
hn391	青岩渣子田	潜育性水稻土	主要分布在硅质岩、板岩、页岩山地丘陵区冲、垅低洼处	1 490.47	硅质岩、板岩、页岩谷底坡积物	A—A_{pg}—G	100
hn392	冷浸泥田	潜育性水稻土	主要分布于山丘冲垅低洼处	17 683.29	板岩、页岩、第四纪红土、石灰岩、紫色页岩等各种黏性母质风化物	A—A_{pg}—G	＞35
hn393	冷浸沙田	潜育性水稻土	主要分布于山丘地区低洼处有冷浸水溢出的山边田或狭窄的冲田	11 502.79	砂岩风化物	A—A_{pg}—G	100
hn394	冷浸阴山田	潜育性水稻土	分布于地势低洼、地下水位高的山区狭谷地带	6 761.10	板岩、页岩、砂岩风化物	A—A_{pg}—G	100
hn395	石灰性冷浸田	潜育性水稻土	多分布于低山、丘陵的石灰岩、紫色岩区，常年受钙质冷浸水浸渍的低洼地段	1 988.68	以石灰岩与紫色岩为主的风化物，也有的分布于石灰岩、板岩、页岩复区地带，有的则因施用石灰而形成	A—A_{pg}—G	85
hn396	冷浸岩渣田	潜育性水稻土	多分布于山涧谷地	2 157.81	板岩、页岩、硅质岩坡积物、洪积物及河流冲积物	A—A_{pg}—G	100
hn397	锈水田	潜育性水稻土	分布于山丘冲垅的局部地势低洼处	3 331.68	各种母质	A—A_{pg}—G	100

（续）

土种编码	土种名称	所属亚类	分布情况	面积/hm^2	母质	土壤剖面构型	有效层次厚度/cm
hn398	青金属（铅锌）矿毒田	潜育性水稻土	分布于金属矿区（蕴藏区）山丘低洼积水处冲垅中	20 811.44	以变质岩、砂岩、岩风化物较多	$A—A_{pg}—G—C$	100
hn399	青非金属矿毒田	潜育性水稻土	分布于非金属工矿区冲垅低洼处	1 885.34	各种母质母土	$A—A_{pg}—G—C$	100
hn400	青废水污染田	潜育性水稻土	主要分布于工厂附近排水欠佳的低洼稻田	231.87	各种母质	$A—A_{pg}—G—C$	100
hn401	烂泥田	潜育性水稻土	分布在局部地势低洼积水处，以冲、垅接口处较多	12 517.66	各种母质	Ag—G	＞23
hn402	滂眼田	潜育性水稻土	位于地下烂水丰富的低洼地段，田中局部有泉眼，深达数尺至丈余，终年溢水不段	6 984.17	多种母质	Ag—G	100
hn403	石灰性烂泥田	潜育性水稻土	分布于山丘地区山冲沟谷地带排水不良低洼区	5 904.43	灰岩、钙质页岩、泥质灰岩、紫色岩类风化物	Ag—G	100
hn404	烂湖田	潜育性水稻土	分布于洞庭湖东、南部垸区，靠近大小湖边缘的低洼地带	2 072.48	河潮沉积物	Ag—G	100
hn405	紫烂湖田	潜育性水稻土	分布于洞庭湖区西、北部垸区，内湖边缘低洼地带，终年渍水，排水困难	1 119.87	石灰性河潮沉积物	Ag—G	100

主要参考文献

安学武，付吉林，2019. 农业气象自动观测系统数据与人工观测数据对比分析［J］. 中国农学通报，35（25）：108-114.

鲍士旦，2000. 土壤农化分析（第三版）［M］. 北京：中国农业出版社.

陈安磊，谢小立，陈惟财，等，2009. 长期施肥对红壤稻田耕层土壤碳储量的影响［J］. 环境科学，30（5）：1267-1272.

邓建强，2009. 典型红壤区土壤水分动态变化模拟及预测模型研究［D］. 南京：南京农业大学.

董鸣，1996. 陆地生物群落调查观测与分析［M］. 北京：中国标准出版社.

樊万珍，邵玉红，郭守生，2017. 自动站与人工观测常规气象要素差异对比分析［J］. 青海气象（3）：68-73.

胡波，刘广仁，王跃思，等，2012. 中国生态系统研究网络（CERN）长期观测质量管理规范丛书：生态系统气象辐射监测质量控制方法［M］. 北京：中国环境出版社.

胡雷，王长庭，阿的鲁骥，等，2015. 高寒草甸植物根系生物量及有机碳含量与土壤机械组成的关系［J］. 西南民族大学学报（自然科学版），41（1）：6-11.

黄昌勇，徐建明，2010. 土壤学［M］. 北京：中国农业出版社.

贾秋洪，2016. 低丘红壤区农田小气候特征及土壤水分动态模拟［D］. 南京：南京信息工程大学.

李灵，2010. 南方红壤丘陵区不同土地利用的土壤生态效应研究［D］. 北京：北京林业大学.

李酉开，1983. 土壤农业化学常规分析方法［M］. 北京：科学出版社.

刘光崧，1996. 土壤理化分析与剖面描述［M］. 北京：中国标准出版社.

刘作新，唐力生，2003. 褐土机械组成空间变异等级次序地统计学估计［J］. 农业工程学报，19（3）：27-32.

鲁如坤，1999. 土壤农业化学分析方法［M］. 北京：中国农业科技出版社.

陆景陵，2003. 植物营养学［M］. 北京：中国农业大学出版社.

全国土壤普查办公室，1993. 中国土种志［M］. 北京：农业出版社.

全国土壤普查办公室，1998. 中国土壤［M］. 北京：中国农业出版社.

全国信息分类与编码标准化技术委员会，2007. 中华人民共和国行政区划代码：GB/T2260-2007［S］. 北京：中国标准出版社.

全国信息分类与编码标准化技术委员会，2009. 中国土壤分类与代码：GB/T 17296-2009［S］. 北京：中国标准出版社.

施建平，杨林章，2012. 陆地生态系统土壤长期观测质量保证与质量控制［M］. 北京，中国环境出版社.

唐新斋，袁国富，朱治林，等，2017. 2005—2014 年 CERN 野外台站气象观测场土壤含水量数据集［J］. 中国科学数据：中英文网络版（1）：10.

王庚辰，田二垒，沈寿彭，等，2000. 中国生态系统研究网络观测与分析标准方法：气象和大气环境要素观测与分析［M］. 北京：中国标准出版社.

吴冬秀，韦文珊，宋创业，等，2012. 中国生态系统研究网络（CERN）长期观测质量管理规范丛书：陆地生态系统生物观测数据质量保证与质量控制［M］. 北京：中国环境科学出版社.

奚同行，左长清，尹忠东，等，2012. 红壤坡地土壤水分亏缺特性分析［J］. 水土保持研究，19（4）：30-33.

谢贤军，王立军，2000. 中国生态系统研究网络观测与分析标准方法：水环境要素观测与分析［M］. 北京：中国标准出版社.

徐娜，党廷辉，2017. 黄土高塬沟壑区农田土壤重金属及矿质元素变化分析［J］. 土壤，49（6）：1195-1202.

杨林章，孙波，刘健，等，2002. 农田生态系统养分迁移转化与优化管理研究［J］. 地球科学进展（3）：441-445.

尹春梅，傅心赣，陈春兰，等，2020. 2005—2014 年桃源站气象综合观测场土壤水热动态数据集［DB/OL］. Science

Data Bank (2020－03－24).

尹春梅，傅心赣，魏文学，等，2019.2004—2014 年桃源站红壤坡地不同利用方式下土壤含水量长期监测数据集［DB/OL］.Science Data Bank (2019－06－06).

袁国富，张兴昱，唐新斋，等，2012. 中国生态系统研究网络（CERN）长期观测质量管理规范丛书：陆地生态系统水环境观测质量保证与质量控制［M］. 北京：中国环境出版社.

张炜华，于瑞莲，杨玉杰，等，2019. 厦门某旱地土壤垂直剖面中重金属迁移规律及来源解析［J］. 环境科学，40 (8)：3764－3773.

赵凯丽，王伯仁，徐明岗，等，2019. 我国南方不同母质土壤 pH 剖面特征及酸化因素分析［J］. 植物营养与肥料学报，25 (8)：1308－1315.

浙江农业大学，1990. 作物营养与施肥［M］. 北京：农业出版社.

中国科学院南京土壤研究所，1978. 土壤理化分析［M］. 上海：上海科学技术出版社.

中国生态系统研究网络科学委员会，2007. 陆地生态系统水环境观测规范［M］. 北京：中国环境科学出版社.

中国生态系统研究网络科学委员会，2007. 陆地生态系统生物观测规范［M］. 北京：中国环境科学出版社.

中国生态系统研究网络科学委员会，2007. 陆地生态系统土壤观测规范［M］. 北京：中国环境科学出版社.

中国生态系统研究网络科学委员会，2007. 生态系统大气环境观测规范［M］. 北京：中国环境科学出版社.

中国土壤学会，1989. 中国土种、土属分类研究［M］. 南京：江苏科技出版社.

中华人民共和国环境保护部，1997. 土壤质量 镍的测定 火焰原子吸收分光光度法：GB/T 17139－1997［S］. 北京：中国标准出版社.

中华人民共和国环境保护部，1997. 土壤质量 铅、镉的测定 石墨炉原子吸收分光光度法：GB/T 17141－1997［S］. 北京：中国标准出版社.

中华人民共和国环境保护部，2009. 土壤 总铬的测定 火焰原子吸收分光光度法：HJ 491－2009［S］. 北京：中国环境科学出版社.

中华人民共和国农业部，2008. 土壤质量 总汞、总砷、总铅的测定 原子荧光法 第 2 部分：土壤中总砷的测定：GB/T 22105.2－2008［S］. 北京：中国标准出版社.

附录　桃源站主要观测场地、样地和设施代码表

类型	序号	观测场名称	观测场代码	采样地/观测设施名称	采样地/设施代码
长期联网观测样地	1	桃源站稻田综合观测场	TYAZH01	稻田综合观测场水土生联合观测采样地	TYAZH01ABC_01
				稻田综合观测场潜水水位观测井1号	TYAZH01CDX_01
				稻田综合观测场潜水水位观测井2号	TYAZH01CDX_02
				稻田综合观测场土壤水分长期观测样地（含3根中子管）	TYAZH01CTS_01
				稻田综合观测场水层深度观测点1号	TYAZH01CCS_01
				稻田综合观测场水层深度观测点2号	TYAZH01CCS_02
	2	桃源站坡地综合观测场	TYAZH02	坡地综合观测场水土生联合观测采样地	TYAZH02ABC_01
				坡地综合观测场土壤水分长期观测样地（含6根中子管）	TYAZH02CTS_01
				坡地综合观测场水土流失观测（采样）设施	TYAZH02CTL_01
	3	桃源站气象综合观测场	TYAQX01	气象场土壤水分长期观测样地（含2根中子管）	TYAQX01CTS_01
				气象场土壤溶液观测样地	TYAQX01CTR_01
				气象场小型蒸发器E601	TYAQX01CZF_01
				气象场集雨器	TYAQX01CYS_01
				气象场干湿沉降仪（SYC—3）	TYAQX01CGS_01
	4	桃源站稻田辅助观测场（不施肥）	TYAFZ01	稻田土壤、生物辅助观测采样地（不施肥）	TYAFZ01AB0_01
	5	桃源站稻田辅助观测场（稻草还田）	TYAFZ02	稻田土壤、生物辅助观测采样地（稻草还田）	TYAFZ02AB0_01
	6	桃源站稻田辅助观测场（平衡施肥）	TYAFZ03	稻田土壤、生物辅助观测采样地（平衡施肥）	TYAFZ03AB0_01
	7	桃源站坡地辅助观测场（恢复系统）	TYAFZ04	坡地辅助观测场恢复系统水土生辅助观测采样地	TYAFZ04ABC_01
				坡地辅助观测场恢复系统土壤水分长期观测样地	TYAFZ04CTS_01
				坡地辅助观测场恢复系统水土流失观测（采样）设施	TYAFZ04CTL_01
	8	桃源站坡地辅助观测场（退化系统）	TYAFZ05	坡地辅助观测场退化系统水土生辅助观测采样地	TYAFZ05ABC_01
				坡地辅助观测场退化系统土壤水分长期观测样地	TYAFZ05CTS_01
				坡地辅助观测场退化系统水土流失观测（采样）设施	TYAFZ05CTL_01

（续）

类型	序号	观测场名称	观测场代码	采样地/观测设施名称	采样地/设施代码
长期联网观测样地	9	桃源站坡地辅助观测场（茶园系统）	TYAFZ06	坡地辅助观测场茶园系统水土生辅助观测采样地	TYAFZ06ABC_01
				坡地辅助观测场茶园系统土壤水分长期观测样地	TYAFZ06CTS_01
				坡地辅助观测场茶园系统水土流失观测（采样）设施	TYAFZ06CTL_01
	10	桃源站坡地辅助观测场（柑橘园系统）	TYAFZ07	坡地辅助观测场柑橘园系统水土生辅助观测采样地	TYAFZ07ABC_01
				坡地辅助观测场柑橘园系统土壤水分长期观测样地	TYAFZ07CTS_01
				坡地辅助观测场柑橘园系统水土流失观测（采样）设施	TYAFZ07CTL_01
	11	桃源站坡地辅助观测场（油茶林系统）	TYAFZ08	坡地辅助观测场油茶林系统水土生辅助观测采样地	TYAFZ08ABC_01
				坡地辅助观测场油茶林系统水土流失观测（采样）设施	TYAFZ08CTL_01
	12	桃源站坡地辅助观测场（湿地松系统）	TYAFZ09	坡地辅助观测场湿地松系统水土生辅助观测采样地	TYAFZ09ABC_01
				坡地辅助观测场湿地松系统水土流失观测（采样）设施	TYAFZ09CTL_01
	13	水分辅助观测场（1）地下水观测点	TYAFZ10	水分辅助观测地下水观测点（水位、水质）	TYAFZ10CDX_01
	14	水分辅助观测场（2）流动水观测点	TYAFZ11	水分辅助观测流动水观测点（水质）	TYAFZ11CLB_01
	15	水分辅助观测场（3）溢流水观测点	TYAFZ12	水分辅助观测溢流水观测点（流量、水质）	TYAFZ12CLB_01
	16	水分辅助观测场（4）坡地径流场	TYAFZ13	水分辅助观测坡地径流场（测流堰1，流量、水质）	TYAFZ13CRJ_01
	17	水分辅助观测场（5）灌溉水观测点	TYAFZ14	水分辅助观测灌溉水观测点（水质）	TYAFZ14CGB_01
	18	水分辅助观测场（6）静止水观测点	TYAFZ15	水分辅助观测静止水观测点（水质）	TYAFZ15CJB_01
	19	水分辅助观测场（7）烘干法观测点	TYAFZ16	土壤含水量烘干法测量采样点	TYAFZ16CHG_01
				土壤含水量烘干法测量采样点中子仪校验（中子管1根）	TYAFZ16CTS_01
	20	站区调查点1（行政村）桃源县青林乡官山（岭）村	TYAZQ01	官山村稻田土壤、生物长期采样地	TYAZQ01AB0_01
				官山村坡地土壤、生物长期采样地	TYAZQ01AB0_02
	21	站区调查点2（自然村落）桃源县尧河乡黄筒（溶）村跑马岗（组）	TYAZQ02	跑马岗（组）稻田土壤、生物长期采样地	TYAZQ02AB0_01
				跑马岗（组）坡地土壤、生物长期采样地	TYAZQ02AB0_02

（续）

类型	序号	观测场名称	观测场代码	采样地/观测设施名称	采样地/设施代码
生态站长期观测与试验样地	1	桃源站施肥制度演替长期定位试验	TYASY01	施肥制度演替长期定位试验土壤、生物长期采样地（CK）	TYASY01AB0_01
				施肥制度演替长期定位试验土壤、生物长期采样地（CK+C）	TYASY01AB0_02
				施肥制度演替长期定位试验土壤、生物长期采样地（N）	TYASY01AB0_03
				施肥制度演替长期定位试验土壤、生物长期采样地（N +C）	TYASY01AB0_04
				施肥制度演替长期定位试验土壤、生物长期采样地（NP）	TYASY01AB0_05
				施肥制度演替长期定位试验土壤、生物长期采样地（NP+C）	TYASY01AB0_06
				施肥制度演替长期定位试验土壤、生物长期采样地（NK）	TYASY01AB0_07
				施肥制度演替长期定位试验土壤、生物长期采样地（NPK）	TYASY01AB0_08
				施肥制度演替长期定位试验土壤、生物长期采样地（NPK+C）	TYASY01AB0_09
				施肥制度演替长期定位试验土壤、生物长期采样地（1/2NP+1/3K+C_2）	TYASY01AB0_10
	2	桃源站红壤坡地不同土地利用生态系统结构、功能及其演替观测研究长期定位试验	TYASY03	红壤坡地不同土地利用生态系统（恢复系统）水土生辅助观测采样地	TYAFZ04ABC_01
				红壤坡地不同土地利用生态系统（退化系统）水土生辅助观测采样地	TYAFZ05ABC_01
				红壤坡地不同土地利用生态系统（农作系统）水土生综合观测采样地	TYAZH02ABC_01
				红壤坡地不同土地利用生态系统（茶园系统）水土生辅助观测采样地	TYAFZ06ABC_01
				红壤坡地不同土地利用生态系统（柑橘园系统）水土生辅助观测采样地	TYAFZ07ABC_01
				红壤坡地不同土地利用生态系统（油茶林系统）水土生辅助观测采样地	TYAFZ08ABC_01
				红壤坡地不同土地利用生态系统（湿地松系统）水土生辅助观测采样地	TYAFZ09ABC_01

（续）

类型	序号	观测场名称	观测场代码	采样地/观测设施名称	采样地/设施代码
生态站长期观测与试验样地	3	桃源站稻田水管理长期定位试验	TYASY04	桃源站稻田水管理长期定位试验土壤、生物采样地（淹灌）	TYASY04AB0_01
				桃源站稻田水管理长期定位试验土壤、生物采样地（常规）	TYASY04AB0_02
				桃源站稻田水管理长期定位试验土壤、生物采样地（护灌）	TYASY04AB0_03
				桃源站稻田水管理长期定位试验土壤、生物采样地（雨养）	TYASY04AB0_04
	4	桃源站红壤旱地稻草异地还土长期定位试验	TYASY05	桃源站红壤旱地稻草异地还土定位试验土壤、生物采样地（CK）	TYASY05AB0_01
				桃源站红壤旱地稻草异地还土定位试验土壤、生物采样地（还田量1）	TYASY05AB0_02
				桃源站红壤旱地稻草异地还土定位试验土壤、生物采样地（还田量2）	TYASY05AB0_03
				桃源站红壤旱地稻草异地还土定位试验土壤、生物采样地（还田量3）	TYASY05AB0_04
	5	桃源站稻田减氮施肥技术长期定位试验	TYASY06	稻田减氮施肥技术定位试验土壤、生物采样地（CK）	TYASY06AB0_01
				稻田减氮施肥技术定位试验土壤、生物采样地（减氮30%）	TYASY06AB0_02
				稻田减氮施肥技术定位试验土壤、生物采样地（减氮23%）	TYASY06AB0_03
				稻田减氮施肥技术定位试验土壤、生物采样地（减氮16%）	TYASY06AB0_04
	6	桃源站水稻耕作制度长期定位试验	TYASY07	水稻耕作制度长期定位试验土壤、生物采样地（中稻）	TYASY07AB0_01
				水稻耕作制度长期定位试验土壤、生物采样地（双季稻）	TYASY07AB0_02
				水稻耕作制度长期定位试验土壤、生物采样地（中稻—油菜）	TYASY07AB0_03
				水稻耕作制度长期定位试验土壤、生物采样地（中稻—白露菜—油菜）	TYASY07AB0_04
	7	桃源站作物连作障碍防控长期定位试验	TYASY08	作物连作障碍防控长期定位试验土壤、生物采样地（连作）	TYASY08AB0_01
				作物连作障碍防控长期定位试验土壤、生物采样地（水旱轮作）	TYASY08AB0_02
				作物连作障碍防控长期定位试验土壤、生物采样地（营养调控）	TYASY08AB0_03
				作物连作障碍防控长期定位试验土壤、生物采样地（生物调控）	TYASY08AB0_04

（续）

类型	序号	观测场名称	观测场代码	采样地/观测设施名称	采样地/设施代码
生态站长期观测与试验样地	8	桃源站稻田异地置土长期定位试验	TYASY09	稻田异地置土长期定位试验土壤、生物采样地（桃源第四纪红壤）	TYASY09AB0_01
				稻田异地置土长期定位试验土壤、生物采样地（桃源河流冲积物母质）	TYASY09AB0_02
				稻田异地置土长期定位试验土壤、生物采样地（鹰潭第四纪红壤）	TYASY09AB0_03
				稻田异地置土长期定位试验土壤、生物采样地（嘉兴河流冲积物母质）	TYASY09AB0_04
				稻田异地置土长期定位试验土壤、生物采样地（雷州砖红壤母质）	TYASY09AB0_05
	9	桃源站稻草还田长期定位试验	TYASY10	稻草还田长期定位试验水土生采样地（CK）	TYASY10ABC_01
				稻草还田长期定位试验水土生采样地（减量 NPK）	TYASY10ABC_02
				稻草还田长期定位试验水土生采样地（NPK+1/3C）	TYASY10ABC_03
				稻草还田长期定位试验水土生采样地（NPK+1/2C）	TYASY10ABC_04
				稻草还田长期定位试验水土生采样地（NPK+C）	TYASY10ABC_05
				稻草还田长期定位试验水土生采样地（NPK+1.5C）	TYASY10ABC_06
				稻草还田长期定位试验水土生采样地（NPK+C，C隔年1次）	TYASY10ABC_07
	10	桃源站第四纪红色黏土成土过程长期定位试验	TYASY11	第四纪红色黏土成土过程长期定位试验（人工除草保持无植被覆盖×不施肥）	TYASY11ABC_01
				第四纪红色黏土成土过程长期定位试验（植被自然恢复×不施肥）	TYASY11ABC_02
				第四纪红色黏土成土过程长期定位试验（植被自然恢复×NPK）	TYASY11ABC_03
				第四纪红色黏土成土过程长期定位试验（玉米一油菜×NPK）	TYASY11ABC_04
				第四纪红色黏土成土过程长期定位试验（人工除草保持无植被覆盖×不施肥）	TYASY11ABC_05

（续）

类型	序号	观测场名称	观测场代码	采样地/观测设施名称	采样地/设施代码
				第四纪红色黏土成土过程长期定位试验（植被自然恢复×不施肥）	TYASY11ABC _ 06
				第四纪红色黏土成土过程长期定位试验（植被自然恢复×NPK）	TYASY11ABC _ 07
				第四纪红色黏土成土过程长期定位试验（玉米—油菜×NPK）	TYASY11ABC _ 08
生态站长期观测与试验样地	11	林坡地系统物质迁移辅助观测场	TYAFZ17	林坡地系统径流观测设施	TYAFZ17CRJ _ 01
	12	稻田系统物质迁移辅助观测场	TYAFZ18	稻田系统径流观测设施	TYAFZ18CRJ _ 01
	13	旱地系统物质迁移辅助观测场	TYAFZ19	旱地系统径流观测设施	TYAFZ19CRJ _ 01
	14	水分辅助观测场（9）集水区径流观测	TYAFZ20	宝洞峪试验场总测流堰	TYAFZ20CRJ _ 01
	15	水分辅助观测场（8）水碳通量长期观测设施	TYAFZ21	水碳通量长期观测设施（涡度相关仪）	TYAFZ21ETW _ 01

注：样地/设施代码编码方法：13 位码，站代码（1—3 位）＋观测场分类码（4—5 位）＋观测场序号（6—7 位）＋样地/设施分类码（8—10 位）＋ _（11 位）＋样地序号（12—13 位）。观测场分类码包括：ZH 代表综合观测场、FZ 代表辅助观测场、ZQ 代表站区调查点、SY 代表长期定位试验。样地分类码具体设置方式为：土壤、生物、水分长期观测采样地的分类码按在采样地上进行观测采样的学科类型来分类，分类码共 3 位，如果包含哪类学科的观测采样，则把这类学科的代码（A 代表生物，B 代表土壤，C 代表水分）包含进去，不足 3 位的用数字 0 填充。观测设施分类码共 3 位，具体为：CTS 代表中子管、TDR 测管，CHG 代表烘干法采样点，CTR 代表土壤水采样点，CDX 代表地下水井，CJB 代表静止地表水采样点，CTL 代表流动地表水采样点，CGB 代表灌溉用地表水采样点，CGD 灌溉用地下水采样点，CYS 代表雨水采样器，CSC 代表水层深度观测点，CZF 代表 E601 蒸发皿，CZS 代表蒸渗仪，CTJ 代表天然径流场，CRJ 代表人工径流场，ETW 代表涡度相关设备。

图书在版编目（CIP）数据

中国生态系统定位观测与研究数据集．农田生态系统卷．湖南桃源站：2004-2015 / 陈宜瑜总主编；尹春梅，魏文学，谭支良主编．—北京：中国农业出版社，2022.6

ISBN 978-7-109-29364-9

Ⅰ．①中… Ⅱ．①陈… ②尹… ③魏… ④谭… Ⅲ．①生态系－统计数据－中国②农田－生态系－统计数据－桃源县－2004－2015 Ⅳ．①Q147②S181

中国版本图书馆 CIP 数据核字（2022）第 068508 号

ZHONGGUO SHENGTAI XITONG DINGWEI GUANCE YU YANJIU SHUJUJI

中国农业出版社出版

地址：北京市朝阳区麦子店街 18 号楼

邮编：100125

责任编辑：李昕昱　　文字编辑：张田萌

版式设计：李　文　　责任校对：刘丽香

印刷：中农印务有限公司

版次：2022 年 6 月第 1 版

印次：2022 年 6 月北京第 1 次印刷

发行：新华书店北京发行所

开本：889mm×1194mm　1/16

印张：19.5

字数：540 千字

定价：88.00 元
